国家“十二五”科技重大专项项目(2011ZX05040-005-012)资助
国家“十二五”科技支撑计划项目(2012BAK04B01)资助
国家重点研发计划项目(2016YFC0801402)资助
国家“十三五”科技重大专项项目(2016ZX05045-004)资助
国家自然科学基金青年科学基金项目(51404190)资助
陕西省自然科学基础研究计划面上项目(2017JM5115)资助
陕西省“百人计划”人才工程项目资助
中国博士后科学基金资助项目(2015M572655XB)资助
西安科技大学“胡杨人才工程”资助

非典型突出预测预警成套技术及应用

董国伟　金洪伟　胡千庭　著

中国矿业大学出版社

内 容 提 要

本书基于非典型突出特点及煤体物理力学性质,研究形成了非典型突出预测预警成套技术,并依据大量现场应用进行了验证。全书共 8 章,内容包括绪论、非典型突出特点及煤体物理力学特性、非典型突出瓦斯与应力地质预测技术、非典型突出钻孔取样预测技术、非典型突出声发射预测预警技术、非典型突出瓦斯浓度提取指标预测预警技术、非典型突出综合预警技术、非典型突出预测预警成套技术应用等。

本书可供高等院校采矿工程、安全技术及工程等专业的师生以及从事相关领域的科研人员和工程技术人员参考使用。

图书在版编目(C I P)数据

非典型突出预测预警成套技术及应用 / 董国伟,金
洪伟,胡千庭著. — 徐州 :中国矿业大学出版社,
2017.8

ISBN 978 - 7 - 5646 - 3700 - 2

Ⅰ. ①非… Ⅱ. ①董… ②金… ③胡… Ⅲ. ①煤矿—
矿山安全—预警系统 Ⅳ. ①TD76

中国版本图书馆 CIP 数据核字(2017)第 219261 号

书　　名	非典型突出预测预警成套技术及应用
著　　者	董国伟　金洪伟　胡千庭
责任编辑	孙　景　黄本斌
出版发行	中国矿业大学出版社有限责任公司
	(江苏省徐州市解放南路　邮编 221008)
营销热线	(0516)83885307　83884995
出版服务	(0516)83885767　83884920
网　　址	http://www.cumt.com　**E-mail**:cumtpvip@cumt.com
印　　刷	江苏徐州中矿大印发科技有限公司
开　　本	787×1092　1/16　**印张** 16.5　**字数** 409 千字
版次印次	2017 年 8 月第 1 版　2017 年 8 月第 1 次印刷
定　　价	35.00 元

(图书出现印装质量问题,本社负责调换)

前　言

在未来国家能源布局中，煤炭仍将是我国的主体能源，占到 50％左右。我国煤炭资源开采逐步进入中深部，深部开采造成煤岩各种动力灾害之间的相互作用加强，造成煤岩瓦斯动力灾害特征变得复杂和多样，进而带来了新的煤岩瓦斯动力灾害问题（另外个别瓦斯地质异常的中深部区域，也表现出新的煤岩瓦斯动力灾害问题）。这种新的煤岩瓦斯动力灾害表现出一种具有冲击倾向性和突出危险性的双重动力学特性，由单一、独立的冲击地压或煤与瓦斯突出转变为相互交叉型，并已成为煤矿一种主要的、新型的安全生产危害，本书暂定义为非典型突出。现有典型灾害的鉴定、预测预警、防控技术已无法解决非典型突出灾害问题，迫切需要研究形成一种适应新灾害的新型技术。

本书融合采矿学、矿山压力与岩层控制、地质力学、瓦斯地质、吸附科学、地球物理、软件编程等采矿、安全、地质、力学、信息、软件学科的理论与方法，以大量现场科研技术成果为基础，基于非典型突出特点及煤体物理力学性质，研究形成了非典型突出瓦斯应力地质预测技术、钻孔取样预测技术、声发射预测预警技术、瓦斯浓度提取指标连续预测预警技术以及综合预警技术等成套技术，并依据大量现场应用进行了验证。

本书共分 8 章。第 1 章由董国伟、金洪伟、胡千庭撰写，主要介绍了非典型突出预测预警技术研究现状、发展趋势；第 2 章由董国伟、胡千庭撰写，研究了非典型突出特点及煤体物理力学特性；第 3 章由董国伟撰写，研究了非典型突出瓦斯、应力地质预测技术；第 4 章由董国伟撰写，研究了非典型突出钻孔取样预测技术；第 5 章由董国伟撰写，研究了非典型突出声发射预测预警技术；第 6 章由董国伟撰写，研究了非典型突出瓦斯浓度提取指标预测预警技术；第 7 章由董国伟、胡千庭撰写，研究了非典型突出综合预警技术；第 8 章由董国伟撰写，研究了非典型突出预测预警成套技术应用。

本书在撰写过程中，参阅了大量国内外相关专业文献，他们的研究成果给予作者很大启发,在此谨向文献的作者表示诚挚的感谢。感谢中煤科工集团重庆研究院有限公司邹银辉研究员长期以来的帮助和指导。感谢中煤科工集团重庆研究院有限公司王振副研究员、王麒翔副研究员、李建功副研究员、崔俊飞副研究员在成书过程中的帮助和支持。感谢中国平煤神马集团、淮南矿业集团、南桐矿业有限责任公司等广大领导和技术人员对本书研究内容的帮助和支持。最后感谢中国矿业大学出版社相关工作人员为本书的出版付出的辛勤劳动。

本书既有深入、系统的理论研究成果,又有实用性与成套性强的应用技术,期望该书的出版对我国非典型突出灾害预警预防及防控起到积极的推动作用。

由于作者水平有限,书中难免有不当之处,敬请广大读者予以批评指正,希望广大读者与作者交流探讨。

作　者

2016 年 11 月

目　录

1　绪　论

1.1　非典型突出预测预警成套技术研究意义

从能源需求角度看,我国以煤炭为主的能源格局短时间内不会改变,煤炭比重较长时间内将保持在 50% 左右,且煤炭开采 95% 左右以井工开采为主。以往,我国矿井煤岩瓦斯动力灾害最主要、最典型的两种表现形式为煤与瓦斯突出和冲击地压,但目前煤炭开采以每年 10~20 m 的速度向深部延伸,深部开采在中东部已逐渐成为常态,深部开采造成煤岩各种动力灾害之间的相互作用加强,造成煤岩瓦斯动力灾害特征变得复杂和多样,进而带来了新的煤岩瓦斯动力灾害问题(另外个别瓦斯地质异常的中深部区域,也表现出新的煤岩瓦斯动力灾害问题)。这种新的煤岩瓦斯动力灾害表现出一种具有冲击倾向性和突出危险性的双重动力学特性,由单一、独立的冲击地压或煤与瓦斯突出转变为相互交叉型,并已成为煤矿一种主要的、新型的安全危害,本书暂定义为非典型突出。非典型突出灾害发生区域煤岩体物理力学性质不同于典型灾害发生区域,发生力学条件为地应力和瓦斯压力共同主导,灾害发生特征兼具典型的煤与瓦斯突出和冲击地压特点。

(1)现场实际发生非典型突出情况

近年来率先进入深部开采的平顶山矿区、淮南矿区、安徽国投新集矿区、江西丰城矿区、阜新矿区及抚顺矿区等,具备或已发生了非典型突出灾害。例如,2005 年 6 月 29 日平煤矿区十二矿己七三水平回风下山煤巷施工中由于爆破引起一起非典型突出现象,抛出煤岩 74 m^3,涌出瓦斯约 1 600 m^3,煤体坚固性系数为 0.4~1.5,瓦斯压力为 2.8 MPa,垂直应力为 30 MPa,最大水平应力为 40 MPa,经事故调查专家组认定,此次事故是冲击地压和瓦斯共同作用下的复杂矿井动力现象或冲击主导型的煤与瓦斯突出(图 1-1),颠覆了对典型煤与瓦斯突出或冲击地压灾害认识。2007 年 11 月 12 日 2 时 45 分,平煤矿区十矿己组煤一采煤工作面发生了一起突出煤量为 2 000 t,瓦斯量为 40 000 m^3 的非典型突出,并伴随有巷道顶底板出现大量裂缝、底鼓、巷道支护损毁等冲击地压特征。在本次灾害中,仅从抛出煤量 2 000 t、煤流堆积长度 280 m、煤尘沉积范围最远达到 369.7 m 的现象来看,本次动力灾害具有比较典型的煤与瓦斯突出的特征;但突出瓦斯量仅 40 000 m^3,吨煤瓦斯涌出量仅 20 m^3,甚至比矿井平均相对瓦斯涌出量还低(2006 年全矿井相对瓦斯涌出量为 27.4 m^3/t),风巷与偏 Y 巷瓦斯浓度都在 10% 之下等特征来看,本次动力灾害又不具有煤与瓦斯突出特征;从巷道顶底板出现大量裂缝、底鼓、巷道支护损毁等破坏情况来看本次动力灾害具有冲击地压的特征,此次灾害同样颠覆了对典型煤与瓦斯突出或冲击地压灾害认识。例如,2006 年 8 月 20 日,南桐东林煤矿 −100 m 七石门掘进工作面在煤样放散初速度不超标、日常预测指标 Δh_2 不超标、S 严重超标的情况下作业,发生了非典型突出事故,颠覆了对典型煤与瓦斯突出灾害认识。以上非典型突出表现出煤与瓦斯突出灾害中有冲击地压特征、瓦斯与应力共同作用特征以及相互诱发特征。

图 1-1　平煤矿区十二矿事故现场

（2）非典型突出机理、鉴定技术及预防法律法规

目前，针对单一的煤与瓦斯突出灾害，已形成了鉴定、预测、预警到防治方面较为完善的法律法规，比如《煤矿瓦斯等级鉴定暂行办法》《防治煤与瓦斯突出规定》《煤矿安全规程》及《煤矿瓦斯抽采达标暂行规定》等；单一的冲击地压灾害，也已形成了鉴定、预测、预警到防治方面较为完善的法律法规，比如《煤矿安全规程》《冲击地压测定、监测与防治方法》等。非典型突出在孕育、激发、发展等过程中，多种因素相互交织，相互诱发、强化，使得发生的条件更低，灾害强度更大，致灾程度更严重，使得发生机理更为复杂，预测、预警及防治更难，同时非典型突出容易产生更为严重的次生灾害。但非典型突出机理、鉴定及预警预防方面目前只进行了初步研究或机械地采用煤与瓦斯突出和冲击地压的预防技术或法律法规，尚未形成自己独立的鉴定、预防技术体系及相应的法律法规。随着深部开采矿井数量增多，非典型突出数量也逐年增多，已成为一种主要灾害形式，其物理力学特性、发生定量物理力学条件、基本特征、力学演化过程、发生机理及预警预防措施等技术、规范和标准将成为研究热点和重点。

本书针对非典型突出难以准确鉴定、预测预警及防控的科学问题，基于非典型突出实际发生资料，采用理论分析、实验室实验、现场工业性试验等方法，进行了非典型突出预测预警成套技术研究。通过本书研究，明确了非典型突出煤体独特物理力学特性及发生过程，方便了与典型冲击地压、突出加以区别，为非典型突出煤层鉴定提供参考，并建立了一套预测预警技术体系。

1.2 非典型突出预测预警技术研究现状及发展趋势

非典型突出是一极其复杂的动力现象,需详细研究其产生机理、物理力学特性、预测预警技术等。

1.2.1 国内外研究现状

1.2.1.1 非典型突出产生机理、物理力学特性、鉴定技术等国内外研究现状

(1) 煤与瓦斯突出机理、物理力学特性、鉴定技术及快速连续预警指标等研究现状

煤与瓦斯的突出机理,是指煤与瓦斯突出孕育、激发、发展和终止的原因、条件及过程。自从1834年法国卢瓦尔(Loire)煤田依萨克(Issac)煤矿发生了世界上第一次有记载的突出以来,人们就开始对突出机理进行研究,并提出了众多的突出机理理论。国外一些煤与瓦斯突出严重的国家,如苏联、日本、法国、波兰等取得了有关突出机理的丰富的早期研究成果。我国学者于不凡、王佑安、宋世钊等在早期翻译国外资料的基础上,结合对国内各突出矿井众多煤与瓦斯突出案例资料进行归纳分析,提出了对于煤与瓦斯突出机理新的观点和看法。他们根据各种理论对突出影响因素描述侧重点的不同,将突出机理理论分为四类[1-3]:① 以瓦斯为主导作用的理论;② 以地应力为主导作用的理论;③ 化学本质理论(因缺乏足够的证据,如今这一类理论已很少有人支持);④ 综合作用理论。

其中,综合作用理论是Nekrasovski于1951年最早提出,认为突出是由多种因素综合作用造成的观点。1954年,斯柯钦斯基(Skochinski)则对综合作用理论进行了更加明确的阐述,该理论认为突出的发生是由于许多因素综合作用的结果。这些因素包括:地应力、煤中的瓦斯、煤的物理力学性质,以及在大倾角煤层,重力对突出有重要影响,由于全面考虑了突出发生的作用力和介质两个方面的主要因素,得到了国内外大多数学者的认可。综合作用理论中有代表性的是"能量理论"、"粉碎波理论"及"应力分布不均匀理论",另外还有我国学者提出的"发动中心理论"、"流变理论"和"球壳失稳理论"及"力学作用机理理论"等[1-3]。

能量理论:最早是苏联的霍多特(Khodot)于1951年提出的,并在1976年和1979年继续对其修正完善。该理论认为,突出是由煤的变形潜能和瓦斯内能引起的,当煤层应力状态发生突然变化时,潜能释放引起煤层高速破碎,在潜能和煤中瓦斯压力的作用下煤体发生移动,瓦斯由已破碎的煤中解吸、涌出,形成瓦斯流,把已破碎的煤抛向采掘空间。粉碎波理论:赫里斯基阿诺维奇(Khristianovich)于1953年提出了突出的粉碎波理论,其认为突出是粉碎波传播过程,对突出的持续过程中所发生的物理现象进行了描述,较好地解释了突出过程中所发生的层裂现象。应力分布不均匀理论:此理论由苏联马凯耶夫煤矿安全研究所的И.В.包布洛夫提出,该理论认为突出煤层的围岩中具有较高的不均匀分布的应力,其主要原因是地质构造运动,个别情况下是由于采掘过程引起的(如留煤柱、冒顶等),应力不均匀状态造成不稳定平衡状态,进而造成突出发生。

发动中心理论:我国学者于不凡认为表面附近弹性势能不集中,瓦斯压力梯度小,不利于突出的发动,并且如果是分层剥离的话,也很难形成口小腹大、形状特殊的孔洞,从而认为煤与瓦斯突出是离工作面某一距离的发动中心开始的,而后向周围扩展,并且由发动中心周围的煤—岩石—瓦斯体系提供能量及参与活动。流变理论:周世宁、何学秋等[4-5]通过对含

瓦斯煤样在三轴受力状态下流变特性的研究,提出了突出的流变机理,认为突出往往发生于煤岩体流变的加速变形阶段,因而时间也是影响突出的一个重要因素,该理论很好地解释了延期突出现象;鲜学福等[6]还提出了采矿工程中产生的振动能够加速煤(岩)柱的蠕变、断裂、破坏和引起吸附瓦斯解吸,从而引起突出的发生;郭德勇等[7]在流变假说的基础上,又提出了突出的黏滑机理,即认为突出过程可视为摩擦滑动过程,在这一过程中发生黏滑失稳现象,并伴随有声发射等物理现象。球壳失稳理论:蒋承林、俞启香[8]认为在突出过程中,地应力首先破坏煤体,使煤体产生裂纹,形成球盖状煤壳,然后煤体向裂隙内释放并积聚起高压瓦斯,瓦斯使煤体裂纹扩张并使形成的煤壳失稳破坏并抛向巷道空间,使应力峰值移向煤体内部,继续破坏后续的煤体,形成一个连续发展的突出过程。力学作用机理理论:胡千庭、文光才[3]以"突出是一个力学破坏过程"的认识为前提,对煤与瓦斯突出的力学作用机理进行了深入的研究,认为突出发动和发展存在较大的区别,应分别进行研究,初始失稳条件、破坏的连续进行条件和能量条件是突出发生的三个充要条件,突出发动的实质是支承压力极限平衡区煤壁的失稳,突出的发展是煤壁由浅入深逐渐破坏并抛出的过程,该过程主要受控于孔隙和裂隙中的瓦斯压力对煤拉伸破坏作用。其他理论:张子敏[9]提出了地质构造逐级控制煤与瓦斯突出理论,认为突出多发生在地质构造破坏且集聚能量区域;丁晓良、丁雁生、俞善炳等[10]通过突出的一维模拟实验,得出突出的发生是煤体的破坏与瓦斯渗流耦合的结果,突出需要的三个条件是地应力、瓦斯渗流和煤的强度;俞善炳[11]进一步建立了突出的理想一维运动模型,给出了定量化的突出发生判据,将瓦斯在突出中的直接作用归结为渗流力而非瓦斯压力,这样就会产生如下推论,即当煤的渗透率非常低时,突出就不会发生,但实际上多数突出都发生在低渗透率的煤层;缪协兴等[12]基于采动岩体的渗流特征,提出了瓦斯突出和矿井突水的本质是非达西渗流系统的失稳的观点;潘岳、姜耀东等[13-14]则应用非线性动力学的方法分别对煤岩体系统的失稳机理进行了研究;郑哲敏[15]最早使用量纲分析的方法分析了煤与瓦斯突出机理,论证了特大型突出的能量主要来自瓦斯内能,并讨论了发生突出的临界条件,初步给出了主要的无量纲控制参数;尹广志、许江等[16-17]对大型煤与瓦斯突出进行了模拟研究,认为大型突出模拟结果特征与实际较吻合;潘一山、唐巨鹏等[18]进行了三维应力下煤与瓦斯突出模拟试验,认为高压瓦斯是突出发生的动力源和煤体粉碎分化的破坏源;胡千庭、文光才、张淑同[19]进行了大型三维突出模拟装置及煤样制作形状及尺寸、力学加载方式、试验气体及充气压力等研究;胡千庭、文光才、赵旭生[20]进行了煤与瓦斯突出综合预警研究,工程预测突出率达到90%以上。

依据煤与瓦斯突出发生机理,基本明确了发生突出煤岩体物理力学特性,即突出多发生在煤体破坏程度较高、瓦斯压力较大区域,形成了相对可用的鉴定技术、连续预测预警技术及防治技术。比如鉴定突出的4个单项指标及临界值、钻屑解吸指标、声发射电磁辐射技术、煤与瓦斯突出预警技术及钻孔、巷道防突技术等,形成了《煤矿瓦斯等级鉴定暂行办法》、《防治煤与瓦斯突出规定》、《煤矿安全规程》等法律法规。

(2)冲击地压机理、物理力学特性、鉴定技术及快速连续预警指标等研究现状

目前,国内外关于冲击地压发生的机理主要有强度理论、能量理论、刚度理论、冲击倾向理论、煤岩失稳理论等[21-22]。

强度理论是20世纪50年代提出来的,该理论认为产生冲击地压时,支架—围岩力学系统将达到力学极限状态。早期的冲击地压强度理论主要是围绕岩体形成应力集中的原因而

提出的各种假说。20 世纪 30 年代末期,广为流传的两种理论是拱顶和悬臂梁理论。近代冲击地压强度理论中,具有代表性的堪称夹持煤体理论,布霍依诺提出的这一理论认为,煤体处于顶底板夹持之中,夹持特性决定了煤体—围岩系统的力学特性,产生冲击地压强度的条件是:煤体—围岩交界处和煤体本身达到极限平衡条件。强度理论只能判断煤岩体是否破坏,不能回答破坏的形式:静态破坏或动态破坏,是冲击地压发生必要条件,而不是充分条件。

能量理论是由库克于 20 世纪 60 年代在总结十几年冲击地压研究成果基础上提出来的。该理论认为,矿山开采中如果支架—围岩力学系统在其力学平衡状态破坏时的能量大于所消耗的能量时即发生冲击地压。此后,佩图霍夫、雅克比、布霍依诺对这一理论做了进一步完善。能量理论没有给出矿体—围岩系统平衡状态的性质及破坏条件,特别是围岩释放能量的条件。

刚度理论是由库克等人在 20 世纪 60 年代根据刚性压力机理而提出的。认为试件的刚度大于试验机构的刚度时,破坏是不稳定的,煤岩体呈现突然的脆性破坏。20 世纪 70 年代布莱克将此理论完善,并用于分析美国加利纳矿的冲击地压问题。该理论认为,矿山结构(矿体)的刚度大于矿山负荷系(围岩)的刚度,是产生冲击地压的必要条件。后来,佩图霍夫提出的冲击地压机理模型中也引入了刚度条件,并进一步将矿山结构的刚度明确为达到峰值强度后其载荷—变形曲线下降段的刚度。刚度理论,实际上也是一种能量理论。刚度理论没有正确反映煤体—围岩系统能积聚能量和释放能量的事实。

冲击倾向理论是波兰学者和苏联学者在实验研究和现场研究基础上提出来的。该理论认为,煤岩体的冲击倾向性是煤岩介质的固有属性,是产生冲击地压的内在因素。根据这一思想,国内外许多学者提出了冲击倾向指标,其中最有代表性的有弹性变形能指数、冲击能量指数、煤的动态破坏时间等。冲击倾向理论仅仅是实验室数据,不能反映实际煤体情况。

"三准则"理论是我国学者李玉生在总结强度理论、能量理论、冲击倾向理论基础上,结合国外研究成果提出来的。该理论认为,强度准则是煤岩体的破坏准则,而能量准则和冲击倾向性准则是突然破坏准则,因而只有当这三个准则同时满足时,才能发生冲击地压。"三准则"理论实际应用难度大。

失稳理论是从稳定理论出发研究材料的破坏形式,其中以国内学者殷有泉在研究岩石失稳与地震的关系时提出的能量形式的失稳准则和章梦涛在研究岩体失稳与冲击地压关系时提出的岩体失稳理论最具代表性。该理论认为,介质的强度和稳定性是发生冲击地压的重要条件之一,而当介质在失稳过程中系统所释放的能量可使煤岩体从静态变为动态过程则是发生冲击地压的另一重要条件。失稳理论的一个根本问题是只能给出采场结构的整体稳定性,无法给出冲击地压具体发生部位。

"三因素"机理是国内学者齐庆新等[23]从煤岩体结构特性出发研究冲击地压发生机理时提出的。该理论认为,冲击地压多发生在断层、煤层变化等构造区域,冲击地压与煤岩体结构密切相关,冲击地压的发生除与内在因素(冲击倾向性)、力源因素(高度应力集中或较高的能量贮存与动态扰动)有关外,煤岩体结构因素(弱面和容易引起突变滑动的层状界面)也是冲击地压发生的主要因素之一。内在因素、力源因素和结构因素是导致冲击地压发生的最主要因素,特别是结构因素是导致冲击地压发生不可忽视的主要因素。

动静载荷诱冲机理是指上覆岩层存在坚硬的巨厚的硬岩层,顶板断裂产生的动载振动波将激发处于高静载应力煤体发生冲击地压。

煤矿冲击地压强度的弱化控制原理是窦林名、陆菜平[21-22]针对组合煤岩体冲击地压的发生和防治提供的一套原理方法。

姜福兴等[24]进行了冲击地压等微震技术研究,实现了灾害发生位置的精确定位;王恩元等[25]进行了冲击地压的电磁辐射研究,实现了灾害的连续预警。

依据冲击地压发生机理,基本明确了发生冲击地压煤岩体物理力学特性,即冲击多发生在具有冲击倾向性且积聚大量弹性能区域煤岩体中,并形成了相对可用的鉴定技术及临界值、连续预测预警技术及防治技术,比如微震技术、电磁辐射技术及水力压裂等,形成了《煤矿安全规程》、《冲击地压测定、监测与防治方法》等法律法规标准,而且《防治煤矿冲击地压细则》正在制定中。

(3)非典型突出机理、物理力学特性、鉴定技术及快速连续预警指标等研究现状

20世纪60年代,南非的库克和苏联的霍多特分别提出了冲击地压和突出的能量理论,认为两者都是由于煤岩体破坏而导致的。冲击地压和突出都是由于煤岩体破坏变形导致其力学系统平衡被破坏后,系统释放的能量大于所消耗的能量,剩余的能量转化为使煤岩抛出、瓦斯突出、围岩震动的动能。二者不同的是突出有瓦斯作用,冲击地压只是忽略或没有瓦斯作用的突出。

最早提出将冲击地压和突出这两种现象放在一起进行统一研究的是苏联的佩图霍夫,1987年在我国召开的第22届国际采矿安全会议上,再次呼吁"既有冲击地压又有突出危险两种事故的煤层非常常见,需要考虑其安全开采问题,因此研究冲击地压和突出的统一理论是非常必要的"。

章梦涛等[26]在1991年也提出了冲击地压和突出的统一失稳理论,指出"冲击地压和突出都是煤(岩)变形系统处于非稳定平衡状态下受到扰动发生的动力失稳过程",并应用Dirichlet准则建立了两者发生的统一能量判据。

梁冰[27]通过采用内蕴时间塑性理论建立了煤和瓦斯耦合作用的本构关系、突出固流耦合失稳理论的数学模型以及突出和冲击地压统一失稳理论的数学模型。

李化敏[28]认为煤与瓦斯突出和冲击地压都是复合型动力灾害的特例和两极:冲击地压能量来源主要为煤岩体的弹性能释放,一般发生在高地应力且较坚硬煤岩中;煤与瓦斯突出则以煤层中瓦斯内能释放为主,绝大部分发生在高瓦斯压力且有构造软煤的煤层中。复合动力则是高地应力、高瓦斯压力共同作用相互诱发的结果,可能使发生动力灾害的门槛降低。

李铁等[29]提出煤炭深部开采条件下冲击地压与瓦斯密切相关,高压瓦斯气体极有可能参与了冲击地压的孕育,并且通过研究认识到冲击地压和矿震可以诱发瓦斯异常和煤与瓦斯突出,煤与瓦斯突出可以诱发冲击地压;进入深部开采后煤—瓦斯系统对外部附加动力的诱发作用更加显著。

张宏伟等[30]根据中国大陆的构造特点,在俄罗斯研究人员提出的地质动力区划方法基础上,引入了分形理论、GIS技术、岩体应力分析和多因素模式识别等理论和方法,丰富和深化了地质动力区划理论和方法。在此基础上提出了开采地质条件不同,矿井动力现象显现模式不同观点,建立了矿井动力现象多因素模式识别概率的预测方法。其研究中以区域构造和区域岩体应力状态为主要研究对象,以断裂活动性、岩体高应力区(或高应力梯度区)作

为预测矿井动力现象的主要判据,利用 GIS 技术建立区域预测信息管理系统。

王振[31]进行了煤岩瓦斯动力灾害新的分类及诱发转化条件研究,确定瓦斯抽采可导致含瓦斯煤体冲击倾向性增强。郭建伟等进行了复合型动力灾害危险性评价与监测预警技术研究,初步给出了监测技术。

1.2.1.2 非典型突出声发射技术国内外研究现状

(1) 萌芽时期(20 世纪初至 20 世纪 50 年代)

材料中局部区域应力集中,快速释放能量并产生瞬态弹性波的现象称为声发射(acoustic emission,AE),有时也称为应力波发射。材料在应力作用下的变形与裂纹扩展,是结构失效的重要机制。这种直接与变形和断裂机制有关的源,被称为声发射源。流体泄漏、摩擦、撞击、燃烧等与变形和断裂机制无直接关系的另一类弹性波源,被称为其他或二次声发射源。利用这种"应力波发射"进行的无损检测,具有其他无损检测方法无法替代的效果。

声发射是一种常见的物理现象,各种材料声发射信号的频率范围很宽,有几赫兹的次声频,20 Hz~20 kHz 的声频以及数兆赫兹的超声频;声发射信号幅度的变化范围也很大,从 10 m 的微观位错运动到 1 m 量级的地震波。如果声发射释放的应变能足够大,就可产生人耳听得见的声音。大多数材料变形和断裂时有声发射发生,但许多材料的声发射信号强度很弱,人耳不能直接听见,需要借助灵敏的电子仪器才能检测出来。用仪器探测、记录、分析声发射信号和利用声发射信号推断声发射源的技术称为声发射技术,人们将声发射仪器形象地称为材料的听诊器。

声发射和微震动都是自然界中随时发生的自然现象,尽管无法考证人们何时首次听到声发射,但诸如折断树枝、岩石破碎和折断骨头等的断裂过程无疑是人们最早听到的声发射信号。可以十分肯定地推断"锡鸣"是人们首次观察到的金属中的声发射现象,因为纯锡在塑性形变期间机械孪晶产生可听得到的声发射,而铜和锡的冶炼可追溯到公元前 3700 年。

德国格廷根(Gettingen)大学的维歇特(E. Wiechert)教授从 1900 年起就开始研究声发射地震计,该地震计安装在欧洲各地,能清楚地识别地震纵波(P 波)、横波(S 波)、L 波(表面波)。1932 年美国科罗拉多矿业学院的海兰特(C. A. Heiland)利用反射镜的振动来转换声音的振动,研制了光学地音探测器。1936 年美国福斯特(Forster)测量了金属马氏体相变时的声发射。美国矿山局的奥伯特(L. Obert)用仪器测量了岩体内的声发射。从那时开始,真正开始了有意识地测量伴随破坏的弹性波。日本学者佐山在 1936 年就提出了煤与瓦斯突出前发生强烈的煤炮声,根据耳朵听到的煤炮声可以判断即将发生瓦斯突出,实际上这就是最早利用声发射预测瓦斯突出和岩爆的例子。现代声发射技术的开始以凯撒(V. J. Kaiser)于 20 世纪 50 年代初在德国所做的研究工作为标志。他观察到铜、锌、铝、铅、锡、黄铜、铸铁和钢等金属和合金在形变过程中都有声发射现象。他最有意义的发现是材料形变声发射的不可逆效应,即"材料被重新加载期间,在应力值达到上次加载最大应力之前不产生声发射信号"。现在人们称材料的这种不可逆现象为"Kaiser 效应"。凯撒同时提出了连续型和突发型声发射信号的概念。

20 世纪 50 年代末,美国人斯科菲尔德(Schofield)和塔特罗(Tatro)经大量研究发现金属塑性形变的声发射主要由大量位错的运动所引起,而且还得到一个重要的结论,即声发射主要是体积效应而不是表面效应。塔特罗进行了导致声发射现象的物理机制方面的研究工作,首次提出声发射可以作为研究工程材料行为疑难问题的工具,并预言声发射在无损检测方面具有独特的潜在优势。鲁斯在混凝土中检出了声发射。此后,关于矿山、混凝土领域的声发射论文相继发表。

(2) 黄金时期(20 世纪六七十年代)

这段时期有三个具有国际影响的声发射研究机构相继成立,美国、欧洲、日本等国家均投入了充足的资金支持声发射技术的研究和应用,并逐渐拓展到生产实践的许多领域。

20 世纪 60 年代初,格林(Green)等首先开始了声发射技术在无损检测领域方面的应用,顿岗(Dunegan)首次将声发射技术应用于压力容器方面的研究。在整个 20 世纪 60 年代,美国和日本开始广泛地进行声发射的研究工作,人们除开展声发射现象的基础研究外,还将这一技术应用于材料工程和无损检测领域。美国于 1967 年成立了声发射工作组,日本于 1969 年成立了声发射协会。

20 世纪 70 年代初,顿岗等开展了现代声发射仪器的研制,他们把仪器测试频率提高到 100 kHz~1 MHz 的范围内,这是声发射实验技术的重大进展,现代声发射仪器的研制成功为声发射技术从实验室走向在生产现场用于监视大型构件的结构完整性创造了条件。1968 年肖尔茨(C. H. Scholz)提出了著名的地震预测扩容理论,并获得了单轴压缩下花岗岩声发射微破坏的震源分布。此后,开始研究声发射实用检测技术。1968~1973 年间进行的关于原子炉压力容器使用中检查时便采用了声发射进行连续监视,美国在火箭体耐压实验中也逐步采用了声发射技术。

随着现代声发射仪器的出现,整个 20 世纪 70 年代,人们从声发射源机制、波的传播到声发射信号分析方面开展了广泛和系统的深入研究工作。在生产现场也得到了广泛的应用,尤其在化工容器、核容器和焊接过程的控制方面取得了成功。

(3) 转型时期(20 世纪 80 年代)

进入 20 世纪 80 年代,由于前一时期的期望过高,投入过大,同时受到基础理论、仪器设备和检测经验等多方面限制,没有取得预想的成功,声发射研究在世界各国普遍转入低潮。但是在这些年中也有许多可喜的进步。在材料性能方面,声发射从金属拓宽到多种材料的研究。在对纤维增强塑料容器管道的监测过程中,福勒博士(Fowler)发现了复合材料声发射的重要准则——Felicity 效应。20 世纪 80 年代初,美国 PAC 公司将现代微处理计算机技术引入声发射检测系统,设计出了体积和质量较小的第二代源定位声发射检测仪器,并开发了一系列多功能高级检测和数据分析软件,通过微处理计算机控制,可以对被检测构件进行实时声发射源定位监测和数据分析显示。由于第二代声发射仪器体积和质量小易携带,从而推动了 20 世纪 80 年代声发射技术进行现场检测的广泛应用。另一方面,由于采用 286 及更高级的微处理机和多功能检测分析软件,仪器采集和处理声发射信号的速度大幅度提高,仪器的信息存储量巨大,从而提高了声发射检测技术的声发射源定位功能和缺陷检测准确率。

(4) 发展时期(20 世纪 90 年代至今)

随着计算机日新月异的迅猛发展,声信号的数据处理能力得到极大提高,波动理论及源定位方法也取得很大进展,声发射技术应用于工程实践的潜力重新为人们所认识,因而开始步入稳步发展阶段。数字信号处理技术逐渐取代了传统的模拟信号分析,小波分析和人工神经网络模式识别正在成为研究的新热点。各国已相继建立声发射工业应用标准,并正在努力实现标准的国际化。

　　进入 20 世纪 90 年代,美国物理声学公司(PAC)、德国公司(Vallen Systeme)和中国的北京声华兴业科技有限公司先后分别开发生产了计算机化程度更高、体积和质量更小的第三代数字化多通道声发射检测分析系统,这些系统除能进行声发射参数实时测量和声发射源定位外,还可直接进行声发射波形的观察、显示、记录和频谱分析。

　　我国于 20 世纪 70 年代初首先开展了金属和复合材料的声发射特性研究,80 年代中期声发射技术在压力容器和金属结构的检测方面得到应用。发射检测仪已在制造、信号处理、金属材料、复合材料、磁声发射、岩石、过程监测、压力容器、飞机等领域开展了广泛的应用。

　　我国于 1978 年在中国无损检测学会成立了声发射专业委员会,并于 1979 年在黄山召开了第一届全国声发射学术会议,已固定每两年召开一次学术会议。

　　煤炭系统从“七五”期间开始研究,其中煤炭科学研究总院重庆分院、抚顺分院、西安分院以及中国科学院等多家科研单位和院校先后对声发射预测煤与瓦斯突出技术进行过研究。通过多年的不懈努力,建立了声发射实验室,实验研究了煤(岩)的声发射特征,研究了采矿过程中声发射信号的基础理论和分析方法,并开发了声发射传感器和监测系统,利用声发射、瓦斯涌出特征等参数的预测预报系统在煤与瓦斯突出预测方面取得了一定的效果。“七五”期间,主要利用进口的实验设备进行了部分实验室研究工作和利用录音机现场记录、地面分析的方式对声发射预测煤与瓦斯突出危险性进行了初步研究;“八五”期间,主要研究开发了我国的声发射监测系统;“九五”期间,主要对声发射监测系统进行了进一步的完善。“十五”期间以来,研制了可进行高速数据处理和可存储全波形数据的全新装备。在这 30 多年的发展中,声发射技术取得了长足的进步,得到了广泛应用。声发射技术主要应用于冲击地压矿井,近年来开始在非典型突出矿井中推广使用[33-37]。

1.2.1.3　非典型突出瓦斯浓度提取指标预警技术国内外研究现状

　　不同煤与瓦斯突出危险的煤样,其瓦斯解吸特征存在显著的差异,瓦斯涌出特征也不同。张希九、于宗立[38]认为“瓦斯涌出异常”系数与突出前的压力和声响异常同时,瓦斯涌出忽大忽小,极值悬殊数倍,但总趋势增大,有时甚至会发生“喘气”现象。这一直被认为是突出预兆。王志亮、李其中[39]认为可以通过瓦斯涌出动态连续监测反映含瓦斯煤体所处的应力(或变形)状态从而确定工作面附近煤层的突出危险性等。前人在具体指标研究成果中主要包括以下几个方面:

　　(1) 爆破后 30 min 吨煤瓦斯涌出量 V_{30}

　　该领域的研究最早可以追溯到 20 世纪六七十年代,联邦德国[27]通过大量的研究率先提出用爆破后 30 min 内吨煤瓦斯涌出量指标 V_{30} 作为预测工作面突出危险性的指标,并取 40% 煤层可解吸瓦斯含量为突出威胁临界值,取 60% 煤层可解吸量为突出危险临界值。煤炭科学研究总院重庆分院在“八五”期间[40]研究建立了 V_{30} 与 K_1 值之间的联系,并认为当 $V_{30} \geqslant 1.2 + C_L \lambda^{0.3853} + 5.477 \beta K_{10}$($C_L$ 试验系数,λ 煤层原始透气性系数,β 一般取 1,K_{10} 为煤层的 K_1 临界值)时,前方工作面有突出危险。曾庆阳[41]在涟邵矿务局红山殿煤矿利用 A-1 矿井环境监测系统对炮掘工作面爆破前后瓦斯涌出进行连续监测,从 10 例突出前瓦斯涌出变化情况发现,突出前的爆破后 V_{30} 都达到了 9.45～30.8 m³/t,其认为在涟邵矿务局红山殿煤矿,当 $V_{30} \geqslant 9$ m³/t 时,工作面前方不远将有突出发生。煤炭科学研究总院抚顺分院[42]在对北票矿务局突出前瓦斯涌出规律进行研究分析表明,当 $V_{30} \geqslant 9$ m³/t 或 $V_{60} \geqslant 18$ m³/t 时,工作面前方有突出危险。聂韧、赵旭生[43]用爆破后 V_{30} 瓦斯涌出指标结合当前一些重要的突出预测方法(如 K_1 值等)的研究,发现在大湾矿当 K_1 值大于 0.6 时,V_{30} 值基本都大于 8 m³/t。并且认为,当 V_{30} 变化过于明显时,前方煤体可能存在突出危险。由于 V_{30} 对落煤量近乎苛刻的要求,学者又相继研究了爆破后 30 min 瓦斯涌出量 Q_{30} 以及爆破后 60 min 瓦斯涌出量 Q_{60} 等指标。

(2)瓦斯涌出变异特征

瓦斯涌出变异特征主要是指掘进工作面瓦斯涌出的一些基本特征的变化或波动程度,如波峰比、峰值差等。法国、苏联、日本等国家在 20 世纪 60 年代就开始用掘进煤巷的瓦斯监测原始数据预测突出危险性,认为突出前工作面瓦斯浓度有忽高忽低的变化,并认为这种变化是随机的。日本的小田[44]认为煤层巷道内瓦斯涌出量从 4~6 L/min 迅速下降到 0~2 L/min 时,工作面即将发生突出。当在爆破工作面时,将爆破后的瓦斯浓度大于平均瓦斯浓度的 1.5~2 倍及以上作为突出危险性临界值。

与此同时,国内部分学者在其他矿井也做了类似的研究。松藻煤电公司至今仍然沿用波峰比以及波宽比作为掘进工作面突出危险性的辅助预测指标。其认为在掘进工作面落煤期间,回风瓦斯浓度波峰比或者波宽比大于 2 或小于 0.5 时,掘进工作面前方有突出危险。南桐矿务局[41]通过分析 12 次突出实例发现,突出前两次爆破的瓦斯涌出峰值差 $|\Delta q|$ 和爆破峰值瓦斯浓度与爆破前正常浓度的比值 B 也可反映工作面前方突出危险性。并初步认为,当 $B \geqslant 5$ 或 $|\Delta q| \geqslant 0.4$ m³/min 时,工作面前方有突出危险。曾庆阳[41]在涟邵矿务局红山殿煤矿利用 A-1 矿井环境监测系统对炮掘工作面爆破前后瓦斯涌出进行连续监测,从 10 例突出前瓦斯涌出变化情况发现,突出前不爆破的其他作业过程中,瓦斯涌出增减幅度 ΔQ 达 0.35~1.68 m³/min。在进一步的研究分析后,认为在涟邵矿务局红山殿煤矿,当 $\Delta Q \geqslant 0.21$ m³/min 时,工作面前方不远将有突出发生。刘彦伟等[45]在鹤煤十矿做考察时,认为鹤煤十矿两次爆破的瓦斯涌出峰值差 $|\Delta q| \geqslant 0.8$ m³/min 以及爆破峰值瓦斯浓度与爆破前正常浓度的比值 $B \geqslant 3$ 或在不爆破的其他作业过程中,瓦斯涌出增减幅度 $\Delta Q \geqslant 0.5$ m³/min 时,工作面有突出危险。

(3)瓦斯监控数据统计特征

瓦斯监控数据统计特征是从数理统计的角度分析掘进工作面瓦斯涌出特点。这里最具代表性的无疑是苏联阔琴斯基矿业研究院[42]采用相对均方根偏差公式计算的瓦斯涌出变动系数 K_v。其通过统计分析 7 条准备巷道,共计 1 156 个观测周期、2 025 m 进尺的数据表明,当 $K_v \geqslant 0.7$ 时工作面进入突出危险带。联邦德国学者 H. 埃克尔和 H. I. 卡藤贝格[46]也在 20 世纪 80 年代就着手研究利用瓦斯涌出均方根偏差 $\overline{S_i}$、均方根偏差与瓦斯涌出平均值的比值 $\overline{S_i/C_i}$ 以及瓦斯涌出峰值与瓦斯涌出均值的差值 ΔC 来预测煤层的突出危险性。国内学者秦汝祥等[47-49]利用瓦斯监测数据的平均值变化趋势、序列的振动幅度以及序列的变频次数等作为研究瓦斯涌出特征的方法,也取得了一定的进展。华福明等依据监控系统瓦斯浓度数据进行煤与瓦斯突出实时诊断。邹云龙等[50]依据监控系统瓦斯涌出动态数据进行煤与瓦斯突出预警。当前非典型突出方面瓦斯浓度提取指标预警技术研究较少。

1.2.1.4 非典型突出综合预警技术国内外研究现状

预警(early-warning),顾名思义是预先警告的意思,即事先警告、提醒人们注意和警惕。

目前,在煤矿灾害预警技术研究领域,美国、澳大利亚、日本等发达国家已经形成了一套具有其国情特征的灾害预测、评价、管理方法[51-64]。美国国内矿山系统,建立了基于地理信息系统(GIS)的矿山综合管理与安全预警信息系统以及远程控制与指挥中心。澳大利亚煤矿研究中心的斯图尔特·贝尔(Stewart Bell)等认为:矿井瓦斯监控与预警是预防瓦斯灾害事故发生的主要出路之一,澳大利亚所有的煤矿都将监控系统通过网络连接到中心监控室,特别在昆士兰(Queensland)地区,煤矿都装备了高速监测与数据处理、数据分析、决策和指挥预警系统,为煤矿的安全生产提供了实时技术支持和保障。德国煤炭技术支持公司通过对监控数据进行集中分析,建立了智能可视化的 SIWA 2000 控制中心,该系统的开发基于 Windows NT/Unix 和卫星定位系统(SPS),由中心监控系统、数据分析系统、安全评价专家系统、备案文件系统、专家知识库、高级指令发布系统等 16 个专业模块组成,可以在小于 5 s 的时间内对矿井某一类型的安全状况做出预评价。日本研究开发了煤矿危机管理系统,通过井下各种信息的监测、管理和分析,对井下出现的危机进行预警。这些研究成果对提高矿井安全管理技术水平起到了积极的作用。

我国对煤矿灾害预警的研究是近十几年才开始的,且大多数是基于煤矿安全评价的宏观预警技术研究。事实上,煤矿安全监控系统中的瓦斯超限报警就是瓦斯爆炸预警的一种形式,只不过没有使用预警的概念而已。宫运华[65]从安全生产风险管理的角度探讨了安全生产危机预警的概念,研究了安全生产危机管理的内容;周建明、罗云等[66-67]结合安全风险管理理论,在对峰峰集团现有的软硬件资源进行整合基础上,开发了峰峰集团风险预警系统;苏东亮[68]对重大危险源建立了安全预警系统,对实现重大危险源安全监察工作的信息化、科学化和现代化起到了积极的推动作用;肖仁鑫[69]研究了瓦斯事故的预测信息模型,构建了煤矿安全信息平台,对煤矿安全预警进行了积极的探讨;张明[70]在总结了煤矿安全事故致因模型的基础上,开发了煤矿安全预警管理系统;杨玉中、冯长根等[71]进行了基于可拓理论的煤矿安全预警模型研究,从作业人员、机械装备、作业环境和管理状态等方面建立了预警指标体系,综合评价煤矿安全状态并给出预警等级;李春民[72]提出通过井下监测和安全管理,从物的不安全状态和人的不安全行为进行煤矿安全预警的构想;勋长安等[73]提出从采掘、机电、通风、安全管理等 7 个方面建立煤矿安全预警指标体系,实现对煤矿安全的监测预警,并设计了预警系统框架;耿殿明等[74]在分析国内外煤矿安全管理现状和发展趋势的基础上,提出了煤矿安全预警管理的程序和行动路线,并指出了煤矿安全预警管理存在的问题和研究方向;郭佳[75]研究了基于远程监测模式的煤矿安全生产预警系统,提出了预警系统构建框架、步骤和发布方式等;曹庆贵[76]对人的不安全行为进行了研究,提出了安全行为管理预警的思路;王莉等[77-78]在对目前监测监控系统缺点分析基础上,对煤矿安全预警系统的框架进行了构建,提出了煤矿瓦斯预警系统结构和主要模块及主要功能。

煤与瓦斯突出预警是集信息监测、突出预测、危险预报、隐患判识等于一体的煤与瓦斯灾害防治新技术。我国最近十几年才开始研究,由于研究时间较短,目前对煤与瓦斯突出预警技术研究的成果介绍还不太多。国外关于突出预警技术研究的文献更少。徐承彦[79]建立了煤与瓦斯突出信息数据库,并开发了相应的信息管理系统,较全面地实现了信息的录入、查询、修改、统计、绘图等功能;沈海鸿、张宏伟、李胜、张瑞林等[80-83]分别基于 GIS 构建了煤与瓦斯突出信息平台,实现了区域预测的信息化;周骏[84]基于模式识别原理,采用特征提取和分类相结合的方法建立了煤与瓦斯突出判断识别模型;赵涛[85]从煤层赋存参数、瓦斯赋存、煤体结构、地质构造等方面建立突出危险性评价指标体系,并采用模糊综合评判方法建立了突出危险性评价模型,根据评价结果对工作面突出危险性进行预报;王凯和俞启香[86]采用反向传播神经网络模型,设计了煤与瓦斯突出多因素识别预报计算机系统;何学秋、聂百胜等[87]提出通过电磁辐射技术,采用脉冲数和强度两个指标同静态临界值和动态趋势相结合的方法对煤与瓦斯突出和冲击地压进行预警,将动力灾害危险分为无危险、弱危险和强危险的三级预警方案;杨飞、罗新荣等[88]提出采用工作面瓦斯浓度监控数据的瓦斯涌出峰值、上升梯度、下降梯度和超限时间 4 个指标,利用人工神经网络分析方法,对煤与瓦斯延期突出进行预警;郑煤集团利用数字化工程平面图,根据工作面与地质构造、突出危险区等的距离对煤与瓦斯突出进行早期预警[89];赵旭生[90]在地理信息系统(GIS)基础上建立了数字化矿井数据库,从地质构造、应力集中、日常预测指标变化、瓦斯监控数据等方面建立了煤与瓦斯突出危险性预警指标,对煤与瓦斯突出进行趋势预警和临灾预警;郭建伟[91]进行了煤矿复合动力灾害危险性评价与监测预警技术研究,划定了危险区域及不同危险程度区域,初步确定了监测预警指标。非典型突出预测预警技术目前研究相对较少。

1.2.2 发展趋势

综上所述,非典型突出虽然在发生机理方面有所成就,但仍有很多基础技术尚未详细深入研究,尤其是非典型突出产生机理、物理力学特性、快速连续预警指标等方面,且相关研究技术为主要发展趋势技术。

关于非典型突出研究,其主要的发展方向为:

(1)非典型突出实验室物理模拟手段进一步完善。

(2)非典型突出煤层物理力学特性、定量发生物理力学条件、鉴定指标及临界值还需详细研究。

(3)非典型突出区域、局部预测指标及临界值还需详细研究。

(4)非典型突出快速连续预警指标及临界值还需详细研究。

(5)非典型突出合适、有效的防控措施还需进一步研究。

(6)非典型突出预防技术体系、技术装备及相应法律法规标准还需进一步研究。

1.3 非典型突出预测预警成套技术研究内容、方法和思路

1.3.1 研究内容

非典型突出预测预警成套技术属于复合型灾害,属于地质、采矿、安全等学科的交叉,复合型、多学科交叉造成了研究内容的多样性和复杂性。主要研究内容如下:

(1)非典型突出煤体物理力学特性。

(2)非典型突出瓦斯应力地质预测技术。

(3)非典型突出声发射预测预警技术。

(4)非典型突出瓦斯浓度提取指标预测预警技术。

(5)非典型突出综合预警技术。

(6)非典型突出成套技术应用。

1.3.2 研究方法

由于非典型突出预测预警成套技术研究内容属于复合型、多学科交叉方向,研究的内容

多样复杂,决定了研究方法的多样性。

(1)理论分析方法。着重于研究非典型突出产生过程、机理及数学物理模型。

(2)实验室研究方法。着重于测定非典型突出煤岩体物理力学参数、瓦斯参数测定、物理模拟等。

(3)数值模拟方法。着重于模拟非典型突出产生过程。

(4)现场实测方法。着重于测定非典型突出煤岩体地应力分布、瓦斯参数分布、地质构造探测等。

1.3.3 研究思路

项目采用研究问题的一般思路及方法,针对非典型突出难以准确鉴定、预测预警及防控的科学问题,基于非典型突出实际发生资料,从非典型突出煤岩体物理力学性质、瓦斯应力地质特性、钻孔取样、声发射信号、瓦斯浓度特征及过程综合预警,进行非典型突出预测预警成套技术研究。总体思路如图1-2所示。

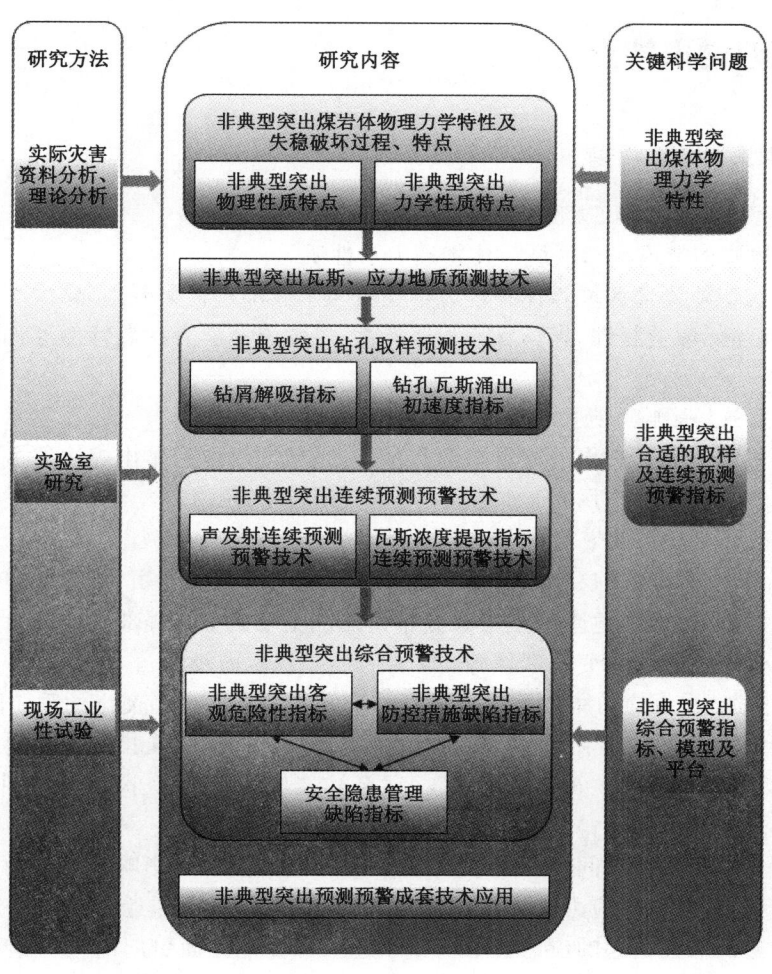

图1-2 总体思路

2 非典型突出特点及煤体物理力学特性

2.1 引　　言

实际发生的非典型突出煤体破坏类型、放散初速度、坚固性系数及吸附解吸特征参数等与典型灾害不同,且兼具冲击倾向性和突出危险性双重动力特性,通过相关研究,明确了非典型突出物理力学特性。非典型突出虽与典型灾害特征不同,但也是煤体、地应力、瓦斯压力三因素作用结果,集中发生在极端地质构造或深部区域。

2.2 非典型突出特点

2.2.1 非典型突出总体规律

总结非典型突出可得出以下几点认识:

(1)极端地质构造或深部区域煤体物理力学性质

极端地质构造或深部区域煤体物理力学性质与中浅部有很大差别,煤体冲击倾向性、煤体流变特性、煤体低渗透特性、煤体含高瓦斯特性、煤体强地应力状态特性等,造成了非典型突出的发生。

(2)瓦斯参数是影响非典型突出的重要因素

瓦斯的富集是非典型突出的能量来源和基础,是破碎煤体和抛出煤体的主要动力之一,在非典型突出中具有主要作用。

(3)非典型突出常呈条带状分布

非典型突出危险区占煤层总区域面积的 10% 左右,即煤层中并非处处都有危险,相反在绝大多数地区都无危险,危险区呈带状分布特点。主要集中在局部构造应力集中、采掘应力集中区域和煤层赋存极具变化区域等。

(4)地质构造、采掘应力集中等区域的高地应力是影响非典型突出的重要因素

地质构造影响区存在残余构造应力,地质构造使煤体产生挤压搓揉和层间滑动,在一定程度上控制了煤的力学强度、瓦斯量的多少、残余构造应力及其大小,是影响非典型突出的主要影响因素之一。

采掘活动使得在采掘空间围岩中形成应力集中、应力叠加而影响到煤层的突出危险性。在煤矿生产过程中,常见的应力集中区可分为两大类:一是由于邻近层采掘活动引起的,主要包括邻近层遗留煤柱引起的应力集中区和邻近层采掘工作面引起的应力集中区;二是由于本煤层采掘活动形成的应力集中区。另外,采掘工作面布局方向与最大主应力方向之间的关系也会影响到煤层的突出危险性,方向一致时易于发生突出,方向成 90° 时突出危险性

最小。采掘应力集中是影响非典型突出的主要影响因素之一。

2.2.2 非典型突出特征

非典型突出的煤体特征包含发生后煤体堆积特征、抛出距离、粒度分布等。从收集的资料来看,非典型突出既具有大量煤量抛出、涌出大量瓦斯等突出特征,又伴随有巷道顶底板出现大量裂缝、底鼓、巷道支护损毁等冲击地压特征。

2.2.3 非典型突出动力效应特征

非典型突出伴有大量声响,煤岩体被抛出,巷道支护和大量设备被破坏,发生瓦斯逆流,兼具有典型突出和典型冲击地压动力效应特征。

2.3 非典型突出煤体物理特性[3,31]

通过非典型突出煤体研究可知,非典型突出煤体性质与发生典型突出和典型冲击地压煤体物理力学性质存在一定的差异,此类煤的强度高于一般的突出煤,而又低于典型冲击地压发生的硬脆煤,并且煤的孔隙系统比较发达,可以吸附大量的瓦斯。

2.3.1 非典型突出煤体瓦斯解吸规律的实验研究

2.3.1.1 煤体吸附与解吸

（1）吸附与解吸

当气体分子在运动过程中碰撞到固体表面时,由于气体分子与固体表面分子之间的相互作用,气体分子便会暂时停留在固体表面上,形成气体分子在固体表面上的浓度增大,这种现象就称为气体分子在固体表面的吸附。固体的表面是不饱和的,由于固体里面的分子或原子所受的吸引力是对称的,而处于表面上的分子和原子所受的力则是不对称的,因而在固体的表面上有过剩的能量存在,即表面自由能。当气体分子运动碰撞到固体表面时,就会贴在表面上一段时间,然后再离开,即发生所谓分子的非弹性碰撞。这个停留时间的长短取决于许多因素,诸如表面和气体分子的性质,表面的温度以及气体分子的动能等。被吸附的气体分子也不是处于静止不动的状态,当它们获得的能量（热量）足以克服表面的引力时,就可以重新离开固体表面而成为自由气体分子,这就是气体的解吸。在一定的压力和温度下,吸附在表面的气体分子与解吸的气体分子在数量上相等,就达到所谓的吸附平衡。

实验表明,煤对瓦斯的吸附属于物理吸附,其吸附力是分子间的吸引力,即所谓范德华力。这种吸附作用纯粹是一种物理作用,其间没有电子的转换、化学键的生成以及原子的重新排列等。其吸附热（分子自气相吸附到固体表面所放出的热）数值低,与液化热相接近。也可以说瓦斯的吸附与气体的液化相似,类似于表面凝聚。因此吸附速度大,脱附（解吸）也容易;在一定的外界条件下,煤对瓦斯的吸附与解吸过程是可逆的:

$$\text{孔隙空间的瓦斯分子} \underset{\text{解吸}}{\overset{\text{吸附}}{\longleftrightarrow}} \text{煤粒表面的瓦斯分子}$$

（2）解吸瓦斯从煤中涌出的速度——解吸速度

从分子运动的角度来看,气体分子的吸附与解吸过程是非常快的,吸附平衡在瞬间便可以完成。但实际情况并非如此,因为通常吸附剂都是多孔结构的物质,气体向多孔构造物质的内部迁移总是需要时间的,气体先达吸附表面由于要经过各种形式的通道而延迟,这就影响了吸附的速度。实际的吸附过程由下列三步组成:① 外扩散,吸附物质气流到吸附剂颗粒外表面的扩散;② 内扩散,吸附质分子沿着吸附剂中的孔道深入其内表面的扩散;③ 发生在内吸附表面上的吸附过程本身。由于吸附过程本身进行得极快,实际上几乎是在瞬间完成的,因此吸附动力学主要取决于外扩散与内扩散的速度,这同样适用于吸附的逆过程——解吸,煤中瓦斯的吸附与解吸过程也是如此。因此通常所谓煤的瓦斯解吸速度可以看成当吸附平衡压力解除(卸压)后,从脱离煤层整体的破碎煤中解吸瓦斯的涌出速度,它取决于吸附瓦斯自煤的内表面解吸下来,并经过煤的内部孔隙和外部裂缝通道进入巷道的整个过程。瓦斯自煤中孔隙表壁上的解吸是瞬间完成的,而后瓦斯通过孔隙体的运动可以视为相应于前述内扩散与外扩散的两个连续的过程:前一个过程是扩散,即瓦斯从所谓微孔(孔径相当于瓦斯分子)中涌出,后一个过程是通过孔隙的渗透。在此两项过程中,第一步必须克服孔壁产生的能量,第二步取决于渗透的阻力。显然扩散与渗透的阻力越小,瓦斯在煤孔隙体中的运动速度越快,越有利于瓦斯从煤表面上解吸。实验表明,在煤层破碎,煤离开整体煤层的情况下,上述第二个过程,即渗透的影响是不大的。这表现在用通常的方法所测得的煤层孔隙率和透气性大小,并不与煤的瓦斯解吸速度发生直接的联系。如鱼田堡煤矿四号煤层的顶板炭和底板炭,其孔隙率较槽口炭大(顶板炭孔隙率 8%,底板炭孔隙率 12.5%,槽口炭孔隙率 5%),然而其瓦斯解吸速度都比槽口炭低。在这里决定解吸速度的主要因素是瓦斯扩散的孔隙通道,它是由煤的原生物质、成煤环境以及构造破坏程度所决定的特征。

在某一压力下吸附瓦斯达到平衡的煤样,当压力降低后,煤中的瓦斯将迅速解吸。瓦斯解吸的速度开始很快,以后随时间的推移迅速降低,当在新的压力下重新达到吸附平衡后,瓦斯将不再继续解吸。瓦斯解吸量即表示在卸压后某一时刻解吸瓦斯涌出量的累计值(以 Q 表示)。煤样从某一平衡压力迅速暴露在空气中,瓦斯解吸量在卸压后最初一段时间内急剧增大,以后则逐渐平缓下来,一般在 8~10 h 以后不再有明显的增加,瓦斯解吸量随时间的变化形式可以近似地用下式表示:

$$Q = kt^i \qquad\qquad (2-1)$$

式中　Q——卸压后时间为 t 时的瓦斯解吸量,cm³/g(可燃物);

　　　k, i——与瓦斯含量及煤结构有关的解吸系数。

公式中 k 与 i 的物理意义,分别为瓦斯解吸量在卸压后 1 min 时的数值及自 1 min 以后瓦斯解吸量增长的速率,k 值取决于煤样的瓦斯含量和解吸特性,i 则只与煤样的解吸特性有关。

实验证明,大多数的煤样(取粒度 0.25 mm)在卸压后 0.5~1.0 h 内的瓦斯解吸量,上式是适用的。而在最初 20~30 min 内计算结果与实测值十分接近,当解吸时间较长,尤其是对解吸速度较大的煤样,计算结果将随时间出现偏大的情况,但只有最初一段解吸量对非典型突出的发生有着密切的关系,因而可以采用。

2.3.1.2　不同条件下瓦斯解吸规律的实验研究

(1)实验目的

本实验拟通过物理模拟研究不同开采条件下,在人为卸压后煤样中瓦斯的瞬时解吸特性(从气体初始解吸到稳定状态),以便为进一步研究不同开采条件下应力、瓦斯和温度对灾害发生的不同作用机制奠定基础。

（2）实验内容

在一定的围压和孔隙压条件下,分析不同温度条件下瓦斯的解吸特性,揭示了温度对瓦斯解吸附的控制效应;在一定的围压和温度条件下,分析瓦斯压力对煤体解吸规律的影响;在一定的孔隙压和温度条件下,分析不同围压对煤体瓦斯解吸特征的影响规律。

（3）实验系统

本实验利用达西定律稳定流法和三轴渗透实验装置,在出口压力为大气压,入口压力可调的情况下,进行了不同瓦斯压力、不同温度、不同围压水平下煤样的解吸渗透实验。实验主要装置和实验系统如图 2-1、图 2-2 所示。

图 2-1 三轴渗流装置实物图

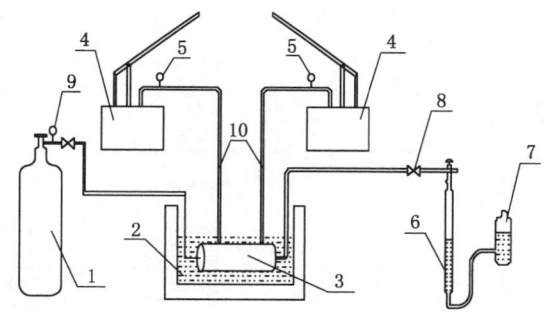

图 2-2 实验系统示意图

1——高压瓦斯瓶;2——恒温水槽;3——三轴渗透仪;4——手动液压泵;5——油压表;
6——玻璃量管;7——水准瓶;8——阀门;9——减压阀;10——液压管

（4）实验测试方法

① 渗流气体量测量及计算方法

原煤瓦斯渗流流量随外界条件的变化而变化,当流量较小时采用单位时间体积测量的方法。开始时每隔 5 min 读数一次,直至流量稳定,在读取 3 次渗流气体体积量相等时,进行下一组压力梯度实验。读数时提高平衡瓶与量管内液面等高,读取液面所在刻度(平视液面),两次读数的差为本次测量体积,如图 2-3 所示。

当流量大于 7 mL/s 时采用 D07 质量流量计测试流量。

② 数据处理

实验过程煤的实测雷诺数在 1~10 间,不同气体的实测渗透率按以下公式计算:

$$K_C = \frac{2p_0 Q_0 L}{F(p_1^2 - p_2^2)} \qquad (2\text{-}2)$$

式中　K_C——煤的实测渗透率,10^{-3} μm^2;

　　　Q_0——气体流量,cm^3/s;

　　　p_0——标准大气压力,MPa;

　　　p_1——入口压力,MPa;

　　　p_2——出口压力,MPa;

　　　F——渗透有效面积,cm^2;

　　　L——煤体试件长度,cm。

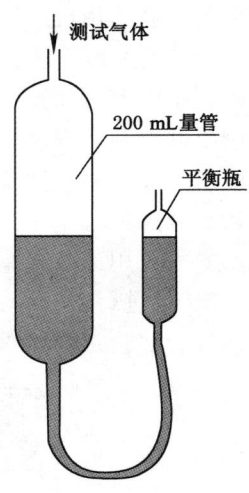

图 2-3　气体体积测量装置

③ 实验煤样

利用专用的岩石取芯检测装置将原煤切割成 ϕ50 mm×100 mm 的圆柱体,而后利用电磨对其表面进行打磨,以求达到实验要求。

(5)实验结果及规律分析

① 原煤解吸放散速度随围压的变化规律

瓦斯吸附压力 2 MPa、温度 35 ℃,不同围压条件下瓦斯解吸速度曲线如图 2-4 所示。从图中可以看出,围压 6 MPa 时,煤样瓦斯解吸放散速度无论是在初始阶段还是在基本平稳以后,都明显高于围压 10 MPa 和 12 MPa 时,而后两者的放散解吸速度的差异已经不大。

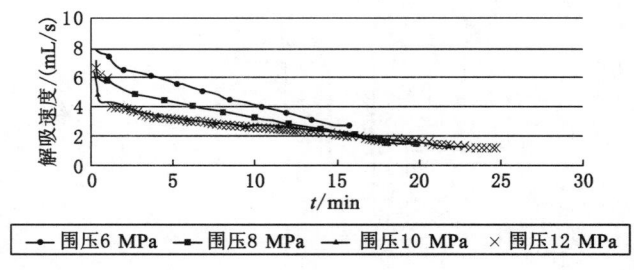

图 2-4　不同围压条件下瓦斯解吸速度曲线

从图 2-5 曲线的下降速率也可看出,从围压 6 MPa 到 8 MPa 时,瓦斯放散速度(基本平稳后)从 2.72 cm^3/s 突降到 1.51 cm^3/s,而在 10 MPa 和 12 MPa 时的放散速度分别为 1.31 cm^3/s 和 1.22 cm^3/s 。也就是说,在瓦斯压力和温度一定的情况下,当围压增大到一定程度后,其对瓦斯放散速度的影响程度逐渐降低。

② 原煤解吸速度随瓦斯吸附压力的变化规律

围压 6 MPa、温度 35 ℃,不同瓦斯吸附压力条件下瓦斯解吸速度曲线如图 2-6 所示。

当瓦斯吸附压力达到 4 MPa 时,由于气体解吸放散速度太快而无法准确地读出相应的数值。从图 2-6 可知,不管是在开始阶段还是在平稳以后,随着瓦斯吸附压力的增大,其相应的瓦斯解吸速度增高。

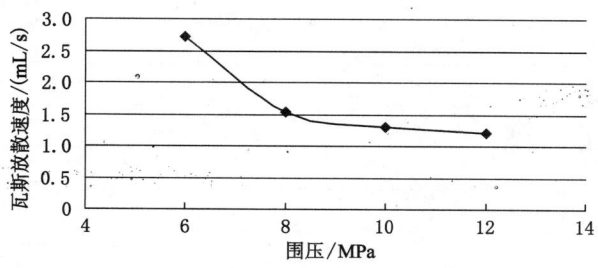

图 2-5　瓦斯解吸速度随围压的变化趋势

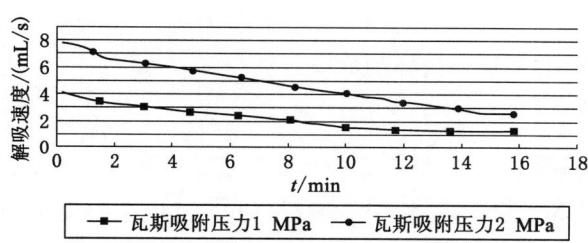

图 2-6　不同瓦斯压力条件下瓦斯解吸速度曲线

③ 原煤解吸速度随温度的变化规律

瓦斯吸附压力 1 MPa、围压 6 MPa,不同温度条件下瓦斯解吸速度曲线如图 2-7 所示。从图中可以看出,低温条件下煤样瓦斯放散解吸速度在初始阶段较高温情况下为高,而最终的解吸放散速度则低于高温条件下。究其原因可以认为,在其他条件相同的情况下,低温条件瓦斯的吸附量较多,因此,初始的放散量也多;而随着温度的升高,气体分子活性和内能增大,气体分子的扩散加速,从而使煤体气体的解吸扩散速度随之升高。不过,与围压和吸附瓦斯压力相比在实验温度变化范围内,其对瓦斯解吸速度的影响均远不及。

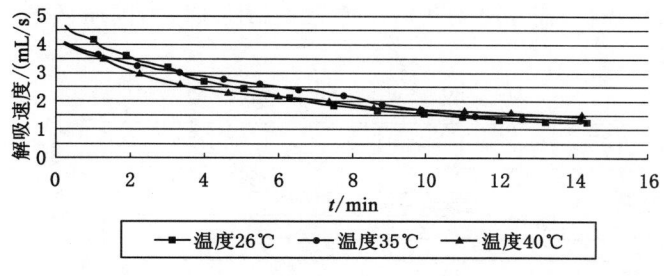

图 2-7　不同温度条件下瓦斯解吸速度曲线

2.3.1.3　非典型突出瓦斯吸附解吸特征值

非典型突出煤体瓦斯吸附解吸近似服从幂函数公式,但由于非典型突出煤体强度、打钻取样粒径较突出大,所以瓦斯吸附解吸特征值较典型突出煤体大,所以钻屑解吸指标进行非典型突出预测时其值需要修正,如图 2-8 所示。

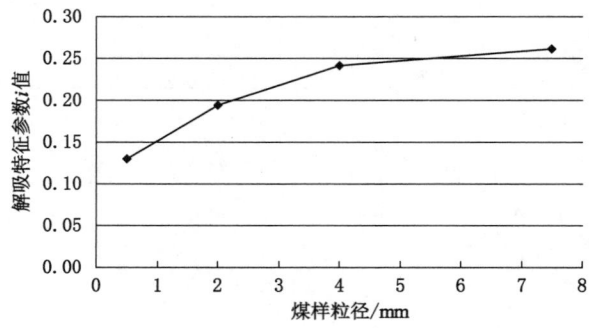

图 2-8 煤体吸附解吸特征参数值与煤样粒径关系

2.3.2 非典型突出煤体瓦斯渗流规律的实验研究

(1)实验目的

本实验拟通过物理模拟研究不同开采条件下,在人为卸压前后渗透率的变化(可反映卸压前后孔裂隙的发展情况),以便为进一步研究不同开采条件下应力、瓦斯和温度对灾害发生的不同作用机制奠定基础。

(2)实验内容

分析不同条件下,煤样在释放前后渗透率(透气性)的变化规律。

(3)实验系统

本实验主要装置和实验系统如图 2-1 和图 2-2 所示。

(4)原煤渗透率随围压变化的规律

连续卸载过程中渗透率的变化规律如图 2-9 至图 2-12 所示。可以看出,卸载过程中煤样渗透率在逐渐增加,增加速率呈逐渐增大趋势。在卸载初期,即高围压阶段(此处高围压指的是相对于瓦斯吸附压力)的卸围压过程中,渗透率有所增加,但变化的趋势较缓;而在低围压阶段,即卸围压的后期,煤样的渗透率增速加快,如吸附瓦斯压力 1 MPa 时,在围压低于 6 MPa 时增速明显加快,而在吸附瓦斯压力为 4 MPa 时,当围压低于 8 MPa 时,增速明显加快。

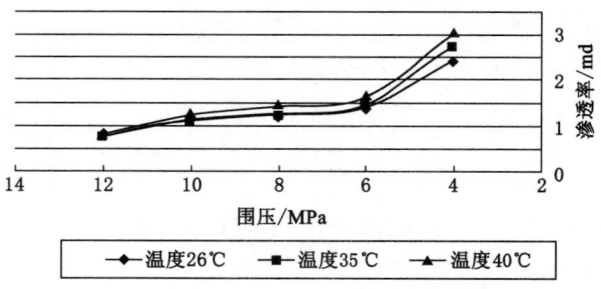

图 2-9 卸围压过程中渗透率变化曲线(瓦斯压力 1 MPa)

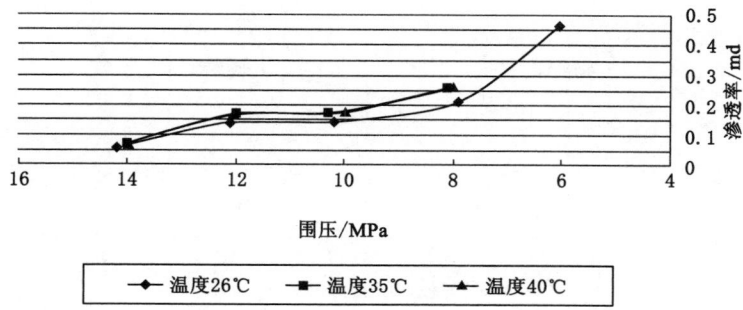

图 2-10　卸围压过程中渗透率变化曲线(瓦斯压力 4 MPa)

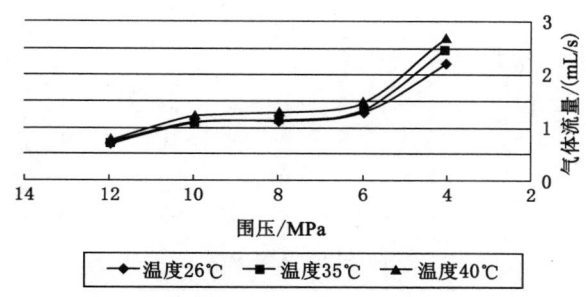

图 2-11　卸围压过程中气体流量变化曲线(瓦斯压力 1 MPa)

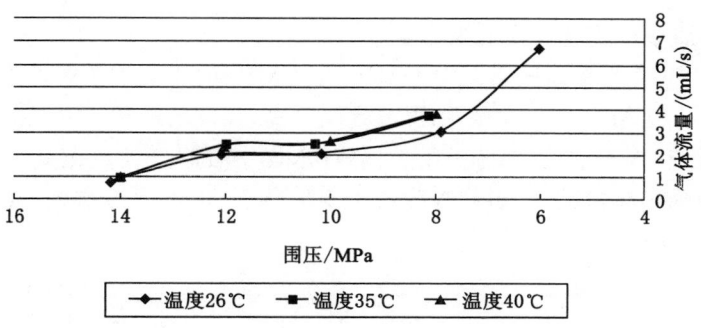

图 2-12　卸围压过程中气体流量变化曲线(瓦斯压力 4 MPa)

　　从以上分析可知,在吸附瓦斯压力和温度水平一定的情况下有:随围压的降低,渗透率逐渐增大;在卸压的初期,即高围压阶段,渗透率增加的幅度较为平缓;而低围压卸压阶段,渗透率的增速明显加快;原煤气体流量变化与渗透率变化规律相似。

　　(5)原煤渗透率随吸附瓦斯压力变化的规律

　　对含不同吸附瓦斯压力的同一煤样进行渗透率测定,结果表明,随着煤样中吸附瓦斯压力的增高,煤样的渗透性呈下降趋势;而与之相反,瓦斯的解吸放散速度即气体流量则随之增大,如图 2-13、图 2-14 所示。

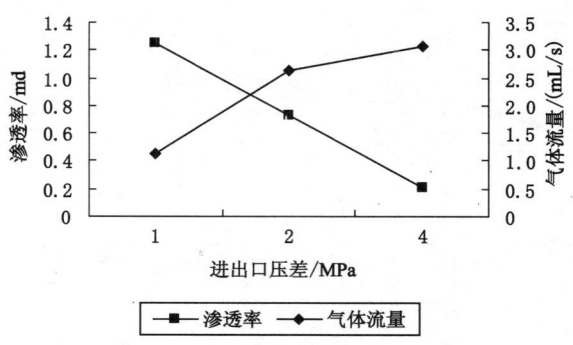

图 2-13　渗透率随吸附瓦斯压力变化曲线(温度 26 ℃)

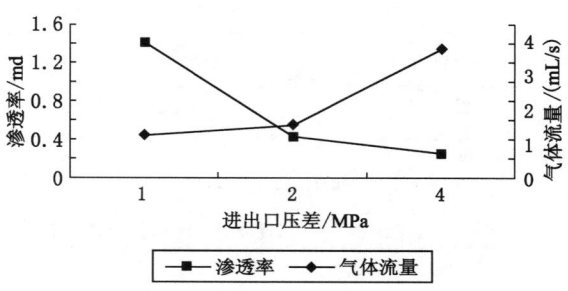

图 2-14　渗透率随吸附瓦斯压力变化曲线(温度 40 ℃)

（6）原煤渗透率随温度变化的规律

图 2-15～图 2-17 为瓦斯吸附压力 1 MPa 和 4 MPa 时不同围压条件下时原煤渗透率与温度的变化关系。从图中可以看出，随着温度的升高，煤体的渗透率升高。这是因为温度升高，气体分子活性和内能增大，部分吸附气体解吸，煤中吸附气体量尤其是对吸附膨胀变形起主要作用的吸附气体量减少，引起吸附膨胀变形减小，渗流通道增大，气体分子的扩散加速，从而使煤体气体的渗透率随之升高。

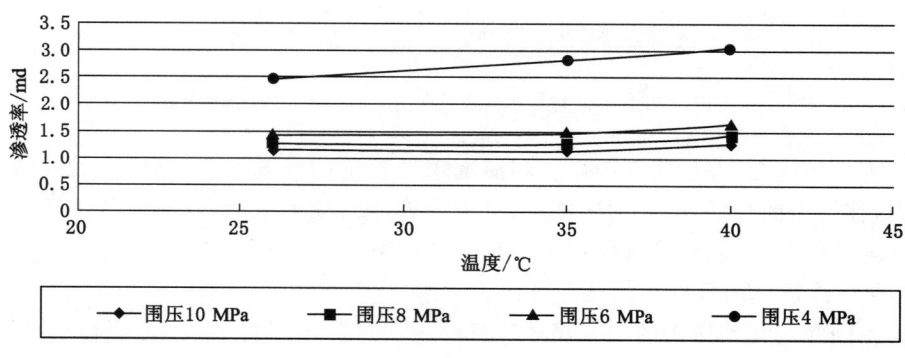

图 2-15　渗透率随温度变化曲线(瓦斯压力 1 MPa)

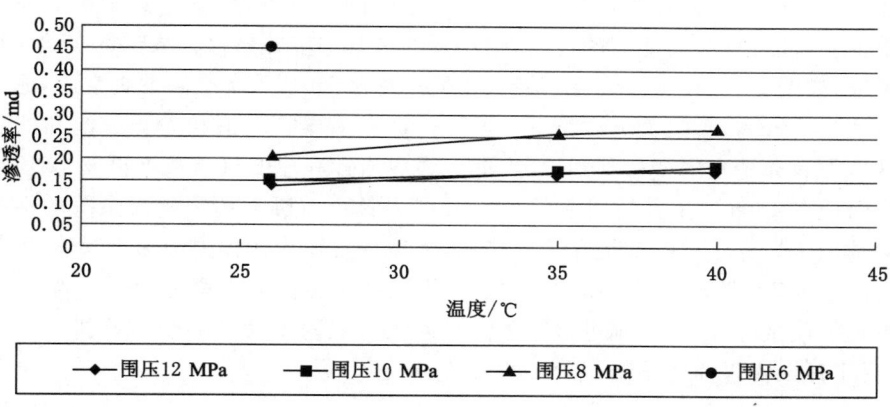

图 2-16　原煤渗透率随温度变化曲线（瓦斯吸附压力 4 MPa）

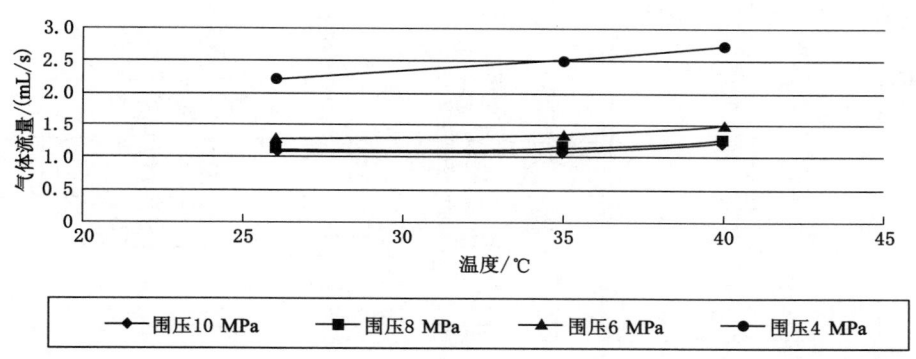

图 2-17　原煤气体流量随温度变化曲线（瓦斯吸附压力 1 MPa）

从图中还可以看出，在高围压情况下，渗透率随温度升高而增大的幅度较小，而在低围压情况下变化的幅度明显增加，尤其在吸附瓦斯压力 4 MPa 时，其渗透流速超出了仪器的测量范围而无法精确测量。

从以上分析可以得到，在吸附瓦斯压力和围压水平一定的情况下，随着温度的升高，煤样渗透率略有增加，但变化较为平缓；由图 2-17 可见，原煤气体测量的变化趋势与渗透率相似。

2.4　非典型突出煤体力学特性[3,31]

本章利用瓦斯气体密封装置[92-93]，提出了测定瓦斯煤体力学指标的类单轴实验方法[94]，通过实验研究，得到了有效围压为零条件下瓦斯对煤样力学性质和力学响应的影响规律。

2.4.1　实验方法和试样的制备

（1）实验方法

传统含瓦斯煤体力学指标的测定一般多是在常规三轴的情况下进行，即在煤样周围加以高于瓦斯压力的油压把瓦斯封存在煤样中。根据国家标准,力学指标多是对原煤标准试样进行单轴实验取得的,而瓦斯的存在,则必须考虑其相应的封存方法。本实验利用瓦斯气体密封系统,如图 2-18、图 2-19 所示,将原煤试样封存其中,用真空泵抽真空后,充入一定压力的高纯度瓦斯气体,吸附气体浓度为 99.9%,直到煤样吸附饱和为止。饱和的判定是通过高精度压力表和精密应变仪共同确定,即压力表指针和应变仪读数不再发生变化,一般吸附时间均保证在 48 h 以上。后将密封系统放在伺服压力机上利用密封系统的活塞加载装置进行单轴加压。由于煤样的饱和吸附作用,瓦斯压力作为体积力施加于煤体,使煤体所受到的有效围压为零,即其内部瓦斯和煤样周围即密封空腔内的游离瓦斯压差为零,则类似于常规的单轴加载试验。如此,则可对在不同瓦斯压力吸附饱和的原煤试样进行力学指标测定,从而得出瓦斯对煤体力学指标的影响规律。

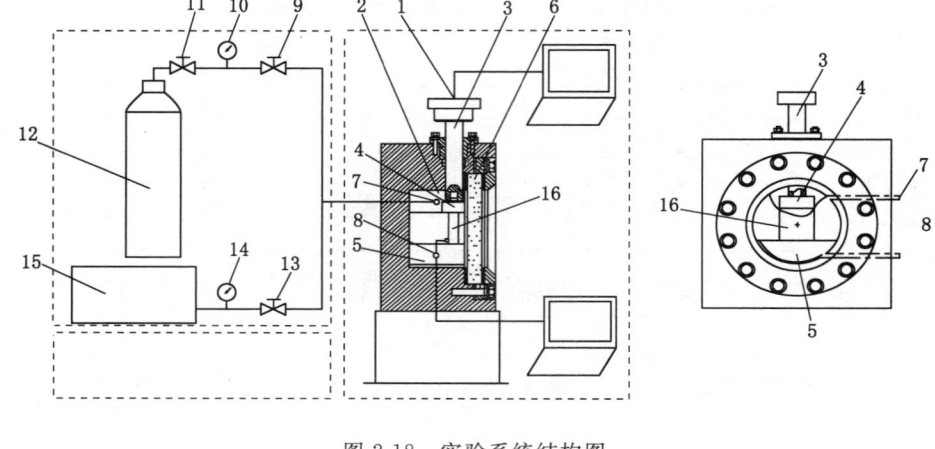

图 2-18 实验系统结构图

1——加载系统;2——内腔;3——加载杆;4——加载头;5——垫块;6——密封盖;
7——导气孔;8——导线;9——控制阀;10,14——压力表;11——减压阀;12——高压气瓶;
13——真空控制阀;15——真空泵;16——试样

（2）试样的制备

研究煤样提取于平煤集团十二矿己 15 煤层。实验室测定所取煤样的 f 值为 0.43,瓦斯吸附常数 a 值为 22.636 8,b 值为 0.880 3。

考虑到实验装置内腔空间的尺寸,严格按照煤岩力学试验规程要求,将所取煤块切割为 50 mm×50 mm×50 mm 的方形试样,如图 2-20 所示。

为保证实验结果具有可靠性和可比性,煤样加工成型后对煤样的外观仔细观察,选取没有明显的节理及裂纹等缺陷,且两端的不平行度小于 0.05 mm 的作为实验试样,以确保试样之间没有出现明显的差异,并对其进行编号。

2.4.2 单轴压缩条件下煤样的应力应变曲线

单轴压缩实验的瓦斯条件分为 0 MPa、1 MPa 和 2 MPa 三种情况,每种情况至少做 3 个试样。实验所得的部分煤样的应力—应变曲线和实验数据如图 2-21、图 2-22 所示。

图 2-19 实验系统和密封装置

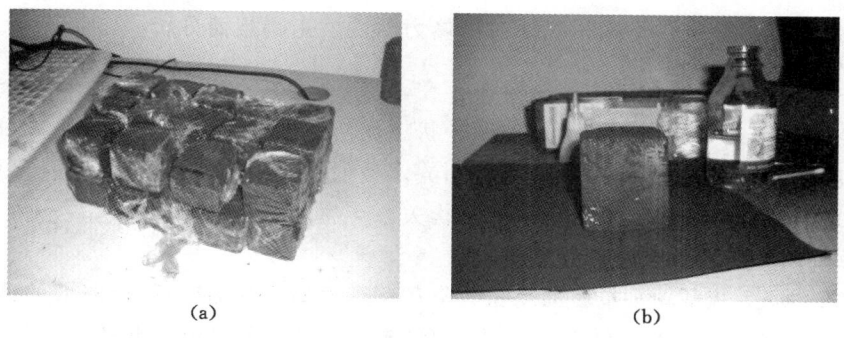

图 2-20 制作的部分试样

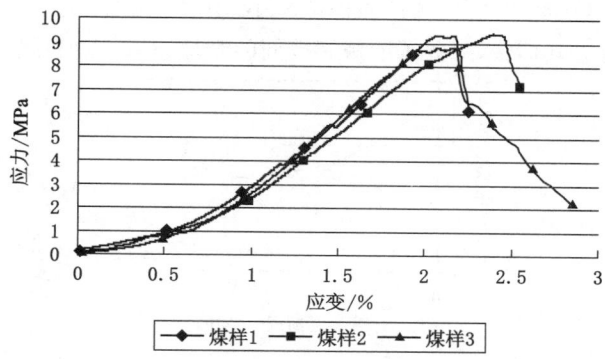

图 2-21 无瓦斯作用下煤样单轴压缩应力—应变曲线

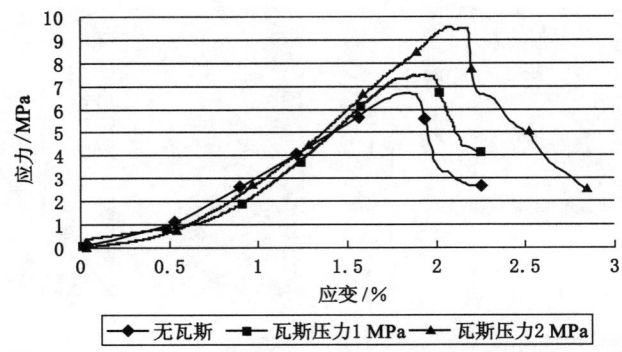

图 2-22   不同瓦斯压力作用下煤样单轴压缩应力—应变曲线

由图 2-21 可见,虽然煤样取自同一煤块,并且在实验过程中保证了其层理方向的一致性,但原煤试样所测数据存在的离散性是难以避免的。由图 2-22 可见,孔裂隙瓦斯不仅改变了煤体塑性变形阶段和峰值强度后变形阶段的力学性质和力学响应,而且改变了煤体的弹性变形特性,使得弹性模量等力学参数不再为常数。即孔隙压力改变了包括弹性变形阶段在内的煤体全部变形阶段的力学响应特性。

由大量现场数据可知,非典型突出煤体单轴抗压强度为 4~10 MPa,坚固性系数 f 为0.4~1.0。

2.4.3   有效围压为零条件下吸附瓦斯对煤体力学性质影响规律分析

煤体中的瓦斯以游离和吸附两种状态存在,并在一定温度和瓦斯压力下保持动态平衡。含瓦斯煤体的物理力学性质同时受到这两种状态瓦斯的影响。游离瓦斯对煤体力学性质的影响是通过孔隙压力作为体积力而产生作用的。吸附瓦斯则是通过吸附解吸作用使煤的力学性质和力学响应发生改变,从而对煤的本构关系产生影响。

(1)峰值强度随瓦斯压力的增加而降低

如图 2-23 所示,煤的单轴抗压强度随吸附瓦斯压力的增加而降低,但降低的速率随压力的增加而逐渐变缓。去除有效轴向应力的影响,强度的降低主要由瓦斯的非力学作用产生。瓦斯的存在,减少了煤体内部裂隙表面的张力,从而使煤体骨架部分发生相对膨胀,导致煤体颗粒间的作用力减弱,被破坏时所需的表面能减小,削弱了煤体的强度。同时,瓦斯的存在,阻碍了裂隙的收缩,促进其扩张,减弱了宏观裂缝间的摩擦系数,也使得煤体强度降低。

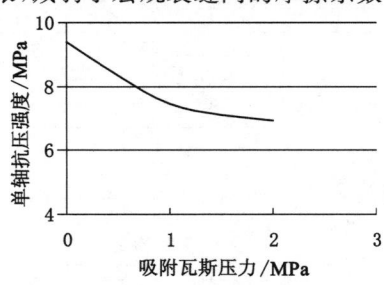

图 2-23   单轴抗压强度随吸附瓦斯压力的变化趋势图

（2）弹性模量随瓦斯压力的增加而降低

煤体的弹性模量随瓦斯压力的增加而降低，如图 2-24 所示。弹性模量代表煤体抵抗变形的能力。吸附于煤体颗粒表面和颗粒空间中的瓦斯气体分子将减弱煤体试样的黏结力，宏观表现为降低了煤体抵抗变形的能力，即弹性模量降低。

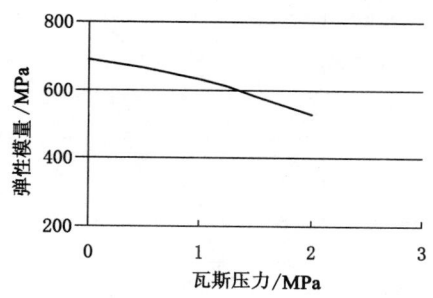

图 2-24　弹性模量随瓦斯压力的变化趋势图

（3）峰值点处塑性变形随瓦斯压力的增加而降低

从图 2-25 可以看出，在峰前阶段，随瓦斯压力的增高，煤样发生的塑性变形逐渐减小。

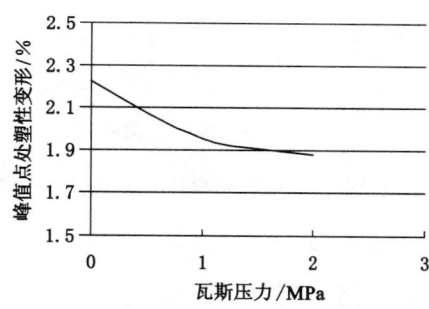

图 2-25　峰前塑性变形随瓦斯压力的变化趋势图

（4）瓦斯对煤样冲击指标的影响规律分析

煤体的动态破坏时间，即发生脆断破坏的时间随吸附瓦斯压力的增加而增加，如图2-26 所示。由图 2-25 和图 2-26 可见，瓦斯的存在，使得峰后段曲线变缓，尤其是脆性破断（曲线瞬间降低即比较陡的一段）表现不明显。这主要表现在吸附瓦斯的存在，增加了煤体的延性，降低了其发生脆性破断的概率。

冲击能量指数和弹性能量指数随吸附瓦斯压力的增加而降低，如表 2-1 所列。从力学角度分析，与仅仅由煤体骨架单独承担压力相比，吸附瓦斯后由煤体骨架和瓦斯气体共同承担外部压力，煤体中积聚的弹性变形能将大为减小，难以形成煤体冲击的条件。另外，从冲击能量指数和弹性能量指数的计算方法可知，由于单轴抗压强度和弹性模量的降低，从而导致冲击能力指数和弹性能量指数随吸附瓦斯压力的增加而降低，如图2-27、图 2-28 所示。

表 2-1　　　　　　　　　不同瓦斯压力作用下煤样冲击指标实验结果

类别名称		1 类无瓦斯	3 类瓦斯 1 MPa	4 类瓦斯 2 MPa
冲击指数	动态破坏时间/ms	280	630	640
		260	480	460
		320	570	720
	平均/ms	287	560	607
	弹性能量指数	2.33	1.87	1.77
		3.21	1.76	1.52
		2.90	1.69	1.43
	平均	2.81	1.77	1.57
	冲击能量指数	1.92	1.62	1.23
		1.74	1.51	1.35
		1.81	1.38	1.56
	平均	1.82	1.50	1.41

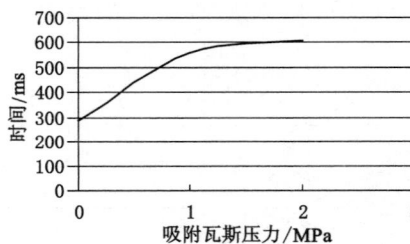

图 2-26　动态破坏时间随吸附瓦斯压力的变化趋势图

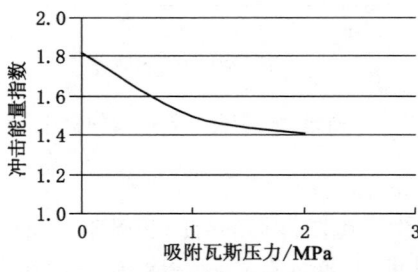

图 2-27　冲击能量指数随吸附瓦斯压力的变化趋势图

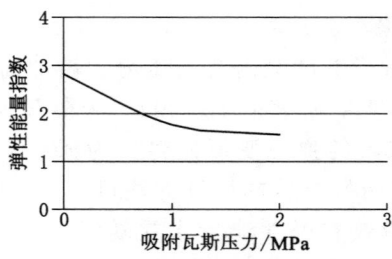

图 2-28　弹性能量指数随吸附瓦斯压力的变化趋势图

　　由此可以判断,矿井进入深部,随着煤体应变能增加,瓦斯抽采可能引起煤体冲击倾向性增加,增加煤体非典型突出发生危险性。

　　(5)煤体的脆性度随吸附瓦斯压力的增加而降低

　　从图 2-29 可以看出,无吸附瓦斯作用的试样发生破坏后,其破断为一条比较完整的劈裂线,脆断破坏的痕迹明显;而吸附瓦斯作用的试样破坏后其破坏的程度为一种碎裂形式,破坏后的完整性差。

图 2-29　不同瓦斯压力作用下煤样的破坏形式
(a) 无瓦斯作用下;(b) 1 MPa 瓦斯压力;(c),(d) 2 MPa 瓦斯压力

　　综合以上分析,还可以看出,煤体力学性质和力学响应随吸附瓦斯压力升高而变化的趋势逐渐变缓。也就是说,在有效围压为零的单轴压缩条件下,随着瓦斯吸附的渐趋饱和,瓦斯对煤体力学性质和响应的影响逐渐变弱。

2.5　本章小结

　　(1)非典型突出集中发生在极端地质构造或深部区域,且兼具冲击倾向性和突出危险性双重动力特性,既具有大量煤量抛出、涌出大量瓦斯等突出特征,又伴随有巷道顶底板出现大量裂缝、底鼓、巷道支护损毁等冲击地压特征。

　　(2)非典型突出煤岩体物理力学特性介于典型冲击地压和煤与瓦斯突出之间,具有高地应力围压、高瓦斯压力、低渗透率、冲击倾向性、突出危险性等性质,非典型突出煤体单轴抗压强度为 4~10 MPa,坚固性系数 f 为 0.4~1.0,预测钻孔数据表现出钻屑量大、瓦斯解吸指标适中。

（3）非典型突出处于高地应力和高瓦斯压力环境下或高温度环境下，其瓦斯解吸速度、渗透率随地应力增加而减小，随高瓦斯压力增大分别增大、减小，30 ℃左右温度变化对瓦斯解吸速度影响不大。

（4）非典型突出煤体，围压为零时，原煤孔裂隙瓦斯改变了煤体的全应力应变曲线，包括改变了煤体弹性模量、煤体塑性变形阶段、峰值强度及峰后煤体强度；随着煤体瓦斯压力增大，弹性模量、峰值点处塑性变形量、峰值强度、峰后强度、冲击能量指数和弹性能量指数减小，煤体的动态破坏时间增加。

（5）矿井进入深部，地应力增大、瓦斯压力增大，同时地应力相对瓦斯压力而言，增长幅度及速度加大，造成煤体应变能增加、弹性模量增大、冲击能量指数和弹性能量指数增大、煤体的动态破坏时间减小，同时瓦斯抽采造成冲击能量指数和弹性能量指数增大、煤体的动态破坏时间减小，大大增加了煤体非典型突出发生危险性。

3　非典型突出瓦斯、应力地质预测技术

3.1　引　　言

在煤炭开采过程中,各区域沉积环境史、地质构造史及热演化、生烃史等地质背景不同,造成各区域煤岩瓦斯动力灾害类型和程度不同,煤岩瓦斯动力灾害危险性与各区域地质体之间存在某种联系,有些地质体作用区域为典型突出,有些地质体作用区域为非典型突出,寻找这种联系对有效预测非典型突出具有重要意义。

非典型突出一般发生在深部和构造组合相互作用的区域,或极端构造应力集中区域。

3.2　非典型突出主控地质体预测技术[95-96]

3.2.1　非典型突出预测的主控地质体方法、指标

在煤系地层中存在多种影响非典型突出危险性的构造、层状地质体,它们通过影响煤层瓦斯赋存、地应力、煤体结构、破坏类型等影响非典型突出危险性,各地质体影响程度不同,有些起控制作用,有些起辅助作用,对非典型突出起控制作用的地质体称为主控地质体。

主控地质体方法是以沉积环境演化史、地质构造演化史及热演化史、生烃史为主线,通过分析研究区域沉积环境演化、煤系地层层序地层演化,得出研究区域煤层埋深、煤层厚度、顶底板岩性及粒度情况,进而了解煤系地层层域上(垂向上)煤岩非典型突出程度差异,确定层状主控地质体;通过分析研究区域地质构造演化及特征,得出研究区域地质构造对煤岩的建造及改造影响情况和对煤岩瓦斯保存影响情况及对构造应力分布影响情况等,进而了解区域上煤岩非典型突出程度差异,确定构造主控地质体;通过分析区域煤岩变质及生气过程,得出研究区域煤岩瓦斯生成情况,确定构造主控地质体;通过分析含水层、隔水层等对煤岩瓦斯赋存的影响,得出水文条件对煤岩非典型突出危险性影响,确定层状主控地质体。综合确定控制煤岩非典型突出分布的主控地质体。

3.2.1.1　主控地质体方法理论基础

(1)非典型突出沉积学分析

作为地质学前沿的层序地层学是在 20 世纪 70 年代末才开始出现的,但发展迅速,至今已成为现代地质学的热门课题之一,受到地质学界的关注和推崇。层序地层学是研究一系列以侵蚀面或无沉积作用面和与之可以对比的整合面为界,具有旋回性的、成因上有联系的并可置于年代地层框架内的沉积岩层关系。层序地层学的基本单位是层序(sequence),它是一套内部相对整合,有成因联系和可以与之对比的整合面为界的等时沉积体。一般来说,

每一个层序都是由三个体系域所组成,即Ⅰ型层序中的低水位体系域(LST)、海侵体系域(TST)和高水位体系域(HST),Ⅱ型层序中的陆棚边缘体系域(LST)、海侵体系域(TST)和高水位体系域(HST)。层序一般指Ⅲ级层序,是层序地层学的基本单位和研究重点,它的延续时间为1~10 Ma或0.3~3 Ma。大多数Ⅲ级旋回是由构造因素(包括全球的、区域的或局部的)所造成的[17]。

煤系地层的层序地层学研究对煤炭、煤层气的开发和矿山安全生产都具有重要的意义。国内外对煤岩学和煤质学研究是非常成熟的,但与成煤、成气结合起来进行煤层气聚集规律研究则形成了新的研究领域,特别是成煤作用与层序地层学结合的研究。在不同沉积体系下形成的煤,其岩石学特点不同,煤的微观组织也不同,分布规律和顶底板也不同,不同的煤岩组分其生、产气的能力不同,在盆地演化的不同时期具有不同的生、产气高峰[18-22]。

首先,海侵过程成煤观点逐渐成为地质学家认可的理论和成煤模式。无论华北地台石炭二叠系太原—山西组煤系地层还是华南二叠系龙潭组煤系地层,主要的可采煤层大部分分布在海侵体系域,有一些区域分布在高水位体系域前期。海侵体系域成煤模式确实是对过去成煤作用模式中仅有海退旋回成煤或高水位体系域成煤,且煤层位于旋回顶部的成煤模式的重要突破[18-22]。

其次,层序类型及其边界的确定。在地层记录中,可以识别出两种类型的层序,即Ⅰ型层序和Ⅱ型层序,层序类型以底部界面类型为基础。层序底部界面的确定标志有很多,比如古风化壳、渣状层、河流回春作用面、古喀斯特作用面、斜坡重力流作用冲蚀面、盆地内浊流冲蚀作用面、火山事件作用面、上超面、岩性岩相转换面根土岩和煤系地层之间间断面等[18-22]。

再者,层序体系域的划分是根据煤系地层剖面发育的岩性组合结构、煤层发育的旋回性,采用地球化学方法、古生物研究方法、测井地层研究方法、地震地层研究方法来综合进行的。实际工作中,华北陆表海含煤地层层序一般只划分出海侵体系域和高水位体系域,初始海泛面识别困难,基本缺少低水位体系域或陆棚体系域,海平面突然上升,初始海泛面与层序界面重合,局部发育黏土层。华南龙潭组含煤地层层序一般也只划分出海侵体系域和高水位体系域,而且海侵体系域内煤层随着海平面上升厚度越来越厚。但华南有些矿井划分出低水位体系域,主要由火山碎屑砾岩构成,这些地区一般在初始海泛面都发育一层较厚但厚度不稳定的煤层[18-22]。

最大海泛面识别是层序体系域划分的一个关键,海侵体系域煤层剖面越向上沉积,煤层越厚且相对稳定,在沉积序列中,代表最深的岩相一般为主要出现在最大海泛面位置厚煤层,而在海侵体系域的中期—末期厚煤层多次出现,最后煤层顶面即为最大海泛面的位置[105-109]。最大海泛面附近往往是滨海平原靠陆一侧以河流地质作用为主的厚煤层的形成环境,而海侵面附近则是滨海平原靠海一侧厚煤层形成的有利环境[18-22]。

通过分析煤系地层岩层性质、岩层厚度、岩层间距、煤层厚度以及煤层所处层序体系域位置,认为同一地质构造条件下,越靠近海侵体系域最大海(湖)泛面位置煤岩瓦斯赋存量越大(顶底板石灰岩煤层除外),非典型突出程度越大。

(2)非典型突出构造地质学分析

依据构造规模,大地构造体系影响区域构造体系,区域构造体系影响局部构造体系,也就是说非典型突出点的分布受局部构造控制,危险区的分布受区域构造控制,危险煤层或煤田受大地构造控制。因而出现构造逐级控制的关系,构造呈现分区分带性,使得突出矿区、矿井、煤层和采掘作业点也呈现分区分带性,由此引发一些矿区、矿井、煤层、采掘作业点具有非典型突出危险性,而另一些矿区、矿井、煤层、采掘作业点却不具有非典型突出危险性。非典型突出与地质构造的关系重点在于寻求这种分区分带的关系,以便于依据地质构造的分区分带性预测非典型突出的分区分带性。

区域构造控制着煤层的瓦斯生成和保存条件,控制着煤层的物理力学性质,控制着煤层承受构造应力和煤层赋存的稳定性,甚至控制煤层的变质程度,因而煤层非典型突出危险性受到区域构造的控制。成煤后地层遭受构造挤压隆起、挤压推覆、挤压断陷和揉皱等,使地层内的煤层煤化作用增强,瓦斯生成量增加;挤压带盖层密封性好,瓦斯不易逸散;强烈的挤压褶皱,使煤层原生结构遭到严重破坏,瓦斯吸附和解吸性能增强,力学强度降低;强烈的挤压破坏使煤层承受较高的构造挤压应力,这些因素都加剧了煤层的非典型突出危险性。成煤后经历过岩浆侵入,煤层变质程度迅速增加,瓦斯生成量增加;岩浆侵入区通常也是地层断裂区或存在结构弱面的区域,其整体力学强度较弱;岩浆侵入还会给岩层增加热应力和挤压应力,因而通常岩浆侵入区非典型突出危险性增加。依据这些特点不难发现,我国非典型突出矿井基本上都分布于具有挤压作用或岩浆侵入的构造带内。

天山—兴蒙造山带:尽管天山—兴蒙造山带属加里东、华力西期复合造山系,但造山系周边煤田成煤后经历印支、燕山和喜马拉雅运动的挤压、岩浆侵入等作用,使地层被挤压隆起、凹陷、逆冲推覆等,因而突出危险性加剧。分布于该活动带的高瓦斯或突出矿区有新疆焦煤、哈密、石嘴山、乌海、包头、下花园、北票、南票、阜新、沈阳、抚顺、本溪、通化等突出矿区,这些区域深部或极端构造应力区易发生非典型突出。

昆仑—祁连山—秦岭造山带:经古亚洲洋和特提斯两大动力体系叠加复合而形成,也是滇藏板块、扬子板块与塔里木板块、华北板块的结合带,长期受到印度洋和太平洋动力系统的挤压,使地层反复分合碰撞,分布于该活动带的煤层突出危险性加大,具体矿区有窑街、靖远、铜川、豫西登封、新密、禹县、荥巩、平顶山、淮南等,这些区域深部或极端构造应力区易发生非典型突出。

绍兴—萍乡—北海结合带:扬子板块与华夏板块的结合带,多次开合碰撞和来自东南方向太平洋板块的俯冲,形成由东向西以及由南东向北西的挤压碰撞。分布于该活动带的高瓦斯或突出矿区有皖南、乐平、黄石、丰城、英岗岭、花鼓山、萍乡、赣南、涟邵、白沙、袁家、马田、梅田、钦州等矿区,这些区域深部或极端构造应力区易发生非典型突出。

由东南部太平洋板块向北西向多次俯冲,使得在古亚洲构造域和古华夏构造域基础上再次挤压,原古亚洲近东西向构造向北—东偏转、原古华夏近北东向构造向北北东方向偏转:① 形成了贺兰山—康滇—黔中褶皱带和断裂带,分布有乌海、石嘴山、华亭、龙门山、雅荣、芙蓉、川南、毕节、昭通、黔西、滇东、桂西北、楚雄等高瓦斯或突出矿区,尤其西南部的康滇大断裂包含龙门—菁河—绿汁江—安宁河—小江等断裂区,一方面本属华南板块与滇藏板块的结合部位,另一方面滇藏板块向东、东偏北方向强烈挤压,使煤层突出危险显著加剧,如芙蓉、川南、毕节、昭通、黔西、滇东、桂西北、楚雄等矿区的突出危险性很大。② 形成了大兴安岭—太行山—武陵山隆起带,分布有北票、南票、阳泉、长治、晋城、焦作、安阳、鹤壁、豫西、奉节、华蓥山、天府、中梁山、松藻、南桐、桐梓、林东等高瓦斯或突出矿区。③ 形成了长白—胶辽—诸广—岭南隆起带,分布有宿州、扬州、皖南、乐平、黄石、萍乡、赣南、郴州、广州等高瓦斯或突出矿区,这些区域深部或极端构造应力区易发生非典型突出。

滨太平洋的复合构造活动及岩浆喷发活动带形成了鸡西、双鸭山、鹤岗和延边和龙等煤(岩)与瓦斯(二氧化碳)突出矿区,这些区域深部或极端构造应力区易发生非典型突出。

昆仑山以南、横断山脉以西的滇藏赋煤区,从印支期到喜马拉雅期,一直处于挤压状态,青藏高原持续隆升,含煤地层剥蚀风化,目前少数小煤矿在瓦斯风化带开采,为瓦斯矿井,随着开采深度的增加,可能出现煤与瓦斯突出矿井,这些区域深部或极端构造应力区易发生非典型突出。

因此,我国突出矿区分布与区域构造特征有显著关系,主要分布于板块结合带、隆起造山带、挤压断裂带、逆冲推覆带和岩浆侵入带等。突出矿井分布与矿区范围内的区域构造特征也具有显著关系。依据构造尺度、性质等同样可以对不同矿井突出危险性进行区分。在矿区范围内,具有如下特征的构造部位突出危险性增大:鼻状背斜伏端、向斜轴部及两翼、复式褶皱中的次级褶皱、隔挡式褶皱中的转折端、扭褶构造带、紧闭褶皱、不协调褶皱、具有波状起伏的单斜构造、帚状构造收敛端、压性断层、扭性断层、压扭性断层、张性断层、张扭性断层、推覆构造、火成岩侵入区等,这些区域深部或极端构造应力区易发生非典型突出。

(3)非典型突出热演化史、生烃史分析

盆地古地温场演化直接影响到煤中有机质的热演化历史,通过热演化历史决定了煤化变质程度,进而控制煤及煤层的物理化学性质及其空间展布,对瓦斯生成演化历程及煤层吸附—解吸特征起着决定性影响。不同煤阶煤层瓦斯成藏过程不同,高煤阶煤层瓦斯成藏过程复杂,对我国而言,大多都存在构造异常热事件的影响,并发生二次生烃作用,经过了深成变质作用和热变质作用等多阶段演化,在达到最高演化程度后就不再生烃,进入瓦斯成藏调整改造阶段;低煤阶瓦斯成藏过程简单,煤层形成后一般只经历了一次沉降,深成变质作用瓦斯形成。

通过分析不同煤阶煤层变质程度差异、岩浆侵入区域差异,进而了解煤层瓦斯赋存差异。这是非典型突出发生的物质基础之一。

3.2.1.2 主控地质体的主要特性

主控地质体通过控制煤岩瓦斯、煤岩软分层、煤岩地应力等来控制非典型突出发生。

我国突出矿区分布与区域构造特征有显著关系,主要分布于板块结合带、隆起造山带、挤压断裂带、逆冲推覆带等。煤与瓦斯突出煤层主要集中在石炭二叠系煤层,且主要集中在海侵体系域最大海(湖)泛面位置煤层。而非典型突出发生在这些构造带的深部矿井开采活动中或构造应力比较大的矿井开采活动中。

3.2.1.2.1 构造主控地质体特性

地质构造演化及特征影响着构造应力、构造形态、煤体强度、瓦斯赋存情况,是影响非典型突出发生的主要因素。

(1)褶皱主控地质体特性

① 非典型突出易发生区域褶皱类型

不同褶皱类型、褶皱不同部位影响非典型突出作用不同。背斜轴部张性节理、裂隙发育,煤体虽经破坏,但瓦斯易于逸散,不易发生非典型突出;而张性裂隙如被泥岩、页岩等封堵,则易于瓦斯赋存,容易发生非典型突出。向斜轴部压性或压扭性节理、裂隙发育,瓦斯易于富集,同时挤压造成煤体破坏,因而易于造成非典型突出。褶皱两翼压扭性裂隙发育,易于瓦斯富集,同时煤体遭到不同程度破坏,因而较易于非典型突出发生。

　　非典型突出易发生区域褶皱类型归纳起来有以下 8 种:a. 向斜轴部及两翼。向斜轴部挤压应力较大,瓦斯封闭条件较好,同时褶皱作用造成轴部煤体较厚,翼部较薄,非典型突出危险性较大。b. 覆舟状背斜倾伏端。覆舟状背斜又或称鼻状背斜,是指沿背斜轴线方向上两端岩层均向地下倾伏的背斜。该背斜倾伏端层间错动强烈,有些伴随顺倾伏方向逆断层的发育,造成应力集中、煤体破坏程度较高,同时顺着倾伏方向,煤层埋深增大,瓦斯易于富集,因而易于发生非典型突出。c. 次级褶皱。复式褶皱中的次级褶皱历史构造作用强烈,层间滑动、错动作用较大,两翼以压性、扭性断裂作用为主,造成应力集中、煤体破坏程度较高,如围岩封闭性较好时,瓦斯易于富集,易发生非典型突出。d. 隔档式褶皱。隔档式褶皱中的向斜与背斜交界的急转弯地段、向斜轴部等是地应力比较集中、瓦斯积累部位,是非典型突出集中发生地带。如图 3-1 所示。e. 扭褶构造带。扭褶构造是指褶皱翼部由正常倾斜过渡为倒转倾斜,或由走向转折、倾角增大表现出来的压扭性非圆柱状褶皱。按扭褶构造的产生部位和形态特征,可分为扭转构造和扭折构造两类。该构造带应力集中,煤体破坏程度较高,如围岩封闭性较好时,瓦斯易于富集,易发生非典型突出。如图 3-2 所示。f. 紧闭褶皱。紧闭背斜是指翼间角小于 30°的褶皱,其形成过程中造成应力集中、瓦斯积累及煤体破

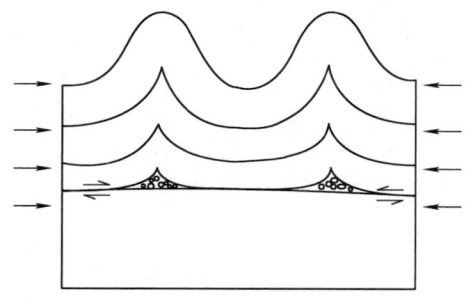

图 3-1　隔档式褶皱

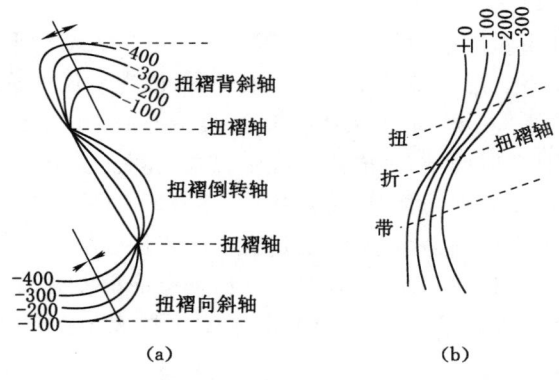

（a）　　　　　　　　（b）

图 3-2　扭褶构造带

（a）扭转构造；（b）扭折构造

坏,因而引发非典型突出。如图 3-3 所示。

g. 不协调褶皱。不协调褶皱形成过程中造成煤层产状及应力分布急剧变化,进而影响非典型突出发生。h. 具有波状起伏的单斜构造。此种构造造成煤层产状急剧变化、应力集中,因而影响非典型突出发生[61-75]。

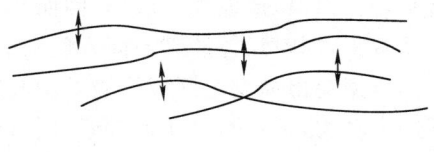

图 3-3 紧闭褶皱

② 控制非典型突出危险性的褶皱力学分析

褶皱枢纽和轴面产状是研究褶皱产状和形态的基本要素,主要根据褶皱轴面倾角、枢纽倾伏角和侧伏角三个变量描述。褶皱横截面的几何类型分为平行褶皱和相似褶皱。褶皱的组合形式主要为穹窿和构造盆地、雁行褶皱、隔档式褶皱和隔槽式褶皱、复背斜和复向斜。

褶皱形成机制的基本类型为纵弯褶皱作用(弯滑作用和弯流作用)、横弯褶皱作用、剪切褶皱作用及柔流褶皱作用。影响褶皱形成的主要因素有层理、岩层的厚度及力学性质、岩层埋藏深度及应变速率和基底构造。如图 3-4 所示。

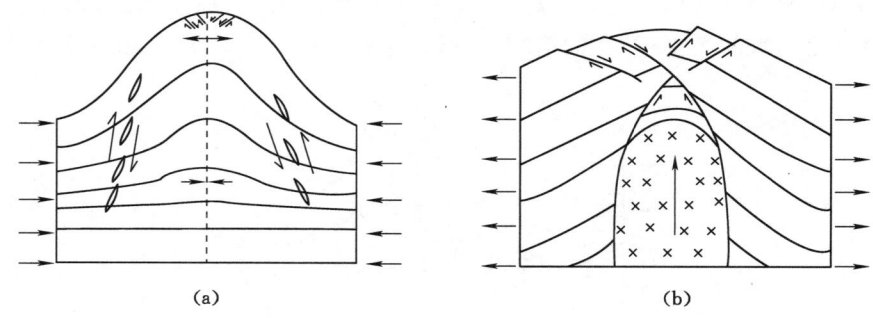

(a)   (b)

图 3-4 褶皱作用

(a) 纵弯褶皱作用;(b) 横弯褶皱作用

从褶皱的野外观测资料来看,绝大多数都符合地壳上层水平力压缩所成褶皱的形态特征,由此可见,地壳的褶皱构造,主要是由水平压缩形成。对非典型突出影响的褶皱主要也是由水平力压缩所成,即由纵弯褶皱作用形成,因而重点分析其力学形成原因。

在水平力压缩下,水平岩层褶皱的发生和发展过程,因在岩层中选取阻力最小的方式进行,故又由于岩层塑性的强弱、受力的深度和层间连接情况的不同,而有不同的形态。

若岩层的塑性很强且层间固结,则成褶过程中因岩层塑性变形大又不易发生层间滑动,故在褶皱中部压缩聚集向上张伸而加厚,使得各岩层的横剖面褶皱形态相似,而成岩层相似褶皱。若岩层的塑性较弱且层间易滑,则成褶过程中因岩层塑性变形较小,其挠曲将选取层间滑动这一阻力最小的方式进行,各岩层皆沿层面滑动弯曲而厚度改变很小,于是各岩层在横剖面中成平行形态,而成岩层平行褶皱。因而,褶皱可形成于强塑性岩区,也可形成于层间易滑的弱塑性岩区。

理想情况下,在水平力压缩作用下,岩层受力变形,内凹挤压形成向斜,外凸拉张形成背斜。在向斜轴部、翼部,挤压、扭性作用造成煤体破坏、瓦斯积聚,因而造成开采时非典型突出发生。一般背斜区域,煤体虽然被拉张破坏,但瓦斯释放,所以不易造成非典型突出发生,但在背斜倾伏端,由于埋深增大,因而易于造成非典型突出发生。

当受水平压缩岩层的厚度比上部小褶皱的形变量大得多且上部强烈褶皱的较薄岩层下部易于滑动,在双方主动力水平压缩下,下部厚岩层可形成单一褶皱,而其上部易滑动的岩层则形成正扇形褶皱群,依据水平压缩岩层边界地势与中部地势关系整体形成复背斜或复向斜形态。当受水平压缩岩层的厚度比上部小褶皱形变量大得多且岩层间固结时,则将在此岩层上部形成倒扇形小褶皱群,依据水平压缩岩层边界地势与中部地势关系整体形成复背斜或复向斜形态。层间滑动、多层次褶皱挤压作用造成煤体破坏,挤压作用造成瓦斯积聚,因而复式褶皱中的次级褶皱易于造成非典型突出灾害发生。如图 3-5 所示。

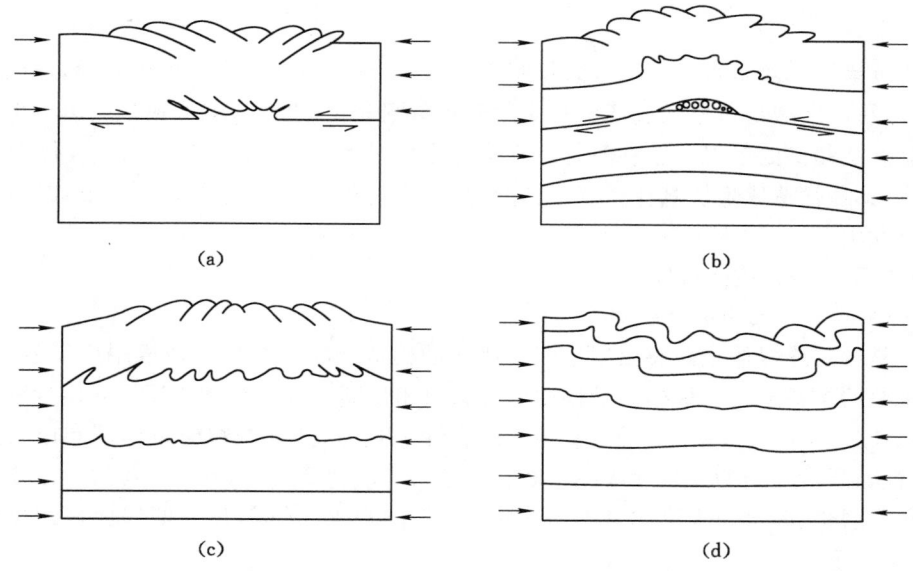

图 3-5　纵弯褶皱群

(a) 正扇形褶皱群;(b) 复背斜褶皱群;(c) 倒扇形褶皱群;(d) 复向斜褶皱群

当受水平压缩形成的对称波形单、复式褶皱进一步发展时,若受力岩层的厚度比褶皱的形变量大,且各层面间有较大的滑动,但岩层的塑性较弱,则此靠各层面滑动而挠曲的硬岩层,在褶皱群中的背斜处有横向水平张力,而在向斜处有横向水平压力,于是使向斜两侧的岩层逐渐靠近而增大向斜岩层弯曲的曲率,从而发展成隔槽式褶皱群;若受力岩层的厚度比褶皱的形变量大、塑性强,层面固结,但整个岩层下部与基底的摩擦力很小,则这种岩层在下部滑动下进行强塑性变形而挠曲成隔档式褶皱群。由隔档式褶皱的力学形成过程可知,层间滑动易造成煤体破坏,其背、向斜转折端、向斜轴部易于应力集中、瓦斯积聚,易造成非典型突出发生。如图 3-6 所示。

扭褶构造是狭长不对称褶皱中的特殊构造,是沿水平轴两头反向扭转变形的产物,就像扭麻花那样。一般是挤压作用、扭转作用的产物。由于挤压、扭转作用造成煤体严重破坏,且造成应力集中、瓦斯积聚,因而易造成严重非典型突出发生。

紧闭褶皱一般是水平挤压应力作用产物,挤压形成过程中易造成应力集中、瓦斯积聚及煤体破坏,因而影响非典型突出发生。

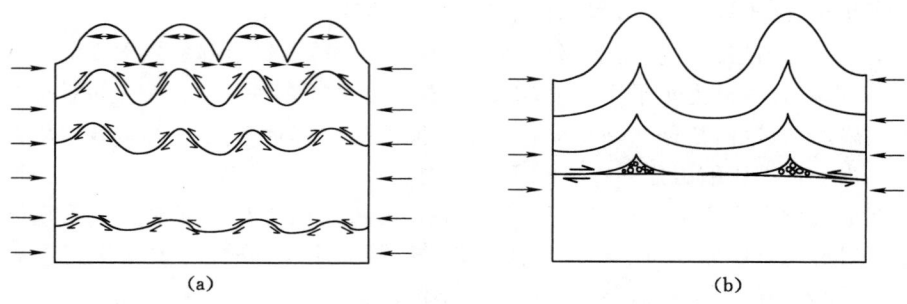

图 3-6 （a）隔槽式褶皱；（b）隔档式褶皱

不协调褶皱一般是水平挤压应力作用的产物，由于岩体物理力学性质差异，造成变形不一致，岩体易碎区域易造成煤层产状及应力分布急剧变化，进而影响非典型突出发生。

具有波状起伏的单斜构造一般是地质构造形成过程中，由于受力不均或岩体力学性质差异造成，其往往造成煤层赋存产状急剧变化，开采过程中易于造成应力集中，因而影响非典型突出发生。

（2）断层主控地质体特性

① 控制非典型突出的断层类型

断层是岩层或岩体顺破裂面发生明显位移的构造。断层在煤系地层中广泛发育，是地壳中最重要的构造之一。根据力学性质可分为封闭性断层和开放性断层。封闭性断层对瓦斯的封闭机制分为泥岩涂抹作用、断层两侧岩性配置、强烈的颗粒碎裂作用和成岩胶结作用；开放性断层对瓦斯的封闭性取决于断层破坏带岩层封闭性、水动力条件等。断层通过相对错动在断层带、断层周围形成了不同性质、不同厚度的构造煤，压性断层区域煤体破坏程度更高、范围更广。

非典型突出易发生区域断层归纳起来主要有以下 6 种类型：a. 张性断层。它由垂直其走向的拉张应力作用而成，主要由背斜所造成的局部拉伸、穹窿伴生、区域性水平拉伸、区域性差异升降运动及重力滑动等造成。主要有地堑、地垒、阶梯状断层、环状断层、放射状断层、雁列式断层及断块性断层等。断层带内岩石破碎相对不太强烈，组成岩石透气性相对较好，但当断层被泥岩、页岩等碎屑岩充填后，张性断层区域也可以造成瓦斯积聚，形成小规模的非典型突出。b. 张扭性断层。它由与其走向斜交的拉张应力作用而成，主要为平移正断层、正断层，倾角一般大于 60°，但当断层被泥岩、页岩等碎屑岩充填后，张扭性断层两盘也可以造成瓦斯积聚，形成小规模的非典型突出。c. 压性断层。它由强烈挤压作用而成，断层带糜棱岩较发育，透气差，瓦斯易于富集，同时由于错动易于形成软分层、煤包等，易于非典型突出发生。d. 扭性断层。它由扭动力作用而成，应力集中程度、封闭性、错动性虽较压性断裂较小，但也易于非典型突出发生。e. 压扭性断层。它由与其走向斜交的挤压应力作用而成，大部分为逆断层且倾角 45°左右，其受力作用、封闭性及破坏煤体程度居压性和扭性断层之间，也较易非典型突出发生。如图 3-7 所示。f. 推覆构造。推覆构造形成过程中低角度滑动压剪作用煤层，使得煤层作为相对软弱层面结构发生广泛的层域破坏和面域破坏，煤体破坏严重，同时挤压应力环境往往构成较好的瓦斯封闭环境，对瓦斯的赋存起一定的控制作用；推覆构造派生的具有压性特征的结构面形成了对煤层瓦斯系统的封闭作用。

如图 3-8 所示。

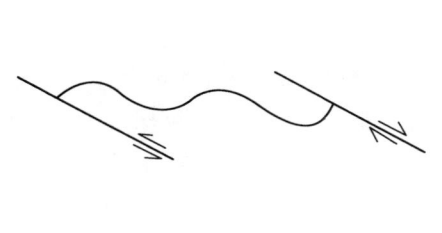

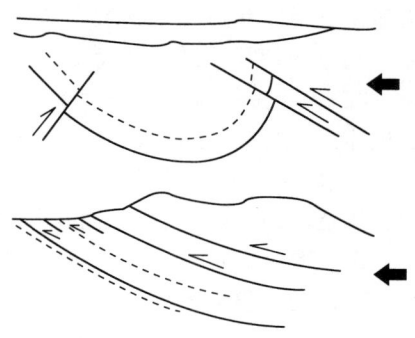

图 3-7 压扭逆断层带　　　　　　　　图 3-8 褶皱—逆冲推覆构造

② 控制非典型突出的断层力学分析

岩体中若有断裂必是发生在其中的张应力或剪应力达到拉断强度的结果,分为张性、剪性及两者兼有。若剪断裂带有压性存在时,由于内摩擦的影响而使剪断面偏离了最大剪应力面,此时压性、剪性共生,但断裂主要由剪切作用而成;或是剪断裂形成后,由于岩体再变形,断裂面方位转动或应力场改变形成后生法向压力作用;或在围压下岩体受变形力作用而剪断的结果,此只反映剪断形成时有围压作用。构造运动是岩体中变形应力—构造应力作用的结果,并非围压的作用,围压只改变岩体的力学性质和体积而不造成岩体的变形和破裂,压性断裂和剪压性断裂是不存在的。

压性断层形成应力分析:应力 σ_1、σ_2 是水平的,应力 σ_3 是直立的,水平挤压造成剪应力增大,形成压性断层。包括造山带中与褶皱同时发育的高角度逆断层、造山带中与深成岩浆活动有关的高角度逆断层、差异升降运动造成的高角度逆断层、由褶皱进一步发育而成的延伸逆断层、与褶皱同时发育的破裂逆断层及早于褶皱形成的剪开逆断层等。

张性断层形成应力分析:张性断层一个重要特征是岩层宽度在垂直断层走向上变大。根据安德生模式,应力 σ_1 为直立,它是岩体重力或火成岩体、盐丘或基底断块等向上隆起或上冲的力造成的,应力 σ_3 与断层走向垂直,由这一方向上的拉伸力使某一点原来的静压力降低或完全消失甚至变成负值造成的,可为较小压力或为张应力。

扭性断层形成应力分析:一种形成方式为由于不均匀的侧向挤压使不同部分的岩块在垂直于纵向逆断层和褶皱枢纽的方向上,做不同程度的向前推移,因而在各部分岩块之间形成走向垂直于逆断层和褶皱枢纽的扭性断层;另一种形成方式为由于侧向水平挤压,当 σ_2 直立时,顺平面 X 剪裂面发育而成,常共轭发育,它们与褶皱走向一般斜交,也可能因应力场发生改变由正、逆断层转变而来,其形成过程中造成煤体结构破坏、瓦斯积聚,因而影响非典型突出发生。压扭性断层形成原因与扭性断层相近,只是形成有压性应力作用。张扭性断层形成原因也与扭性断层相近,只是形成时有张性应力作用。

推覆构造形成应力分析:推覆构造分为挤压推覆及重力作用引起的滑覆。挤压推覆包括褶皱推覆和逆冲推覆,前者是由倒转平卧褶皱的下翼被拉薄和剪切发育逆掩断层而成的推覆,后者是由外来岩体沿逆冲断裂运移,是未经事先倒转褶皱作用的逆冲岩席。滑覆包括重力滑动和重力扩展,前者是由岩层在重力作用的控制和影响下向下坡滑动形成的构造变动,后者指地质体在自身重力作用下的屈服压扁和侧向扩展。逆冲推覆和重力滑覆的共性特征是存在一个以相对低的强度和高的剪切应变为特征的滑脱面或拆离层,分割着其上下力学性质和应变特征不同的两盘[63]。

3.2.1.2.2　层状主控地质体特性

沉积体系、地层层序位置决定着顶底板岩性、煤层赋存状况等,进而影响煤层瓦斯赋存。热演化史、生烃史控制着煤层变质程度,决定煤层生成瓦斯量,进而影响煤层瓦斯赋存。高地应力或构造应力、破坏类型较高及强度较低煤层影响着非典型突出发生。

（1）低渗透性围岩

含煤盆地的含煤岩系中,煤层的上、下部一般有较明显的顶底板,煤层底板的岩层一般是沼泽相黏土岩、泥质岩和粉砂岩。煤层顶板岩性较为多样,湖泊相沉积多为泥质岩、粉砂岩、细碎屑岩、油质页岩,有时也有粗碎屑岩;当为浅海相出现时,则为石灰岩、泥质岩。

煤层顶底板围岩物性（包括孔隙性、渗透性和节理发育等）影响围岩对煤储层的封盖性能,决定瓦斯的保存和逸散条件,影响非典型突出发生。

非典型突出已发生区域围岩类型主要有以下 4 种:① 砂岩类型。其总体上不利于瓦斯的保存,但因成分、结构的不同及成岩后生作用的差异,对于瓦斯的封盖能力有较大差异。② 砂泥岩互层类型。较均质围岩对瓦斯富集及非典型突出发生有较大影响。③ 泥岩类型。其对瓦斯富集及非典型突出发生影响很大。④ 油页岩类型。油页岩致密度高、韧性大、裂隙不发育,含油率和水分含量高,其孔隙率小、渗透率低,是煤层瓦斯理想封盖层,易于造成瓦斯富集及非典型突出发生[7]。

由砂岩、碳酸盐岩、砂泥岩互层组合、泥岩到油质页岩,其封盖能力依次增加。

（2）坚硬顶板

对于顶板为砂岩类型的煤层,由于其成分、结构的不同及成岩后生作用的差异,对于瓦斯的封盖能力有较大差异,当具有一定封盖能力时,煤层开采时由于顶板矿山压力作用易于造成非典型突出发生[76-104]。

（3）煤层

煤层赋存情况由沉积环境、层序地层位置等综合决定,是影响非典型突出因素之一,控制着垂向上煤层非典型突出危险性的差异。

同一地质构造条件下,越靠近海侵体系域最大海（湖）泛面位置煤层瓦斯赋存量越大（顶底板石灰岩煤层除外）、煤层非典型突出危险性越大。

煤系地层形成后,由于后期构造作用,造成煤层结构破坏,破坏类型为Ⅲ、Ⅳ、Ⅴ的煤层,是非典型突出的重要煤层。

3.2.1.3　非典型突出预测的主控地质体方法指标

基于非典型突出发生区域地质体特点,可依据主控地质体方法建立其预测指标,并运用其进行区域或局部预测。

（1）层状地质体指标

层状地质体指标包括煤层层位;煤层产状（煤层倾角）、煤层厚度、软分层厚度按月进尺分别计算的平均值、标准差、变异系数及频率;煤层冲击倾向性、坚固性系数、放散初速度;煤层应力、煤层瓦斯含量或压力。

（2）构造地质体指标

构造地质体指标包括构造类型和构造影响范围。

3.2.2 非典型突出预测的主控地质体判识依据及预测步骤

3.2.2.1 主控地质体判识依据

非典型突出是在地应力和瓦斯的共同作用下,破碎的煤、岩和瓦斯由煤体或岩体内突然向采掘空间抛出的异常瓦斯动力现象。

主控地质体通过控制地应力分布、瓦斯赋存分布及破碎煤体分布,控制非典型突出发生。

非典型突出主控地质体判识主要通过其构造类型、构造影响范围、物理性质、力学性质及其对非典型突出某种或多种发生因素的影响而判定。

褶皱主控地质体主要依据上述 8 种类型以及影响区域煤层应力、瓦斯压力、煤层破坏类型、煤层坚固性系数等来整体判别。

断层主控地质体主要依据上述 6 种类型以及影响区域煤层应力、瓦斯压力、煤层破坏类型、煤层坚固性系数等来整体判别。

低渗透率围岩主控地质体主要依据上述后 3 种类型以及影响区域煤层瓦斯压力大小来整体判别。

坚硬顶板主控地质体主要依据其沉积覆盖范围内煤层瓦斯压力大小来整体判别。

煤层主控地质体主要依据其在煤系地层中位置、煤层埋藏深度[煤层产状(煤层倾角)、煤层厚度、软分层厚度]按月进尺分别计算的平均值、标准差、变异系数及频率、煤层冲击倾向性、坚固性系数、放散初速度、煤层应力、煤层瓦斯含量或压力来整体判别。

基于非典型突出主控地质体理论分析结果,并结合实测煤体物理力学参数,综合判定非典型突出发生。

3.2.2.2 主控地质体方法预测非典型突出步骤

(1)收集邻近矿井或已开采区域非典型突出的情况(实际发生)或非典型突出危险性参数(煤体结构、煤体坚固性系数、瓦斯放散初速度 Δp、煤体冲击倾向性、煤体应力、瓦斯含量、瓦斯压力、钻屑解吸指标等)或实施钻孔喷孔或卡钻情况等,进行新建矿井或待开采区域非典型突出危险性类比评估或预测。

这部分主要通过新建矿井临近周边矿井情况或矿井已开采区域进行新建矿井或待开采区域非典型突出危险性定性类比评估或预测,评估或预测结果为 A。

主要资料数据包括:

① 临近周边矿井或已开采区域实际发生非典型突出特征,比如瓦斯涌出量、突出煤量、突出煤体形态情况。

② 临近周边矿井或已开采区域煤层非典型突出危险性参数,比如煤体应力 σ、瓦斯压力 p、瓦斯含量 W、煤体坚固性系数 f、瓦斯放散初速度、煤体结构类型及冲击倾向性等。

③ 临近周边矿井或已开采区域煤层实施钻孔过程中喷孔、卡钻情况等。

如果发生了实际非典型突出,则新建矿井或待开采区域发生非典型突出的概率大大增加,如煤体应力、瓦斯压力或含量、煤体坚固性系数、瓦斯放散初速度、煤体破坏类型等满足考察得到的非典型突出危险性临界值,则新建矿井或带开采区域发生非典型突出的概率大大增加;如临近周边矿井或已开采区域煤层施钻过程中发生喷孔、卡钻等,则新建矿井或待开采区域发生非典型突出概率大大增加。

（2）收集新建矿井或待开采区域和矿井地质沉积、构造等资料，分析新建矿井或待开采区域所处地质环境，依据主控地质体方法进行非典型突出危险性理论评估或预测；主控地质体方法认为沉积埋藏史、构造演化史、热演化史、生烃史等时空配置决定非典型突出区域空间分布，时空配置区域如高应力分布、瓦斯生成条件好且封闭条件好、煤系地层破碎等则属于非典型突出危险性区域。

这部分更多依据主控地质体方法和认识进行定性分析确定新建矿井或待开采区域非典型突出发生概率，评估或预测结果为 B。

主控地质体方法认为，沉积埋藏史、构造演化史、热演化史、生烃史等时空配置决定了煤层热变质作用生成大量瓦斯可以保留很大一部分，使得瓦斯可以处于较高水平，比如瓦斯压力可能大于 0.5 MPa 或瓦斯含量大于 6 m³/t，煤岩体处于较高构造应力状态，应力可能为岩体抗压强度的 3 倍以上，煤系地层受到破坏，煤体结构可能为Ⅲ、Ⅳ、Ⅴ类，如果符合以上，则发生非典型突出概率大大增加。

（3）依据新建矿井或待开采区域煤系地层资料，进行煤系地层沉积层序划分，依据各煤层在层序地层位置进行煤层非典型突出危险性严重程度评估；主控地质体方法认为当地质构造、煤体变质程度相同情况下，沉积体系、地层层序位置决定着煤层厚度、顶底板岩性、煤层赋存状况等，越靠近海（湖）侵体系域最大海（湖）泛面位置，煤层瓦斯赋存量越大（顶底板石灰岩煤层除外）、煤层非典型突出倾向性越大。

这部分主要通过主控地质体的层序划分方法进行定性分析确定各煤层非典型突出发生概率，评估或预测结果为 C。

如果已确定新建矿井或待开采区域某层煤发生非典型突出，但存在多个煤层，其他煤层的非典型突出情况可根据这层煤在煤系地层层序中的位置进行分析研究，越靠近海（湖）侵体系域最大海（湖）泛面位置，煤层瓦斯赋存量越大（顶底板石灰岩煤层除外）、煤层非典型突出倾向性越大。

（4）收集新建矿井或待开采区域地质钻孔钻进时各煤层煤体破坏类型、煤体坚固性系数、喷孔、卡钻情况等；通过光纤装置或井下实测测定煤层应力分布情况；依据瓦斯含量装置测定煤层瓦斯含量情况；建立新建矿井或待开采区域各煤层瓦斯含量、应力等值线分布图，并标注出各区域喷孔、卡钻情况，进行新建矿井或待开采区域非典型突出危险性参数评估或预测。

这部分主要通过新建矿井或待开采区域的实测资料进行非典型突出危险性评估，评估或预测结果为 D。

实测方法及数据主要包括如下：

① 收集新建矿井或待开采区域地质钻孔采集的煤层岩心情况，观察煤层破坏类型，并采集部分煤样，采用坚固性系数测定装置进行测定，并分析地质钻孔见各煤层时的钻进情况。

② 基于地质钻孔，在各个煤层附近坚硬岩层位置处布置光纤测定应力装置或井下实测，测定煤层所处应力大小。

③ 基于地质钻孔采集的煤岩芯或井下取煤岩样，采用单轴抗压强度测定装置测定煤岩体单轴抗压强度。

④ 基于地质钻孔采集的煤岩芯或井下取煤岩样,采用直接瓦斯含量测定装置进行煤层瓦斯含量测定。

基于采集的煤层瓦斯含量、应力值,在同一个瓦斯地质单元内分别进行数据拟合,建立瓦斯含量和应力分布规律公式,利用软件绘制各煤层瓦斯含量、应力等值线图,并标注地面钻孔钻进各煤层时的喷孔、卡钻情况。如果煤层瓦斯含量大于 6 m^3/t、煤层坚固性系数 f 为 0.2~0.8 时且煤岩体应力为煤岩体抗压强度的 3 倍以上,则发生非典型突出概率大大增加。

(5) 依据以上各个步骤做出的评估或预测,进行综合分析,相互补充、验证,如果评估或预测结果 D 确定为非典型突出,则新建矿井或待开采区域发生非典型突出;如果评估结果 D 为不发生,而 A 或 B 为非典型突出,则需进一步实测参数;如果确定新建矿井或待开采区域某一煤层为非典型突出煤层,则需依靠 C 和 D 值进行其他煤层评估。

3.3　本章小结

(1) 从瓦斯、应力地质角度,初次提出了控制非典型突出主控地质体概念,并进行了定义及分类。

(2) 总结了影响非典型突出发生的 8 种褶皱构造类型、6 种断层构造类型,并进行了相关力学分析;总结分析了影响非典型突出发生的低渗透率围岩、坚硬顶板及软分层等层状主控地质体。

(3) 初步从主控地质体形态、物理性质、力学性质及其对非典型突出某种或多种发生因素的影响角度分析了其判识依据。

(4) 非典型突出地质作用机理:地层沉积埋藏作用、地质构造作用、热作用、生烃作用等时空配置控制着煤层的改造程度、瓦斯的生成、保存及逸散程度,以及自重应力、构造应力的分布情况,进而控制非典型突出灾害区域分布及灾害程度。

4 非典型突出钻孔取样预测技术

4.1 引 言

非典型突出煤体虽然物理力学性质独特,但其产生也是地应力、瓦斯压力、煤体物理性质三因素作用的结果,因而可以采用煤层打钻取样的钻屑解吸指标进行预测,只是钻屑解吸指标临界值不同。

4.2 非典型突出钻孔取样预测技术方法

4.2.1 钻屑解吸指标

非典型突出煤体瓦斯解吸量随时间的变化形式可以近似地用下式表示:

$$Q = kt^i \tag{4-1}$$

式中 Q——卸压后时间为 t 时的瓦斯解吸量,cm^3/g;

k,i——与瓦斯含量及煤结构有关的解吸系数。

公式中 k 与 i 的物理意义,分别为瓦斯解吸量在卸压后 1 min 时的数值及自 1 min 以后瓦斯解吸量增长的速率,k 值取决于煤样的瓦斯含量和解吸特性,i 则只与煤样的解吸特性有关。

实验证明,大多数的煤样(取粒度 0.25 mm)在卸压后 0.5~1.0 h 内的瓦斯解吸量,上式是适用的,而在最初 20~30 min 内计算结果与实测值十分接近,当解吸时间较长,尤其是对解吸速度较大的煤样,计算结果将随时间出现偏大的情况,但只有最初一段解吸量对非典型突出的发生有着密切的关系,因而可以采用。

由非典型突出煤体吸附解吸实验可知,非典型煤体吸附解吸特征值 i 与典型煤与瓦斯突出煤体不同,因而采用钻屑解吸指标时,需改变 i 大小。钻屑量测定方法与典型煤与瓦斯突出相同,只是由于高地应力或构造应力,钻屑量比突出煤体大不少。

4.2.2 钻孔瓦斯涌出初速度及其衰减指标

钻孔瓦斯涌出初速度 q 及其衰减指标 C_q 根据有关理论分析、计算,可得到以下近似关系:

$$q = 2.834\ 8f^{0.161\ 5}\sigma^{0.210\ 6}\lambda^{0.617\ 4}p^{1.457\ 6} \tag{4-2}$$

$$C_q = 1.374\ 1f^{0.167\ 1}\sigma^{-0.174\ 7} \tag{4-3}$$

式中 q——钻孔瓦斯涌出初速度;

C_q——钻孔瓦斯涌出速度衰减系数;

f——煤的坚固性系数；

σ——地应力值；

λ——透气性系数；

p——瓦斯压力。

非典型突出煤层坚固性系数、地应力值、透气性系数等大于突出煤层，因而钻孔瓦斯涌出初速度临界值要大于典型煤与瓦斯突出。

4.3 非典型突出钻孔取样预测技术指标[97]

工作面地质构造、采掘作业及钻孔等发生的各种现象主要有以下几个方面：

① 煤层的构造破坏带，包括断层、剧烈褶曲、火成岩侵入等。

② 煤层赋存条件急剧变化。

③ 采掘应力叠加。

④ 工作面出现喷孔、顶钻等动力现象。

⑤ 工作面出现明显的非典型突出预兆。

在非典型突出煤层，当出现上述第④、⑤情况时，应判定为危险工作面；当有上述第①、②、③情况时，除已经实施了工作面防控措施的以外，应视为非典型突出危险工作面并实施相关措施。

4.3.1 石门揭煤工作面的非典型突出危险性预测

石门揭煤工作面的非典型突出危险性预测应当选用综合指标法、钻屑瓦斯解吸指标法或其他经试验证实有效的方法进行。立井、斜井揭煤工作面的非典型突出危险性预测按照石门揭煤工作面的各项要求和方法执行。

4.3.1.1 综合指标法

采用综合指标法预测石门揭煤工作面非典型突出危险性时，应当由工作面向煤层的适当位置至少打 3 个钻孔测定煤层瓦斯压力 p。近距离煤层群的层间距小于 5 m 或层间岩石破碎时，应当测定各煤层的综合瓦斯压力。

测压钻孔在每米煤孔采一个煤样测定煤的坚固性系数 f，把每个钻孔中坚固性系数最小的煤样混合后测定煤的瓦斯放散初速度 Δp，则此值及所有钻孔中测定的最小坚固性系数 f 值作为软分层煤的瓦斯放散初速度和坚固性系数参数值。综合指标 D、K 的计算公式为：

$$D = \left(\frac{0.007\,5H}{f} - 3\right) \times (p - p_{始突}) \qquad (4-4)$$

$$K = \frac{\Delta p}{f} \qquad (4-5)$$

式中　D——工作面非典型突出危险性的 D 综合指标；

　　　K——工作面非典型突出危险性的 K 综合指标；

　　　H——煤层埋藏深度，m；

　　　p——煤层瓦斯压力，取各个测压钻孔实测瓦斯压力的最大值，MPa；

Δp——软分层煤的瓦斯放散初速度；

f——软分层煤的坚固性系数。

各煤层石门揭煤工作面非典型突出预测综合指标 D、K 的临界值应根据试验考察确定,在确定前可暂按表 4-1 所列的临界值进行预测。

表 4-1　　石门揭煤工作面非典型突出危险性预测综合指标 D、K 参考临界值

综合指标 D	综合指标 K	
	无烟煤	其他煤种
0.25	20	15

当测定的综合指标 D、K 都小于临界值,或者指标 K 小于临界值且式(4-4)中两括号内的计算值都为负值时,若未发现其他异常情况,该工作面即为无非典型突出危险工作面;否则,判定为非典型突出危险工作面。

4.3.1.2　钻屑瓦斯解吸指标法

采用钻屑瓦斯解吸指标法预测石门揭煤工作面非典型突出危险性时,由工作面向煤层的适当位置至少打 3 个钻孔,在钻孔钻进到煤层时每钻进 1 m 采集一次孔口排出的粒径 1～3 mm 的煤钻屑,测定其瓦斯解吸指标 K_1 或 Δh_2 值。测定时,应考虑不同钻进工艺条件下的排渣速度。

各煤层石门揭煤工作面钻屑瓦斯解吸指标的临界值应根据试验考察确定,在确定前可暂按表 4-2 所列的指标临界值预测非典型突出危险性。

表 4-2　　钻屑瓦斯解吸指标法预测石门揭煤工作面非典型突出危险性的参考临界值

煤样	Δh_2 指标临界值/Pa	K_1 指标临界值/$[\mathrm{mL}/(\mathrm{g} \cdot \min^{\frac{1}{2}})]$
干煤样	200	0.5
湿煤样	160	0.4

4.3.2　煤巷掘进工作面的非典型突出危险性预测

如果所有实测的指标值均小于临界值,并且未发现其他异常情况,则该工作面为无非典型突出危险工作面;否则,为非典型突出危险工作面。

可采用下列方法预测煤巷掘进工作面的非典型突出危险性:① 钻屑指标法;② 复合指标法;③ R 值指标法;④ 其他经试验证实有效的方法。

4.3.2.1　钻屑指标法

采用钻屑指标法预测煤巷掘进工作面非典型突出危险性时,在近水平、缓倾斜煤层工作面应向前方煤体至少施工 3 个、在倾斜或急倾斜煤层至少施工 2 个直径 42 mm、孔深 8～10 m 的钻孔,测定钻屑瓦斯解吸指标和钻屑量。

钻孔应尽可能布置在软分层中,一个钻孔位于掘进巷道断面中部,并平行于掘进方向,其他钻孔的终孔点应位于巷道断面两侧轮廓线外 2～4 m 处。

钻孔每钻进 1 m 测定该 1 m 段的全部钻屑量 S,每钻进 2 m 至少测定一次钻屑瓦斯解

吸指标 K_1 或 Δh_2 值。

各煤层采用钻屑指标法预测煤巷掘进工作面非典型突出危险性的指标临界值应根据试验考察确定,在确定前可暂按表 4-3 所列的临界值确定工作面的非典型突出危险性。

如果实测得到的 S、K_1 或 Δh_2 的所有测定值均小于临界值,并且未发现其他异常情况,则该工作面预测为无非典型突出危险工作面;否则,为非典型突出危险工作面。

4.3.2.2 复合指标法

采用复合指标法预测煤巷掘进工作面非典型突出危险性时,在近水平、缓倾斜煤层工作面应当向前方煤体至少施工 3 个、在倾斜或急倾斜煤层至少施工 2 个直径 42 mm、孔深 8～10 m 的钻孔,测定钻孔瓦斯涌出初速度和钻屑量指标。

表 4-3　　　钻屑指标法预测煤巷掘进工作面非典型突出危险性的参考临界值

钻屑瓦斯解吸指标 Δh_2/Pa	钻屑瓦斯解吸指标 K_1/ $[mL/(g \cdot min^{\frac{1}{2}})]$	钻屑量 S	
		/(kg/m)	/(L/m)
200	0.5	6	5.4

钻孔应当尽量布置在软分层中,一个钻孔位于掘进巷道断面中部,并平行于掘进方向,其他钻孔开孔口靠近巷道两帮 0.5 m 处,终孔点应位于巷道断面两侧轮廓线外 2～4 m 处。

钻孔每钻进 1 m 测定该 1 m 段的全部钻屑量 S,并在暂停钻进后 2 min 内测定钻孔瓦斯涌出初速度 q。测定钻孔瓦斯涌出初速度时,测量室的长度为 1.0 m。

各煤层采用复合指标法预测煤巷掘进工作面非典型突出危险性的指标临界值应根据试验考察确定,在确定前可暂按表 4-4 所列的临界值进行预测。

表 4-4　　　复合指标法预测煤巷掘进工作面非典型突出危险性的参考临界值

钻孔瓦斯涌出初速度 q/(L/min)	钻屑量 S	
	/(kg/m)	/(L/m)
5	6	5.4

如果实测得到的指标 q、S 的所有测定值均小于临界值,并且未发现其他异常情况,则该工作面预测为无非典型突出危险工作面;否则,为非典型突出危险工作面。

4.3.2.3 R 值指标法

采用 R 值指标法预测煤巷掘进工作面非典型突出危险性时,在近水平、缓倾斜煤层工作面应向前方煤体至少施工 3 个、在倾斜或急倾斜煤层至少施工 2 个直径 42 mm、孔深 8～10 m 的钻孔,测定钻孔瓦斯涌出初速度和钻屑量指标。

钻孔应当尽可能布置在软分层中,一个钻孔位于掘进巷道断面中部,并平行于掘进方向,其他钻孔的终孔点应位于巷道断面两侧轮廓线外 2～4 m 处。

钻孔每钻进 1 m 收集并测定该 1 m 段的全部钻屑量 S,并在暂停钻进后 2 min 内测定钻孔瓦斯涌出初速度 q。测定钻孔瓦斯涌出初速度时,测量室的长度为 1.0 m。

根据每个钻孔的最大钻屑量 S_{max} 和最大钻孔瓦斯涌出初速度 q_{max} 按式(4-6)计算各孔的 R 值:

$$R = (S_{max} - 1.8)(q_{max} - 4) \tag{4-6}$$

式中 S_{max}——每个钻孔沿孔长的最大钻屑量，L/m；

q_{max}——每个钻孔的最大钻孔瓦斯涌出初速度，L/min。

判定各煤层煤巷掘进工作面非典型突出危险性的临界值应根据试验考察确定，在确定前可暂按以下指标进行预测：

当所有钻孔的 R 值有 $R < 6$ 且未发现其他异常情况时，该工作面可预测为无非典型突出危险工作面；否则，判定为非典型突出危险工作面。

对采煤工作面的非典型突出危险性预测，可参照煤巷掘进工作面预测方法进行。但应沿采煤工作面每隔 10~15 m 布置一个预测钻孔，深度 5~10 m，除此之外的各项操作等均与煤巷掘进工作面非典型突出危险性预测相同。判定采煤工作面非典型突出危险性的各指标临界值应根据试验考察确定，在确定前可参照煤巷掘进工作面非典型突出危险性预测的临界值。

4.4 本章小结

（1）非典型煤体吸附解吸特征值 i 与典型煤与瓦斯突出煤体不同，因而采用钻屑解吸指标时，需改变 i 大小。钻屑量测定方法与典型煤与瓦斯突出相同，只是由于高地应力或构造应力，钻屑量比典型煤与瓦斯突出煤体大不少；同时由于围压加大，造成瓦斯解吸指标值与瓦斯压力比值较典型突出小。

（2）非典型突出煤层坚固性系数、地应力值、透气性系数等大于突出煤层，因而钻孔瓦斯涌出初速度临界值要大于典型煤与瓦斯突出。如果因为地应力加大造成钻孔垮孔，则该指标无法使用。

（3）非典型突出采、掘工作面预测钻孔布置、测试方式与典型煤与瓦斯突出一样。

5 非典型突出声发射预测预警技术

5.1 引　　言

　　非典型突出煤体处于高应力环境,且煤体较典型突出煤体强度大,而声发射技术是利用煤体破碎产生的声信号进行预测预报,因此,声发射预测预警技术在非典型突出领域具有较大应用空间。

5.2 非典型突出煤体声发射信号产生机理及特征[37]

5.2.1 声发射信号产生机理

　　在煤系地层中,煤的强度是很小的,破坏时首先从煤层开始。所以研究声发射预测非典型突出技术必须首先重点研究煤的声发射(AE)产生机理。

　　首先,煤岩材料特别是煤这种材料属于大分子结构材料,煤是一种三维交联的大分子网络结构,其核心是由碳原子骨架组成的芳香核,并由各种桥键进行连接。煤体可以看作是由存在微孔隙的极限粒度的煤颗粒组成的,极限粒度的尺寸随着煤质等的不同有所不同,大体在 0.5～10 mm 之间。煤的孔隙裂隙系统是由极限粒度中存在的微孔隙和颗粒间的微裂隙组成(图 5-1)。由于微孔隙和微裂隙的存在,煤在受力破坏时,其微观断裂形式必然是沿着微孔隙某个方向的穿粒和沿粒(即沿微裂隙或节理层理)断裂及它们之间的相互耦合。

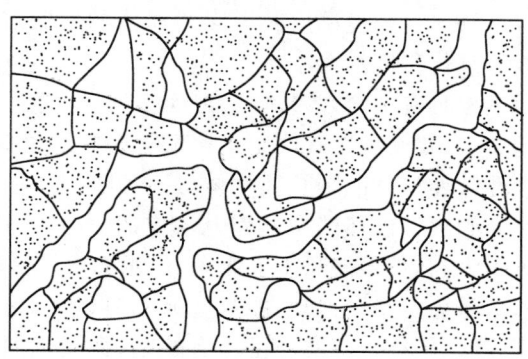

图 5-1　煤层的孔隙裂隙系统

　　由于原生和次生裂隙的强度远低于煤极限粒度的强度,所以,煤在受力时优先在微裂隙产生破坏,表现出沿粒破坏形式,即微裂隙破坏。由于煤体中的微裂隙是随机分布的,不完全是相互连通的。随着载荷的增加,在微裂隙之间的微孔隙上产生满足格里菲斯准则的微孔隙破坏。所以,煤体的破坏形式包括三种:一是微裂隙破坏;二是微孔隙破坏;三是前二者的组合破坏。在这三种破坏中,孔隙和裂隙中存在的瓦斯压力增强了有效正应力,更有利于这种破坏的产生。随着载荷的增加,裂隙破坏进一步扩展,并可能产生分岔现象。裂隙的扩展达到一定程度就停止了,扩展后的裂隙长度取决于最小主应力与最大主应力的比值和原始裂隙长度。煤体的宏观破坏并不一定是单个裂隙扩展形成的,当作用于裂隙带的剪应力大于抗剪强度时,产生剪切位移,表现出在原裂隙方向上的剪切破坏;另一种情况是,在最大和最小有效应力的作用下,裂隙扩展出现一组分

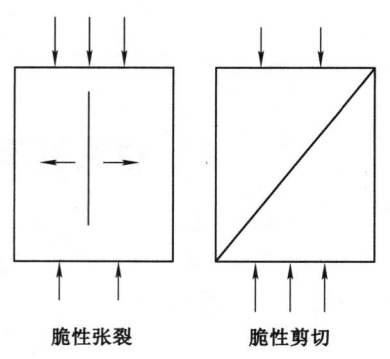

脆性张裂　　　　**脆性剪切**

图 5-2　压应力条件下煤的
破坏形式示意图

岔稳定裂隙,当裂隙端部产生的局部有效拉应力大于一定值时,分岔的裂隙进一步扩展,造成宏观的张性破坏,如图 5-2 所示。

　　一般而言,煤岩的破坏过程包括原生裂隙的闭合阶段和新裂隙的产生、扩展及断裂。在煤岩的变形和破裂过程中,声发射的产生可能来自于以下几个方面:煤岩结构或颗粒之间是靠各种桥键连接的,其键能远小于金属等材料的键能,在外力作用下,当大分子集团和原子的位错、滑移引起桥键的断裂时会产生声发射现象;煤岩大分子结构之间存在的各种矿物质和胶结物也是靠分子键连接的,其断裂时也会产生声发射;一部分原生裂隙的扩展和新生裂纹的产生及扩展中也会产生大量的声发射现象;在裂纹的发展中,彼此之间会产生摩擦和碰撞等,此时也会产生声发射现象;在裂纹扩展到一定程度,引起断裂时,产生的声发射活动会更大、更集中。

　　所以,声发射的产生与煤岩材料微观结构对外力的承受程度有关,随着外力的增加,煤岩集团之间、裂纹之间、矿物质之间和组成化学元素之间都可能发生滑移、位错。当能量足够高时,克服煤岩内部的分子键、原子键、共价键的键能,产生新的裂纹。这些滑移、位错乃至裂纹的产生、发展是不可逆的,这种过程反映了煤岩损伤的发展演变。在同等条件下,声发射能量的大小表征了煤岩损伤程度的大小。

　　材料的特性对声发射现象具有决定性影响,一般而言,材料的强度、各向异(同)性、均质性、晶粒大小、原生裂隙的多少、致密程度等决定了声发射信号的频率、幅度、能量、时间及其变化等。煤作为一种富含孔隙和裂隙的颗粒性材料,具有强度低、各向异性、均质性差、含瓦斯气体、不连续等特点,在受到载荷破坏的全过程中,煤产生的声发射信号都会十分丰富,而且声发射信号的频率应该不太高,信号能量不会太大,产生的声发射事件应是断续的脉冲信号,在临近破坏时,声发射信号会更集中出现,能量会更大。

　　许多研究者研究发现,煤岩压缩破坏实质是固有缺陷(如局部的微小孔洞和裂纹等)受到拉伸作用扩展汇合而最后贯通的结果,微观断裂形态是拉伸损伤破坏特征。

　　对煤岩体材料含缺陷的微元,当应力超过极限破坏强度时,缺陷就可激活,引起损伤破坏或缺陷的演化,同时释放应变弹性能,激发声发射。煤岩等材料缺陷的分布常常选用双参数的威布尔分布。

$$n(\varepsilon) = k\varepsilon^m \tag{5-1}$$

$$n'(\varepsilon) = km\varepsilon^{m-1} \tag{5-2}$$

式中，$n(\varepsilon)$为应变ε时就能激活的缺陷数目，个；常数k与m表征断裂活动性的材料性质；$n'$$(\varepsilon)$为缺陷随应变的变化率。

当应变增加一个增量$\mathrm{d}\varepsilon$时，参加断裂活动的新的缺陷数为：

$$\mathrm{d}n = n'(\varepsilon)\mathrm{d}\varepsilon \tag{5-3}$$

由于过去的损伤，占总体积百分比为D的材料中，应力已经释放，因此实际参加激活的缺陷数目将减少而乘以因子$(1-D)$，假定一个缺陷激活损伤破坏对应一个声发射计数，则相应的声发射计数为：

$$\mathrm{d}N = (1-D)n'(\varepsilon)\mathrm{d}\varepsilon \tag{5-4}$$

式(5-2)代入式(5-4)得：

$$\mathrm{d}N = km(1-D)\varepsilon^{m-1}\mathrm{d}\varepsilon \tag{5-5}$$

考虑材料缺陷分布、激活的随机性及各种随机因素，加入随机因子$r(\varepsilon)$，由式(5-5)可导出累计声发射计数N为：

$$N = r(\varepsilon)\int_{\varepsilon_0}^{\varepsilon} km(1-D)\varepsilon^{m-1}\mathrm{d}\varepsilon \tag{5-6}$$

式中，ε_0为材料初始损伤的应变，随机因子$r(\varepsilon)$是$[0,1]$区间上随机数。

声发射变化率为：

$$N'(t) = \frac{\mathrm{d}N}{\mathrm{d}t} = r(\varepsilon)km(1-D)\varepsilon^{m-1}\frac{\mathrm{d}\varepsilon}{\mathrm{d}t} \tag{5-7}$$

式(5-6)和式(5-7)即为煤岩等材料单轴加载破坏过程中的声发射理论模型。这个模型说明声发射计数和声发射变化率主要取决于损伤因子、瞬态应变和应变速率，而且还与材料性质(固有缺陷总数、材料尺度、均质度等)关系密切。

5.2.2　声发射信号特征

非典型较硬突出煤体声发射信号特征如下：

（1）声发射信号的特征

原煤的单轴压缩破坏过程声发射信号极其丰富，如图5-3所示。

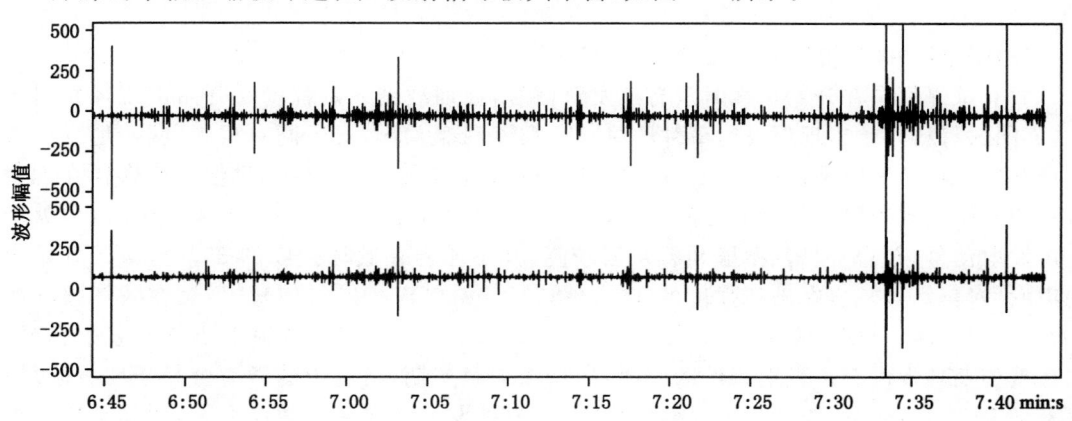

图 5-3　原煤的单轴压缩破坏过程部分声发射波形压缩图

典型的声发射事件波形如图 5-4 所示。试件加载过程中声发射信号均为脉冲随机信号,上升时间极短,快速到达峰值然后逐步衰减。事件的持续时间一般较小,范围在 5～40 ms 之间,大多数事件的持续时间在 20 ms 以内。

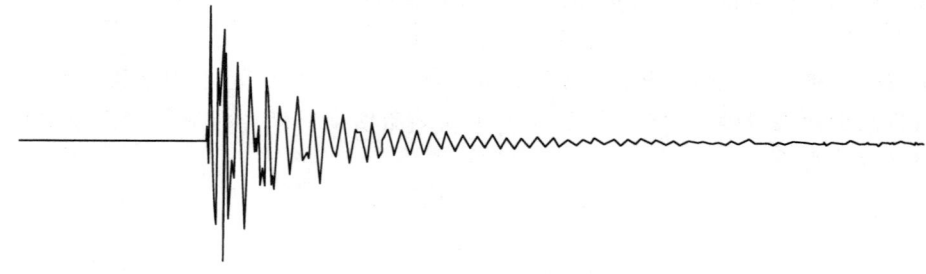

图 5-4　典型声发射信号图

（2）声发射信号与加载过程的关系

在对 6 种材料的加载试验中均接收到了声发射信号,随着应力的不断增加声发射事件呈增加趋势,在将近达到破坏强度时声发射事件率达到最大值,然后减少,如图 5-5 所示。不同的材料在破坏全过程中事件数是不同的,加载速率对声发射事件有影响。速率越大,事件数越集中。

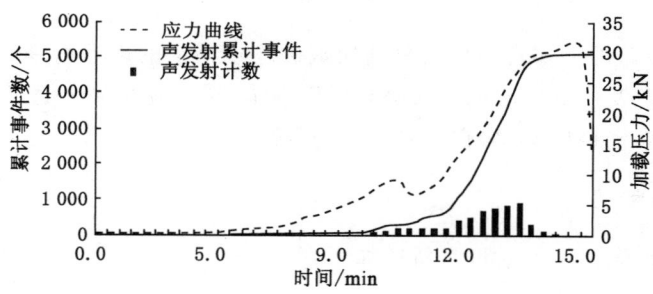

图 5-5　原煤声发射信号与加载过程的关系

（3）不同材料开始出现声发射信号的时间

所有试件都是在开始加载时没有声发射信号,在加载到一定程度时开始出现声发射事件,不同的材料开始出现声发射事件的时间存在着明显差异,对于同一材料、同一地点取得试样开始出现声发射事件的时间也略有不同,声发射信号有一定的随机性。原煤样在加载过程中开始出现声发射信号的时间最早,一般在应力达到破坏强度的 10%～30% 以内就产生声发射信号;砂岩、泥岩、型煤和石灰岩较晚,其中泥岩在破坏强度的 35%～56% 开始出现声发射信号,石灰岩在破坏强度的 40%～85% 开始出现声发射信号,型煤在破坏强度的 30%～40% 开始出现声发射信号,砂岩在破坏强度的 83%～95% 才开始出现声发射信号。在加载初期基本没有声发射事件的原因:一是在加载初期,材料中的微裂隙处于闭合阶段,材料尚未产生裂纹,故未产生声发射信号;二是与声发射的凯塞尔效应有关,当加载应力尚未达到历史上曾出现的最大应力前,基本不产生声发射信号,基于这一点,可以用声发射检测法近似测定煤岩体的地应力大小。

（4）声发射的频谱分布

试件在破坏过程中的声发射信号频率成分较为复杂,有高频信号也有低频信号,一般都在 200 Hz 以上,也偶有高达 10 kHz 的高频信号,一般会同时出现或断续出现多种频率段的信号。原煤（硬煤）的频率一般分布在 1 000~5 000 Hz 之间,主频在 2 800 Hz 左右,如图 5-6 所示。砂岩的主要频率一般在 500~4 000 Hz 之间,个别信号的频率较高,达到 7 000 Hz 左右,如图 5-7 所示。型煤的频率分布在 200~3 000 Hz 之间,在加载的前期,频率主要分布在 850~3 000 Hz 之间,如图 5-8 所示,随着应力的不断增加,信号主频在 500 Hz 左右,而且比较集中。泥岩的频率范围较宽,主频在 1 500 Hz 左右,如图 5-9 所示。石灰岩的频率分布也较宽,一般在 800 ~ 75 000 Hz 之间,如图 5-10 所示,破坏时的主频在 500~1 000 Hz之间。

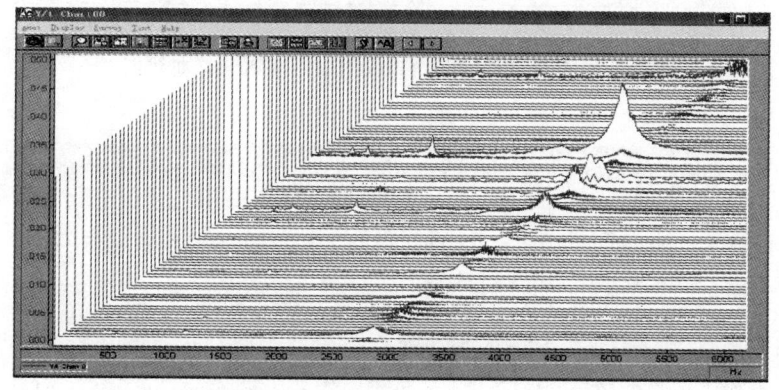

图 5-6 原煤试件破坏中声发射信号频谱三维曲线图

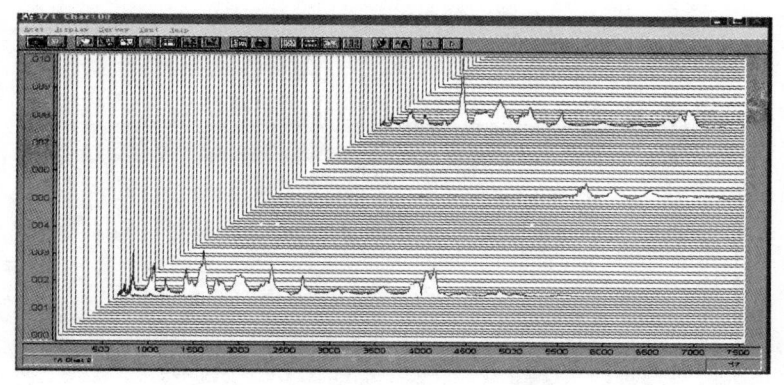

图 5-7 砂岩试件破坏中声发射信号频谱三维曲线图

（5）声发射的振幅分布

振幅与试件材料的强度有关,强度大的材料破坏时的能量较大,产生的信号振幅越大。砂岩和石灰岩的声发射信号平均振幅比原煤、型煤和泥岩大。所有材料的振幅分布共同规律:开始产生的声发射信号振幅都较小,随着应力的增加,出现较大振幅的事件,期间又掺杂着小事件和中事件,但平均振幅相对前期大。

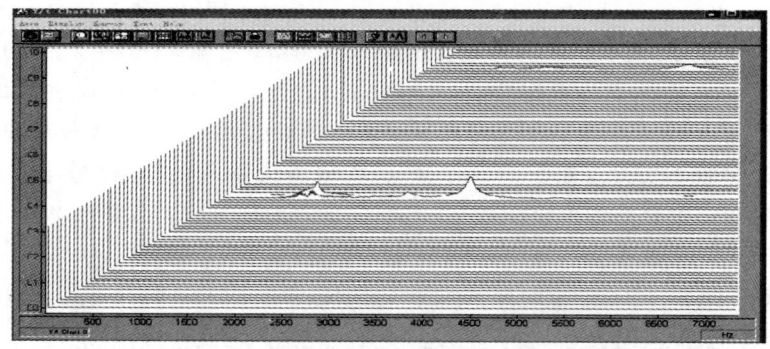

图 5-8　型煤试件破坏中声发射信号频谱三维曲线图

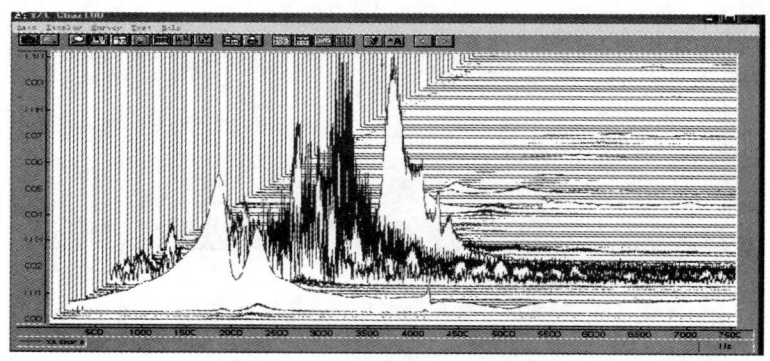

图 5-9　泥岩试件破坏中声发射信号频谱三维曲线图

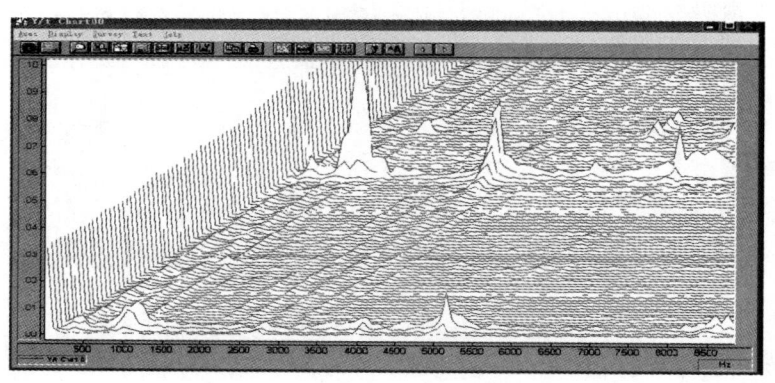

图 5-10　石灰岩试件破坏中声发射信号频谱三维曲线图

5.3 非典型突出声发射预测预警技术[37,99-103]

5.3.1 声发射信号传播规律及适用煤体强度条件

应力波在介质中传播的特点取决于介质的力学性质。应力波理论一般是建立在均匀各向同性完全弹性介质的假定基础之上的,但应力波传播的实际介质由于各种地质因素的作用其分布特征非常复杂。煤系地层为含有煤层的沉积岩系,在其成岩过程中受地壳运动的影响,形成许多断层、褶曲等地质构造。其线性尺度大于应力波长,则为应力波不均匀介质。沉积岩系层理发育岩层具有水平层理波状层理和斜层理结构,层间岩石介质的弹性性质可能相差很大,为应力波各向异性介质。应力波在传播过程中将会发生多次的反射和折射,同时岩石作为一种孔隙介质,其孔隙的分布与孔隙内的含水情况等,都对应力波的传播产生影响。

由于介质的非完全弹性,应力波在传播过程中能量被吸收而使振幅衰减,为了描述介质吸收特性的强弱,引入了一个无量纲的因子 Q 称为介质的品质因子。Q 值是用来度量介质中振动或波动能量的非弹性衰减率的物理量,是介质所固有的特性。

早在 20 世纪初,对于 Q 值的实验室测量就提出过报道。如 1914 年 Lindsay 提出过 Q 值在一定频率范围内与频率 f 无关的实验结果。20 世纪 40 年代 Born 提出了干燥的岩石 Q 与 f 无关,而被水浸湿后的岩石 $1/Q$ 正比于 f 的实验报告。介质吸收的精确测量是很困难的。无论在实验室或野外的测量中,由于振动的振幅强烈地依赖于样品或通过路径的几何扩散、反射、散射等,这些因素附加在内部阻尼上,因而所有的测量技术中都必须对这些附加因素进行修正。50 年代以来,关于地壳介质的吸收、频散的理论研究和野外测量工作都已开展起来,并取得不少成果。在野外测量工作中,经常用不同距离上的频谱的比率来求 Q 值。如 1958 年 McDonald 等用这种方法测量了页岩的吸收系数,得出了在 $50 \sim 550$ Hz 的频率范围之内,吸收系数随 f 线性变化的结论。其后的许多工作如 Tullos 和 Reid 等 1969 年的测量结果也表明了 Q 值在一定范围之内是常数。

进入 20 世纪 90 年代以来,对于岩石的黏滞性研究不断加强,除应力波速度外,地层的品质因子 Q 作为岩石特征的主要参数,提出了子波模拟、频谱模拟、频谱比、匹配技术、振幅衰减法、解析信号法、非线性拟和法等 10 多种计算方法。在天然地震预测预报中,Q 值用来确定震前前兆和震后分析的关键指标。在工程中有时用品质因素 Q 作为岩体是否完整及其风化程度、裂缝发育情况的指标。

岩石吸收系数 α 与 Q 值的应用逐渐引起人们重视,尽管尚不成熟,但近年来已较好地用于地震波衰减的补偿处理(反 Q 滤波)和正演模型计算。在天然状态下,岩石的矿物成分、孔隙率、裂隙率、流体含量、压力与岩石围压等对岩石地球物理特征(包括岩石的吸收系数及 Q 值等)都有很大的影响。测量这些参数,有可能提供有关岩性、含油气、瓦斯和水等类信息,所以,$\alpha(f)$ 与 Q 值有可能成为岩性地震勘探的重要参数。

(1)品质因子

当应力波在地下岩层介质中传播时,由于煤岩体属无限非完全弹性体,使应力波的弹性能量不可逆地转化为热能或其他耗损,造成振幅衰减。岩石中波的衰减性质,不仅取决于岩石的宏观整体性质,还要受到岩石的微观性质,如岩石内部裂纹的密度分布、构造及孔隙液体和相互作用等所影响。

弹性波通过介质传播时,它的振幅随着传播距离或时间的增大而衰减。很多原因可以造成这种衰减,如波动振幅随距离的增加而产生的几何扩散、在介质边界处的反射、折射以及介质的非弹性吸收等。其中造成衰减的主要原因,目前认为是地球介质的非完全弹性(滞弹性)。为了描述地球介质吸收特性的强弱,引入介质的品质因子 Q 这个无量纲因子,它是介质的固有特性。

地层的品质因子 Q 是描述岩石对弹性波吸收特性的一种表达方式,又称内摩擦或耗散因数,它是岩石的一种固有特性,即一个周期内或一个波长距离内,振动所损耗的能量与总能量之比的倒数。可以表示为:

$$\frac{1}{Q} = \frac{1}{2\pi} \cdot \frac{\Delta E}{E} \tag{5-8}$$

式中,E 是处于最大应力和应变状态下的弹性能,而 ΔE 是在谐波激励下,每振动一个周期的能量损耗。如图 5-11 所示。

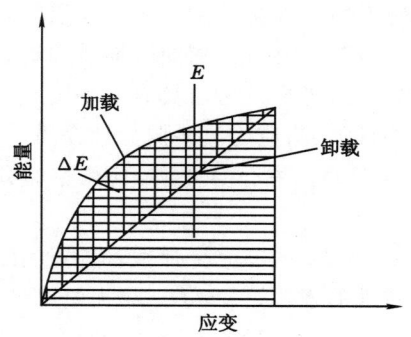

图 5-11　一次加卸载循环的能量消耗

Q 为岩石(或介质)的品质因数,是岩石非弹性特性的重要参数。$1/Q$ 是岩石(或介质)对应力波能量损耗的量度,显然 Q 值越大,岩石对应力波能量的损耗(吸收)越小,介质越接近于完全弹性。Q 值越小,非弹性特性就越突出,对波的吸收作用越强。

① 时间域的 Q 值

对于具有线性应力—应变关系的介质,波幅 A 与能量的平方根 $E^{1/2}$ 成正比,因此

$$\frac{1}{Q} = -\frac{1}{\pi} \cdot \frac{\Delta A}{A} \tag{5-9}$$

首先是观测一个固定质点上振幅随时间的衰减。这时的问题是,给定初始振幅 $A = A_0$,振幅 A 以衰减率 πQ^{-1} 衰减,那么在相继时间 $\frac{2\pi}{\omega}$、$\frac{4\pi}{\omega}$、$\cdots \frac{2n\pi}{\omega}$ 上振幅 $A(t)$ 为多大(ω 为圆频率)。因为一个周期内的振幅衰减为 πQ^{-1},所以对于第 n 个周期后应有

$$A(t) = A_0 \left(1 - \frac{\pi}{Q}\right)^n \tag{5-10}$$

式中,$t = \frac{2n\pi}{\omega}$,$n = 1, 2, 3 \cdots$ 因此有

$$A(t) = A_0 \left(1 - \frac{\omega t}{2Q}\right)^n \tag{5-11}$$

当 $n \to \infty$ 时,$A_0 \left(1 - \frac{\omega t}{2Q}\right)^n \to A_0 \exp\left(-\frac{\omega t}{2Q}\right)$,故有

$$A(t) = A_0 \exp\left(-\frac{\omega t}{2Q}\right) \tag{5-12}$$

令 $\alpha = \frac{\omega}{2Q} = \frac{\pi f}{Q}$ 为质点振动随时间的衰减系数,则有:

$$A(t) = A_0 e^{-\alpha t} \tag{5-13}$$

并有

$$Q = \frac{\pi f}{\alpha} \tag{5-14}$$

由式(5-12)和式(5-13)所确定的 Q 值定义为时间域的 Q 值,记做 Q_t。

② 空间域的 Q 值

观测波动振幅随距离的衰减,对于某一特定振相的振幅 A 随距离 r 的变化,我们可以设法连续追踪观测。波在一个波长 λ 的距离内的变化为 ΔA,λ 由圆频率 ω 和相速度 v 按 $\lambda = \frac{2\pi V}{\omega}$ 确定。这时,$\Delta A = \frac{\mathrm{d}A}{\mathrm{d}r} \cdot \lambda$,代入式(5-9)有

$$\frac{\mathrm{d}A}{\mathrm{d}r} = -\frac{\omega}{2vQ}A \tag{5-15}$$

上式的解为

$$A(r) = A_0 e^{-\omega f/2v} \tag{5-16}$$

令 $\alpha = \frac{\omega}{2vQ} = \frac{\pi f}{vQ}$ 为波动振幅随距离的衰减系数,则有

$$A(r) = A_0 e^{-\alpha f} \tag{5-17}$$

并有

$$Q = \frac{\pi f}{v\alpha} \tag{5-18}$$

由以上两式所确定的 Q 值定义为空间域的 Q 值,记为 Q_s。

空间域的 Q_s 和时间域的 Q_t 有下述的关系:

$$\frac{1}{Q_t} = \frac{u}{v} \cdot \frac{1}{Q_s} \tag{5-19}$$

式中,u 为波的群速度。对非频散波 $v = u$,则两个 Q 值是相同的。

一般由于不同振相的干涉叠加,要直接测定同一点上同一振相的振幅随时间的衰减常常是很困难的,而观测不同测点上同一振相的振幅随距离的衰减则相对容易些,由式(5-19)可知,这两种衰减是相互联系的,因此只要测定波的空间域的 Q_s 值。

(2) 应力波的吸收衰减

由于地球介质的非完全弹性,应力波在传播过程中能量会在介质中被损耗和吸收,使应力波的振幅衰减,这种不同于波前扩散、界面(反射及透射)损失的衰减,称为介质的吸收衰减。

设在均匀介质中沿 X 方向传播的平面谐波,其位移为

$$u(x,t) = A(x)\exp[i(kx - \omega t)] \tag{5-20}$$

式中　$A(x)$——波的振幅,由于介质的吸收损耗,振幅随距离 x 增加而不断衰减;

　　　k——无损耗时的圆波数。

现讨论波从 x 传播到 $x + \Delta x$,由于介质吸收造成应力波振幅的相对变化为

$$[A(x + \Delta x) - A(x)]/A(x) = -\alpha\Delta x$$

这个变化与 Δx 成正比,其比例系数 α 显然是一个表征介质损耗特征的一个指数,负号表示衰减。当 $\Delta x \to 0$ 时,则有

$$\frac{\mathrm{d}A(x)}{\mathrm{d}x} = -\alpha A(x) \quad 或 \quad \alpha = -\frac{1}{A(x)} \times \frac{\mathrm{d}A(x)}{\mathrm{d}x} = -\frac{\mathrm{d}}{\mathrm{d}x}\ln A(x)$$

解此微分方程，得

$$A(x) = A_0 \mathrm{e}^{-\alpha x} \tag{5-21}$$

式中，$A_0 = A(x)|_{x=0}$，表示震源强度。公式表明，波的振幅随着传播距离的增加按指数规律衰减。衰减的快慢取决于系数 α，α 称为应力波的衰减系数。

对于两个不同位置 x_1 和 x_2($x_1 < x_2$)，相应振幅为 $A(x_1)$ 和 $A(x_2)$，则衰减系数近似为

$$\alpha \approx 1/(x_2 - x_1) \times \ln[A(x_1)/A(x_2)]$$

$$\alpha \approx 1/(x_2 - x_1) \times 20\log[A(x_1)/A(x_2)]$$

衰减系数的单位为 dB/m。

由空间域的品质因子 Q，可得 $\alpha = \frac{\omega}{2vQ} = \frac{\pi f}{vQ}$，所以

$$A(x) = A_0 \mathrm{e}^{-\alpha x} = A_0 \exp\left(-\frac{\pi f}{vQ}x\right) \tag{5-22}$$

式(5-22)就是空间域波的振幅衰减函数。

（3）Q 值的计算方法

对于弹性波勘探法来说，除了波速度外，介质的品质因子 Q 也是岩石特性的一个重要参数。衰减的计算问题很有意义，于是人们提出了关于能否可靠地计算 Q 值的问题，至今已经研究出多种计算 Q 值的方法。

最常用的是振幅衰减法、上升时间法及谱比法。

① 振幅衰减法

该方法仅用子波的最大振幅，其他参数不考虑。通过研究振幅的衰减，可计算平面波的品质因子。通过方程 $A(x) = A_0 \exp\left(-\frac{\pi f}{vQ}x\right)$ 中的几何发散分离出来，产生

$$A(x) = A'_0 \left(\frac{1}{x}\right)^n \exp\left[-\frac{\pi f}{vQ}x\right] \tag{5-23}$$

均匀各向同性介质的振幅和 Q 之间有下述关系：

$$\frac{A(x)}{A(x_0)} = \left(\frac{x_0}{x}\right)^n \exp\left[-\frac{\pi f}{vQ}(x - x_0)\right] \tag{5-24}$$

式中，$A(x_0)$ 是参考位置 x_0 处的振幅，$A(x)$ 是位置 x 处的振幅，x^n 是几何发散，而 $A'_0 = A_0 x^n$。解方程(5-24)就可以得到品质因子。

② 上升时间法（升时法）

上升时间法是建立在波在衰减介质中传播时发生频散的基础上的。上升时间 τ 定义为第一周期的最大振幅与最大斜率之比。经验关系式为

$$\tau = \tau_0 + c\int_0^1 \frac{1}{Q}\mathrm{d}t \tag{5-25}$$

此式是由 Gladwin 和 Stacey 建立的。Kjartansson(1979)推导出了其理论背景。对于分段常数 Q，我们可以得出：

$$Q = c\frac{\delta t}{\delta \tau} \tag{5-26}$$

式中，τ_0 是震源信号的上升时间；当 $Q > 20$ 时，c 是常数，当 $Q < 20$ 时，它取决于 Q 值。c 值

取决于震源和接收器的特性。

③ 谱比法

谱比法是最有名的 Q 值计算方法之一。由子波计算方程的傅立叶变换和对数比的计算

$$\ln\left[\frac{a_2(T)}{a_1(T)}\right] = \ln\left(\frac{s_2}{s_1}\right) - \frac{\pi\delta t}{Q} \cdot \frac{f_1(T) + f_2(T)}{2} \tag{5-27}$$

得出:

$$\ln\left[\frac{A_2(T)}{A_1(T)}\right] = 常数 + \pi\frac{\delta t}{Q}f \tag{5-28}$$

计算出其斜率:

$$m = \pi\frac{\delta t}{Q} \tag{5-29}$$

可得到品质因子。

（4）煤岩体声发射传播规律

煤岩体属非完全弹性体，声发射信号在其传播过程中都要发生波动能量损失，基于品质因子理论得出煤岩体内声发射信号传播振幅方程：

$$A(x) = A_0\exp(-\alpha x) = A_0\exp\left(-\frac{\pi f}{v Q}x\right) \tag{5-30}$$

通过理论分析、现场试验等方法考察分析了声发射波传播衰减规律，得出：声发射信号频率越高，振幅衰减越快，声发射波频率在 5 kHz 以上时，煤岩体介质声发射波将有很大的衰减，为选择或研发相应频响范围的声发射传感器提供了依据；煤岩体品质因子直接影响声发射信号的传播与衰减，品质因子越小，振幅衰减越快；品质因子表征传播介质的完整性，品质因子越小，介质结构越复杂（如有构造、强度小等），因而对不同品质因子介质，声发射信号传播距离是不一样的，这为传感器安装间距及滤噪工艺提供了科学依据。

在南桐矿业有限责任公司东林煤矿、贵州中岭煤矿、天府矿业有限责任公司三汇一矿、平煤集团八矿、平煤集团十矿，利用 AEF-2 型便携式声发射监测仪对具有不同普氏坚固性系数 $f_普$ 的煤岩体内声发射信号传播规律进行了研究，共测试 14 组。由图 5-12、图 5-13 可见，声发射信号在煤岩介质内传播时，随着传播距离的增加，声发射信号振幅均符合负指数形式衰减，与理论推导公式（5-30）结论一致；而且煤岩介质的普氏坚固性系数 $f_普$ 不同，介质的品质因子也不相同，声发射信号传播衰减程度 α 也不相同。

（5）声发射监测动力灾害的适用条件

声发射信号在煤岩介质中的传播衰减系数 α 与普氏坚固性系数 $f_普$ 之间的关系，如图5-14 所示，普氏坚固性系数 $f_普$ 越大，声发射波在介质中的传播衰减系数 α 越小，两者呈乘幂关系。

考虑声发射仪器自身的稳定性能、传感器的灵敏度及频带响应范围、仪器本身电器元件产生的不可避免的噪声影响以及监测环境中存在的噪声信号、信号的有效识别及滤噪技术水平等因素，可知当信号的能量或幅值低于某一定值时，信号就会被噪声信号淹没，无法识别。因此，声发射监测仪器所能接收到并有效识别的信号的最小幅值或最小能量值是一个潜在的固定值。声发射信号在具有不同 $f_普$ 的煤岩介质中的极限传播距离，如表 5-1 所列。

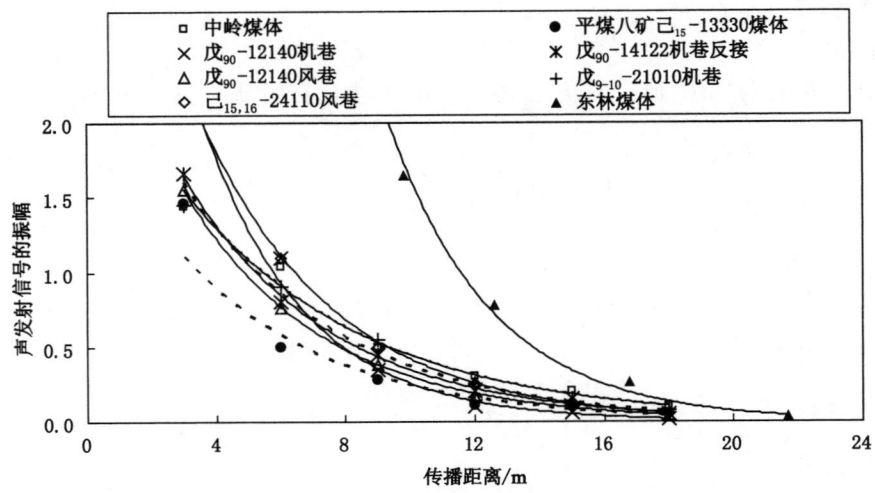

图 5-12   煤体内声发射信号的振幅随传播距离的衰减拟合曲线图

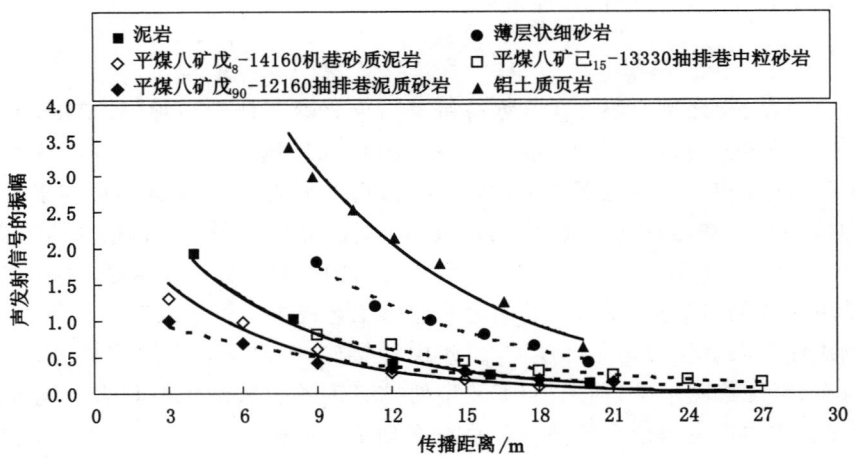

图 5-13   岩体内声发射信号的振幅随传播距离的衰减拟合曲线图

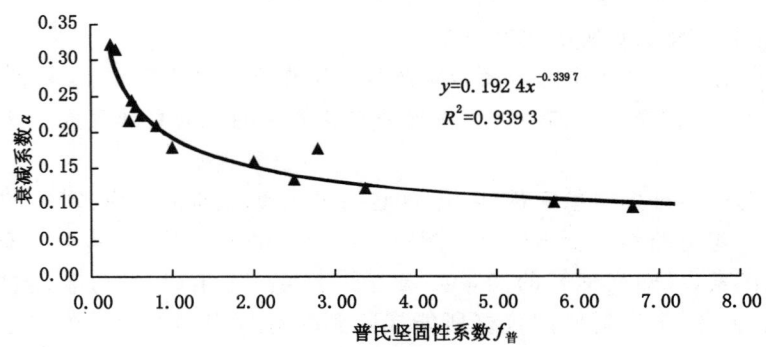

图 5-14   普氏坚固性系数 $f_{普}$ 与衰减系数 α 的关系曲线图

表 5-1　　声发射信号在不同普氏坚固性系数 $f_普$ 煤岩中的理论极限传播距离 x_{max}

普氏坚固性系数 $f_普$	极限传播距离 x_{max}/m	普氏坚固性系数 $f_普$	极限传播距离 x_{max}/m
0.10	16.42	1.60	42.12
0.20	20.78	1.70	42.99
0.30	23.85	1.80	43.84
0.40	26.30	1.90	44.65
0.50	28.37	2.00	45.44
0.60	30.18	2.50	49.01
0.70	31.81	3.00	52.14
0.80	33.28	3.50	54.95
0.90	34.64	4.00	57.50
1.00	35.90	4.50	59.85
1.10	37.08	5.00	62.03
1.20	38.20	5.50	64.07
1.30	39.25	6.00	65.99
1.40	40.25	6.50	67.81
1.50	41.21	7.00	69.54

　　介质越坚硬,传播越远。若煤太软,那么可以将传感器安装在坚硬的顶底板中,这为传感器安装提供了一个新方法,并得到了现场考察验证,如图 5-15 所示。

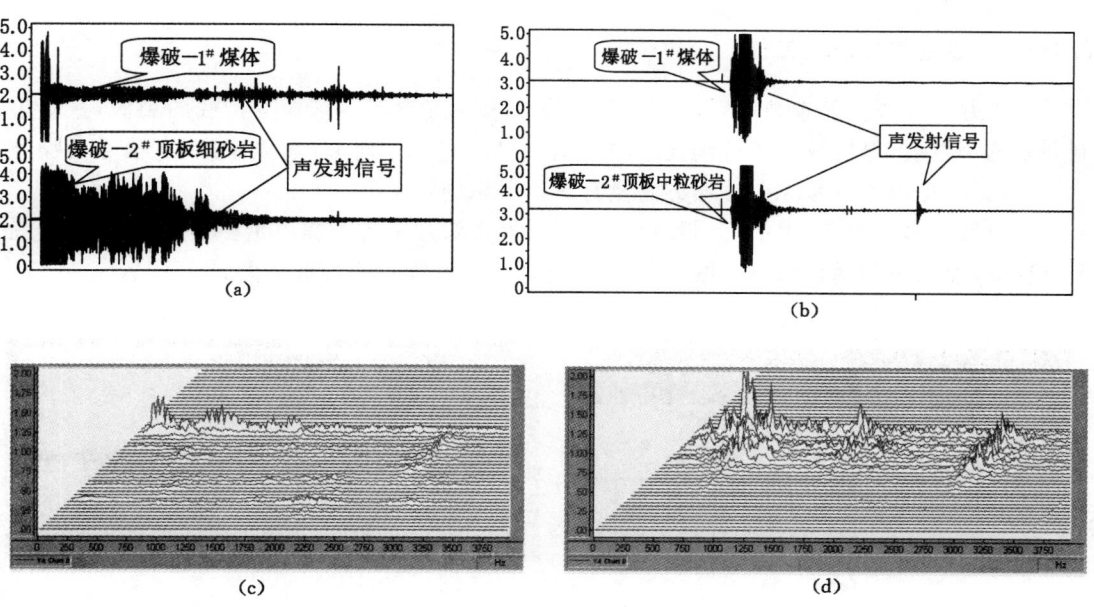

图 5-15　传感器不同安装位置接收信号分析对比图

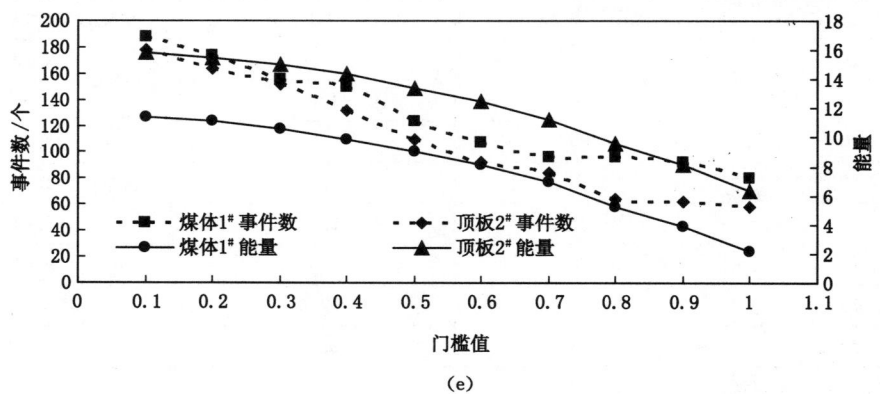

续图 5-15　传感器不同安装位置接收信号分析对比图
(a) 细砂岩和煤体内声发射信号时谱(传感器距掘进头 10 m 时)；
(b) 中粒砂岩和煤体内声发射信号时谱(传感器距掘进头 17 m 时)；
(c) 对应图(a)的 1# 传感器频谱；(d) 对应(a)的 2# 传感器频谱；
(e) 中粒砂岩及煤体内两通道声发射信号事件数与能量指标对比分析图

综合考虑采掘工作面声发射传感器的安装工艺、传感器的灵敏度以及声发射监测的超前距等影响因素,可以得出声发射监测工作面动力灾害的适用条件:当煤的普氏坚固性系数 $f_普 < 0.2$ 时,声发射传感器宜安装在顶板岩层内;当煤的普氏坚固性系数 $f_普 \geqslant 0.2$ 时,声发射传感器可安装在岩体内,也可安装在煤体内,但是仍要根据现场井巷中煤层及顶底板的具体条件来合理选择安装介质,确定合理的传感器安装工艺。

5.3.2　声发射信号滤噪工艺

由于井下环境的复杂,噪声源的众多,滤噪技术一直没有得到根本彻底的突破,一直限制和制约声发射、电磁辐射等监测技术的应用。对此进行了研究,建立了声、电信号及噪声信号数据库,提出了信号综合滤噪方法及有效信号识别技术。

井下噪声多种多样,根据不同噪声的特征及规律对井下各类噪声主要分成三类:电器噪声、机械作业噪声和随机噪声。图 5-16 为部分声发射及噪声信号波形图。

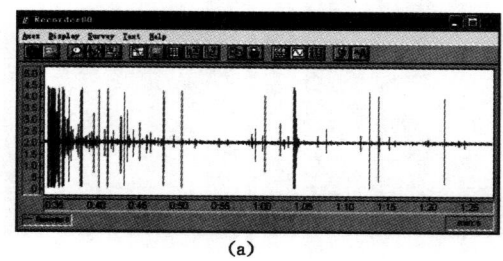
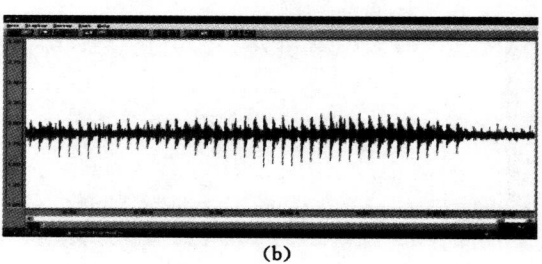

(a)　　　　　　　　　　　　　　　(b)

图 5-16　部分声发射及噪声信号波形图

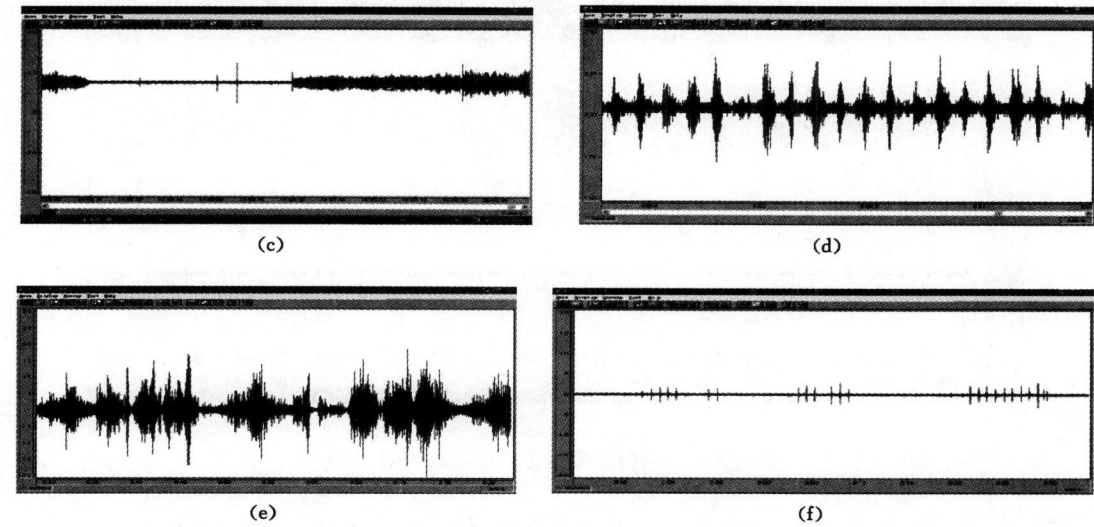

(c)　　　　　　　　　　　(d)

(e)　　　　　　　　　　　(f)

续图 5-16　部分声发射及噪声信号波形图

（a）谢一矿机巷爆破及爆破后声发射信号波形图；（b）谢一矿机巷风镐清道噪声信号波形图；
（c）谢一矿机巷钻机作业噪声信号波形图；（d）谢一矿机巷煤电钻作业噪声信号图；
（e）潘三矿轨巷综掘机作业噪声信号图；（f）潘三矿轨巷锚杆支护人为敲击巷道噪声信号图

正因为井下环境十分复杂，各种噪声源又非常多，有些噪声在特征上与声发射信号极其相似，使用某一种或两种方法是根本不能满足滤噪要求，所以需要采用多管齐下的方法，即综合噪声处理方法进行。每一种方法可以有针对性地识别和滤除某类或多类噪声，几种方法组合在一起就可滤除绝大部分噪声。

综合噪声处理方法的实质是从噪声的产生源头、噪声进入系统过程、进入系统后的滤除和有效信号的识别及提取等方面采取全方位的措施进行处理，具体讲就是从装备的低噪声设计、信号传输过程的隔绝、传感器的合理安装工艺、进入系统后的噪声识别和有效信号的提取等工艺、软件和硬件等方面采取措施尽可能多地滤除各种噪声的干扰。所以，综合噪声处理方法就是集阻噪、隔噪、抑噪、滤噪和有效声发射信号提取几个方面的综合，如图 5-17 所示。噪声滤除效果如图 5-18 所示。

5.3.3　声发射信号传感器安装工艺

声发射传感器有煤体表面安装、孔底安装和

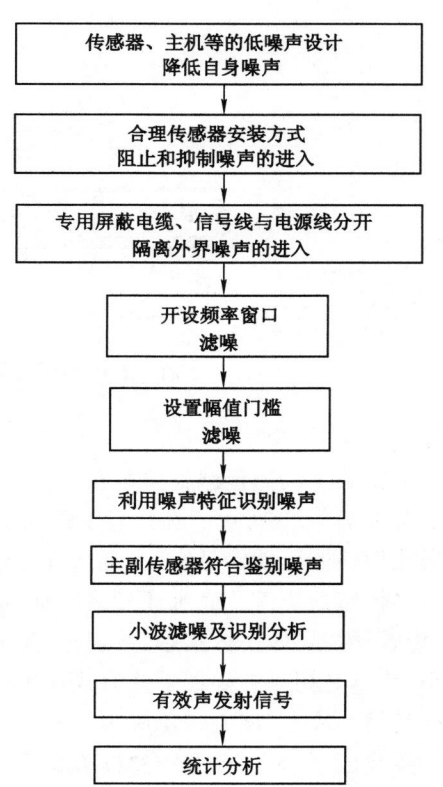

图 5-17　综合噪声处理方法框图

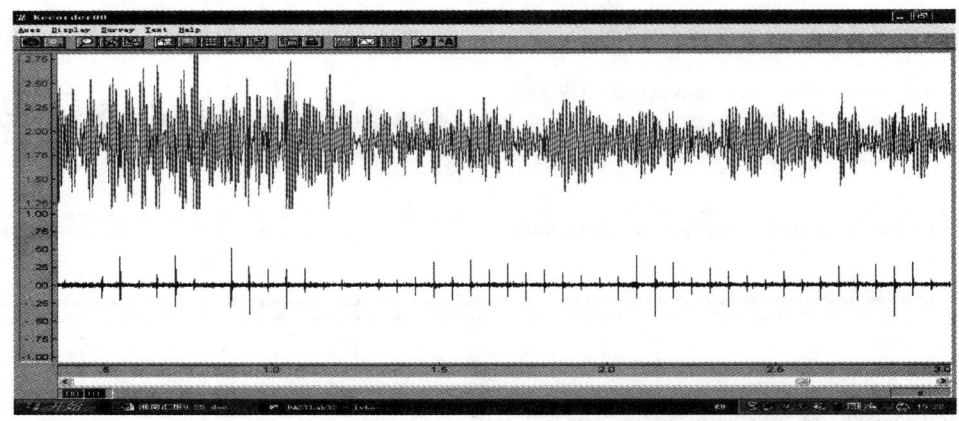

图 5-18　钻机作业噪声滤除前后效果对比图

波导器安装三种方式,如图 5-19 所示。孔底安装方式信号接收效果最好,煤体表面安装方式、波导器安装方式使用方便,传感器可回收。但传感器煤体表面安装方式接收的声发射信号受到巷道松动圈影响,衰减较大,严重影响了有效信号的接收,因此只介绍孔底安装方式和波导器安装方式。

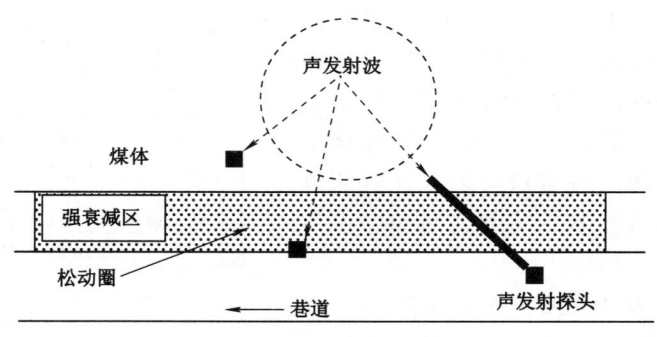

图 5-19　不同安装方式的声发射信号传播示意图

5.3.3.1　孔底安装方式

　　该安装方式的传感器安装在煤体深部,敏感性较高,接收信号的有效距离半径较大。安装示意如图 5-20 所示。在采煤工作面上帮打 ϕ42 mm 钻孔,信号线用 ϕ10 mm 胶管穿套,防止塌孔后煤体压破信号线,首先用准备好的掺加了少量黄泥的水泥砂浆将孔底封住 0.5 m,然后将传感器压入孔底水泥砂浆内部,最后再封孔 1 m 左右。短期内传感器逐步被煤体压实,传感器与煤体实体接触,效果很好。该安装方式,在钻孔压实后,外部噪声环境对其影响较小,缺点是相对波导器安装方式成本较高,但如果在其服务期间内所取得的安全效益远远大于其投入成本,该方式不失为一种较好的安装方式。

　　实践证明,采用孔底传感器方式具有如下特点:① 接收信号有效距离半径较大,敏感性高,抗干扰能力强;② 安装简单、易行;③ 传感器不利于拆卸,成本较高。

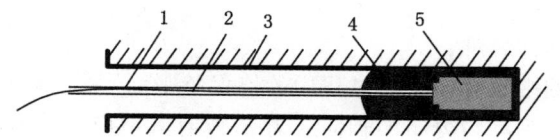

图 5-20　传感器孔底安装方式

1——胶管;2——信号线;3——钻孔;4——水泥砂浆;5——孔底传感器

5.3.3.2　波导器安装方式

该方式属于孔口安装方式。为提高声发射信号接收效果,必须保证传感器与煤岩体的良好耦合,采用波导器能较好达到此目的,波导器的一端可以通过黏结性材料与孔底煤岩体固定,信号通过波导器传递至传感器。由于金属材料具均质性、连续性、材料弹性模量大且具很高的刚度等特点,信号的衰减相对较小,所以波导器具有较好的导波作用。如图 5-21所示。

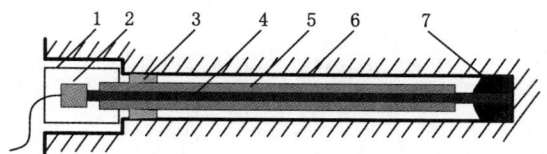

图 5-21　传感器波导器安装方式

1——传感器套筒;2——传感器;3——木楔;4——波导器;

5——波导器套管;6——钻孔;7——水泥砂浆或锚固剂

为了尽量减少随机噪声和传感器附近人为活动带来的噪声,将波导器穿入软性材料,如报废的胶管等,同时在传感器部分也增加了胶套进行保护,避免煤体掉落、煤体注水时的淋水对传感器的影响。软性材料具有较好的隔噪作用,使用后效果明显。

实践证明,采用波导器安装方式具有如下特点:① 接收信号能力强,抗干扰;② 安装简单、易行、快速;③ 传感器加工简单、拆卸方便;对于斜孔安装时,角度不宜太大,否则固定相对困难。

(1)弹性波导器模型研究

根据现场声发射系统中波导器安装情况及其中声发射信号波长情况,采取以下假设,将其简化为一维波导器力学模型,如图 5-22 所示。

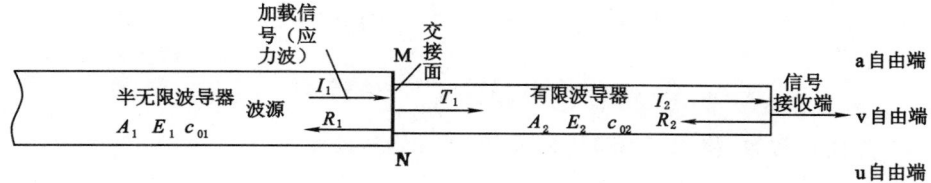

图 5-22　一维波导器力学模型

假设：

① 波导器是一维弹性元件。

② 波导器变形前的平截面在变形过程中始终保持平面。

③ 除了沿横截面恒为均匀分布的轴向应力 σ，所有其他应力分量均为零。

④ 应力波从半无限波导器传播到有限波导器时，传播方向平行于轴向，并垂直于界面。

⑤ 波导器不计体力。

一维波导器的动力学平衡方程为：

$$\frac{\partial \sigma(x,t)}{\partial x} + X = \rho \frac{\partial^2 u}{\partial t^2} \tag{5-31}$$

式中，X 为轴向方向的体力，u 为轴向位移，ρ 是波导器材料的密度。

引用胡克定律：

$$\sigma = E\varepsilon = E\frac{\partial u}{\partial x} \tag{5-32}$$

式中，E 为杨氏模量，ε 为轴向应变。

由式(5-31)及式(5-32)得出：

$$c_0^2 \frac{\partial^2 u(x,t)}{\partial x^2} = \frac{\partial^2 u}{\partial t^2} - \frac{1}{\rho}X \tag{5-33}$$

此处 $c_0 = \sqrt{\frac{E}{\rho}}$，通常称其为波导器波速。在不计体力的情况下，由式(5-33)得到：

$$c_0^2 \frac{\partial^2 u(x,t)}{\partial x^2} = \frac{\partial^2 u}{\partial t^2} \tag{5-34}$$

式(5-34)适用于长波长的波，即波长大于波导器直径的问题，长波长的波适用于任意截面形状的波导器。同样波的应变、应力及速度公式也满足式(5-34)的形式。

对于无限长波导器的初值问题：

$$\left.\begin{array}{l} c_0^2 \dfrac{\partial^2 u(x,t)}{\partial x^2} = \dfrac{\partial^2 u}{\partial t^2} \\ u(x,0) = \varphi(x) \\ \dfrac{\partial u(x,0)}{\partial t} = \varphi_1(x) \end{array}\right\} \left(\begin{array}{l} -\infty < x < \infty \\ t \geqslant 0 \end{array}\right) \tag{5-35}$$

其解为：

$$u = F(x - c_0 t) + G(x + c_0 t) \tag{5-36}$$

其中函数 F 和 G 由初始条件确定：

$$\left.\begin{array}{l} F(x) = \dfrac{1}{2}\varphi(x) - \dfrac{1}{2c_0}\displaystyle\int_a^x \varphi_1(\xi)\mathrm{d}\xi \\ G(x) = \dfrac{1}{2}\varphi(x) + \dfrac{1}{2c_0}\displaystyle\int_a^x \varphi_1(\xi)\mathrm{d}\xi \end{array}\right\} \tag{5-37}$$

其中 a 为任意常数，将式(5-37)代入式(5-36)得到：

$$u(x,t) = \frac{1}{2}\{\varphi(x - c_0 t) + \varphi(x + c_0 t)\} + \frac{1}{2c_0}\int_{x-c_0 t}^{x+c_0 t}\varphi_1(\xi)\mathrm{d}\xi \tag{5-38}$$

考虑任意波导器交界面处的反射及透射，用 $A_1, E_1, \rho_1, c_{01}; A_2, E_2, \rho_2, c_{02}$ 分别表示交界面两边材料的横截面积、弹性模量、密度及其中应力波速度，并用 I, R, T 分别表示入射波、反射波及透射波，交接面处连续条件分别为：

$$位移：u_1 = u_2，即 u_I + u_R = u_T \tag{5-39}$$

$$速度：v_1 = v_2，即 v_I + v_R = v_T \tag{5-40}$$

$$轴力：N_1 = N_2，即 N_I + N_R = N_T \tag{5-41}$$

此时 N 表示波导器中轴力。

若入射的右行波为：

$$u_I = F_I(x - c_0 t) = F_I(\xi) \tag{5-42}$$

其中 $c_{01} = \sqrt{\dfrac{E_1}{\rho_1}}$，$\xi = x - c_{01}t$，$u_I$ 对 x 和 t 求偏导数：

$$\left.\begin{array}{l} \dfrac{\partial u_I}{\partial x} = \dfrac{dF_I}{d\xi} \\[2mm] \dfrac{\partial u_I}{\partial t} = -c_{01}\dfrac{dF_I}{d\xi} \end{array}\right\} \tag{5-43}$$

由式（5-48）得到：

$$\frac{\partial u_I}{\partial t} = -c_{01}\frac{\partial u_I}{\partial x} \tag{5-44}$$

同理对反射波和透射波有：

$$\frac{\partial u_R}{\partial t} = c_{01}\frac{\partial u_R}{\partial x} \tag{5-45}$$

$$\frac{\partial u_T}{\partial t} = -c_{02}\frac{\partial u_T}{\partial x} \tag{5-46}$$

因速度 $v = \dfrac{\partial u}{\partial t}$，则将式（5-44）、式（5-45）及式（5-46）代入速度连续条件方程（5-40）可得：

$$-c_{01}\frac{\partial u_I}{\partial x} + c_{01}\frac{\partial u_R}{\partial x} = -c_{02}\frac{\partial u_T}{\partial x} \tag{5-47}$$

由关系式 $\dfrac{\partial u}{\partial x} = \varepsilon = \dfrac{\sigma}{E} = \dfrac{N}{AE}$ 可将式（5-47）转化为：

$$-c_{01}\frac{N_I}{A_1 E_1} + c_{01}\frac{N_R}{A_1 E_1} = -c_{02}\frac{N_T}{A_2 E_2} \tag{5-48}$$

由关系式（5-53）得到：

$$N_T = \alpha(N_I - N_R) \tag{5-49}$$

其中 $\alpha = \dfrac{c_{01}A_2 E_2}{c_{02}A_1 E_1} = \dfrac{c_{02}A_2 \rho_2}{c_{01}A_1 \rho_1}$。

由式（5-41）、式（5-42）及式（5-43）可得到：

$$\left.\begin{array}{l} \dfrac{N_R}{N_I} = \dfrac{\alpha - 1}{\alpha + 1} \\[3mm] \dfrac{N_T}{N_I} = \dfrac{2\alpha}{\alpha + 1} \end{array}\right\} \tag{5-50}$$

公式（5-50）即为力的反射和透射系数。

由位移、应变及应力的关系式，通过积分可得到位移的反射及透射系数：

$$\left.\begin{array}{l} \lambda_R = \dfrac{u_R}{u_I} = -\dfrac{\alpha-1}{\alpha+1} \\[3mm] \lambda_T = \dfrac{u_T}{u_I} = \dfrac{2}{\alpha+1} \end{array}\right\} \tag{5-51}$$

在半无限波导器与有限波导器的交接面、有限波导器信号接收端考虑反射及透射,同样用 A_1,E_1,ρ_1,c_{01}；A_2,E_2,ρ_2,c_{02}；A_3,E_3,ρ_3,c_{03} 分别表示半无限波导器、有限波导器及其信号接收端右边材料的横截面积、弹性模量、密度及其中应力波速度。由式(5-51)可得出通过半无限波导器及有限波导器交接面的应力波位移为：$u_{T_1}=\lambda_{T_1}u_{I_1}$,对于有限波导器信号接收端入射应力波位移为 $u_{I_2}=u_{T_1}$,有限波导器信号接收端可看作自由端,由于自由端 $\dfrac{A_3E_3}{c_{03}} \ll \dfrac{A_2E_2}{c_{02}}$,即 $a \to 0$ 的极限情况,由式(5-51)可知：$\lambda_{R_2}=1$ 及 $\lambda_{自由端}=2$,由此推出:

$$\left.\begin{array}{l} u_{自由端} = 2\lambda_{T_1}u_{I_1} \\[3mm] v_{自由端} = \dfrac{\partial u_{自由端}}{\partial t} = 2\lambda_{T_1}v_{I_1} \\[3mm] a_{自由端} = \dfrac{\partial^2 u_{自由端}}{\partial t^2} = 2\lambda_{T_1}a_{I_1} \end{array}\right\} \tag{5-52}$$

式(5-52)即为有限波导器自由端第一次接收到的应力波位移、速度及加速度,随后信号接收端不断接收到通过无限波导器及有限波导器交接面及有限波导器自由端多次的反射及透射后的应力波信号,多次的透反射造成了声发射应力波衰减,经过一段时间后,传感器将接收不到应力波信号。通过一维弹性波导器力学模型我们得出了声发射信号接收端与波源信号位移、速度及加速度的关系。

(2)黏弹性波导器模型研究

一维黏弹性波导器力学模型如同图 5-22 所示,同样对模型作了以下假设。

假设:

① 半无限波导器是一维弹性元件,有限波导器是一维黏弹性器件。

② 波导器变形前的平截面在变形过程中始终保持平面。

③ 除了沿横截面恒为均匀分布的轴向应力,所有其他应力分量均为零。

④ 应力波从无限波导器传播到有限波导器时,传播方向平行于轴向,并垂直于界面。

⑤ 波导器不计体力。

一维波导器的弹性动力学平衡方程为:

$$\frac{\partial \sigma(x,t)}{\partial x} + X = \rho \frac{\partial^2 u}{\partial t^2} \tag{5-53}$$

此处 X 为轴向方向的体力,u 为轴向位移,ρ 是波导器材料的密度。

对于半无限波导器,引用胡克定律:

$$\sigma = E\varepsilon = E\frac{\partial u}{\partial x} \tag{5-54}$$

其中,E 为杨氏模量,ε 为轴向应变。

由式(5-53)及式(5-54)得出:

$$c_0^2 \frac{\partial^2 u(x,t)}{\partial x^2} = \frac{\partial^2 u}{\partial t^2} - \frac{1}{\sigma}X \tag{5-55}$$

此处 $c_0 = \sqrt{\dfrac{E}{\rho}}$，通常称其为波导器波速。在不计体力的情况下，由式（5-55）得到：

$$c_0^2 \frac{\partial^2 u(x,t)}{\partial x^2} = \frac{\partial^2 u}{\partial t^2} \tag{5-56}$$

同理，一维波导器的黏弹性动力学平衡方程为：

$$\sigma = \overline{E}\varepsilon = \overline{E}\,\frac{\partial u}{\partial x} \tag{5-57}$$

式（5-56）及式（5-57）适用于长波长的波，即波长大于波导器直径的问题，长波长的波适用于任意截面的波导器。同样波的应变、应力及速度公式也满足式（5-46）及式（5-57）的形式。

对于无限长波导器的初值问题：

$$\left.\begin{aligned} c_0^2 \frac{\partial^2 u(x,t)}{\partial x^2} &= \frac{\partial^2 u}{\partial t^2} \\ u(x,0) &= \varphi(x) \\ \frac{\partial u(x,0)}{\partial t} &= \varphi_1(x) \end{aligned}\right\} \left(\begin{aligned} -\infty &< x < \infty \\ t &\geqslant 0 \end{aligned}\right) \tag{5-58}$$

其解为：

$$u = F(x - c_0 t) + G(x + c_0 t) \tag{5-59}$$

其中，函数 F 和 G 有初始条件确定：

$$\left.\begin{aligned} F(x) &= \frac{1}{2}\varphi(x) - \frac{1}{2c_0}\int_a^x \varphi_1(\xi)\,\mathrm{d}\xi \\ G(x) &= \frac{1}{2}\varphi(x) + \frac{1}{2c_0}\int_a^x \varphi_1(\xi)\,\mathrm{d}\xi \end{aligned}\right\} \tag{5-60}$$

其中 a 为任意常数，将式（5-59）代入式（5-58）得到：

$$u(x,t) = \frac{1}{2}\{\varphi(x - c_0 t) + \varphi(x + c_0 t)\} + \frac{1}{2c_0}\int_{x - c_0 t}^{x + c_0 t} \varphi_1(\xi)\,\mathrm{d}\xi \tag{5-61}$$

在半无限波导器与有限波导器的交接面、有限波导器信号接收端考虑反射及透射时，同样用 A_1,E_1,ρ_1,c_{01}；A_2,E_2,ρ_2,c_{02}；A_3,E_3,ρ_3,c_{03} 分别表示半无限波导器、有限波导器及其信号接收端右边材料的横截面积、弹性模量、密度及其中应力波速度，一维黏弹性波导器力学模型中的半无限波导器与有限波导器交接面的透反射系数采用式（5-51），从而知半无限波导器与有限波导器交接面的透射应力波位移为：$u_{T_1} = \lambda_{T_1} u_{I_1}$。

设 $u_{T_1} = \lambda_{T_1} u_{I_1} = \lambda_{T_1} u_0 \exp\left[i\omega\left(t - \dfrac{x}{c}\right)\right]$，对于式（5-58），令：

$$\left.\begin{aligned} \overline{E} &= E_1 + iE_2 \\ |\overline{E}| &= (E_1^2 + E_2^2)^{\frac{1}{2}} \\ \theta &= \arg \overline{E} = \arctan \frac{E_2}{E_1} \end{aligned}\right\} \tag{5-62}$$

则：

$$c = \left(\frac{\overline{E}}{\rho}\right)^{\frac{1}{2}} = \left(\frac{|\overline{E}|}{\rho}\right)^{\frac{1}{2}} \mathrm{e}^{i\theta/2} \tag{5-63}$$

由于 c 为复数，为得到实际波速，令：

$$\overline{s} = \frac{1}{c} = s_1 + is_2 \tag{5-64}$$

则：

$$u_{T_1} = \lambda_{T_1} u_{I_1} = \lambda_{T_1} u_0 \exp(\omega s_2 x) \exp[i\omega(t - s_1 x)] \tag{5-65}$$

令 $\omega s_2 = -a$（a 为衰减因子），$\exp(\omega s_2 x)$ 为应力波幅值随距离的变化系数。

由式(5-64)及式(5-65)可得：

$$\overline{s} = \frac{1}{c} = \left(\frac{\rho}{|\overline{E}|}\right)^{\frac{1}{2}} \mathrm{e}^{-i\theta/2} = \left(\frac{\rho}{|\overline{E}|}\right)^{\frac{1}{2}} \left(\cos\frac{\theta}{2} - i\sin\frac{\theta}{2}\right) \tag{5-66}$$

从而：

$$s_1 = \left(\frac{\rho}{|\overline{E}|}\right)^{\frac{1}{2}} \cos\frac{\theta}{2}, s_2 = -\left(\frac{\rho}{|\overline{E}|}\right)^{\frac{1}{2}} i\sin\frac{\theta}{2} \tag{5-67}$$

设实际的波速为 c_{02}，于是得：

$$\left.\begin{array}{l} c_{02} = \dfrac{1}{s_1} = \left(\dfrac{\overline{E}}{\rho}\right)^{\frac{1}{2}} \sec\dfrac{\theta}{2} \\[3mm] a = -\omega s_2 = \dfrac{\omega}{c_{02}}\tan\dfrac{\theta}{2} \end{array}\right\} \tag{5-68}$$

对于马克斯韦尔体，其微分型本构关系为：

$$a_1\dot{\sigma} + \sigma = b_1\dot{\varepsilon}, P(D) = a_1 D + 1, Q(D) = b_1(D) \tag{5-69}$$

由式(5-62)、式(5-68)及式(5-69)可得：

$$\left.\begin{array}{l} \overline{E} = \dfrac{b_1(i\omega)}{a_1(i\omega) + 1} = \dfrac{a_1 b_1 \omega^2}{1 + (a_1\omega)^2} + i\dfrac{b_1\omega}{1 + (a_1\omega)^2} \\[3mm] |\overline{E}| = (E_1^2 + E_2^2)^{\frac{1}{2}} = b_1\omega(1 + a_1^2\omega^2)^{-\frac{1}{2}} \\[3mm] \tan\theta = \dfrac{E_2}{E_1} = \dfrac{b_1\omega}{a_1 b_1 \omega^2} = \dfrac{1}{a_1\omega} \end{array}\right\} \tag{5-70}$$

及

$$\left.\begin{array}{l} c_{02} = \left[\left[\dfrac{1}{1 + \sqrt{1 + \left(\dfrac{1}{a_1\omega}\right)^2}}\right]\dfrac{2b_1}{a_1\rho}\right]^{\frac{1}{2}} \\[6mm] a = \left[\left(\sqrt{1 + \left(\dfrac{1}{a_1\omega}\right)^2} - 1\right)\dfrac{a_1\rho}{2b_1}\right]^{\frac{1}{2}}\omega \end{array}\right\} \tag{5-71}$$

采用公式(5-71)，即可得到此简谐波速度及位移幅值随距离的变化情况。

对于有限波导器信号接收端入射应力波位移为 $u_{I_2} = u_{T_1}$，有限波导器信号接收端可看作自由端，由于自由端 $\dfrac{A_3 E_3}{c_{03}} \ll \dfrac{A_2 E_2}{c_{02}}$，即 $a \rightarrow 0$ 的极限情况，由式(5-51)可知：$\lambda_{自由端} = 2$，由此可推出：

$$u_{自由端} = 2u_{I_2} = 2u_{T_1} \tag{5-72}$$

由式(5-65)、式(5-67)、式(5-71)及式(5-72)可得：

$$u_{自由端}=2\lambda_{T_1}u_0w^2\exp\left\{-\left[\frac{(\sqrt{1+(a_1\omega)^{-2}}-1)a_1\rho}{2b_1}\right]^{1/2}\omega x\right\}\exp\left\{i\omega\left[t-\left(\frac{2b_1}{(1+\sqrt{1+(a_1\omega)^{-2}})a_1p}\right)^{-\frac{1}{2}}x\right]\right\}$$

$$v_{自由端}=2\lambda_{T_1}u_0w^2\exp\left\{-\left[\frac{(\sqrt{1+(a_1\omega)^{-2}}-1)a_1\rho}{2b_1}\right]^{1/2}\omega x\right\}\exp\left\{i\omega\left[t-\left(\frac{2b_1}{(1+\sqrt{1+(a_1\omega)^{-2}})a_1p}\right)^{-\frac{1}{2}}x\right]\right\}$$

$$a_{自由端}=2\lambda_{T_1}u_0w^2\exp\left\{-\left[\frac{(\sqrt{1+(a_1\omega)^{-2}}-1)a_1\rho}{2b_1}\right]^{1/2}\omega x\right\}\exp\left\{i\omega\left[t-\left(\frac{2b_1}{(1+\sqrt{1+(a_1\omega)^{-2}})a_1p}\right)^{-\frac{1}{2}}x\right]\right\}$$

$$(5-73)$$

式(5-73)即为有限波导器自由端第一次接收到的应力波位移、速度及加速度,随后信号接收端不断接收到通过无限波导器及有限波导器交接面及有限波导器自由端多次的反射、透射及黏弹性波导器本身衰减的应力波信号,直到信号衰减为零。基于一维黏弹性波导器力学模型,得出了声发射简谐波在传播过程中的位移、速度及加速度随传播距离变化的公式,由公式可知位移、速度及加速度幅值绝对值与传播距离呈指数衰减关系。

(3) 声发射在波导器内传播的数值模拟

本节利用大型动力学有限元软件 ANSYS/LS-DYNA 模拟加速度正弦波源所产生的声发射应力波在波导器中的传播。

模型如图 5-23 所示。波导器一端固定在离岩块左边界 25 cm 处,另一端自由,沿着波导器中心轴作竖向剖面图如图 5-24 所示。模型采用线弹性模型,所取材料参数如表 5-2 所列。

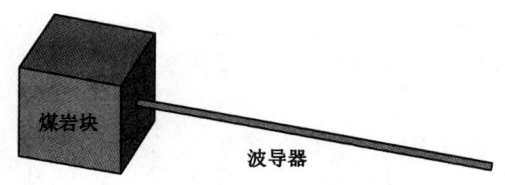

图 5-23　数值模拟模型图

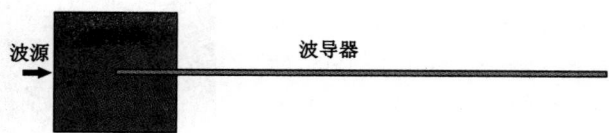

图 5-24　模型轴向剖面图

表 5-2　　　　　　　　　　　　**模型材料参数**

材料	弹性模量 E/GPa	泊松比	密度/(kg/m³)
煤岩块	10	0.25	2 500
波导器	200	0.2	7 800

模型中煤岩块下底面固定,在煤岩块左边界面中点的位置上沿着波导器轴向加载一个加速度正弦波波源,如图 5-25 所示。进行模拟时计算时间取为 5 ms。

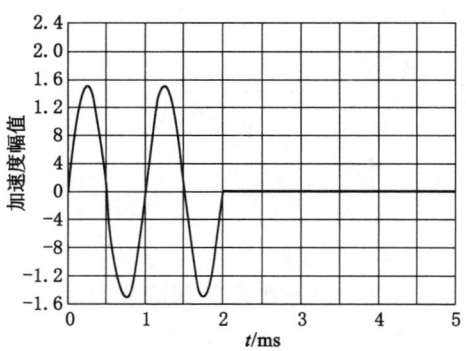

图 5-25　正弦波波源图

为了说明声发射应力波在波导器中传播受波导器的直径和长度的影响,针对实验室所作实验,模拟采用以下两种方案:

方案一:当波导器的长度 L 为 0.3 m 时,改变波导器直径 D(5 mm,10 mm,20 mm,40 mm)的情况下波导器上各点的加速度幅值。

方案二:当波导器的直径 D 为 5 mm 时,改变波导器长度 L(0.5 m,1 m,3 m,5 m)的情况下波导器上各点的加速度幅值。

依照上面所述在 ANSYS/LS-DYNA 中建立三维立体模型,进行网格划分,设置边界条件,施加正弦波扰动源,进行相关的求解设定,然后在所设置的时间内进行模拟计算,在 LS-DYNA 自带的后处理软件中读取相关结果,具体结果分析如下。

① 方案一结果分析

由于应力波正弦曲线是沿着波导器轴向加载的,故沿此方向的变化最大,而沿其他方向的变化相对很小,因此可以只考虑 AE 声发射应力波在波导器轴向上的变化。

当波导器长度 L 为 0.3 m 保持不变时,改变波导器的直径(5 mm,10 mm,20 mm,40 mm)的情况下,取如图 5-26 所示的沿波导器轴向上的 A、B、C、D 和波导器的自由端 E 五个点处的加速度时程曲线。

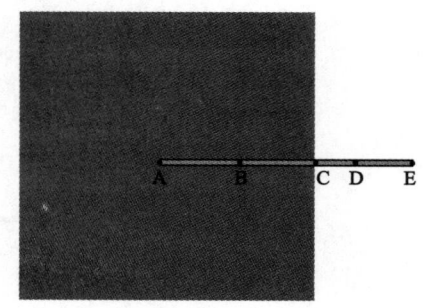

图 5-26　所取的 A、B、C、D、E 点的位置图

当波导器直径为 5 mm 时,所取各点的加速度时程曲线如图 5-27 所示。

当波导器直径为 10 mm 时,所取各点的加速度时程曲线如图 5-28 所示。

当波导器直径为 20 mm 时,所取各点的加速度时程曲线如图 5-29 所示。

当波导器直径为 40 mm 时,所取各点的加速度时程曲线如图 5-30 所示。

将上述不同波导器直径下 A、B、C、D、E 各点处的加速度幅值绝对值的最大值列于表 5-3。用 Excel 软件处理数据,如图 5-31 所示。

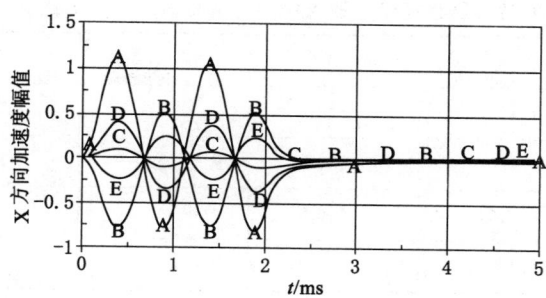

图 5-27　波导器直径 5 mm 时选取点的加速度时程曲线图

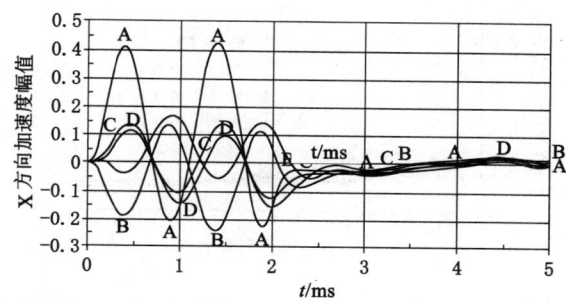

图 5-28　波导器直径 10 mm 时选取点的加速度时程曲线图

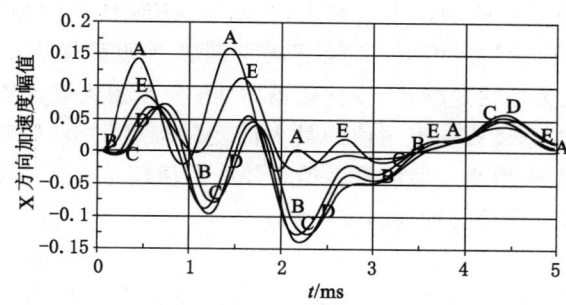

图 5-29　波导器直径 20 mm 时选取点的加速度时程曲线图

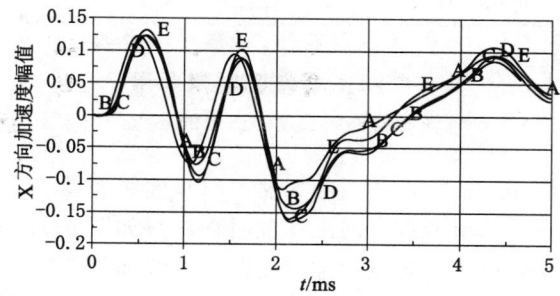

图 5-30　波导器直径 40 mm 时选取点的加速度时程曲线图

波导器直径/mm	A	B	C	D	E
5	1.123 1	0.770 2	0.157 7	0.127 7	0.112 2
10	0.430 8	0.239 2	0.152 8	0.120 2	0.112 1
20	0.250 7	0.146 6	0.140 2	0.142 8	0.131 0
40	0.185 5	0.142 5	0.157 7	0.114 7	0.111 3

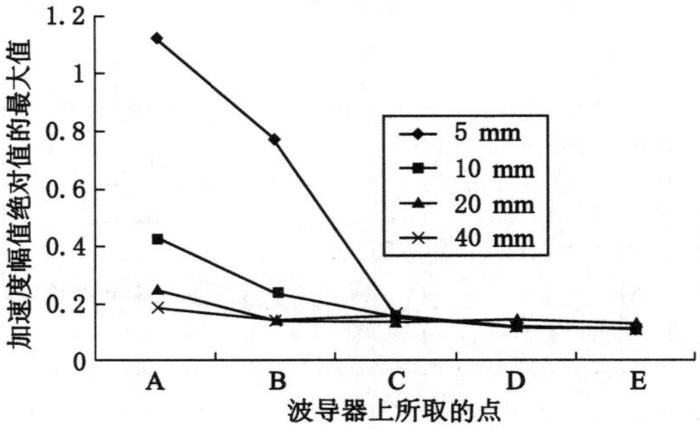

表 5-3 不同波导器直径下选取点的加速度幅值绝对值的最大值

图 5-31 不同直径下选取点的加速度幅值绝对值的最大值

从图 5-31 可以看出,在波导器的长度保持不变的情况下,波导器的直径越小,波导器上固定端 A 点加速度幅值绝对值的最大值越大,且从 A 点到 E 点的加速度幅值绝对值的最大值的变化幅度越大;在波导器的不同直径下从固定端 A 点到煤岩块边界面 C 点,相应的加速度幅值绝对值的最大值快速减小,变化幅值很大;应力波从煤岩块边界面 C 点开始,随着波导器的直径变化,加速度幅值绝对值的最大值变化幅度很小,相对趋于平稳,波导器直径在 20 mm 左右加速度幅值绝对值的最大值较佳。数值模拟分析结果分析认为,波导器直径在 5~40 mm 范围内对声发射传播影响不大。

② 方案二结果分析

当波导器的直径 D 为 5 mm 保持不变时,改变波导器长度 L(0.5 m,1 m,3 m,5 m)的情况下,取如图 5-32 所示波导器各点处的加速度时程曲线。

图 5-32 波导器不同长度时所取的各点的位置图

当波导器长度为 0.5 m 时,所取各点的加速度时程曲线如图 5-33 所示。
当波导器长度为 1 m 时,所取各点的加速度时程曲线如图 5-34 所示。
当波导器长度为 3 m 时,所取各点的加速度时程曲线如图 5-35 所示。
当波导器长度为 5 m 时,所取各点的加速度时程曲线如图 5-36 所示。

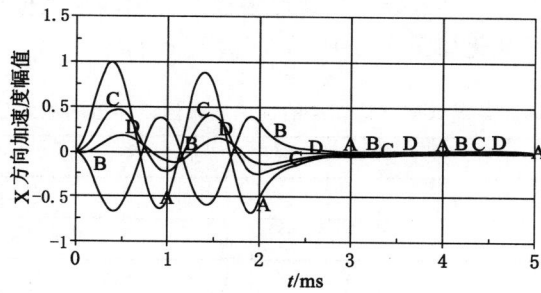

图 5-33　波导器长度 0.5 m 时选取点的加速度时程曲线图

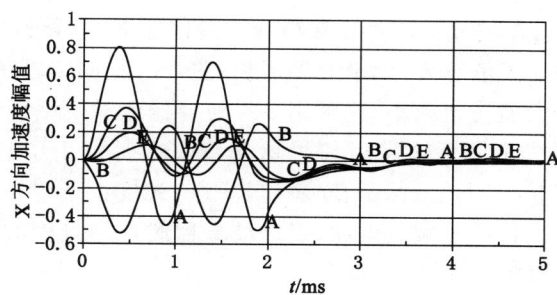

图 5-34　波导器长度 1 m 时选取点的加速度时程曲线图

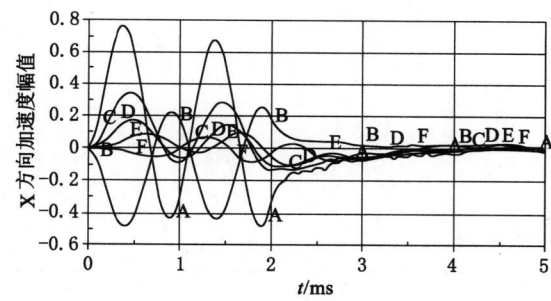

图 5-35　波导器长度 3 m 时选取点的加速度时程曲线图

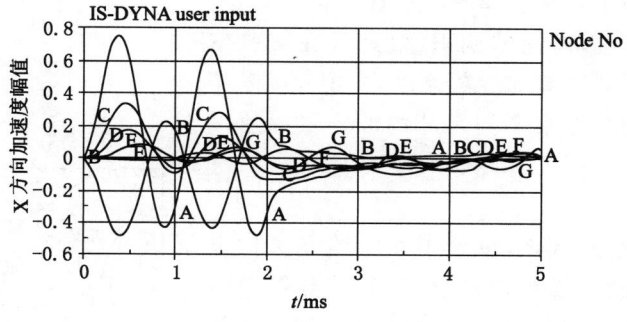

图 5-36　波导器长度 5 m 时选取点的加速度时程曲线图

将上述不同波导器长度下各点处的加速度幅值绝对值的最大值列于表 5-4。声发射信号加速度随波导器长度的变化如图 5-37 所示。

表 5-4　　　　　　　不同波导器长度下选取点的加速度幅值绝对值的最大值　　　　　　　m/s²

波导器总长度/m	A	B	C	D	E	F	G
0.5	1.006 20	0.656 96	0.484 68	0.183 61			
1	0.812 94	0.514 26	0.377 70	0.203 48	0.124 370		
3	0.766 92	0.484 12	0.350 48	0.178 87	0.098 559	0.081 358	
5	0.765 63	0.485 09	0.350 05	0.178 25	0.092 124	0.069 585	0.057 397

从图 5-37 可以看出,在波导器的直径保持不变的情况下,波导器长度越小,固定端 A 点的加速度幅值绝对值的最大值越大;无论波导器长度多大,从固定端 A 点到自由端,相应的加速度幅值绝对值的最大值快速减小,这可用一维波导器力学模型解释,由于煤岩块与波导器界面的透反射系数造成了波源声发射信号达到接收端时发生了衰减;波导器长度大于 1 m 后,相应的加速度幅值绝对值的最大值变化较平缓;长度大于 1 m 的波导器加速度幅值绝对值的最大值整体上呈指数衰减。因此,设计波导器时应尽量使波导器长度大于 1 m 以上,以保证接收数据的相对稳定。

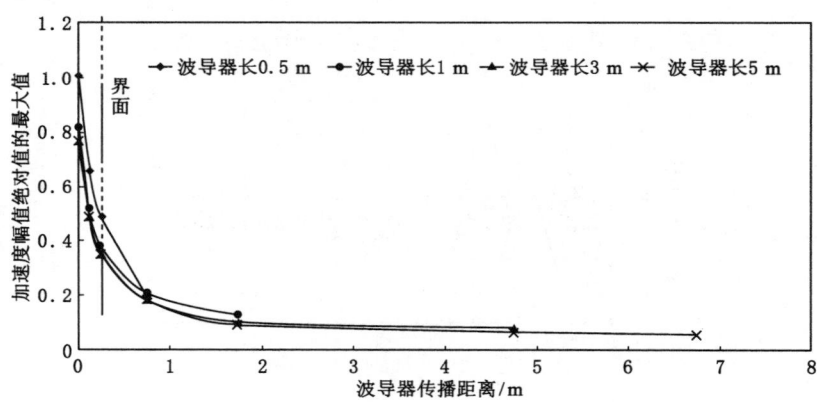

图 5-37　不同波导器长度下各点的加速度幅值绝对值的最大值

（4）波导器声发射传播规律的实验室研究

根据对声发射传播理论的认识,设计了在实验室条件下,利用 DEWE3010 虚拟仪器系统,采用标准激震源法激发煤岩块试验,考察不同尺寸的波导器中的声发射传播规律。

① 试验方案

根据对传播理论的认识,设计了在实验室条件下采用标准激震源法激发煤岩块试验,考察波导器中声发射响应情况,即声发射信号的事件数及各类事件的变化情况。方案示意图如图 5-38 所示。

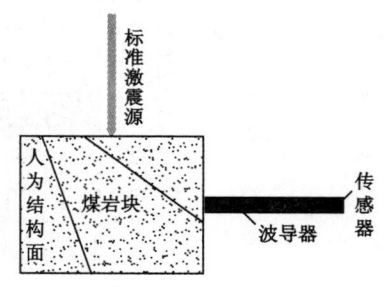

图 5-38　波导器传播规律研究示意图

② 试件参数

波导器材料为钢材,为了考察波导器几何尺寸对声发射信号的响应情况,设计了如下材料:当波导器直径为 5 mm 时,其长度分别为 0.1 m、0.3 m、0.5 m、1 m、3 m、5 m 的波导器,这主要是考察波导器长度变化对声发射信号的影响;当波导器长度为 0.3 m 时,其直径分别为 5 mm、10 mm、20 mm、40 mm 的波导器,这主要是考察波导器直径变化对声发射信号的影响。

③ 试验设备

试验设备有 DEWE-3010 型多通道数据采集分析仪、声发射传感器及专用电缆、传感器专用电源、波导器、标准激震源。

DEWE-3010 型多通道数据采集分析仪是近年来逐步流行起来的用于各种测试的虚拟仪器系统,它与传统的测试仪器最大的不同:把通过硬件采集的数据全部用软件完成各种分析,可以对声发射信号进行实时采集、存储、示波、回放、频谱分析、统计分析声发射信号等。声发射传感器用于接受并传输声发射信号,传感器专用电源为压电式传感器提供恒流电源。波导器用于传输声发射信号,标准激震源为声发射源。各种设备仪器如图 5-39 至图 5-41 所示。DEWE-3010 型多通道数据采集分析仪、声发射传感器、传感器专用电源、电荷放大器及传感器专用电缆共同组成了声发射测试系统。

图 5-39　声发射检测系统

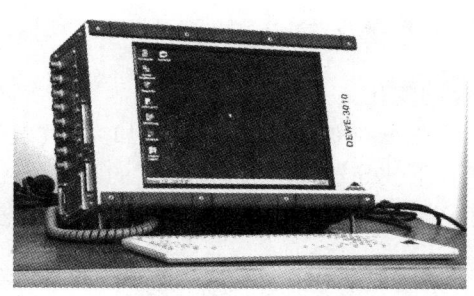

图 5-40　声发射虚拟机

④ 试验结果及分析

声发射信号事件分为微事件、小事件、中事件及大事件,分别用 Ⅰ、Ⅱ、Ⅲ 及 Ⅳ 表示,每个事件又分为两级,即 Ⅰ_1、Ⅰ_2、Ⅱ_1、Ⅱ_2、Ⅲ_1、Ⅲ_2、Ⅳ_1、Ⅳ_2。

图 5-41　声发射传感器

a. 事件数随波导器长度的变化。

在图 5-42 中，波导器与煤岩块接触良好时，得出波导器长度从 0.1～1 m 变化时事件数变化不大，从 1～5 m 变化时事件数略有增加。由上面的数值模拟可知，从波导器固定端到自由端，相应的加速度幅值绝对值的最大值快速减小，且波导器长度大于 1 m 后，相应的加速度幅值绝对值的最大值变化较平缓。但由于随着波导器长度的增加造成声发射波形被拉长，从而统计出的声发射信号的事件数从 0.1～1 m 变化时事件数变化不大，且从 1 m 之后呈现略微增加的规律。

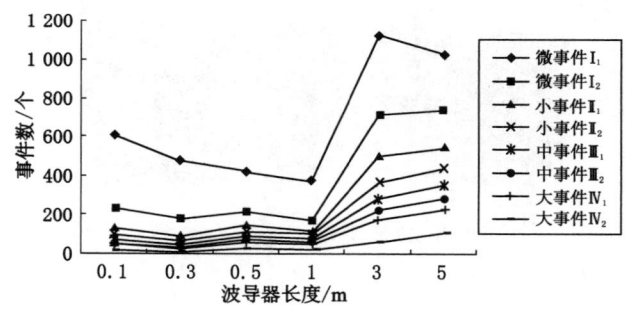

图 5-42　声发射事件数随波导器长度的变化

b. 事件数随波导器直径的变化。

由图 5-43 可知，声发射事件数随波导器直径的增加，除微事件外，其余都基本变化不大。由图 5-44 可见，不同直径下波导器自由端，即 E 点的加速度幅值绝对值的最大值变化不大，结合声发射信号加速度幅值与统计事件数的关系可知数值模拟与实验室研究结果一致。

c. 波导器与煤岩块接触程度对声发射事件的影响。

由图 5-45 可知，看出波导器与煤岩块的接触程度对微事件影响较大，对小、中、大事件影响较小，实际应用中应用小、中、大事件统计信号。

d. 波导器弯曲程度对声发射事件的影响。

从图 5-46 可以看出，波导器弯曲程度对微事件影响较大，对小、中、大事件影响较小，同样证明实际应用中应用小、中、大事件统计信号。

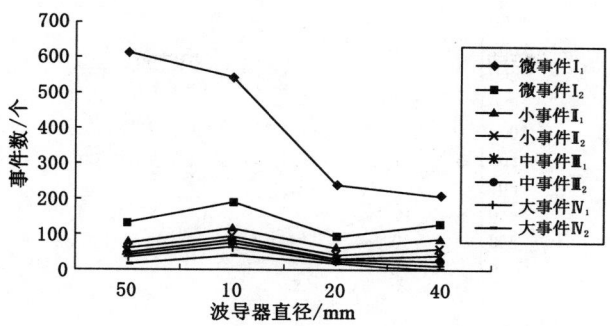

图 5-43   声发射事件数随波导器直径的变化

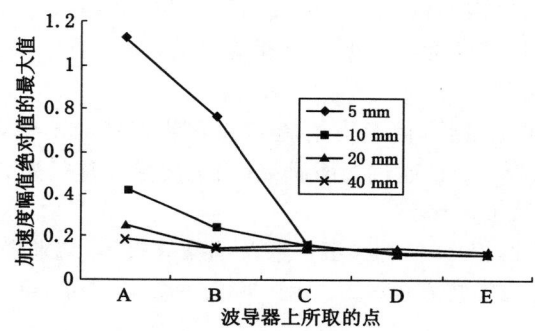

图 5-44   不同波导器直径下选取点的加速度幅值绝对值的最大值

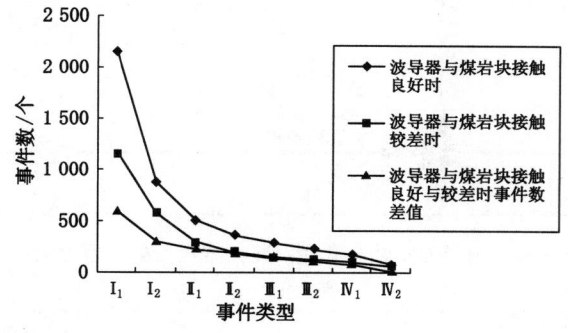

图 5-45   波导器与煤岩块接触程度对声发射事件的影响

（5）传感器合理安装参数

① 安装位置

依据非典型突出煤岩体坚固性系数和声发射信号传播规律情况确定，一般间距为 25～30 m。

② 传感器个数

由于井下煤岩体的不均匀性、不连续性和断层、裂隙等的影响，声发射波的传播速度存在一定的变化，而且传感器的间距不可能太大，传感器接收信号的时差较小，时差的相对误

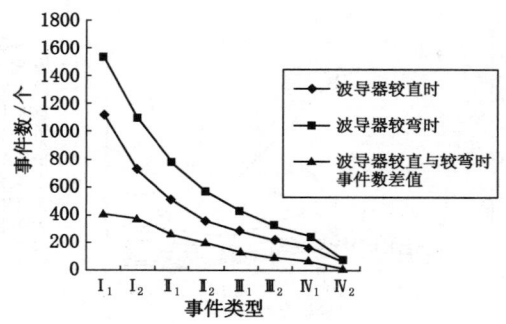

图 5-46　波导器弯曲程度对声发射事件的影响

差较大,信号定位精度较低,因而没有研究声发射源定位的问题。所以,传感器的个数不需太多,在试验工作面危险性较高的回风平巷及巷道交叉点布置了 2 个传感器。

③ 波导器长度和直径

理论上波导器长度可尽量长,但考虑给施工和安装带来的不便,以及结合煤巷破裂范围,最终选择波导器长度为 2 m。通过上面研究,确定波导器直径为 20 mm。

(6) 孔底、波导器安装工艺比较

现场对比试验进一步比较其时频谱、事件数及抗噪效果等,结果表明:波导器传感器安装方式的信号接收效果与孔底安装方式相近,如图 5-47、图 5-48 所示,可以替代孔底安装方式。

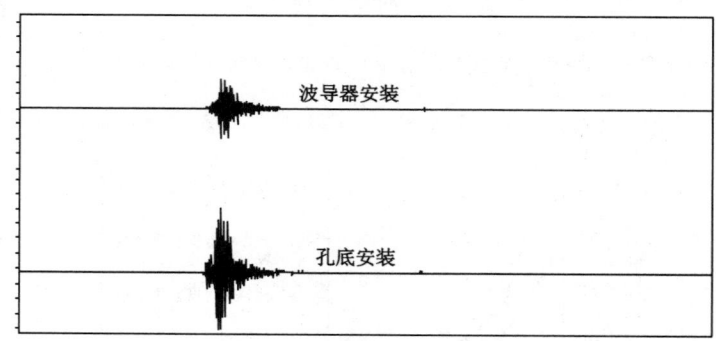

图 5-47　波导器安装与孔底安装典型声发射信号时谱图

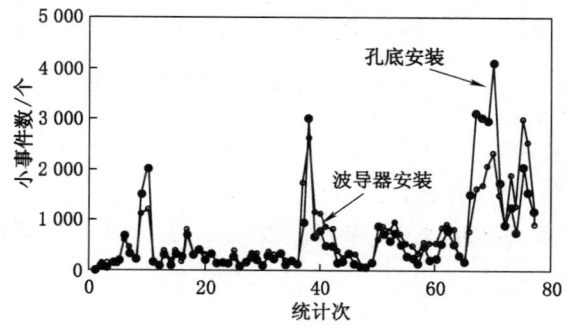

图 5-48　波导器安装与孔底安装典型声发射信号事件数

综合比较表面、孔底、波导器声发射传感器安装方式在抗噪效果、接收效果、价格、回收利用等方面的特点,实际应用中声发射传感器可以使用波导器安装方式。

5.3.4　非典型突出声发射预测预警技术指标

（1）声发射信号特征参数的选取

声发射信号是一种脉冲式波形信号,该波形信号(时谱信号)不能直接使用,必须对其进行特征参数的提取,根据提取后的参数值大小及其变化情况进行灾害预测或评价。一般情况下,常用的声发射信号特征参数包括事件数、振铃数、能量、事件持续时间和上升时间、振幅和频率等。本试验选择事件数和能量及其变化作为声发射信号指标统计的特征参数,其他参数多用于滤噪和波形分析等。

（2）指标统计等级的划分及选取

由前面的实验室研究可知,环境因素对声发射微事件影响较大,不适合用于统计数据,应用小事件、中事件和大事件统计数据。下面再用现场的数据分析环境因素对声发射事件的影响,选择合理的事件进行现场监测。以事件数指标为例,分别对不同传感器不同统计等级的声发射指标变化曲线进行分析。图 5-49、图 5-50 为波导器传感器某次灾害前后不同等级声发射事件数指标变化曲线。

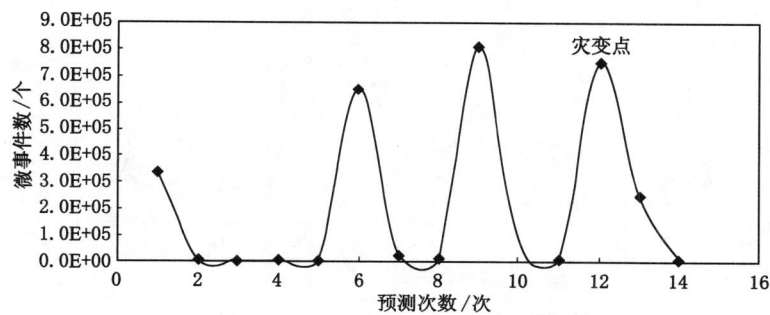

图 5-49　波导器传感器某次灾害前后事件数指标微事件数变化曲线

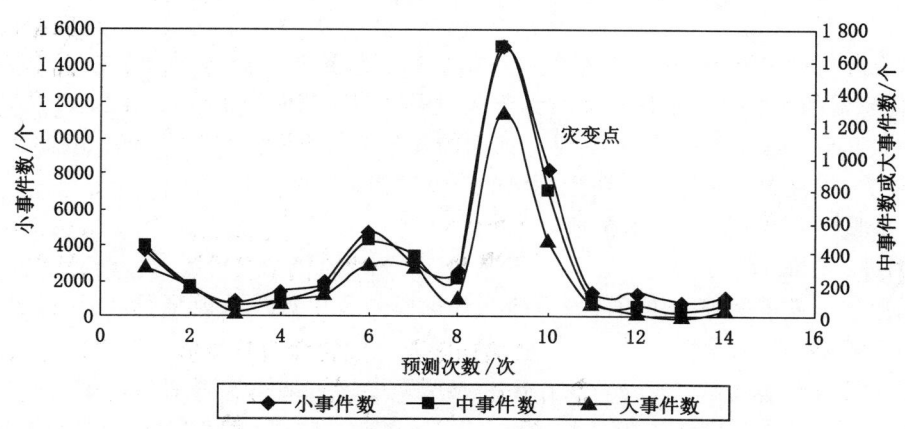

图 5-50　波导器传感器某次灾害前后事件数指标小、中、大事件数变化曲线

图 5-51、图 5-52 为孔底传感器某次灾害前后不同等级声发射事件数指标变化曲线。

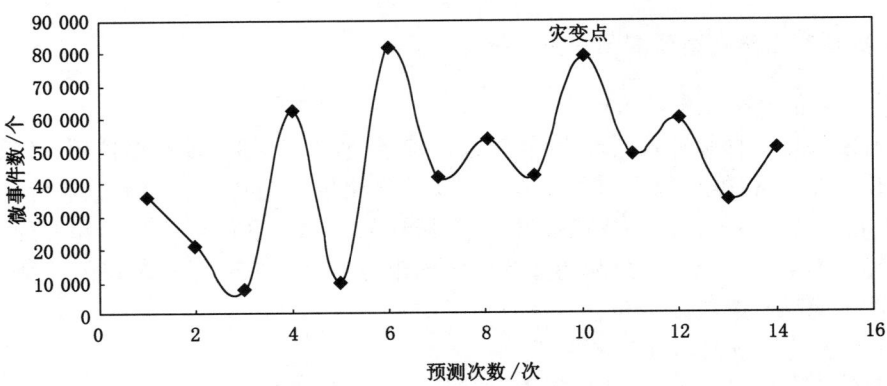

图 5-51　孔底传感器某次灾害前后事件数指标微事件数变化曲线

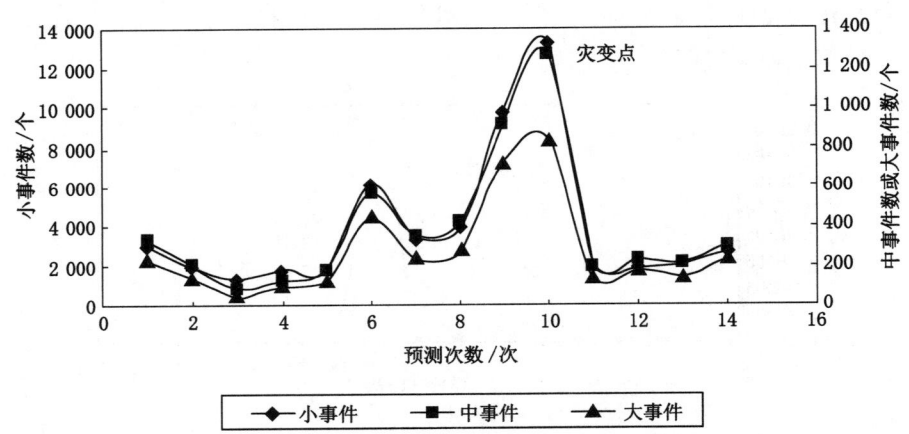

图 5-52　孔底传感器某次灾害前后事件数指标小、中、大事件数变化曲线

　　从以上分析可以看出,两传感器微事件指标在灾变前后指标波动很大,处于无趋势状态,而两传感器的小、中、大事件指标对于非典型突出的监测效果很好,真正反映了灾变前后煤体结构及其应力状态的变化情况,这与前面的安装工艺研究和实验室研究相吻合。因此,应用小、中、大事件数作为监测非典型突出的声发射指标。

　　(3)非典型突出声发射判识技术

　　① 掘进工作面判识技术

　　非典型突出灾害掘进工作面声发射前兆判识模型有单点跳跃模型、群跳跃模型和正常衰减模型三种,如图 5-53 所示。

　　基于声发射传播规律以及掘进工作面非典型突出灾害的声发射前兆模型,提出了衰减梯度判识方法对掘进工作面的非典型突出灾害进行危险性判识。异常点变化率计算结果如图 5-54、图 5-55 所示。

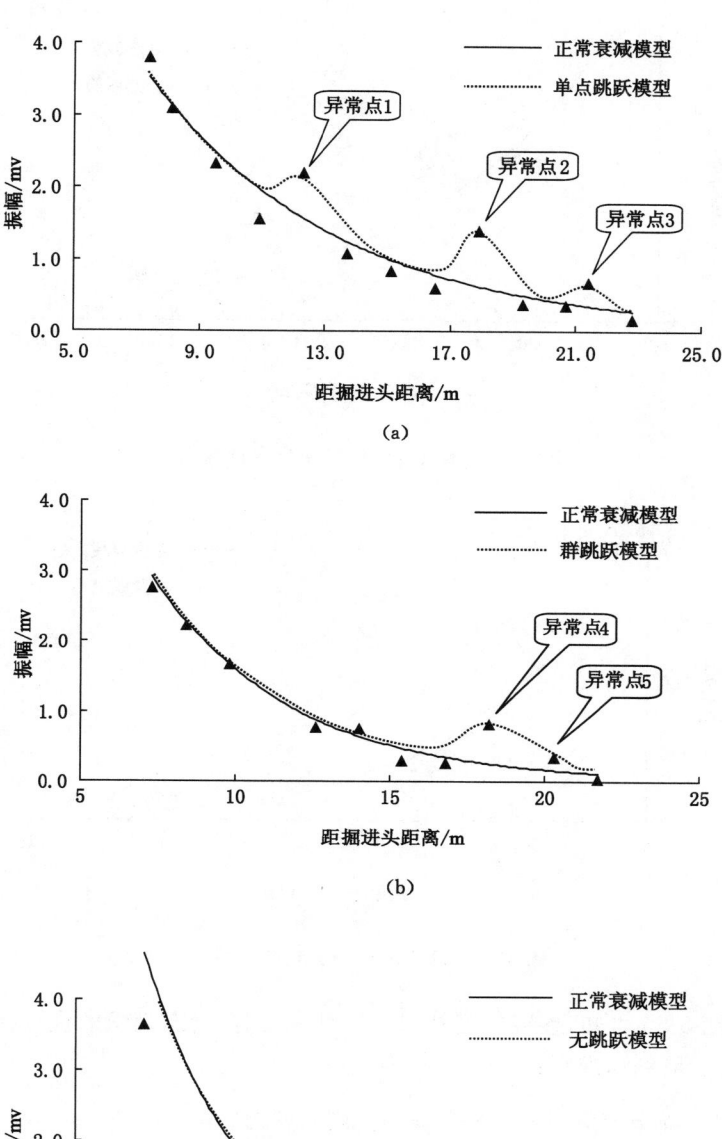

图 5-53 掘进工作面非典型突出声发射前兆模型

（a）单点跳跃模型；（b）群跳跃模型；（c）正常衰减模型

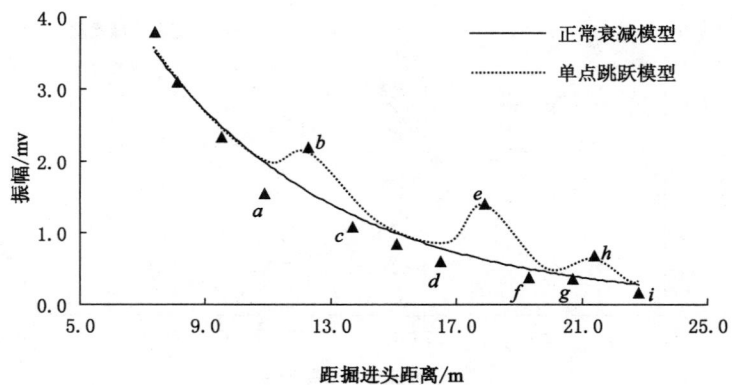

图 5-54　单点跳跃模型变化率计算点

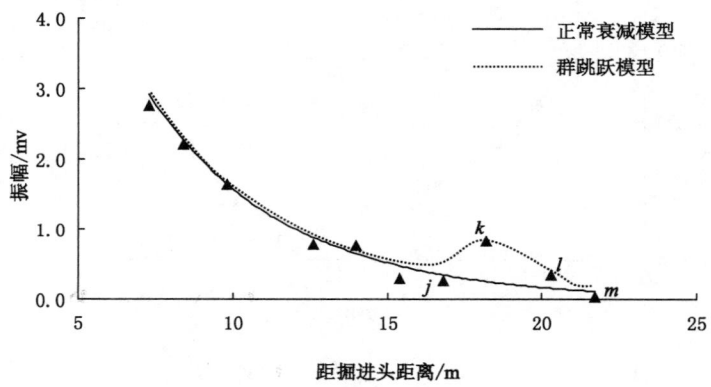

图 5-55　群跳跃模型变化率计算点

由图 5-54、图 5-55 可知,衰减梯度判识方法具有实时、动态判识的优点。同时可以得到衰减梯度判识方法的判识准则:

当 $\dfrac{b-a}{a}\geqslant 0$ 时,则 b 点异常;当 $\dfrac{c-a}{a}<0$ 时,则 c 点无异常。

当 $\dfrac{e-d}{d}\geqslant 0$ 时,则 e 点异常;当 $\dfrac{f-d}{d}<0$ 时,则 f 点无异常。

当 $\dfrac{h-g}{g}\geqslant 0$ 时,则 h 点异常;当 $\dfrac{i-g}{g}<0$ 时,则 i 点无异常。

当 $\dfrac{k-j}{j}\geqslant 0$、$\dfrac{l-j}{j}\geqslant 0$ 时,则 k、l 点异常;当 $\dfrac{m-j}{j}<0$ 时,则 m 点无异常。

在较长的掘进巷道内,由于煤体赋存及其结构的变化,声发射信号在煤体内不会始终保持相对稳定的衰减规律,因此可以在长期监测的基础上将煤体内的声发射信号的所有衰减规律形成数据库,根据整体的衰减规律划定出一个安全区域范围来对危险进行判识,如图 5-56、图 5-57 所示,如果采集的数据点落在安全区域之外,则认为是异常点,只要落在安全区域内,无论如何波动,则认为掘进头前方煤体不会发生异常。

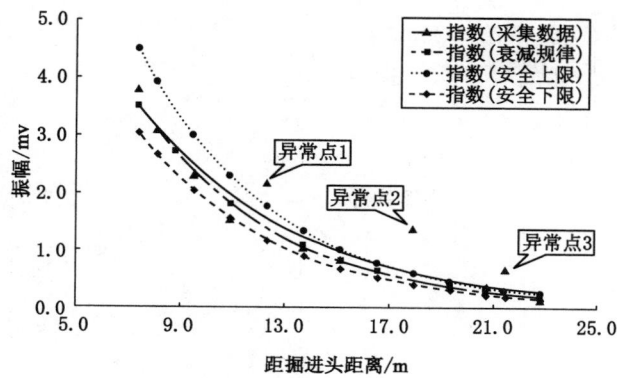

图 5-56　声发射监测区域划分判识(a)

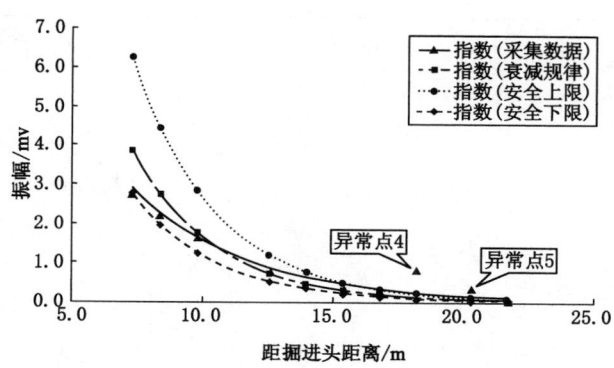

图 5-57　声发射监测区域划分判识(b)

② 采煤工作面判识技术

采煤工作面灾变前兆特征:指标上升趋势明显,且灾变前指标处于高位波动;灾变前指标在高位一般出现 2~3 次离散波动或者整体连续波动;灾变点位于曲线峰值点或峰值后临近峰值的下降段。

由此可总结出:高位离散波动型和高位连续波动型两种采煤工作面非典型突出灾害的声发射前兆模型,如图 5-58 所示。

通过对采煤工作面冲击地压前后声发射指标变化曲线及灾变的前兆特征分析,提出了以"指标上升幅值法为主,指标临界值法为辅"的动态与静态判识相结合的采煤工作面非典型突出灾害的危险性判识方法。

a. 指标临界值判识方法

按事件数指标划分$\begin{cases} \text{一级危险} & \text{指值} \geqslant 6\,000 \\ \text{二级危险} & 2\,000 \leqslant \text{指值} < 6\,000 \\ \text{无危险} & \text{指值} < 2\,000 \end{cases}$

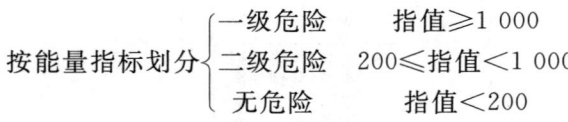

$$按能量指标划分\begin{cases}一级危险 & 指值\geqslant1\,000\\ 二级危险 & 200\leqslant指值<1\,000\\ 无危险 & 指值<200\end{cases}$$

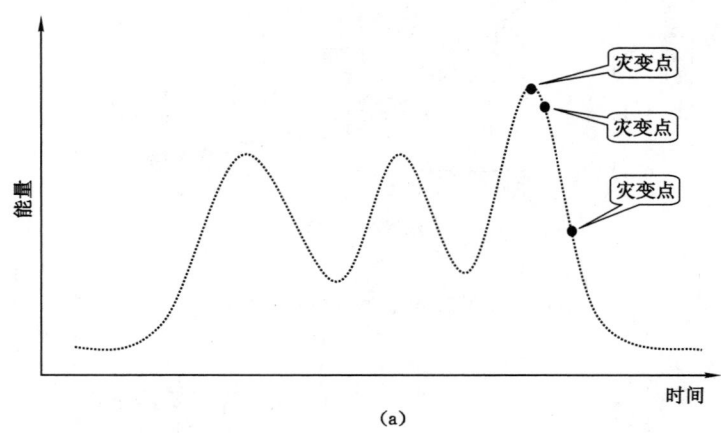

（a）

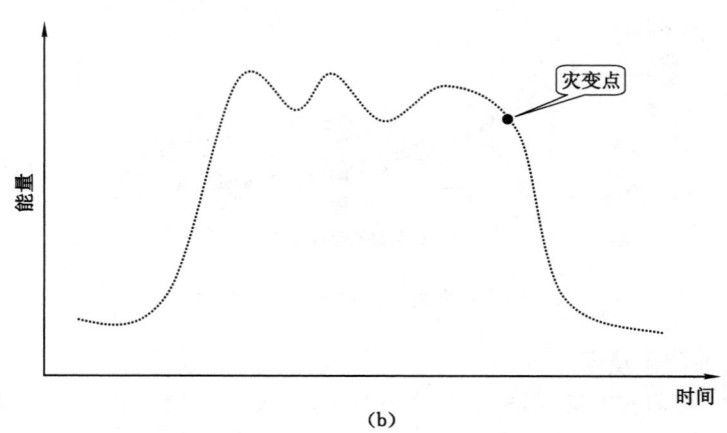

（b）

图 5-58　采煤工作面动力灾害声发射前兆模型
（a）高位离散波动型；（b）高位连续波动型

b. 指标上升幅值法

指标上升幅值法是指根据灾变前关键点指标上升幅值的大小进行危险性判识的方法，较指标临界值方法相比，具有实时、动态等优点。

依据灾害发生前关键点及关键点以后指标点的分布特征，可以建立 4 种灾变前关键点指标分布简化模型，如图 5-59 所示，从而得到灾害发生危险性判识准则。

当 $(b-a)/a\geqslant0$ 时，并且 $(c-a)/a\geqslant0$ 时：

如果 $d/a\geqslant1$，认为工作面具有危险；如果 $d/a<1$，认为无危险。

当 $(b-a)/a\geqslant0$，并且 $(c-a)/a<0$ 时：

如果 $d/a\geqslant1$，工作面危险性需重新判识；如果 $d/a<1$，认为工作面无危险。

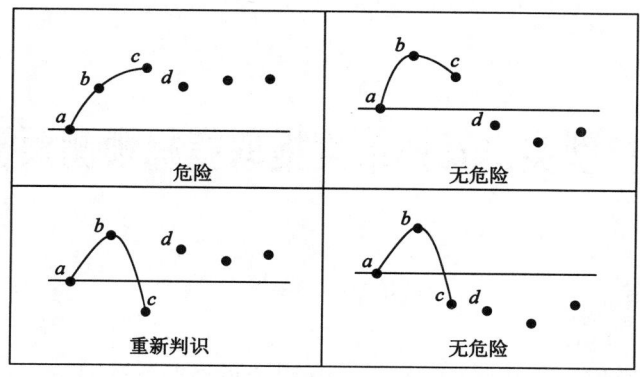

图 5-59　关键点指标分布简化模型

5.4　本章小结

（1）煤岩体试件加载过程中产生的声发射信号均为脉冲随机信号，上升时间极短，快速到达峰值然后逐步衰减。事件的持续时间一般较小，范围在 5～40 ms 之间，大多数事件的持续时间在 20 ms 以内。原煤（硬煤）的频率一般分布在 1 000～5 000 Hz 之间，主频在 2 800 Hz 左右。

（2）受载煤岩体随着应力的不断增加声发射事件呈增加趋势，在将近达到破坏强度时声发射事件率达到最大值，然后减小。不同的材料在破坏全过程中事件数是不同的，加载速率对声发射事件有影响，速率越大，事件数越集中。

（3）煤岩体声发射信号传播衰减函数表达式为 $A(x) = A_0 \exp\left(-\dfrac{\pi f}{v Q} x\right)$，服从指数分布。

（4）声发射监测工作面动力灾害的适用条件：当煤的普氏坚固性系数 $f_{普} < 0.2$ 时，声发射传感器宜安装在顶板岩层内；当煤的普氏坚固性系数 $f_{普} \geqslant 0.2$，声发射传感器可安装在岩体内，也可安装在煤体内，但是仍要根据现场井巷中煤层及顶底板的具体条件来合理选择安装介质，确定合理的传感器安装工艺。

（5）声发射滤噪方法主要有阻噪、隔噪、抑噪、滤噪等几种方法。

（6）声发射传感器有煤体表面安装、孔底安装及波导器安装三种方式，孔底安装方式信号接收效果最好，波导器安装方式与孔底方式接近，煤体表面安装方式效果最差，不能采用。

（7）非典型突出声发射预测预警指标采用事件数和能量数及其变化趋势指标。

（8）非典型突出灾害掘进工作面声发射前兆判识模型有单点跳跃模型、群跳跃模型和正常衰减模型三种，基于声发射传播规律以及掘进工作面非典型突出灾害的声发射前兆模型，利用衰减梯度判识方法对掘进工作面的非典型突出灾害进行危险性判识。

（9）非典型突出灾害采煤工作面的声发射前兆模型有高位离散波动型和高位连续波动型两种，临界指标可采用极限最大值或上升变化率确定。

6 非典型突出瓦斯浓度提取指标预测预警技术

6.1 引　　言

　　非典型突出事故发生前瓦斯监控浓度及其相关指标的变化可以反映灾害的孕育过程，如何合理提取瓦斯浓度数值中隐藏的灾害预测预警信息是技术关键。

6.2 非典型突出瓦斯浓度提取指标预测预警技术理论基础

6.2.1 非典型突出采掘工作面瓦斯浓度影响因素

　　采掘工作面煤体快速大量落下，落煤与新鲜煤壁瓦斯快速解吸以及煤体孔隙内游离瓦斯快速向工作面空间扩散，造成瓦斯浓度值迅速增加，但最主要的是落煤。采掘工作面瓦斯监控浓度数据主要受到工作面风量、煤体瓦斯涌出特性的影响，但对于一个特定的采掘工作面，风量一般变化不大，因而同一采掘工作面瓦斯浓度主要与煤体吸附特性、可解吸瓦斯含量、煤体暴露面积、煤体渗透性及煤体采掘应力变化等因素有关。

6.2.1.1 采掘工作面瓦斯来源

　　采掘工作面的瓦斯来源有：一是新鲜暴露面涌出的瓦斯；二是落煤涌出的瓦斯；三是暴露已久的煤面上涌出的瓦斯。当回风量为定值时，以回风流中的瓦斯浓度变化间接表现出来。

　　（1）新鲜暴露面涌出的瓦斯

　　新暴露的煤面煤层中的瓦斯受瓦斯压力梯度突然变大的影响，会以较快速度逸散风流中，其特征是随着煤体瓦斯含量的增高而增大，随着煤体透气性的减小而降低，随着煤体破坏类型增高、强度变小（f 值小），瓦斯的衰减速度也加大。

　　（2）落煤涌出的瓦斯

　　爆破或采掘出来的煤体因突然破碎，粒度减小，并突然接触大气，造成瓦斯压力梯度瞬间加大，瓦斯解吸扩散到巷道风流中，其瞬间涌出强度与煤体的瓦斯含量有关，衰减速度与煤体破碎后的粒度有关，而破碎后的粒度与煤体的破坏类型（或力学强度）有关。

　　（3）暴露已久的煤面上涌出的瓦斯

　　有关资料研究显示，暴露已久的煤壁面上瓦斯涌出是逐渐减小的，暴露的时间越长，涌出量就越小，逐渐趋于定值。

6.2.1.2 煤体瓦斯含量

　　（1）煤体可解吸瓦斯含量

　　煤体可解吸瓦斯含量：

$$W = \frac{abp}{1+bp} \times \frac{100 - A_\mathrm{d} - M_\mathrm{ad}}{100} \times \frac{1}{1 + 0.31 M_\mathrm{ad}} + \frac{10\pi p}{\gamma} \tag{6-1}$$

$$W_\mathrm{c} = \frac{0.1ab}{1 + 0.1b} \times \frac{100 - A_\mathrm{d} - M_\mathrm{ad}}{100} \times \frac{1}{1 + 0.31 M_\mathrm{ad}} + \frac{\pi}{\gamma} \tag{6-2}$$

$$W_\mathrm{j} = W - W_\mathrm{c} \tag{6-3}$$

式中　W_j, W, W_c——可解吸瓦斯含量、瓦斯含量、标准大气压下残余瓦斯含量,m³/t;

　　　a, b——吸附常数;

　　　p——煤层绝对瓦斯压力,MPa;

　　　A_d——煤的灰分,%;

　　　M_ad——煤的水分,%;

　　　π——煤的孔隙率,m³/m³;

　　　γ——煤的容重(假密度),t/m³。

（2）煤体的暴露面积

Langmuir 理论是最理想的固体表面吸附理论,其要求固体表面完全暴露,但是无论在掘进还是实验室试验过程中,煤体暴露都是相对的,不完全的。同一煤样,当煤体暴露面积增加时(粒径减小),煤体表面的瓦斯初始解吸总量就会相应增加,即

$$Q_0 = N \cdot q_0 \cdot t \tag{6-4}$$

式中　Q_0——暴露煤体初始解吸总量,mol;

　　　N——暴露煤体表面积增加的倍率;

　　　t——时间,s;

　　　q_0——单位面积煤体的解吸初始量,mol/s。

影响井下煤体暴露面积的因素主要是掘进落煤量以及煤体坚固性系数。

① 掘进落煤量

煤体落煤量越多,采掘空间内煤体暴露面积越大,只是由于井下作业的相对规范化,使得掘进落煤量越来越受到控制或者均衡,可以近似地认为井下掘进落煤量基本保持稳定。

② 煤体结构、破坏类型、煤体坚固性系数

当煤体受到的机械做功一定时,煤体的坚固性系数将是影响煤体表面积增加的主要原因。煤体落下后,表面积增加倍率可由下式计算得出。

$$N = \frac{\Delta A}{A_0} = \frac{\sqrt[1.22]{W/(84.57 \cdot f^{0.86})}}{A_0} = 23.665 f^{-0.7049} \tag{6-5}$$

如图 6-1 所示,坚固性系数为 1 的煤体,爆破后落下的煤体表面积增加的倍率也超过了20 倍。煤体越软,增加的倍率呈指数增加的趋势。

（3）煤壁渗透特性

采掘瓦斯浓度值主要是由落煤、暴露新煤壁和已有煤壁组成,煤体渗透率越大,煤壁瓦斯浓度所占比重越大。

（4）采掘工艺

采掘工艺对采掘工作面的瓦斯浓度影响较大,比如炮掘、机掘,但对同一巷道而言,采掘工艺变化不大,因而对同一巷道而言,采掘工艺对瓦斯浓度影响可以认为影响不大。

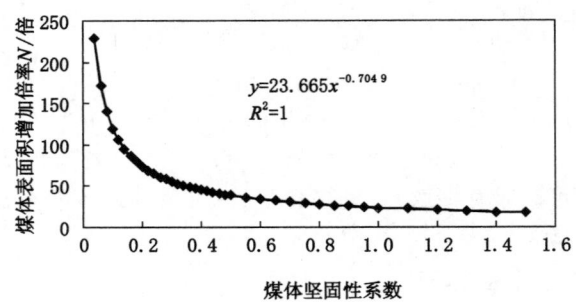

图 6-1 煤破后煤体表面积增加倍率示意图

6.2.2 非典型突出采掘工作面瓦斯浓度特征

以某一非典型突出采掘工作面为例,该巷道实测瓦斯含量最大值为 14.3 m³/t,并多次出现响煤炮、垮孔等动力现象,所处区域为危险区域,掘进期间瓦斯浓度数据如图 6-2 所示;另一采掘工作面,瓦斯抽采时间较长,实测瓦斯含量最大值为 6.24 m³/t,属于无危险区域,掘进期间瓦斯浓度数据如图 6-3 所示。比较有无危险掘进瓦斯浓度数据可知,两者存在显著差异,危险区域瓦斯浓度数据明显偏大。

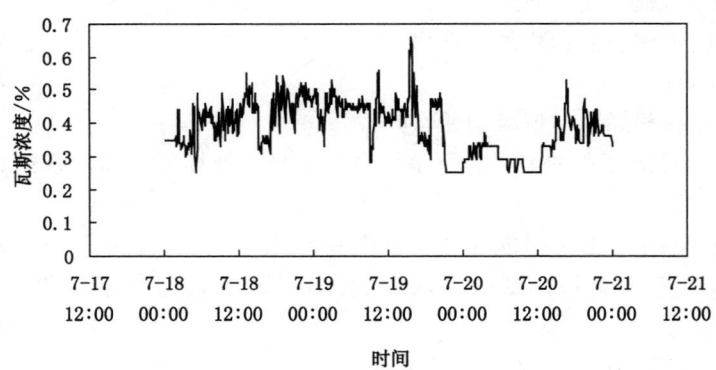

图 6-2 危险区机掘工作面瓦斯浓度数据

通过对不同危险区域瓦斯浓度数据图形观测分析发现,掘进工作面瓦斯浓度数据是一种无序的、紊乱的、规律性差的时间序列。从图形的表面看,掘进工作面瓦斯浓度呈现着两种特征:一般特征与危险信息特征。一般特征是指掘进工作面受开采工艺、煤体吸附解吸特征决定,这种现象具有普遍性。危险特征具有一般特征特性,同时又随着掘进工作面危险性程度变化。危险特性是非典型突出瓦斯浓度提取指标预测预警技术的关键。

6.2.2.1 采掘工作面瓦斯浓度数据一般特征

(1)连续性特征

无论是炮掘工作面、机掘工作面、工作面有无人工作业都存在连续的瓦斯涌出现象,这种现象主要受采掘活动和瓦斯压力梯度影响。

(2)波动衰减特征

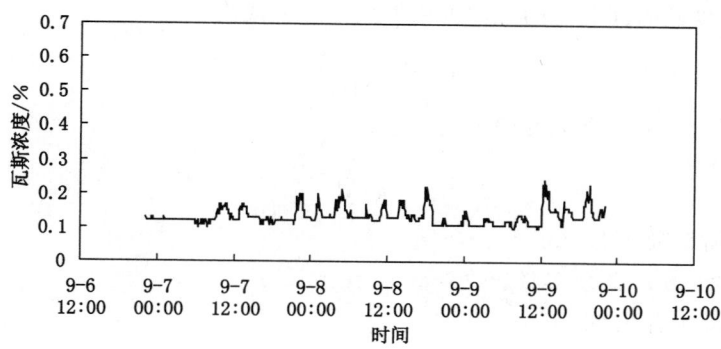

图 6-3　无危险区机掘工作面瓦斯浓度数据

无论是炮掘工作面、机掘工作面、工作面有无人工作业,都存在瓦斯浓度数据波动现象,这种现象主要受采掘活动和瓦斯压力梯度影响。

掘进工作面瓦斯涌出波动特征包括瓦斯涌出的峰值特征和衰减特征。这些特征虽然可能因不同采掘工序以及工艺会存在明显的不同,但是这些特征本身是始终存在的。

① 瓦斯浓度峰值特征

炮掘工作面落煤峰值特征:炮掘工作面掘进落煤期间,工作面爆破后会出现明显的峰值现象,炮掘工作面峰值现象一般在爆破后 5 min 之内上升至最大值。其与实验室煤样瓦斯放散初速度 Δp 以及瓦斯解吸初始量 q_0 极为相似。

炮掘工作面施钻作业峰值特征:炮掘工作面瓦斯涌出在施钻时具有一定的峰值特征,且峰值上升速度较快,一般在 5~10 min 之内上升至峰值;另外,由于井下施钻一般是一个多次施钻过程,即在较短时间内施工多个钻孔,使得施钻作业时,瓦斯涌出峰值的个数较多,即存在多峰值的现象。炮掘工作面其他作业方式峰值特征:主要包括运煤、支护等瓦斯涌出峰值现象,这些峰值的出现是一种随机现象,有时由于其峰值过小无法通过监控系统监测得到。

机掘工作面落煤峰值特征:与炮掘工作面类似,机掘工作面峰值的上升时间一般都在 15 min 以上;另外,机掘工作面的瓦斯涌出峰值还存在多峰值的现象,较为复杂。机掘工作面施钻峰值特征:机掘工作面施钻峰值现象与炮掘工作面峰值现象类似。机掘工作面其他作业方式峰值特征:表现出一种随机现象,有时由于其峰值过小无法通过监控系统监测得到。

② 瓦斯浓度衰减特征

井下瓦斯涌出的衰减现象分为两种:一种是采掘作业造成新鲜煤面暴露的峰值衰减现象;一种是井下无作业期间煤壁瓦斯涌出的自然衰减现象。这些衰减现象在不同的掘进巷道、不同的掘进工艺或者不同的监测位置其表现差异是极大的,但在同一巷道,无论是机掘工作面还是炮掘工作面,在无作业期间的煤壁瓦斯涌出自然衰减现象基本是一致的,这种衰减现象往往较为隐蔽,一般需要一天以上的时间才能够完全显现。而新鲜煤体表面或落煤暴露的峰值之后的衰减现象则由于不同掘进工艺会存在较大的差异。

炮掘工作面落煤工艺瓦斯浓度衰减特征:炮掘工作面落煤以及施钻瓦斯涌出衰减皆是暴露煤壁以及落煤瓦斯自然衰减的过程,其基本符合实验室瓦斯解吸衰减规律,即:

瓦斯解吸速度随时间变化的规律可用下面经验公式表示：

$$v = v_0 \left(\frac{t}{t_0}\right)^{-K_t} \tag{6.6}$$

瓦斯解吸累计量可用下面经验公式表示：

$$Q = \left(\frac{v_0}{1-K_t}\right) t^{1-K_t} = a t^i \tag{6.7}$$

式中　v——瓦斯解吸速度，$\text{cm}^3/(\text{g} \cdot \text{min})$；

　　　v_0——时间为 t_0 瓦斯解吸速度，$\text{cm}^3/(\text{g} \cdot \text{min})$；

　　　t_0——测定起始时间，min；

　　　t——测定时间，min；

　　　K_t, i——瓦斯解吸速度的时间特征参数；

　　　Q——t 时间内的瓦斯涌出总量，cm^3/g。

瓦斯自然解吸规律如图 6-4 和图 6-5 所示。

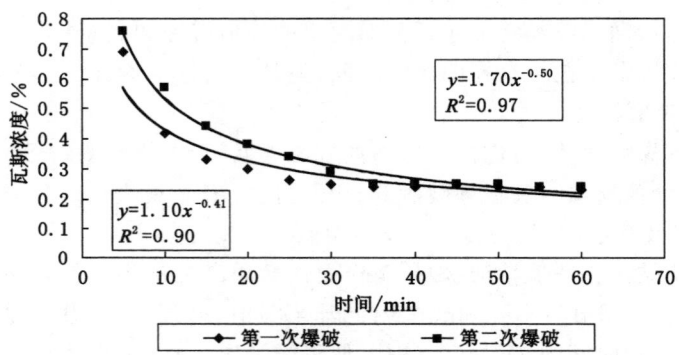

图 6-4　某矿瓦斯涌出解吸速度衰减

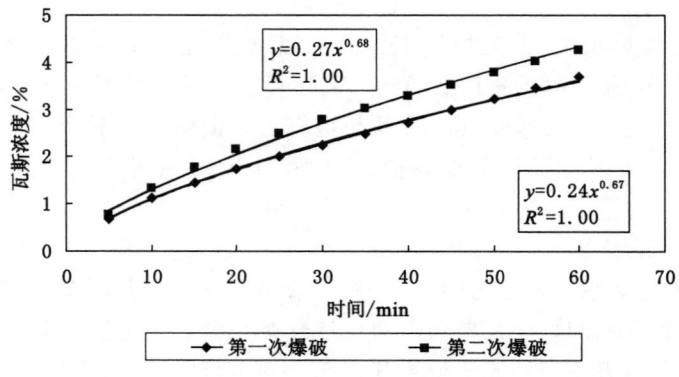

图 6-5　某矿瓦斯涌出解吸量衰减

机掘工作面落煤瓦斯涌出衰减特征：机掘工作面特殊的落煤、运煤方式，使得瓦斯浓度存在多个峰值衰减曲线。

6.2.2.2 采掘工作面瓦斯浓度数据危险信息特征

同一采掘工作面,采掘工艺、通风风量基本不变,非典型突出是由瓦斯压力、煤体物理力学性质、地应力因素引起的,掘进工作面瓦斯浓度数据特别是落煤瓦斯浓度数据中可提取出反映三因素的指标。

(1) 瓦斯含量(压力)因素特征(瓦斯影响)

煤体瓦斯含量较大时,采掘煤体瓦斯吸附解吸量大,掘进期间瓦斯浓度较大,因而瓦斯浓度中的某个指标可以预测预警前方煤体瓦斯含量情况,可与第三章的矿井瓦斯地质规律进行验证。

(2) 煤体结构、强度、破坏类型特征(煤体物理力学性质影响)

煤体瓦斯吸附解吸特征决定瓦斯浓度大小,而煤体吸附解吸特征由煤体结构、强度及破坏类型决定,瓦斯浓度信息中的吸附解吸特征值可以预测预警前方煤体结构、强度及破坏类型,可与测定的煤体坚固性系数或声发射信号相互验证。

(3) 矿压显现、渗透率特征(地应力影响)

由于煤体厚度、顶底板岩性等变化造成的矿山压力显现、渗透率不同,因而造成瓦斯浓度不同,瓦斯浓度信息中的某个指标可以预测预警前方煤体矿压显现、渗透率情况,反映地应力变化。

6.2.3 非典型突出瓦斯浓度预测预警指标及软件

6.2.3.1 瓦斯浓度指标使用假设条件

非典型突出瓦斯浓度提取指标使用条件假设如下:

① 工作面的风流稳定基本无变化。

② 每天的采掘工序稳定,基本无变化。

③ 采掘工艺稳定,基本无变化。

6.2.3.2 预测预警指标建立原则

基于上述非典型突出采掘工作面瓦斯浓度影响因素、瓦斯浓度特征分析,建立综合反映煤体瓦斯含量、煤体物理力学性质、地应力等的预测预警指标。

非典型突出瓦斯浓度预测预警指标的建立遵从以下原则:

① 每个瓦斯浓度预测预警指标只反映一种影响灾害发生因素,且每个预测预警指标反映灾害的影响因素不同。

② 建立受井下采掘施工工艺、工序等人为因素影响较小的指标。

③ 建立智能化、实时化、连续性的瓦斯浓度预测预警指标软件。

6.2.3.3 预测预警指标建立

非典型突出瓦斯浓度预测预警指标建立的总体思路如图 6-6 所示。

(1) 反映非典型突出煤体物理力学性质的瓦斯浓度提取指标 S_1

非典型突出发生的前提首先是煤体物理力学性质符合一定条件,在此条件下,随着瓦斯、应力、采动等的影响,灾害发生。非典型突出煤体兼顾典型突出和冲击地压灾害的某些特性,如何利用瓦斯浓度提取指标反映这些特性,是预测预警非典型突出的关键。煤体整体物理力学性能差时,其他条件满足,发生典型突出;煤体整体物理力学性能良好时,其他条件满足,发生冲击地压灾害;介于其中时发生非典型突出,S_1 指标必须精确灵

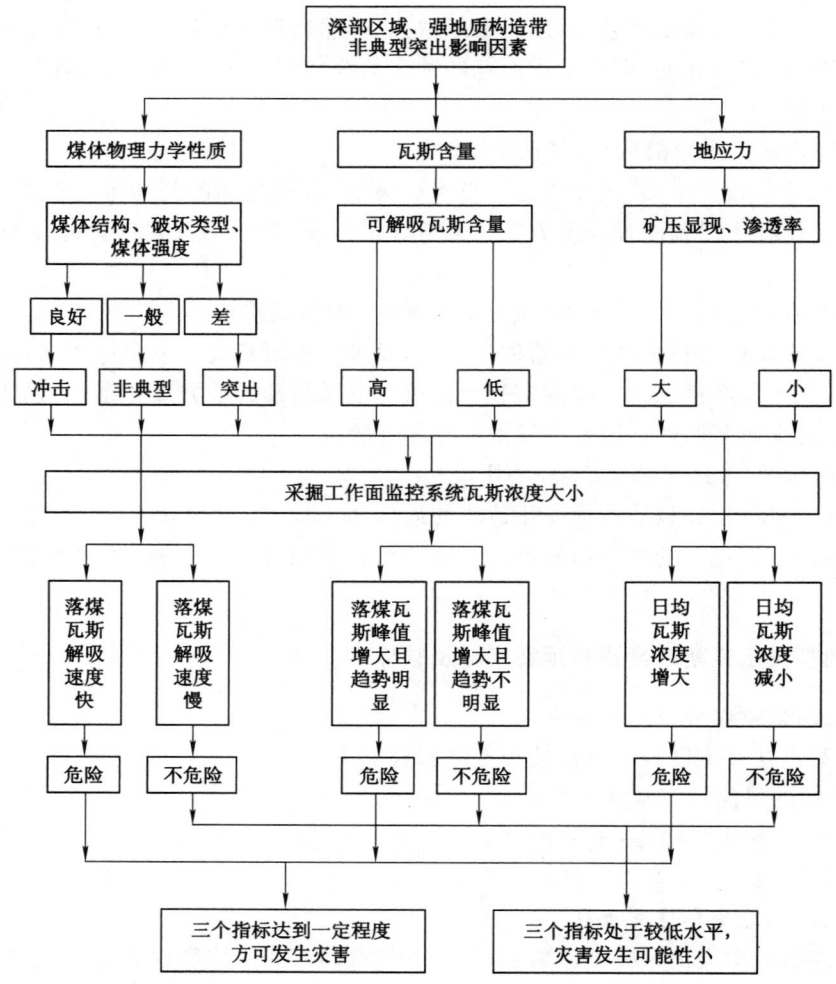

图 6-6　非典型突出瓦斯浓度预测预警指标建立的总体思路

敏反映出此类信息,必须能连续、提前预测预报,必须能反映某段状态且具有趋势性,则该指标建立成功。

由以上非典型突出采掘工作面瓦斯浓度影响因素分析可知,瓦斯浓度数据中包含 S_1 指标,经过理论分析、实验室试验和现场大量试验得出:落煤瓦斯从峰值到正常值的时间长短,即落煤瓦斯浓度累计值数据线斜率反映煤体物理力学性质影响且仅仅反映煤体物理力学性质,因此 S_1 指标＝落煤瓦斯浓度累计值数据线斜率,该指标由煤体吸附解吸特征值决定。S_1 指标过大则为典型冲击地压灾害,过小则为典型突出灾害,一般则为非典型突出灾害,这样就可以用 S_1 指标对各类灾害预测预警。

（2）反映非典型突出煤体瓦斯含量的瓦斯浓度提取指标 S_2

非典型突出一个典型特点是有瓦斯参与灾害过程且瓦斯含量比典型突出灾害较小时即可发生,因而 S_2 指标必须精确灵敏反映出此类信息,必须能连续、提前预测预报,以及能反映某段状态且具有趋势性,则该指标建立成功。

经过理论分析、实验室试验和现场大量试验得出:S_2指标＝落煤瓦斯峰值/日均浓度移动值,该指标过小则无灾害发生,达到一定值时灾害危险性增大。

(3)反映非典型突出煤体地应力的瓦斯浓度提取指标 S_3

非典型突出相比典型突出而言就是处于深部区域或强地质构造带,具有较高的地应力,因而 S_3 指标必须精确灵敏反映出此类信息,必须能连续、提前预测预报,以及能反映某段状态且具有趋势性,则该指标建立成功。

经过理论分析、实验室试验和现场大量试验得出:S_3指标＝日瓦斯浓度平均值/日瓦斯浓度移动平均值,该指标过小则无灾害发生,达到一定值时灾害危险性增大。

(4)反映非典型突出三因素瓦斯浓度预测预警指标综合使用方法

进入深部区域后,各类灾害可能在同一矿井综合出现,运用以前典型的冲击地压预测指标或突出预测指标都有可能造成误报和遗报。因而可采用如下搭配,进行各类灾害预测:① 当 S_1 较小时,则只要 S_2 满足一定值就发生典型突出灾害;② 当 S_1 较大时,则只要 S_3 满足一定值就发生典型冲击灾害;③ 当 S_1 适当时,则当 S_2、S_3 满足一定值时就发生非典型突出灾害。

6.3 本 章 小 结

(1)同一采掘工作面瓦斯浓度主要与煤体吸附特性、可解吸瓦斯含量、煤体暴露面积、煤体渗透性及煤体采掘应力变化等因素有关,可采用瓦斯浓度提取指标预测掘进工作面前方瓦斯含量、煤体物理力学性质、渗透率及矿压显现因素。

(2)瓦斯浓度提取 S_1 指标＝落煤瓦斯浓度累计值数据线斜率,该指标由煤体吸附解吸特征值决定,其反映煤体物理力学性质影响且仅仅反映煤体物理力学性质,S_1 指标过大则为典型冲击地压灾害,过小则为典型突出灾害,一般则为非典型突出灾害,这样就可以用 S_1 指标对各类灾害预测预警。

(3)瓦斯浓度提取 S_2 指标＝落煤瓦斯峰值/日均浓度移动值,该指标由煤体可解吸瓦斯含量决定,且仅仅反映可解吸瓦斯含量,S_2 指标过小则无灾害发生,达到一定值时灾害危险性增大。

(4)瓦斯浓度提取 S_3 指标＝日瓦斯浓度平均值/日瓦斯浓度移动平均值,该指标由煤体地应力决定且仅仅由煤体地应力决定,该指标过小则无灾害发生,达到一定值时灾害危险性增大。

(5)进入深部区域后,各类灾害可能在同一矿井综合出现,运用以前典型的冲击地压预测指标或突出预测指标都有可能造成误报和遗报。因而可采用如下搭配,进行各类灾害预测:① 当 S_1 较小时,则只要 S_2 满足一定值就发生典型突出灾害;② 当 S_1 较大时,则只要 S_3 满足一定值就发生典型冲击灾害;③ 当 S_1 适当时,则当 S_2、S_3 满足一定值时就发生非典型突出灾害。

7　非典型突出综合预警技术[104-105]

7.1　引　　言

依据非典型突出灾害发生特点,集成非典型突出各种预测防控子技术,从灾害发生客观危险性、防控措施缺陷及管理缺陷等构建预警模型、指标及判识分析数学模型,并基于井下传感器、地面服务器、基础数据信息平台等形成相关预警技术及系统。该技术利用大数据技术,从过程进行非典型突出灾害预警预防,防止了各环节的漏洞,保证了预警预防的成功率。

7.2　非典型突出事故预警理论基础

7.2.1　事故预警理论

（1）信息科学

信息是与物质、能量并列,构成世界的三大基本要素之一,是人们从事生产活动所依赖的重要资源。信息科学也称为广义信息论,是传统信息论与控制论、计算机科学、系统工程及人工智能等学科互相渗透而形成的新型综合学科。信息科学以信息为主要研究对象,以信息的产生、获取、转换、传输、存储、处理、识别等普遍规律和应用方法为主要研究内容,以扩展人类的信息处理功能、提高人类认识世界和改造世界的能力为主要目标[106-109]。

预警实际上是针对危害事件的信息预知,其整个行为过程与信息密切相关。首先,任何预知行为均需要以一定的信息资源作为基础,对危害事件的预知也不例外,预警过程中需要进行原始基础信息的采集、整理、筛选,实现基础信息的获取;第二,预警分析的过程是一个对获取的基础信息进行整合、推断,获得需要的知识的过程;第三,预警最终输出的是报警和对策、建议等有用信息。因此,信息科学相关理论应作为预警的理论基础之一,用以指导预警过程中信息的处理、信息流程的把握和预警方法的建立。

（2）系统论

系统是由若干要素以一定结构形式联结构成的具有特定功能的有机整体。系统论就是研究各种系统共同特征和规律的学问。整体性、关联性、动态性和最优性是系统论的核心思想和基本原则。系统论强调将研究对象作为一个系统进行处理,从整体、全局着眼对系统结构和功能进行把握,同时注重系统、要素和环境之间相互关系及其动态变化规律,从总体优化角度对系统进行控制。系统论反映了事物的复杂性,为人们认识复杂事物、解决复杂问题提供了方法论基础[110-113]。

系统论中的"非优"理论是预警的理论基础之一。系统"非优"论认为,系统的状态包括"优"和"非优"两个范畴,其中"非优"状态是人们必须控制和摆脱的状态。由于外部环境和内部条件的变化,系统总处在"优"和"非优"之间不断地运动变化之中。预警就是从系统"非优"的角度出发,通过对环境要素与系统之间关系的研究,获得系统"非优"的成因、表现形式以及发展规律,在此基础上制定反映系统运行状态的评估指标体系,对系统未来的"非优"状态进行预测和报警,并通过预警响应使系统从"非优"状态中摆脱出来,尽量使系统处于"非优"状态的时间缩短,降低事故发生的概率。

（3）控制论

控制论是研究系统调节与控制的一般规律的科学,其任务是实现系统稳定和有目的的行动。"负反馈"是控制论的核心思想之一,是指受控者在接受施控者控制作用的同时,将结果信息返回给施控者,施控者根据控制结果与控制目标之间的差异实时调整控制措施,使控制结果与控制目标之间的误差逐渐缩小,并最终稳定于控制目标[114-118]。

控制论为预警提供了方法论指导。预警控制的对象为"安全"系统,其中使安全系统始终处于"优"的状态是预警的控制目标,从逆向角度防范"非优"状态出现是预警的控制模式。预警过程中,根据历史监测信息对安全系统运行状态及其发展趋势进行分析,当发现系统偏离"优"状态或有偏离"优"状态的趋势时,及时发布预警信息,并通过预警响应采取针对性的措施,消除"干扰"因素,使系统恢复到"优"的状态,从而达到控制的目的。因此,预警是以防范事故为目标的反馈控制,如图 7-1 所示。

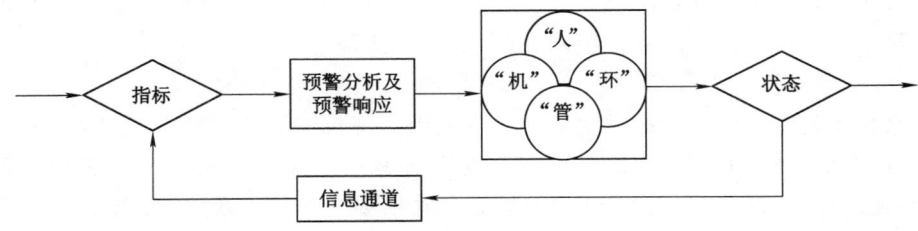

图 7-1　预警管理机制框图

（4）安全科学理论

安全科学是认识和揭示人的身心免受外界不利因素影响的安全状态及其保障条件与转化规律的学问,是研究安全本质、转化规律及其保障条件的科学。安全科学中的事故致因理论是研究事故成因、发展过程和后果形成的理论,是对事故发生的必然性和规律性的科学总结,是对事故本质规律的研究。安全方法论是针对如何减少事故发生概率、降低事故严重程度、有效控制事故危害而提出具有普遍指导意义的行为原则。事故致因理论和安全方法论,揭示了事故发生的普遍规律,为事故预测、预防提供了科学、完整的理论依据[119-123]。

预警是针对人们不期望发生的某一事件（如灾害、事故、不良社会事件等）,根据得到的各种监测前兆信息,分析其发生的可能性、危害大小和发展趋势,并按照一定规则,提前以颜色或文字给出危险等级的预报方法。灾害预警就是针对具体灾害或事故进行的预测、评价、提醒和警诫,需要建立在对具体灾害或事故致因因素、发生规律和致灾方式等全面了解基础上。事故致因理论反映了所有事故的共同规律,对具体事故原因分析、规律研究和措施制定具有普遍指导意义,可为预警指标体系、预警模型、报警制度等预警技术体系的研究提供理论指导。另外安全方法论可为预警响应机制的研究提供理论指导。因此,安全科学相关理论应成为预警技术的理论基础。

7.2.2 事故预警方法

7.2.2.1 预警分类

按照不同的分类标准,预警可以划分为不同的类型。

按照预警应用的领域和对象不同,预警可以分为经济预警、军事预警、自然灾害预警、生产安全预警、社会治安预警、疫情和疾病预警、交通预警和财务预警等。在上述每类预警中,又可根据具体的预警对象,划分为更细致的类型,如煤矿生产安全预警中的瓦斯爆炸预警、煤与瓦斯突出预警、矿井火灾预警等。

按照预警的范围不同,预警可以分为宏观预警、中观预警和微观预警。如国家安全生产预警、省级煤矿安全生产状况预警和矿井安全生产预警等。

按照预警的超前时间不同,预警可分为中长期预警、短期预警和紧急预警。

按照预警采用的指标、模型和实现方法不同,笔者认为,预警又可划分为如下不同的类型:

(1) 按照预警指标和模型分类

预警模型、预警指标和预警结果之间关系的逻辑描述是对预警逻辑分析方法的集中体系。按照采用的预警指标体系的不同,可以划分为单因素预警和综合预警;按照采用的预警模型和规则不同,可分为指标融合预警和临界值比对预警。

① 单因素预警和综合预警

单因素预警是指从影响事故发生的某一方面因素或反映危害事件发生、发展的某一类征兆出发,进行的监测和预警。比如:煤矿安全监控系统根据井下瓦斯浓度实现的超限报警,就是对瓦斯爆炸进行的预警,由于没有综合从瓦斯爆炸的三因素(瓦斯浓度、火源和氧气条件)监测和预警,属于单因素预警;在煤与瓦斯突出方面,常见的单因素预警主要是从工作面客观突出危险性方面进行的预警,而且大多数是单纯地从瓦斯涌出、电磁辐射、工作面地质构造等客观突出危险性中的某一因素出发进行的预警,诸如瓦斯涌出异常预警、工作面地质构造异常预警等。根据监测的指标多少,单因素预警又可分为单指标预警和多指标预警。

综合预警则是从影响事故发生的多方面因素及反映危害事件发生、发展的多类征兆出发,进行的监测和预警。例如,基于瓦斯、火源等因素的瓦斯爆炸灾害预警,以及基于煤体客观突出危险性、技术措施、安全管理等多方面因素进行的煤与瓦斯突出预警就属于综合预警。综合预警是从全局角度对事故或灾害进行的预警,考虑的因素较为全面,因此是提高预警准确性的手段之一。

② 指标融合预警和临界值比对预警

指标融合预警是根据监测得到的多指标信息,通过一定的数学方法进行指标的融合计算,然后根据计算结果和警度之间的规则,发布预警结果信息。杨玉中等人基于可拓理论和层次分析法提出的煤矿安全综合预警模型[124],赵涛、张明等人提出的煤与瓦斯突出模糊综合评价模型[125],杨禹华、刘祖德等人提出的模糊模式识别模型,以及常见的神经网络模型等均属于指标融合类预警模型[126-127]。指标融合类预警模型的一般结构如图7-2 所示,各种模型之间的主要区别在于模型采用的指标融合方法不同。指标融合类预警模型的主要特点有两个:一是预警结果直接根据指标融合计算结果确定,预警结果与预警要素之间关系不明显;二是预警过程中要求预警指标必须完整,这是由模型采用的指标融合方法决定的。

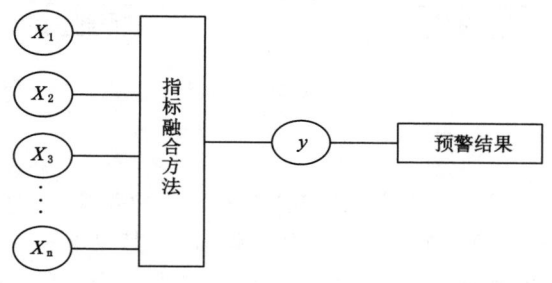

图 7-2　指标融合预警模型

临界值比对预警是直接将预警指标与各警度对应的指标阈值进行比对,确定预警等级和发布预警信息。当包含多个预警指标时,在单个指标比对判定的单指标预警结果基础上,确定最终预警结果。胡千庭教授等的煤与瓦斯突出预警,何学秋教授的电磁辐射预警[87],郑煤集团的地质构造预警,以及煤炭科学研究总院抚顺分院的瓦斯涌出预警等采用的模型均为临界值比对模型。临界值比对模型的一般结构如图 7-3 所示,其主要特点是预警结果直接根据预警指标确定,而且确定方法简单,因此这种模型比较直观、实用。

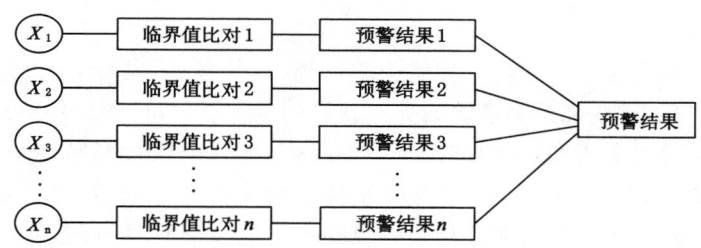

如图 7-3　临界值比对预警模型

(2)按照预警实现方式分类

目前的预警实现方法主要分为人工预警和智能预警两类。

人工预警是基于人(专家、技术人员或现场人员等)对事故前兆信息进行分析的基础上进行的定期或不定期的预警,预警信息的获取、分析、判断和级别确定大多都是依靠人来完成,比较适宜于复杂情况、对实时性要求不高或人能够快速感知或判识的情况。

智能预警是应用借助自动化技术、计算机技术、网络技术等,利用信息化手段和专家智能分析系统,根据提前设定的要求和准则进行的在线监测和预警,是预警的高级阶段和发展趋势。

7.2.2.2　预警的逻辑结构

预警的逻辑结构是指预警控制过程所包含的逻辑单元及各逻辑单元之间的关系。从逻辑上讲,完整的预警过程包括警素监测、警源辨识、警兆识别、警情分析、警度发布、对策建议和预警响应七个部分,如图 7-4 所示,而通常所说的预警过程主要是指警素监测、警源和警兆识别、警情分析、警度发布四个部分[128-132]。

图 7-4　预警逻辑结构

（1）警素监测

警素是指与预警对象（特定的灾害或事故）相关的各种要素，包括影响因素和反映要素等。警素监测就是对这些要素进行全方位、全过程监测，其目的在于建立可靠的安全信息源，尽可能全面、完整、及时地获取与灾害相关的各种动态安全信息。同时，对监测的安全信息进行分类、存储、传输和归档等。

（2）警源辨识

危险源是导致事故和灾害发生的根源，在预警中称为警源。警源辨识就是根据对警素的监测结果，确定与预警对象（特定的灾害或事故等）相关的危险源的存在、状态及其发展趋势。警源辨识以警素和警源之间的客观关系为依据进行。例如，根据对采掘作业环境中瓦斯浓度的监测，辨识瓦斯积聚，进行瓦斯爆炸灾害预警；通过对工作面不同地点回采率的监测，了解采空区丢煤情况；对采空区漏风的监测，确定采空区氧气情况，进行采空区自然发火预警。

（3）警兆识别

事故和灾害的发生是一个从量变到质变的过程，在其孕育、发展、生成过程中通常会伴随有一系列征兆出现，这些征兆为事故或灾害预警提供关键信息，预警中将这些征兆称为警兆。有些警兆与警源关系密切，反映的是警源的状态，而另一些征兆则是对灾害发生、发展过程的反映。例如，采空区 CO、C_2H_2 等气体浓度的变化反映了采空区自然发火发展过程。此外，警兆具有指向性，不同的警兆不仅可以反映灾害的发展程度，而且可以反映导致灾害发生的主要原因。警兆识别就是通过对警素监测信息进行筛选、分析，从中提取与警源和警情相关的征兆，为警情分析提供关键资料。

（4）警情分析

警情分析就是根据对警源的监测信息和警兆的识别结果，根据警情分析模型，对灾害发生的可能性、危害性及其发展趋势进行分析，确定灾害危险程度。警情分析的目的就是对灾害做出及时、可靠的预测和评价，分析结果不准确、分析结果滞后都会影响预警作用的发挥，因此警情分析是整个预警成败的关键，通常也是预警过程中难度最大的部分。

（5）警度发布

警度即通常所说的预警结果，是对灾害的危险程度的表示。警度发布就是通过一定的途径和方式将预警结果发布出去，让相关人员及时了解灾害的危险程度及其发展趋势。在社会生产、生活过程中，针对不同人员的素质、需求、职责不同，在预警结果发布途径、发布内容、发布方式上应有所区别。目前，常见的预警结果发布途径有电视、广播、网络、手机短信、电话、纸质张贴等，发布内容通常包括预警等级和对策建议，发布方式有声音、图像、文字等。

（6）对策建议

对策建议就是根据预警分析结果给出灾害事件的防控建议,以指导相关人员采取措施或进行决策。对策建议通常根据专家经验制定,并形成相应的对策建议库。预警过程中针对不同的危险源类型、征兆显现和预警等级,伴随预警结果向相关人员发布对策建议。

（7）预警响应

预警作用的最终实现,要落实在措施的执行上。预警响应就是以自动方式或人为方式及时、有效、完整执行相应的响应措施,消除导致危害事件的各种因素,及时采取防控和保护措施,以避免事故的发生或降低事故造成的损害。

7.2.2.3　预警系统构成

根据预警的逻辑结构,预警系统由监测识别单元、警情分析单元、结果发布单元和预警响应单元构成,其中每个单元又各自包含信息、硬件、软件、人员和制度等 5 个方面的要素,如图 7-5 所示。

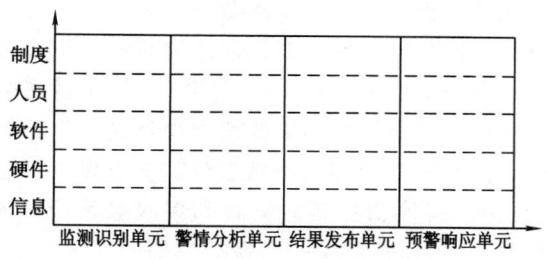

图 7-5　预警系统构成

（1）构成单元

预警系统包含的 4 个单元在预警过程中分别实现各自的功能。

① 监测识别单元:用来完成对预警要素的监测,以及对危险源和事故征兆的识别,同时,对原始的监测信息和后期识别结果进行存储和管理。

② 警情分析单元:主要根据监测识别单元提供的危险源和事故征兆辨识信息,对事故发生的可能性和危害性进行分析,确定预警结果等级,并对预警结果信息进行管理。

③ 结果发布单元:根据预定的预警结果发布规则,通过各种方式,及时、准确将预警结果发布给预定对象。

④ 预警响应单元:根据预警结果,给出对策建议、执行预控措施,同时对对策建议及防控措施进行管理。

（2）组成要素

① 信息:包括历史或实时的致灾因素的原始监测信息、对警员和警兆的识别信息、预警结果信息、对策建议信息等。

② 硬件:主要包括监测设备、信息传输设备、信息处理和存储设备、报警装置、措施执行装置等。

③ 软件:主要是各单元信息管理、分析、控制软件等。

④ 人员:包括系统操作、维护、管理人员以及防控对策执行人员等。

⑤ 制度:主要包括各类操作制度、维护制度和预警响应制度等。

7.2.3　事故预警指标及模型

（1）预警指标

指标是对客观事物属性的刻画和描述。预警过程涉及对与预警对象相关的各种要素的监测，对各种危险源和征兆的识别，以及对预警对象危险状态的分析，其中对预警要素、危险源、征兆以及预警对象危险状态的描述需要通过一系列指标来完成，这些指标构成了预警指标体系。

根据预警指标所描述的对象不同，预警指标可划分为警素指标、警源指标、警兆指标、警度指标。警素指标是对预警要素属性的描述，反映的是预警要素的状态、特征，通常是直接监测的指标；警源指标是在警素指标基础上获得的反映危险源状态、特征、发展趋势的指标；警兆指标与警源指标相似，也是在警素指标基础上形成的指标，表现的是与危险源或灾害相关的各种征兆。例如，从瓦斯涌出角度对煤与瓦斯突出灾害进行的预警中，直接监测的工作面风流瓦斯浓度指标就属于警素指标；而在对瓦斯浓度进行处理基础上得到的工作面瓦斯涌出特征指标（如爆破后吨瓦斯涌出量指标 V_{30}、V_{60} 等）则属于警兆指标。警素指标、警源指标和警兆指标并无严格的区分，因为某些预警要素本身就是危险源的属性之一，其相应的警素指标同时也是警源指标；同样某些征兆本身属于危险源出现或存在的征兆，因此部分警兆指标也可以看做是警源指标。警度指标是对灾害和事故等预警对象状态和发展趋势的描述，反映的是预警对象危险程度，通常所说的预警结果划分等级即是警度指标。

预警指标可以划分为量化指标和因素指标，量化指标是可以用数值表示的指标，一般情况下，其数值大小及其变化趋势可从不同方面代表危险的状态和发展趋势；而因素指标是指不容易量化但对预警结果起着决定性作用的指标，其出现与否和出现的频度直接代表着有无危险，是否应该发出预警。

预警指标体系的科学、有效建立是有效预警的前提，指标体系建立过程中，要遵循如下原则：

① 目的性原则：预警指标体系的建立要紧紧围绕灾害或事故状态和发展趋势的超前、准确判定，预防灾害或事故发生这一目标来设计。

② 科学性原则：预警指标体系的建立有科学的依据，必须以事故机理、发生规律、事故原因等为依据。

③ 系统性原则：预警指标体系的建立要站在系统角度从整体出发进行，指标体系中的每一项指标从不同层次、不同角度全面反映与灾害或事故相关的各种原因、预兆以及相互之间的联系，使各指标构成一个有机的整体，以保证预警结果可信度。

④ 超前性原则：指标的超前性是由预警的性质决定的，是指预警指标体系能在灾害或事故发生前反映灾害或事故发生的可能性和后果严重性。

⑤ 可行性原则：预警指标的选取具有可操作性，即现场容易测定，便于量化，计算简便可行。

（2）预警模型

预警模型是根据预警指标进行警情分析和警度确定的方法、规则和算法，是预警实现的核心。常用的预警模型包括临界值比对模型、指标融合模型和人工智能预警等，临界值比对模型相对比较简单和实用，根据监测指标数值的大小与预先设定的临界值阈值比对，或根据关键的因素指标的出现情况等,直接按照等级划分规则确定预警等级;对于一些复杂的情况或存在较多监测指标的预警系统,大多采用多元回归分析预测模型、统计分析模型、模糊综合判别模型、人工神经网络模型、案例推理模型等指标融合模型,通过不同的数学处理模型,将预警结果划分为不同的等级;人工智能模型通过建立的专家知识库和案例等,结合自适应、自学习能力,根据监测的各种指标的变化,自动处理和调整各种模型和阈值,从而实现预警等级的动态划分,是预警模型的发展方向和高级阶段。

7.2.4　事故预警的要求及原理

（1）事故预警的实质

事故预警的实质是通过各种手段,实时动态地收集各种井下工作面的各类安全信息,实现对隐患能量的监测和各种危险源的辨识。在事故发生之前提醒矿井管理、技术人员及时采取安全措施,将事故消灭在萌芽状态,从而防控煤矿事故发生,保障矿井安全生产。由于煤矿灾害具有其自身特征,针对煤矿灾害进行预警所采用的原理和方法必须与之相适应,才能使预警发挥其应有的作用,达到预防煤矿事故发生的目的。

（2）事故特点对预警的要求

① 综合性。根据事故原因复杂、危险源众多的特点,从系统论理论出发,事故预警应该坚持综合预警的方法,通过对引发事故的各种危险源进行全面监测、跟踪和综合分析,实现多方面、多因素、多指标的灾害预警。

② 动态性。根据煤矿井下作业动态变化、地质和环境条件多变的特点,事故预警应坚持动态监测的原则,通过对危险源、环境条件参数、防控措施和管理进行动态监测,分析采取的措施是否适应灾害危险性的变化。

③ 超前性。根据事故发生的突然性特点,预警要求在时、空两个方面都具有超前性,通过各种模型随时分析和预测工作面前方和今后一段时间预警指标的变化和发展趋势,在事故发生之前实现超前预警。

④ 实时性。事故具有突发性,事故之前有些监测指标会发生突然的改变,所以预警对实时性要求较强,要实时掌握监测地点的危险状态,以便及时采取防范措施。所以,进行警情分析的周期要求比较短,能够满足紧急预警的要求。

⑤ 智能化。由于事故的突发性,预警要求具有非常强的时效性,警素监测、警源和警兆识别、警情分析、警度发布等必须在尽可能短的时间内完成,因此预警应尽量借助自动化、智能化手段完成。

⑥ 简便性。预警采用的监测指标较多,但是并不是所有指标都能同时获取,指标获取的同步性差异较大,而预警的实时性要求当出现危险情况时必须及时发布预警。所以,对预警模型的要求就是要能实现部分指标获取时的预警功能实现。同时,指标的获取和模型计算应该简便,不占用大量计算资源和时间,以便能够快速反应。所以,预警模型和指标监测应该坚持简便易行的原则。

（3）事故预警的基本原理

利用现有煤矿安全监控系统、局域网和办公系统等建设预警系统,通过将井下各种安全信息和管理信息实现集中管理和共享,达到对事故危险源的监测、隐患辨识和综合分析目的。根据建立的预警模型确定预警等级,然后通过网络、短信、电话等多种形式及时发布给相关人员,提醒尽快采取防范措施,预防事故的发生。

(4)事故预警的基本步骤

根据事故特点、规律等实际情况,构建符合矿井实际的预警指标体系和预警模型;建设矿井事故预警系统,实现对灾害隐患、预兆的动态监测、分析和预警信息发布;配备和培训预警操作人员,保证预警系统的正常运转;建设矿井预警管理和响应制度,保证预警机制和预警响应的正常运行;在上述基础上进行预警实践和完善,实现矿井灾害的预警。

7.3 非典型突出事故致因分析和预警原理

7.3.1 非典型突出事故致因分析

7.3.1.1 事故直接原因分析

近年来,随着矿井进入深部开采,非典型突出逐渐增多,直接原因主要包括:发生机理认识不清、预测预警技术缺乏、综合防控措施不合理及落实不到位、防控管理不到位和违章作业等。

(1)发生机理认识不清

非典型突出近年来发生增多,大家逐步开始重点关注,发现其兼顾冲击地压和煤与瓦斯突出部分特性,又与前两者不同,发生煤体既有煤与瓦斯突出煤体特性又有冲击煤体特性,煤体含有较大瓦斯且发生区域应力较大。

(2)预测预警技术缺乏

以前由于没有此类灾害直观认识,只能机械地采取冲击地压或煤与瓦斯突出的预测预警技术,导致灾害无法准确预测;后来又由于发生机理认识不清,导致没有给出合适的预测预警技术。

(3)防控措施不合理、落实不到位

非典型突出与冲击地压、煤与瓦斯突出不同,机械采取冲击地压或煤与瓦斯突出的防控措施不能完全消除灾害,或许会引发其他灾害;未执行制定的防控措施;防控措施针对性差,未根据工作面具体情况制定相应的防控措施,重点地点防控措施未加强;防控钻孔施工未达到设计要求,控制范围不足或留有空白带;瓦斯抽采时间短,抽采效果差,抽采不达标;应力释放钻孔效果不明显;局部措施执行未达到设计要求,措施效果不佳等。

(4)防控管理不到位

在很多非典型突出事故中,暴露出许多矿井防控管理不到位,主要表现在:未制定防控管理制度,相关人员职责不明确;防控管理制度不完善,地质构造探测、钻孔施工管理、预测预报、非典型突出征兆观测、允许进尺审批、循环进尺验收等重要的技术管理环节缺失;防控管理不精细、不规范,防控资料管理混乱、预测操作不规范、忽视非典型突出征兆等;防控监督监察不力,弄虚作假,违规操作,违规指挥等。

(5)违章作业

违章进行采掘作业也是导致灾害发生的重要原因之一。与非典型突出相关的违章作业现象主要包括两类:一是未进行工作面预测(校检),或工作面有危险但未进一步采取防控措施而进行的采掘作业;二是工作面循环累计进尺超过允许采掘距离。不论哪一类违章作业,实际上导致的直接后果是工作面前方保留的预测或措施超前距不足,因此是一种特殊的防控措施落实不到位现象。

（6）未采取综合防控措施

在没有采取防控措施的非典型突出事故中,除违章作业或预测失误外,有不少属于未按非典型突出灾害管理的情况。

7.3.1.2　事故间接原因分析

（1）非典型突出防控观念和认识不到位。非典型突出为一种特殊灾害,近年来才逐步增多,防控观念和认识还需逐步认识到位。

（2）非典型突出防控基础薄弱。技术方面,众多非典型突出矿井煤体瓦斯、应力基本参数缺乏,未掌握瓦斯赋存及应力分布规律,未考察预测敏感指标及临界值等,从而导致防控措施针对性不强或措施参数不合理;装备方面,一些矿井非典型突出预测仪器和防控措施施工设备数量不齐全,技术落后;人员方面,许多矿井防控技术人员配置偏少,而且经验不足、职业素质不高,对非典型突出发生规律认识不足。

（3）采掘部署不合理、采掘接替紧张。一些矿井采掘部署未考虑非典型突出防控的需要,没有给防控工作留设足够的空间和时间,不利于矿井非典型突出防控。不少非典型突出矿井开采程序不合理,有保护层开采条件却不愿采用;多数非典型突出矿井采掘接替紧张,"抽""掘""采"不平衡,区域性瓦斯预抽防控时间不足,瓦斯抽采不达标;一些非典型突出矿井的通风系统不可靠,发生事故后,容易造成灾害性气体的大面积波及,引起事故扩大。

（4）对非典型突出相关信息的集中分析不足。绝大多数非典型突出矿井都实行传统的专业分工、纸质化办公方式,防控信息化工作严重落后,导致与非典型突出相关的安全信息不共享、沟通不及时,通常矿井的地质构造、瓦斯赋存、煤柱留设、预测预报、防控措施、瓦斯监测等与非典型突出相关的资料掌握于不同的职能部门。在防控非典型突出过程中,极少有矿井将上述资料进行集中管理,而能在此基础上进行系统分析得更是少之又少。所以,安全信息的不集中,导致重要的安全隐患和预兆信息获取不及时,给事故的预防带来很大困难。

（5）防控管理工作不精细,重要技术管理环节缺失。非典型突出防控是一项十分复杂的系统管理工作,组织和技术管理程序中的任何一个环节出现问题都可能造成事故的发生。事故调查表明,不少事故矿井都存在防控工作不精细、重要技术管理环节缺失等问题。目前很多矿井的防控技术体系过分依赖预测和效果检验工作,一旦预测或效果检验失误,在没有其他信息验证的情况下,很容易导致防控措施的不采取或落实不到位,导致事故的发生。采掘部署、瓦斯地质分析、预测预报、防控措施、效果检验、安全防护措施等工作中的信息收集、分析、设计、施工、监督、反馈、措施调整、确认等环节都需要把关,才能发现问题、及时处理。有些矿井在防控工作中,不同程度地存在不进行地质分析、预测不规范、预测仪器不检验、预报单信息量过少、防控设计不根据实际情况调整参数、不按照设计施工防控措施、不绘制措施施工图、抽采不计量等问题,而监督和评价环节的缺失是较为普遍的现象。粗放式的防控管理工作必然导致非典型突出事故的防不胜防。

7.3.1.3　非典型突出事故树分析

7.3.1.3.1　事故树分析

煤矿生产过程中,采掘工作面的瓦斯地质条件、作业环境变化多端,非典型突出防控技术流程复杂、工艺环节众多,这使得非典型突出影响因素复杂多变。因此,要对煤矿生产活动中存在的与非典型突出相关的各种隐患和预兆信息进行有效辨识,必须从系统角度出发,选用合适的方法对可能导致非典型突出发生的客观危险性、防控措施缺陷及"人机环管"安全隐患管理等方面的危险因素进行分析。安全系统分析中常采用的事故树分析法便是能够满足要求且非常有效的方法。

事故树分析方法是一种从结果到原因找出与事故有关的各种因素之间因果、逻辑关系的作图演绎推理分析法。首先把系统可能发生的事故放在图的最上面,作为顶上事件。按系统构成要素、工艺流程等之间的逻辑关系,分析与顶上事件有关的原因,找出导致顶上事件发生的中间原因事件和基本原因事件。然后,将各事件之间的因果、逻辑关系用不同的逻辑门表示出来,从而得到表示顶上事件发生的逻辑关系图——"事故树"。通过对事故树的定性和定量分析,可以发现事故发生的基本原因以及相互关系,得出事故发生的可能方式和防止事故发生的可能途径,为确定安全对策提供可靠依据。

根据对近几年间发生的部分非典型突出事故的分析,非典型突出的发生是由于工作面煤体具有客观危险性,且在生产过程中存在各种因素使得这种危险未被及时消除的情况下,受外界扰动(如爆破、割煤、打钻、顶板来压、片帮、冒顶等)或煤体自身发展,使得煤体的稳定状态被打破造成的。以我国普遍采用的两个"四位一体"综合防突措施工艺流程为参考,同时考虑非典型突出发生特点和规律,按照事故树编制规则,以非典型突出作为顶上事件,将各种相关因素与非典型突出之间的逻辑关系用逻辑门分层表示出来,建立非典型突出事故树,如图7-6至图7-9所示。

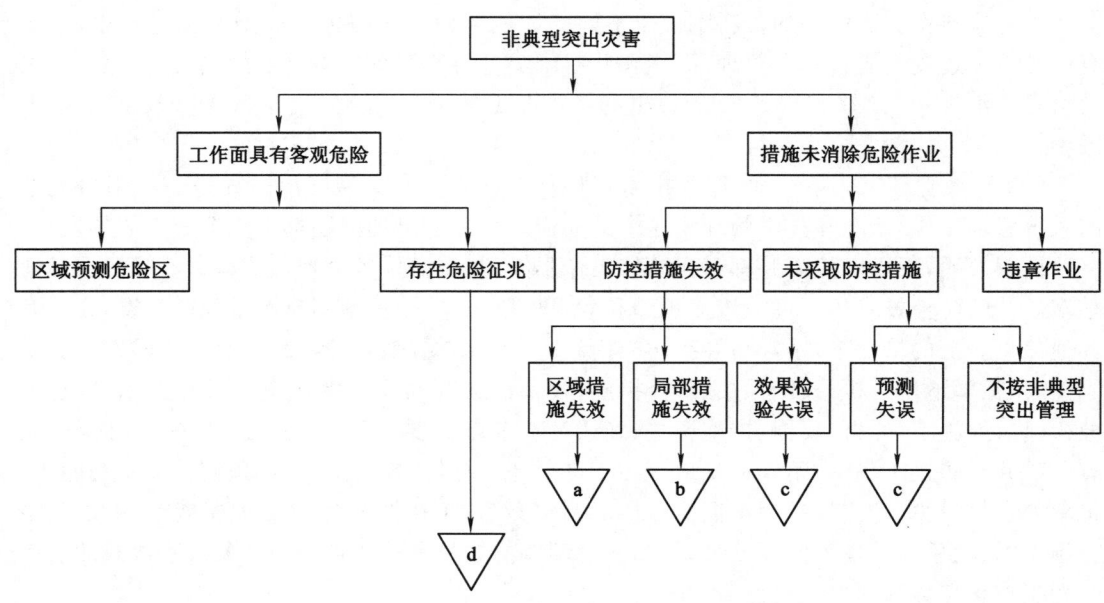

图7-6　非典型突出事故树

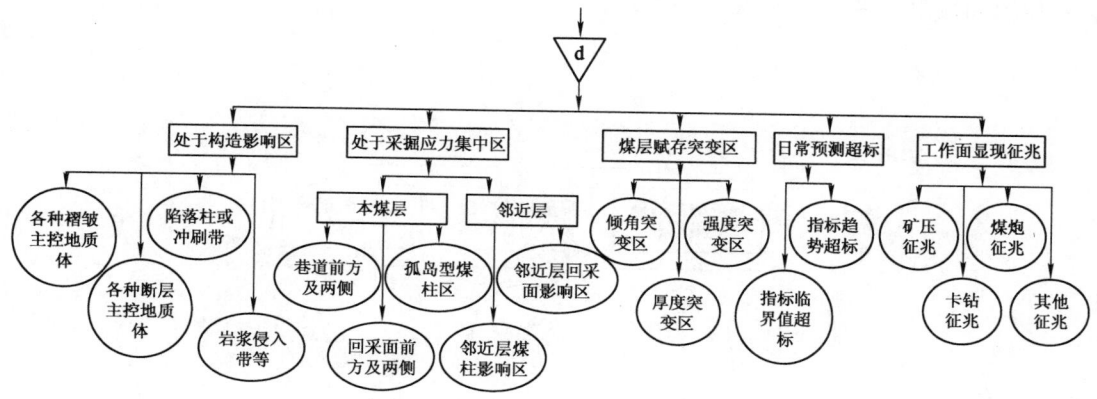

续图 7-6　非典型突出事故树

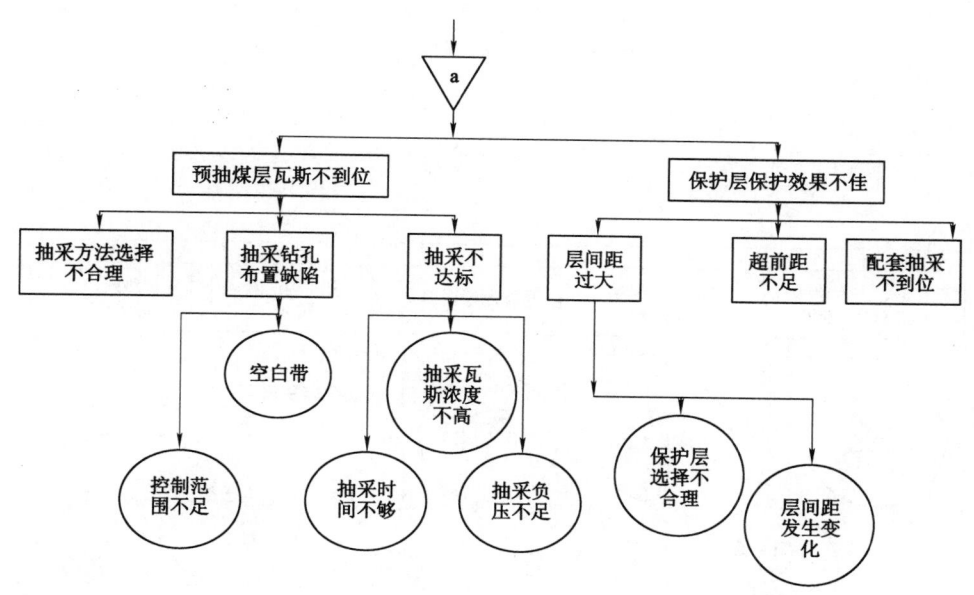

图 7-7　非典型突出事故树续(区域防控措施失效)

由非典型突出事故树的总体逻辑结构可知,客观危险性煤体的存在是非典型突出事故发生的前提,导致煤体客观危险性没有消除的原因包括两个方面:① 由于预测(校检)失误、不按非典型突出灾害管理等原因导致的未采取防控措施;② 区域防控措施缺陷、局部防控措施缺陷等造成了非典型突出危险性没有被消除。

从非典型突出事故树可直观地看出,该事故树较为庞大,导致非典型突出发生的原因复杂。据初步分析非典型突出事故树的最小割集达上千条,说明导致顶上事件(非典型煤与瓦斯突出)发生的最简充分条件有很多种。因此,如果按照典型的事故树分析方法对非典型突出事故进行定性、定量分析,其过程将十分复杂,并不利于对非典型突出事故原因的认识。然而,通过对非典型突出事故树的基本事件进行分析、归类,从宏观角度探寻非典型突出事故的原因和控制手段,是一种可行的方法。

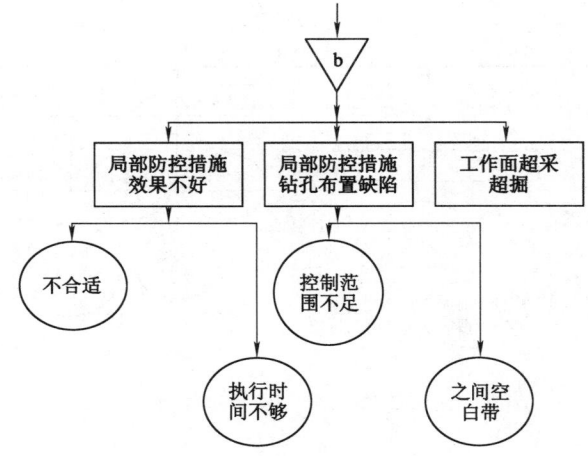

图 7-8 非典型突出事故树续(局部防控措施失效)

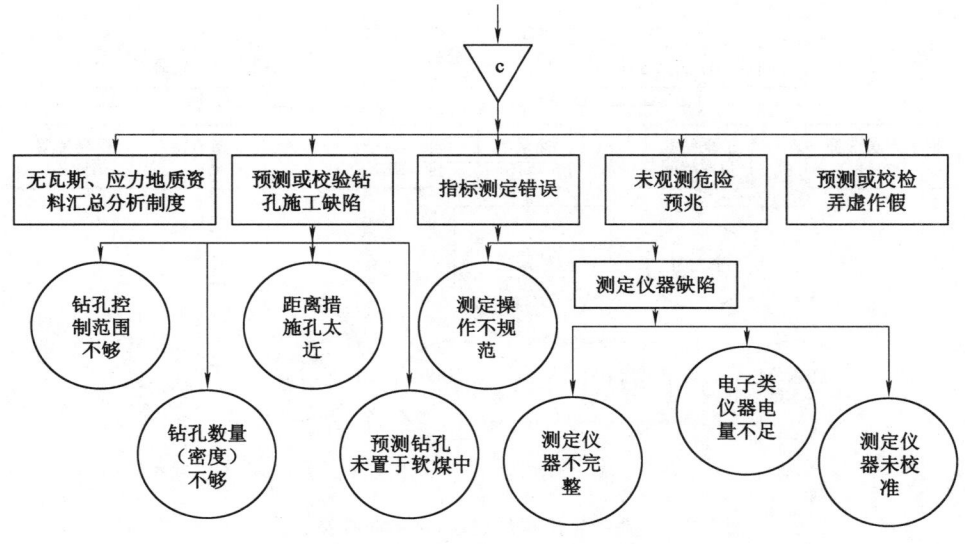

图 7-9 预测钻孔未置于软煤中(预测或效果检验失误)

非典型突出事故树共包含 50 多个基本事件。根据这些基本事件的性质,可以将这些基本事件划分为三类,分别是与工作面客观危险性相关的基本事件、属于防控措施缺陷的基本事件和属于安全隐患管理的基本事件。

(1)与工作面客观危险性相关的基本事件

这类基本事件从大范围煤层区域非典型突出危险环境,到较小范围地质构造条件、应力集中条件,再到局部日常预测或效果检验,煤层赋存及结构变化,非典型突出征兆显现,系统地反映了工作面煤体的客观危险。这类基本事件包括:

① 工作面处于区域预测划分的高瓦斯压力和高应力区等区域预测危险区。

② 工作面处于各种褶皱主控地质体、断层主控地质体、陷落柱或冲刷带及岩浆侵入区等。

③ 工作面处于巷道前方及两侧应力集中区,工作面处于回采面前方及两侧应力集中区,工作面处于孤岛型煤柱区,工作面处于邻近层煤柱影响区,工作面处于邻近层回采面影响区。

④ 工作面处于煤层倾角突变区,工作面处于煤层厚度突变区,工作面处于强度突变区。

⑤ 日常预测(校检)指标超标,日常预测(效检)指标变化趋势异常。

⑥ 工作面显现矿压征兆,工作面施钻喷孔或卡钻,工作面显现煤炮征兆,工作面显现其他征兆。

(2) 属于防控措施缺陷的基本事件

这类事件反映了矿井实施两个"四位一体"综合防控措施过程中可能出现的防控措施缺陷,主要包括:

① 预抽煤层瓦斯区域防控措施存在技术缺陷,导致预抽瓦斯效果不达标,或者工作面距未抽采瓦斯区域或措施不达标区域的超前距不足。导致效果不达标的主要原因包括:瓦斯抽采方法和参数选择不合理,瓦斯抽采钻孔控制范围不足,瓦斯抽采控制范围内存在空白带,瓦斯抽采时间不够等。

② 保护层开采区域防控措施存在技术缺陷,导致保护效果不满足防控要求。主要包括:保护层选择不合理,层间距超过了有效保护垂距,保护层超前被保护层开采时间不足,保护层开采配套瓦斯抽采措施不到位等。

③ 局部防控措施存在技术缺陷,致使工作面补充防控措施防控效果不达标,主要包括:局部防控措施类型选择不合适,局部防控措施执行时间不够,局部防控措施控制范围不足,局部防控措施存在空白带,措施超前距不足等。

(3) 属于或反映防控管理隐患的基本事件

这类事件中的一些事件本身就属于防控管理制度中存在的隐患,另一些则可以明显地反映防控管理隐患。这类基本事件主要包括:

① "人"管理隐患。未严格按照非典型突出矿井管理,包括未及时进行矿井鉴定、违规不按非典型突出灾害管理,不严格执行综合防控措施等;预测工作操作行为不规范[预测钻孔控制范围不够、预测钻孔数量(密度)不够、预测钻孔距离措施孔太近、预测钻孔未布置在软煤中等],不观察非典型突出预兆,非典型突出预测数据弄虚作假;违章指挥违章作业,包括预测指标超标,违章指挥采掘,不进行防控效果检验。

② "机"管理隐患。非典型突出危险性预测管理隐患,包括预测仪器管理不规范(不定期检查和校正仪器,仪器不完整或漏气,电子类指标测定仪器电量不足等)。

③ "环"管理隐患。片帮、冒顶不处理,超采超掘,现场安全防控措施不健全,现场应急救援系统没有或不健全。

④ "管"管理隐患。防控组织机构不健全,防控管理制度不完整,文件记录不符合防控管理要求,未编制两个"四位一体"综合防控措施,综合防控措施编制、审批、管理不符合规定,员工安全教育、培训不符合规定等。

7.3.1.3.2 非典型突出事故致因分析

非典型突出事故具有突发性强、破坏性大、影响因素众多、原因复杂等特点,其事故致因理论需在通用事故致因理论基础上,结合非典型突出事故的特性而建立。

(1)非典型突出事故本质上是能量的意外释放

根据非典型突出机理的综合假说,非典型突出是地应力、瓦斯和煤的物理力学性质三者共同作用的结果。非典型突出发生时,在地应力和瓦斯的共同作用下,煤、岩和瓦斯从煤岩体中突然抛出到作业空间,造成井下设备、设施、通风系统的破坏和人员的伤亡。从本质上讲,非典型突出是一种能量的意外释放,煤矿采掘工作面前方的煤岩体存在着动态变化的隐患能量,由于各种原因导致消除、约束这种隐患能量的措施失效,当这种能量超过煤岩体的抗破坏强度,就会发生隐患能量的意外释放,导致非典型突出事故的发生,当屏蔽措施失效时,释放的能量就会作用于井下设施、设备或人体,在能量超过设施设备和人员的承受能力时便造成事故损害的产生。

非典型突出的隐患能量就是储存于煤岩体中的弹性势能和瓦斯内能;隐患能量载体是工作面周围具有客观危险的煤岩体。消除和降低隐患能量的措施主要是指各种区域防控措施和局部防控措施,约束能量释放的措施主要是工作面前方形成的安全煤岩体(已卸压)、强化支护措施和防控挡栏等,屏蔽能量的措施主要包括独立通风、远距离爆破、反向风门、防控挡栏、避难硐室、压风自救系统、隔离式自救器等。非典型突出事故能量和控制措施情况如7-1所列。

表 7-1 非典型突出事故能量与控制措施

类型	名称	具体内容
能量源	较高的弹性能和瓦斯内能	煤岩体中较高的地应力和瓦斯压力
能量载体	煤岩体	工作面前方具有较高能量的煤岩体
产生伤害和破坏的能量类型	冲击破坏的动能、化学能	煤岩体和气体冲击、人员窒息甚至可能的瓦斯爆炸
识别能量的措施	预测预报	基于对地应力、瓦斯压力识别的非典型突出危险性预测预报措施
降低能量的措施	防控措施	瓦斯抽采、保护层开采、排放瓦斯、水力冲孔、松动爆破等卸压措施
限制能量释放的措施	提高煤岩体抗破坏强度的措施	足够尺寸的安全煤岩柱、金属骨架和超前支护等强化支护措施
屏蔽能量的措施	限制非典型突出能量扩展范围和人员的安全防护措施	防控挡栏、远距离爆破、反向风门、避难硐室、独立通风、压风自救系统、隔离式自救器等

在非典型突出防控过程中,首先利用各种预测手段,识别这些客观非典型突出危险煤岩体(具有较高隐患能量)的存在,然后通过各种防控措施的实施,将这类煤岩体的弹性潜能和瓦斯内能在人为控制下缓慢释放,煤体变形恢复、瓦斯压力降低,最终使煤体中储存的物理能降低到不能突破煤岩体约束的状态。如果生产过程中,没能识别客观非典型突出危险煤体的存在,或者采取的防控措施存在缺陷(包括未采取防控措施),使得煤岩体弹性潜能和瓦斯内能得不到充分释放,这时煤岩体中仍然保存着足够大的隐患能量。当这些隐患能量在作业扰动等因素诱发或流变破坏下失去控制,发生能量的突然、大量、快速、意外释放时,就

会形成非典型突出事故(图 7-10)。

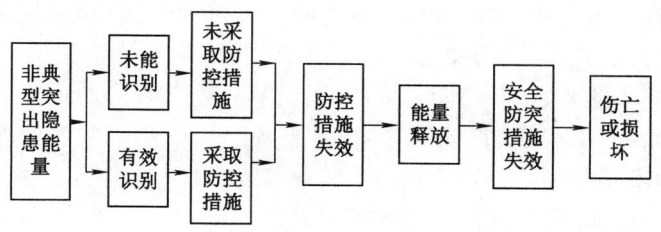

图 7-10 非典型突出事故的能量释放论模型

(2)非典型突出的发生是因为防控措施未能适应变化了的条件的结果

能量是导致非典型突出事故的物质基础,由于煤矿井下条件的多变,导致非典型突出危险性存在的能量条件也是不断变化的。受地质构造、应力分布、瓦斯分布等的控制作用,非典型突出危险性呈现出分区、分带的特点。有些区域煤岩体具有较高的能量,工作面具有危险性,而且危险的严重程度随着能量大小的不同有所不同,而有些区域的地应力或瓦斯内能不足以破坏煤岩体,工作面没有危险性。另一方面,由于空间、时间和人员的变动原因,采取的控制措施和安全管理措施也有可能是不断变化的,措施的强度和执行力度有可能不是固定不变的。所以,"变化"在非典型突出事故中的作用非常重要,在一定程度上可以认为非典型突出事故的发生是因为防控工作没有适应变化了的条件而导致的,随着工作面的不断移动,作业环境和地质条件不断变化,工作面危险性及其大小发生了变化,而采取的防控措施、安全防护措施和管理措施一旦没有适应非典型突出危险性的变化,就容易导致对能量的控制屏蔽或失效,造成财产损失和人员伤亡。采取的各种措施可能没有变化但未能适应变化了的条件,或者条件没有变化但采取的防控措施发生了改变,而不能满足防控的需要,导致能量控制措施失效而引发事故,非典型突出事故的变化论模型如图 7-11 所示。

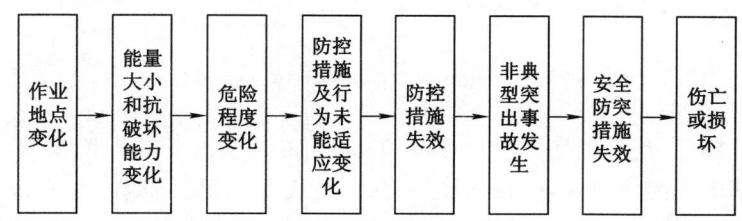

图 7-11 非典型突出事故的变化论模型

(3)非典型突出事故是多种原因综合作用的结果

在煤矿生产过程中,导致非典型突出危险煤岩体没有被发现或防控措施失效的原因包括多个方面。有直接原因、间接原因,也有深层次的基础原因。直接原因包括:非典型突出认识不足、不按非典型突出矿井管理、综合防控措施落实不到位、防控管理不到位、弄虚作假、违章作业、违规管理等。间接原因包括:防控认识不到位,对非典型突出发生规律和危害性认识不足,防控意识不高,重生产、轻安全,存在侥幸心理;防控基础薄弱,瓦斯基本参数未测定、瓦斯赋存规律不清楚、防控经验不足、防控理念落后、防控技术及装备缺乏,防控技术人员缺乏;采掘部署不合理,采掘接替紧张,防控预留时间不足等。更深层次的基础原因包括社会、经济、历史等方面原因。例如,煤炭行业是高危行业,风险大、工作环境恶劣、劳动强度大等,从业人员社会地位低,对高素质人员的吸引力不大,行业整体从业人员素质跟不上安全生产的需要。最近几年,我国煤炭需求持续增长,煤炭市场行情看好,煤矿生产积极性高涨,这是防控措施不落实、矿井超能力生产的社会因素。因此,非典型突出事故的发生是社会因素、经济因素、历史因素、管理因素、技术装备因素以及偶然事件综合作用结果。社会、经济、历史等因素是基础原因,管理、技术装备等因素是间接原因,进一步产生直接原因,在偶然因素作用下导致非典型突出事故(图 7-12)。

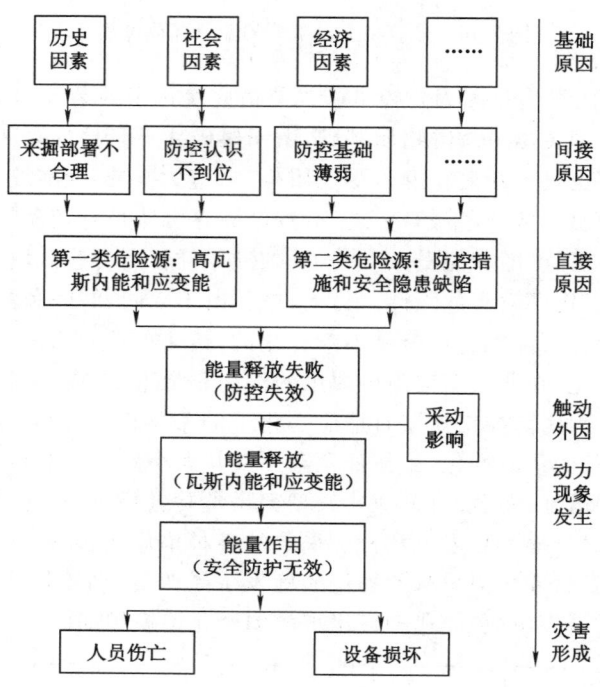

图 7-12　非典型突出事故的综合论模型

　　综上所述,煤矿生产作业环境中存在着动态变化的非典型突出危险煤岩体,社会、经济、历史等方面的基础原因导致管理、技术装备、认识等方面的间接原因,进一步产生防控措施缺陷、防控管理隐患等直接原因,最终导致防控措施失效(或未采取防控措施),在偶然因素作用下使得非典型突出危险煤岩体中储存的弹性潜能、瓦斯内能等大量、快速、意外释放,形成非典型突出事故。

7.3.1.3.3　非典型突出事故危险源分析

　　安全科学理论指出,导致系统从安全状态向危险状态转变并使事故发生的根源在于生产系统中存在着危险源。根据危险源的性质及其在事故发生、发展过程中的作用,把危险源划分为两类,即第一类危险源和第二类危险源。其中,第一类危险源是指系统中存在的、可能发生意外释放的能量(能量源或能量载体)或危险物质;第二类危险源是指导致约束、限制能量或危险物质措施失控、失效或破坏的各种不安全因素。一起事故的发生是两类危险源共同作用的结果:第一类危险源的存在是事故发生的前提;第二类危险源的出现是事故发生的必要条件[118]。

对非典型突出而言,工作面附近存在的含有较高弹性能和瓦斯内能从而具有潜在非典型突出危险性的煤岩体,是非典型突出发生的前提条件,是导致非典型突出事故发生的第一类危险源;而防控措施中存在的技术缺陷、防控管理隐患(防控制度、人员、设备、环境、管理隐患等的不安全因素)等各种导致防控措施失效(包括未采取防控措施)的因素,是非典型突出发生的第二类危险源,如表 7-2 所列。

表 7-2　　　　　　　　　　　　非典型突出事故危险源汇总表

类型	大类	小类	表现
第一类危险源	客观非典型突出危险性的煤体	非典型突出危险区	经区域预测划分的高瓦斯压力、高地应力区
		地质构造影响区(带)	各种褶皱、断层主控地质体与岩浆侵入带等
		采掘应力集中区	邻近层煤柱影响区、邻近层回采面影响区、巷道贯通点、本煤层采掘面影响区、孤岛型煤柱区等
		煤层赋存参数突变区	煤层走向、倾向、倾角、厚度等变化区,煤层分叉、合层区等
		煤体结构异常区	煤层出现软分层或软分层增厚区、煤层层理紊乱地点
		日常预测异常区	日常预测超过临界值区域
		非典型突出征兆现象区	瓦斯涌出异常征兆、声响征兆(响煤炮等)显现区、来压征兆(片帮、掉渣、支架来压、钻孔变形等)显现区、施钻征兆显现区(喷孔点、卡钻点等)
第二类危险源	防控措施缺陷	区域防控措施缺陷	瓦斯抽采不达标、抽采钻孔控制范围不足、瓦斯抽采区域存在空白带、保护层保护效果不佳等
		局部防控措施缺陷	措施控制范围不足、控制范围内存在空白带、措施不达标(瓦斯抽排时间不达标、煤层注水量不达标等)
	防控管理隐患	"人"管理隐患	防控管理不精细、不规范,重点管理环节缺失,弄虚作假,违章作业
		"机"管理隐患	预测仪器仪表管理混乱,测值不准确
		"环"管理隐患	片帮冒顶不处理,超采超掘
		"管"管理隐患	不按非典型突出灾害管理,机构、制度不健全,管理混乱

煤矿生产过程中,随着采掘作业地点的不断移动,工作面附近的煤层赋存、地质构造、瓦斯赋存、应力分布等与非典型突出息息相关的各种因素处于动态变化之中。因此,相对作业人员而言,与非典型突出相关的第一类危险源(即客观非典型突出危险煤岩体)也处于时有时无的变化过程中。对于第一类危险源,由于地应力和瓦斯压力实时测定的困难性,一般根据非典型突出规律和研究成果从以下几个方面进行辨识:① 工作面处于经预测确定的非典型突出危险区;② 工作面处于地质构造影响带和煤层赋存参数变化带;③ 工作面处于采掘应力集中区;④ 工作面经日常非典型突出危险性预测指标超过临界值;⑤ 工作面存在喷孔、顶钻、瓦斯涌出异常等非典型突出征兆;⑥ 电磁辐射异常、声发射异常等。

由非典型突出事故树分析和事故原因统计结果可知,非典型突出灾害的第二类危险源主要包括防控措施技术缺陷和防控管理隐患两个方面。防控措施技术缺陷方面主要包括:① 区域预抽措施缺陷,表现为抽采不达标、控制范围不足、控制范围内存在空白带;② 保护层开采措施缺陷,表现为违规留设煤柱,层间距超过有效保护垂距而使保护效果不达标等;

③ 工作面预测(效果检验)缺陷,表现为预测(效果检验)指标测定错误,预测控制范围不足,钻孔数量(密度)不够,未布置在软煤中,未布置在措施孔之间,预测指标不敏感,临界值选择不合理,不观测非典型突出征兆等;④ 局部防控措施缺陷,表现为措施不达标(例如瓦斯排放时间不达标、煤层注水量不达标等),措施控制范围不足,控制范围内存在空白带,措施或预测超前距不足等。防控管理隐患方面主要表现在:① 未按非典型突出矿井管理,防控管理不精细、不规范,重点管理环节缺失,弄虚作假,违章作业;② 预测仪器仪表管理混乱,测值不准确;③ 片帮冒顶不处理,超采超掘;④ 机构、制度不健全,管理混乱。

综合以上分析可以看出,与非典型突出相关的危险源主要包括工作面客观非典型突出危险性(第一类危险源)、防控措施缺陷(第二类危险源)和安全隐患管理(第二类危险源)三个方面(图 7-13)。

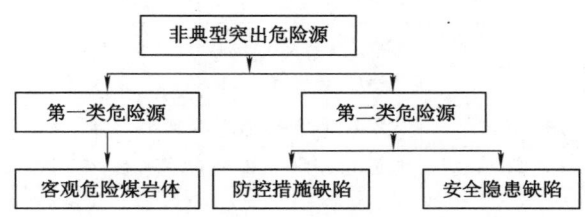

图 7-13 非典型突出事故危险源

7.3.2 非典型突出事故预警原理

(1)非典型突出综合预警方法的提出

根据非典型突出规律、发生机理、事故致因分析和危险源理论可知,要进行有效的非典型突出防控,必须首先对工作面的非典型突出危险性进行准确识别,然后采取有效的防控措施消除非典型突出危险性。事故统计分析表明,对导致非典型突出事故的各种直接原因进行重点监控和消除是关键,同时要对事故背后的间接原因进行分析和控制,以从根本上减少或杜绝直接原因的产生。非典型突出事故树分析表明,导致非典型突出事故的原因众多,但其基本事件可以分为反映非典型突出危险性的事件、防控措施缺陷类事件和防控管理隐患类事件,要防控事故,就应从这些基本事件的控制出发。非典型突出事故致因分析表明,非典型突出是因为各种各样原因致使采取的防控措施没有适应非典型突出危险性的变换,导致隐患能量的意外释放同时屏蔽措施失效而引发的,要有效防控事故的发生,不仅要动态地辨识非典型突出危险性,还要不断分析和发现采取的防控措施的有效性。非典型突出事故危险源分析表明,非典型突出事故是由于反映非典型突出危险性的第一类危险源的存在,出现了防控措施缺陷和防控管理隐患的第二类危险源,从而发生了非典型突出事故。要防控非典型突出事故就不仅要对第一类危险源进行准确辨识,还必须对第二类危险源进行有效控制。

非典型突出预警是预防非典型突出的一个重要方面,是有效防控的前提,也是系统性防控的手段。根据以上分析可知,非典型突出预警实质上应该是对非典型突出事故危险源的辨识,对第一类危险源的辨识是预警,对第二类危险源的辨识也是预警。对第一类危险源的辨识是对工作面非典型突出危险性的预警,对第二类危险源的辨识是对包括预测、消除非典型突出的措施、安全防护措施等综合防控措施有效性的分析,是对措施缺陷和安全管理隐患缺陷的预警。所以,从系统论的角度看,科学先进的预警方法应是对两类危险源的综合辨识,根据"变化论"的观点,预警应采用动态信息采集和智能分析的方式,才能对非典型突出事故进行有效预警。

　　(2) 非典型突出综合预警思路及途径

　　在事故理论、预警理论、非典型突出防控理论、非典型突出发生规律和预测理论的指导下,充分利用和发挥现有煤矿安全监控系统、信息技术和非典型突出灾害防控技术的优势,实时、动态收集尽可能多的安全信息,并经过综合分析后,从系统论的观点,在时间维和空间维的连续性上,对煤矿井下工作面的安全状态和发展趋势进行智能、超前预警。

　　从非典型突出事故原因和发生规律入手,实时动态监测与非典型突出相关的各种要素,对工作面存在的各种危险源和非典型突出征兆进行全面辨识基础上,结合现有规程、规定、标准要求,对工作面非典型突出危险进行综合分析和预警。

　　(3) 非典型突出预警原理

　　一方面,非典型突出原因复杂,影响因素众多,随着工作面不断移动,瓦斯地质、煤层赋存等非典型突出相关因素在时间和空间上处于动态变化之中,而且非典型突出突发性强,致灾过程快,破坏性大,这要求非典型突出综合预警过程必须实现在线监测、智能分析和超前预警;另一方面,煤矿现场与非典型突出相关的各种资料、信息掌握在不同的职能部门,在空间上比较分散,而且信息形式多种多样,包括表格、数据、图纸等,这要求综合预警过程中首先需要将上述基础资料进行系统化集中管理。因此,对矿井非典型突出相关信息的实时获取、集中管理、智能分析是实现非典型突出综合预警的前提。

　　随着计算机技术、信息化技术及网络技术的不断发展,为非典型突出综合预警提供了技术基础。现阶段,许多矿井都安装了安全监控系统,实现了矿井环境的实时监测和信息化;同时多数矿井都配备了矿井局域网络,为各种信息的在线传输和共享提供了信息通道。因此,预警过程中需要在充分利用矿井现有的安全监控系统和矿井局域网络等技术装备条件基础上,借助信息化技术和计算机技术,进一步实现瓦斯地质、煤层赋存、巷道部署、防控措施等各种信息的信息化管理和集中共享。在此基础上,利用计算机技术,实现非典型突出综合智能分析和超前预警。

　　综上所述,非典型突出综合预警的基本原理就是利用现有技术装备条件和管理手段,借助信息化技术、计算机技术及网络技术,在对矿井工作面各种静态、动态安全信息进行全面、及时收集和信息化集中共享基础上,随着采掘空间的拓展,利用建立的预警分析模型,对工作面非典型突出危险状态及发展趋势进行智能化实时、动态分析,并根据分析结果自动给出相应的警示信息,以提醒管理者提前采取防控技术措施、加强防控管理、消除非典型突出危险和隐患。

　　(4) 非典型突出预警步骤

　　由预警逻辑结构可知,非典型突出预警包括非典型突出警源监测、非典型突出警兆识别、非典型突出警情分析、非典型突出警度发布、防控对策建议和预警响应 6 个步骤。

　　① 非典型突出警源监测

　　非典型突出预警中需要监测的警源是矿井生产过程中与非典型突出事故相关的各种危险源。根据对非典型突出事故危险源的分析、辨识结果,导致非典型突出事故的危险源主要包括两类危险源,即第一类危险源和第二类危险源:第一类危险源是储存有大量弹性潜能和瓦斯内能的客观非典型突出危险煤体,其所具有的特征主要集中在瓦斯地质、应力集中、煤层赋存、煤层结构、煤体结构、日常预测等方面;第二类危险源主要包括防控措施缺陷和安全隐患管理两个方面。

在非典型突出预警过程中,针对客观非典型突出危险煤体应以非典型突出煤体所具备的特征为监测要素;针对防控措施缺陷应以防控措施实施参数为监测要素;而针对安全隐患管理则应以防控流程为监测要素。可采用的监测方式主要有两种:一是通过煤矿安全监控系统对相关内容进行动态的监测;二是通过人工方式或借助相关仪器装备以人工或半自动的形式进行。

② 非典型突出灾害警兆识别

非典型突出警兆是指非典型突出警情发生的征兆,这些征兆与非典型突出警源有直接或间接关系,反映了非典型突出危险的状态及其发展趋势。非典型突出警兆的识别就是在对非典型突出警源进行监测的基础上,从收集的各种安全信息中,识别与非典型突出事件相关的有效前兆信息。与非典型突出相关的煤层结构参数变化、钻孔施工异常现象、矿压、声响、电磁辐射、声发射、瓦斯涌出等各种征兆均可作为非典型突出预警中的警兆,对其进行有效识别,为非典型突出预警提供重要信息。

③ 非典型突出灾害警情分析

非典型突出警情分析就是根据对非典型突出警源的监测数据和非典型突出警兆识别结果,利用建立的非典型突出综合预警模型,分析工作面在时间和空间上的非典型突出危险性及其发展趋势,并将其划定为一定的等级。非典型突出警情分析是非典型突出预警的核心,也是非典型突出预警成败的关键所在。

④ 非典型突出灾害警度发布

非典型突出预警的警度是基于警情分析结果的,是非典型突出危险程度的表现形式。预警警度体系的建立应根据预警的性质和矿井防控需要进行。非典型突出警度发布就是通过网络、电话、短信、广播等手段,将分析得到的非典型突出预警结果以文字、声音、光、电信号等方式向煤矿相关部门及人员发布。针对广大工人、防突部门、调度部门、矿领导等不同部门及人员,非典型突出警度发布的等级条件、内容和方式均应有所区别。

⑤ 防控对策建议

防控对策建议是根据非典型突出警情分析结果,伴随非典型突出预警结果,向相关部门及人员发布的针对性防控灾害专家经验。防控灾害对策建议应由警源(非典型突出危险致因)和警度(非典型突出危险程度)共同确定。

⑥ 非典型突出预警响应

非典型突出预警响应是指根据警情类型和严重程度,采取相应的防控或保护措施,消除非典型突出隐患,以避免非典型突出事故的发生或降低事故造成的损害。

预警响应包括自动响应和人工响应两种模式。自动响应模式一般通过建立预警与监控设备的联动来实现,主要用来执行自动断电等防护性措施;人工响应模式通常利用预警响应制度来实现,通过制定、执行防控措施,实现对非典型突出的控制。

7.4 非典型突出预警指标体系及模型

7.4.1 非典型突出预警指标体系

依据客观危险性指标、防控措施缺陷指标及安全隐患管理缺陷指标的任意一个进行非典型突出灾害预警。

预警指标体系是指按照一定的逻辑关系组织起来的预警指标的集合,指标体系的构建决定着预警方法的科学性和预警结果的准确性。

根据非典型突出致因分析和提出的综合预警思想非典型突出综合预警需要从工作面客观危险性指标、防控措施缺陷指标及安全隐患管理缺陷指标三方面构建预警指标体系,实现对非典型突出两类危险源的全面监测和分析。

7.4.1.1 非典型突出预警指标的选取原则

预警指标的选择是在非典型突出机理、发生规律等研究成果的基础上,寻找既能反映工作面当前非典型突出危险性状况,又能预测未来非典型突出危险性发展趋势的指标,同时,还要考虑反映防控措施缺陷、安全隐患管理方面存在的指标。因此,必须首先确立预警指标体系的选择原则。

在煤矿生产过程中,影响非典型突出的因素错综复杂,造成非典型突出事故的原因纷繁多变,各因素、各原因之间相互作用、相互影响,构成了一个复杂的系统。对非典型突出进行预警是提前发现与非典型突出相关的各种隐患,准确分析非典型突出的状态和趋势,以便及时采取措施将事故消灭在萌芽状态,变事后应急为主的模式为事前危险状态监控、预防为主的模式。非典型突出的复杂性、预警的超前性和措施的预防性,要求非典型突出预警指标体系的建立及指标选择应遵循以下原则:

(1)目的性原则。非典型突出预警指标的选择要紧紧围绕工作面非典型突出危险状态的准确辨识、危险性发展趋势的超前预测和防控非典型突出事故发生这一目标来设计。

(2)科学性原则。预警指标体系的建立应有科学的依据,应以安全科学为指导,以非典型突出机理、发生规律和事故致因为依据,建立非典型突出预警指标体系。

(3)系统性原则。应从整体出发建立非典型突出预警指标体系。指标体系中的每一项指标要求从不同层次、不同角度全面反映与非典型突出相关的各种原因、预兆以及相互之间的联系,使各指标构成一个有机的整体,以保证预警结果可信度。

(4)超前性原则。指标的超前性是由预警的性质决定的,是指预警指标体系应能在非典型突出事故发生前反映事故发生的可能性和事故后果严重性。

(5)可行性原则。预警指标的选取应具有可操作性,即现实容易测定,便于量化,计算简便可行。

(6)针对性原则。鉴于不同的矿井具有不同的瓦斯地质条件、煤层开采方法和巷道布置形式,其非典型突出类型和主要影响因素也各有所异,导致反映非典型突出危险的指标和预兆具有不同的敏感性。因此,应针对矿井具体情况选择相应的指标体系。

7.4.1.1.1 综合预警指标体系构建

通过对非典型突出事故致因因素的分析,引起非典型突出事故的危险源包括两类:工作面具有客观非典型突出危险性、防控措施存在的技术缺陷和安全隐患管理存在的隐患。这些应是非典型突出预警监测和跟踪的对象。因此,非典型突出预警指标体系应从工作面客观非典型突出危险性、防控措施技术缺陷和安全隐患管理三方面因素构建,指标的选取应能准确反映这三方面的因素。为此构建了如图 7-14 所示的非典型突出综合预警指标体系框架,实现多因素和多指标的综合监测。

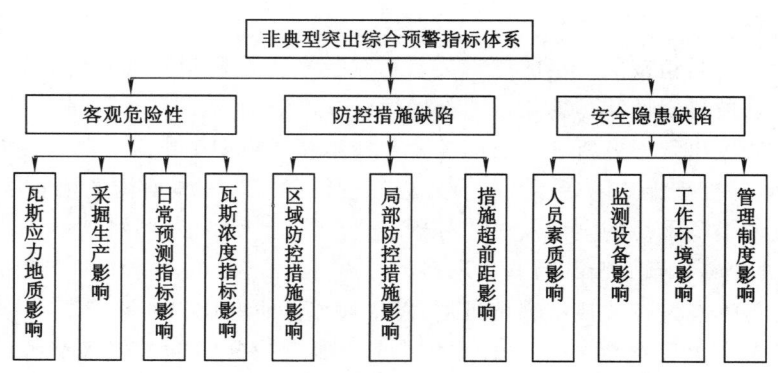

图 7-14　非典型突出综合预警指标体系框架

指标体系首先从瓦斯应力地质、采掘生产、日常预测和瓦斯浓度提取指标连续监测等四个方面建立反映工作面附近煤层客观非典型突出危险性因素的指标,以有效识别工作面存在的非典型突出危险性;然后分别从区域防控措施、局部防控措施和措施超前距等方面建立防控措施技术缺陷因素指标,分析和识别防控措施的有效性;最后,从非典型突出预测装备管理、预测行为管理和防控措施参数准确性等"人、机、环、管"方面建立安全隐患管理类指标,以分析和识别在工作面危险性识别及防控措施分析中的不安全因素,保证在识别和措施执行分析中的数据准确性。

7.4.1.1.2　综合预警指标分析与选取

以上述建立的非典型突出综合预警指标体系框架为基础,结合我国目前非典型突出矿井地质环境、防控技术及管理特点,确定与危险源相关的预警指标,这些指标是具体参与非典型突出预警的要素,也是预警过程中需要监测的对象。

非典型突出危险影响因素很多,能够直接或者间接反映煤层非典型突出危险性某一方面或者多方面的指标也很多,但是按照了解事物本质的一般规律,首先应该从大的环境分析采掘工作面所处的整体非典型突出危险环境,而能够反映非典型突出危险环境的因素是瓦斯地质环境[95],瓦斯地质环境(地质构造环境和瓦斯压力等赋存参数)客观上决定了工作面非典型突出危险性整体严重程度,属于对煤层宏观的原始环境把握。采掘集中应力环境属于采掘活动带来的因素,但对非典型突出危险性的影响非常大,同时其性质也属于区域影响范畴,因此,应对工作面周边其他采掘活动所导致的应力集中对本工作面的威胁加以分析。以上两种因素是从工作面一定区域上对工作面非典型突出危险性的反映,而在工作面采掘过程中,工作面非典型突出危险性日常预测指标及其变化趋势是直接反映工作面非典型突出危险性的指标,瓦斯浓度提取指标也在一定程度上可以反映工作面非典型突出危险性,属于非典型突出预兆类指标。因此,非典型突出危险性指标应该按照宏观与微观结合、点与面结合、动态与静态结合方式,全面从瓦斯地质类、采掘生产影响、日常预测、瓦斯浓度提取指标四个方面选择反映工作面客观非典型突出危险性的指标。

（1）瓦斯应力地质类指标

瓦斯地质区划理论认为[133]:地质构造对煤层煤与瓦斯突出危险性具有明显的控制作用,地质构造通过控制瓦斯赋存、煤体结构类型和构造应力来控制煤与瓦斯突出危险性的分布。煤与瓦斯突出统计结果显示[134]:80%以上的煤与瓦斯突出均发生在断层等地质构造附近,而且图所示地质构造部位[135]煤与瓦斯突出的多发地点。从煤与瓦斯突出机理分析,地质构造对煤与瓦斯突出具有三方面的作用:第一,受地质活动的影响,地质构造附近煤层结构往往遭到破坏,大多伴生着构造软煤,煤体强度小,抵抗突出破坏的能力较低;第二,地质构造附近往往存在较高的残余构造应力,且分布存在不均衡性,增加了煤与瓦斯突出发生的动能;第三,有些地质构造环境会造成封闭环境,使煤体存在高的瓦斯压力。所以,地质构造历来就是防控煤与瓦斯突出灾害工作高度关注的危险对象。随着矿井逐渐深部,地质构造作用将造成非典型灾害的发生。

基于以上认识,非典型突出预警应将地质构造作为重点监测对象,当工作面接近地质构造时应提前预警,预警指标可选取工作面与地质构造的空间距离（L）作为指标,具体可根据地质构造的影响范围,将工作面与地质构造的距离大小作为确定预警警戒等级的依据（图7-15）,地质构造信息可通过探测和地质分析等手段确定,及时掌握。

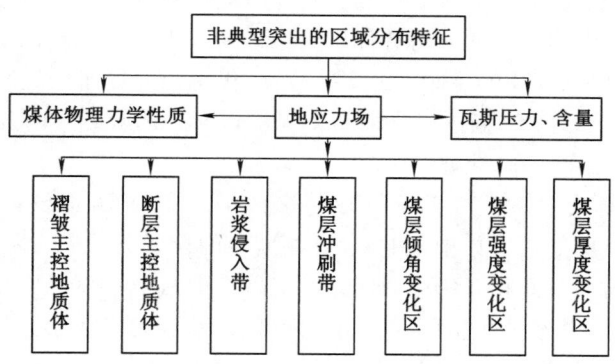

图 7-15　非典型突出区域分布特征

非典型突出危险区的划分是瓦斯地质的重要内容,工作面与非典型突出危险区的距离也应作为超前预警的重要监测指标,当工作面接近非典型突出危险时,应超前提醒和预警。

煤的动态破坏事件、弹性能量指数、冲击能量指数、单轴抗压强度及弯曲能量指数等冲击倾向性指标作为预警指标。

分层厚度、煤层倾角变化量、煤层走向变化量、煤层分叉合层、煤层层理紊乱现象等作为预警指标。

煤层地应力、瓦斯压力或瓦斯含量是最重要的瓦斯参数,其大小和非典型突出危险性密切相关,也是进行煤层非典型突出危险性区域预测和区域防控措施效果检验的关键指标。工作面前方煤体的地应力、瓦斯压力或瓦斯含量可作为预警的重要指标。

（2）采掘生产影响类指标

高地应力是引发非典型突出的重要动力因素，应力集中区往往是非典型突出的多发地点。采掘活动会造成应力集中现象，在防控非典型突出过程中应对应力集中区进行重点管理，重点监控。同时，不同的采掘活动本身也对非典型突出危险性带来影响，如石门揭煤、煤巷上山掘进等作业地点的非典型突出危险性明显大于其他类作业活动。采掘生产影响类型如图 7-16 所示。

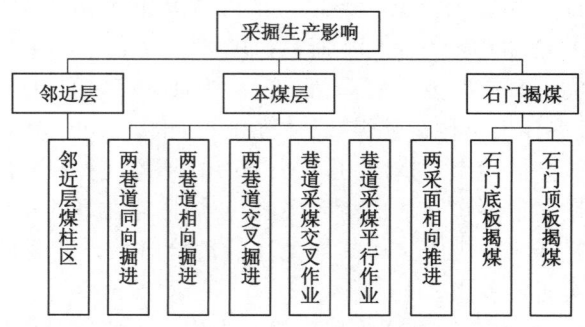

图 7-16　采掘生产影响情况分类

常见的应力集中区可分为两大类。第一类是由于邻近层采掘活动影响造成的，主要包括邻近层遗留的煤柱造成的应力集中区和邻近层采掘工作面造成的应力集中区；第二类是由于本煤层采掘活动影响造成的应力叠加区。本煤层采掘活动造成的应力集中主要包括以下几种情况：a. 掘进工作面相向掘进、交叉贯通等，相距距离处于一定范围；b. 距离较近的相邻掘进工作面同向掘进；c. 掘进工作面与采煤工作面距离较近，如追尾推进、在采空区边缘掘进等；d. 采煤工作面相向推进等。

根据以上分析，采掘应力集中具体预警指标可从以下三个方面设置：一是邻近层开采后煤柱对本煤层开采造成的应力集中影响，通过判断空间位置关系采用距离指标进行预警；二是本煤层不同作业地点之间相互影响，通过相邻工作面空间位置的距离关系指标进行预警。

另外，针对石门揭煤工作面非典型突出危险性较大、经常发生误穿煤层导致非典型突出事故这一事实，对石门揭煤整个采掘工艺过程采用石门与非典型突出煤层之间的空间位置关系方式建立预警指标，从石门工作面距欲揭穿煤层间的距离小于某一值开始直至揭穿煤层后进入顶底板一定距离，对整个揭煤过程发布提醒性质的预警信息。

① 日常非典型突出预测指标

日常非典型突出预测指标参见 4.3 章节相关内容。

② 瓦斯浓度提取指标

瓦斯浓度提取指标参见 6.2.3 章节相关内容。

③ 非典型突出灾变判识指标

非典型突出灾害发生后的最大特点是瓦斯突然大量涌出，这种现象很容易被监控系统所识别，并且第一时间可将异常信号通过煤矿井下安全监控系统传输到地面，是目前掌握非典型突出灾变发生与否的重要手段。但是导致监控系统瓦斯数据显示异常的情况很多，主要原因有以下几种：爆破、风机停风、风筒供风不畅、瓦斯传感器故障等。因此，首先需要借助安全监控系统监测到的瓦斯数据,从中提取出非典型突出灾变发生时不同于其他情况的非典型突出灾变判识指标。所以,工作面回风侧及其他巷道的瓦斯浓度或风压等参数的关联变化可以作为灾变判识的指标。

(3)防控措施缺陷指标

工作面具有非典型突出危险性是非典型突出发生的必要条件,属于第一类危险源,对其辨识是非典型突出危险性预警的主要方面。但是,仍有大量的非典型突出事故是在已经提前预测有非典型突出危险的情况下发生的,原因是未采取防控措施,或采取的防控措施未能消除非典型突出危险性。在对我国近年来导致非典型突出伤亡事故发生的直接原因统计中,未采取防控措施、防控措施落实不到位占 54.5%,因此,需要专门构建防控措施技术缺陷预警指标对这类危险源进行监测。防控措施缺陷指标主要分为三类:一是反映区域防控措施效果的指标;二是反映局部防控措施效果的指标;三是防控措施的超前距(保留的安全屏障宽度)。

区域防控措施指标体系分为保护层开采指标及预抽煤层瓦斯措施指标。保护层开采措施中主要将保护层有效层间距作为预警指标,指标判识主要依据考察结果确定。预抽瓦斯的预警指标主要采用钻孔有效控制范围是否满足规定要求,是否存在空白带以及抽采后的残余瓦斯压力或含量,有些矿井还可将抽采瓦斯量或抽采时间作为预警指标。

局部防控措施主要从防控措施的控制范围大小,是否存在措施空白带等方面建立措施技术缺陷的预警指标。

措施超前距主要将工作面距区域措施和局部措施控制范围的空间距离作为指标。

(4)安全隐患管理类指标

从对我国煤岩瓦斯动力灾害事故发生的直接原因分析可发现,防控管理不到位所占比例也占很大比例,达到 40.7%[136],证明防控管理在非典型突出事故中起着很重要的作用。非典型突出客观危险性及防控措施缺陷预警指标均以假定所获取的数据真实可靠为前提条件,但是,井下非典型突出危险性的辨识和防控措施的执行中存在很多不真实和不准确的信息,这些数据的真实性和准确性直接决定了危险性辨识和防控措施的效果分析。所以,必须分析所获取信息的准确性和可靠性,从管理环节入手,保证非典型突出预测、监测仪器测值的准确性,保证预测和防控措施执行操作的规范性,避免弄虚作假和违章作业。

安全防护措施完备情况、通风设施设备完好情况等方面对非典型突出是否发生并无直接关系,属于非典型突出灾害发生后是否造成更大破坏的第二类危险源。本书目前暂不考虑灾后的预警指标,预防管理隐患指标体系仅围绕非典型突出灾前预警建立,从"人、机、环、管"四个方面构建指标。

①"管"环节隐患

防突机构不健全,管理制度有缺陷,综合防控措施的编制、审批等不符合规定等。

②"人"环节隐患

非典型突出预测,防控人员的资格、培训,预测、防控工作操作的规范性,弄虚作假行为等作为非典型突出预防隐患管理的重要预警指标,可以通过安全监察人员的抽查、监督等获取。

③"机"环节隐患

非典型突出危险性的识别大多数是通过预测或监测设备来完成的,设备测值的准确性直接关系预测的准确性,也就决定着预警结果的准确性。所以,预测设备的管理非常重要,应将其纳入预警监测对象范围。非典型突出预测设备的定期标定和检测情况,监测设备的保养、设备性能的检查情况等是预警的主要指标,可通过建立完好仪器编号库的方式获取该类指标。

④"环"环节隐患

片帮、冒顶不处理等。

7.4.1.2 预警指标分类

不同矿井应根据瓦斯地质条件、煤层赋存条件、采掘情况、防控非典型突出技术水平及管理现状等选择合适的预警指标,因此必须对上述指标进行合理分类以便更好地应用于现场。本书将按非典型突出事故危险源及指标获取方式两种方法对预警指标进行分类,其中按危险源可将预警指标分为客观危险性指标、防控措施缺陷指标及安全隐患管理指标,详见表7-3;按指标获取方式可将预警指标分为空间距离类指标、可测定类指标、定性观测和检查类指标及二次分析类指标,详见表7-4。

表 7-3 预警指标分类表一

指标类型	所属类型	预警指标
客观危险性指标	瓦斯应力地质类指标	工作面与构造影响范围边界线的距离
		工作面距非典型突出危险区边界线的距离
		煤层赋存参数变化量、煤结构参数
		煤层瓦斯参数、地应力及冲击倾向类
	采掘活动影响类指标	工作面与邻近层煤柱影响区的距离
		工作面与相邻工作面的距离
		岩石巷道与煤层的距离
	日常预测类指标	钻屑瓦斯解吸指标 K_1、Δh_2
		钻屑量指标 S
		钻孔瓦斯涌出初速度及复合指标
		日常预测指标的变化率
	瓦斯浓度提取指标	喷孔、顶钻等施工中的动力现象
		反映煤层瓦斯含量指标
		反映煤体物理力学性质指标
		反映相对应力指标
防控措施缺陷指标	防控范围、参数、超前距指标	钻孔控制范围、孔间距或空白带面积
		措施超前距
安全隐患管理指标	人机环管行为	预测工作操作规范性、弄虚作假、违章作业行为
		预测或监测设备准确性
		井下生产环境是否安全
		管理制度是否完善

表 7-4　　　　　　　　　　　　预警指标分类表二

指标属性	预警指标
空间距离类指标	工作面与地质构造、非典型突出危险区、邻近层煤柱影响区的距离
	工作面与相邻工作面的距离、防控措施超前距
	岩石巷道与煤层的距离
可测定类指标	煤层瓦斯参数指标、煤层参数变化指标、地应力指标及冲击倾向类指标
	日常预测指标
	监控系统的监测指标
定性观测和检查类指标	煤层赋存变化指标(如煤层分叉、合层、层理紊乱等)
	预兆观测指标
	违章操作监督、检查类指标
二次分析类指标	日常预测指标变化趋势指标
	瓦斯浓度提取及变化趋势指标
	措施控制范围及空白带判识指标

7.4.2　非典型突出预警模型

预警模型是整个预警技术及系统实现的核心。根据非典型突出预警实施步骤,需要对采集的各种与非典型突出相关的危险源信息进行分析、加工、处理及计算,得到各类具体的、量化的非典型突出预警指标,在此基础上根据警情分析模型,对灾害发生的可能性、危害性及其发展趋势进行分析,确定灾害危险程度。自动化预警需要借助计算机技术,对整个预警实现过程进行抽象化处理,构建相应的算法模型。因此,按照非典型突出预警流程,预警模型主要包括三部分:① 综合预警模型,用于警情分析,确定预警级别;② 预处理模型,用于各类预警指标的获取、预测和计算;③ 方法实现模型,用于计算机图形处理的相关算法实现。

7.4.2.1　非典型突出预警模型的要求和选择

预警模型的设计和选择关系预警结果的准确性和预警方法的实用性,所以,要根据防控非典型突出需要确定合理的预警模型。根据非典型突出预防的特点,对预警模型提出如下原则要求:

(1) 模型的可调性。由于不同矿井的灾害特点和规律不同,针对不同的矿井,甚至不同的工作面,预警模型应能调整,具有灵活性,而且随着预警的实践、验证和防控非典型突出认识的深入,预警的模型也需要更新。所以,建立的预警模型应该有一定的灵活性。

(2) 指标不全的判识性。采用多指标预警时,预警指标的获取程度、准确性及其及时性决定了预警的准确性。由于预警指标完整性和及时性的差异,模型应该能够根据有限的指标和关键的指标直接进行预警,不能要求所有监测指标全部获取后才能预警,因此预警模型应该适应这种要求,能够适应指标的可缺失性。

(3) 预警依据的明确性。非典型突出预警的目的是为了提醒管理者提前采取对应的隐患处理措施,不同的预警依据采取的应对措施很可能不同,所以,预警响应结果不仅需要发布警情,同时需要发布预警依据。所以,预警模型应能明确预警指标和预警结果之间的对应关系,便于预警响应。

(4)模型的简洁性。采用多指标预警时,如果采取权重法计算综合指标判断预警等级,由于非典型突出的复杂性及煤矿井下条件变化的特殊性,各类指标的权重确定复杂,权重确定结果与实际之间存在必然的差异性,若通过人为的多层次和多指标融合,会存在某些权重放大或缩小,甚至相互之间存在掩盖或抵消现象,因此,需要预警模型的简洁性。

基于以上原则要求,非典型突出预警模型不适宜采用多个指标融合为一个综合指标的判识模型,如:采用神经网络模型、模糊综合评判模型、可拓模型等现代数学方法进行判识的模型,简单实用的多指标逐级判识、极值确定原则,比较适合非典型突出综合预警模型的选择。

7.4.2.2 预警模型的建立

(1)预警模型总体框架

根据确定的非典型突出预警模型要求,经过研究和比较,认为选择预警规则库模型符合多指标逐级判识、极值确定原则,比较适合非典型突出综合预警,其总体框架如图 7-17 所示。规则库是指一系列预警规则的集合,根据相关规定和非典型突出规律,对选择的每一项指标,按照其大小及变化情况反映的非典型突出危险程度和发展趋势的关系,建立与预警结果之间的各项规则,形成可灵活调整的规则库,进行警情分析时,依据规则库中的警度确定准则确定警度。

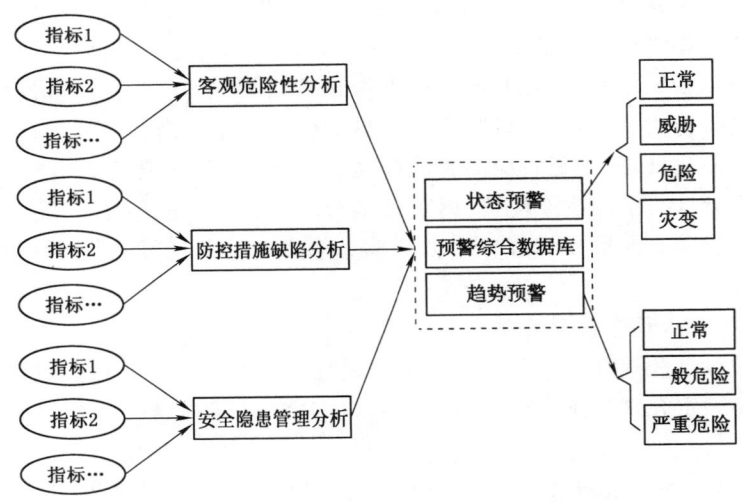

图 7-17 规则库模型示意图

对于非典型突出灾变的判识,主要根据工作面瓦斯浓度或风压监测数值的突然改变情况和关联传感器的监测数据变化建立模型。

非典型突出灾变判识模型:工作面是否发生了非典型突出事故,可根据监测信息进行判识。具体判断方法采用传感器联合判定模型:依据工作面回风侧、采区回风巷、工作面进风巷瓦斯浓度传感器监测的瓦斯浓度指标 D_1、D_2、D_3,判定工作面是否处于非典型突出灾变状态。D_1 为工作面迎头或工作面回风侧瓦斯浓度传感器 2 min 平均值之中的较大值,D_2、D_3 分别为采区总回风及工作面进风侧 1 min 平均值,按表 7-5 判定是否发生非典型突出。

表中 D1′、D2′、D3′为判识的临界值,具体由试验确定。

表 7-5 工作面非典型突出灾变判识模型

D1	D2	D3	状态
>D1′	>D2′	>D3′	非典型突出并发生逆流
>D1′	>D2′	≤D3′	非典型突出
≥4%且持续时间>5 min,上升时间≤30 s	≤D2′	≤D3′	非典型突出
其他			正常

（2）非典型突出警情分析模型

在非典型突出预警过程中,根据预警指标体系各指标值,按照预警规则库中相应的预警规则,得到对应的初级预警结果,进而可根据初级预警结果采用极值原则得到反映不同方面的二级预警结果,最后得到终级预警结果,其警情分析模型如图 7-18 所示。在由初级预警结果确定二级和终级预警结果的过程中,遵循最高级原则和部分指标判识原则。

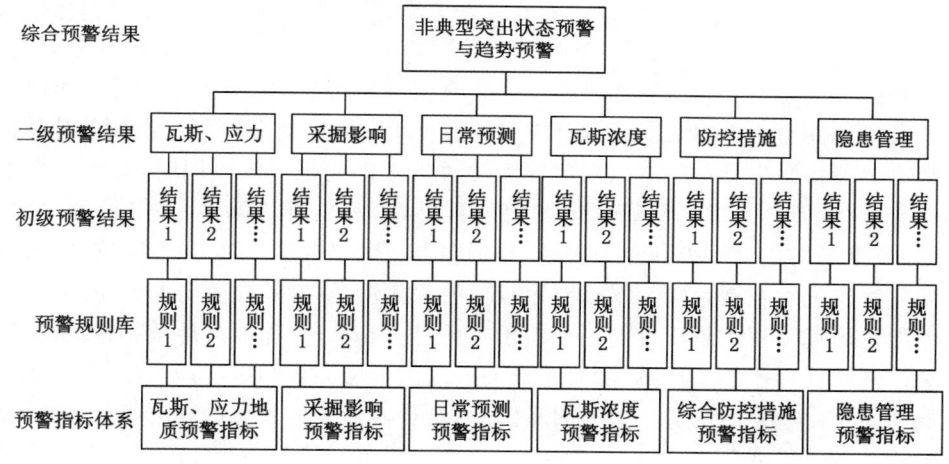

图 7-18 非典型突出综合预警警情分析模型

最高级原则:指由下一级预警结果确定上级预警结果时,取下一级预警结果中预警结果等级最高、危险性最大的结果作为上级预警结果。

部分指标判识原则:指由下一级预警结果确定高级别预警结果过程中,指标获取不全时按照已经获取指标判断的最高级别等级向上一级预警结果传递,待其他指标获取时重新按照最高级别原则重新上传。

（3）预警规则建立

在生产过程中,各预警指标的值反映了工作面预警要素的状态,因此分析各预警指标与非典型突出危险的关系及其辨识方法,是建立预警规则库的基础条件,也是警情分析模型的核心。根据预警指标特性不同,通过预警指标来辨识工作面非典型突出危险性并依此建立预警规则的方法主要有三种:临界值比较法、逻辑判断法和组合分析法。其中临界值比较法主要针对第二种指标分类中的空间距离类指标、可测定类指标和二次分析类指标,其主要方法是根据预警指标数值大小与预先给定的阈值比对,来判断非典型突出事故发生危险的程度并确定出相应的预警等级;逻辑判断法主要针对定性观测、检查类预警指标,这类指标是一种定性描述,其预警规则的建立方法是当指标出现时发出报警,当指标不出现时不发出报警;组合分析法是上述两种方法的结合,即将多个指标组合起来判定非典型突出危险程度,建立一条预警规则来给出预警结果。

(4) 预警警度划分

非典型突出预警是为了提醒和警诫管理者或技术人员,及时采取防控措施,消除隐患。作为管理者和技术人员,不仅需要随时掌握各工作面的非典型突出危险状态,还要把握工作面非典型突出危险的发展趋势,以便根据危险状态采取适当的技术措施,根据危险发展趋势提前采取适当的管理措施。所以,预警警度的划分应能满足这种需要,将非典型突出预警分为状态预警和趋势预警两个方面。

工作面非典型突出危险状态一般存在安全状态、威胁状态、危险状态、危机状态和灾变状态。安全状态是指各种监测指标均正常,属于无警状态;威胁状态是指关键监测指标正常或经过采取防控措施基本消除了危险性,但是工作面处于一种危险环境之中(比如在地质构造区、应力集中区作业),在正常采掘中需要重点关注;危险状态是指根据预警指标反映工作面具有非典型突出危险性,如果不采取防控措施进行作业,很有可能发生非典型突出事故;危机状态是指在很短的时间内极有可能发生非典型突出事故;灾变状态是指工作面此刻已经发生了非典型突出。考虑目前还没有成熟的监测手段能够在非典型突出前几分钟内判断出非典型突出即将发生,所以,本次划定等级时暂不考虑危机等级。同时,安全状态本不应该算作预警等级,但是考虑无预警和未预警的区别,以及预警的解除,决定设置这一等级。因此,将非典型突出危险等级划分为4级,分别用"正常"、"威胁"、"危险"和"灾变"表示。

非典型突出危险发展趋势是根据监测指标的变化情况,判断随着时间或空间的延续,工作面非典型突出危险程度趋于升高还是趋于降低,比如随着工作面与地质构造距离的缩小,非典型突出危险性逐步趋于严重,随着工作面进入保护层有效卸压区,非典型突出危险性趋于降低或消除。由于发展趋势一般是属于宏观判识,参考其他领域的警度表示方式,将非典型突出趋势预警等级划分为3级,分别用趋于安全(绿色)、趋于一般危险(橙色)和趋于严重危险(红色)表示。

为此,建立了非典型突出预警警度体系,其分类、等级和含义如表7-6所列。

表 7-6 非典型突出预警警度体系及说明

类型	等级	说明
状态预警	正常	工作面各种指标正常,可以安全作业
	威胁	工作面非典型突出预警无危险或需要预警确定,但需要重点关注,加强管理
	危险	工作面具有非典型突出危险,需停止作业并采取防控措施或进一步确认危险性
	灾变	工作面已经发生了非典型突出,应采取紧急响应措施,断电并撤人
趋势预警	绿色	前方的非典型突出危险性趋向安全
	橙色	前方一定距离处可能存在危险性,提请关注
	红色	前方的非典型突出危险性趋向严重,应重点关注、加强管理、强化措施

7.4.3 非典型突出预警指标的预处理模型及方法实现模型

预警指标是监测预警的依据,在建立的非典型突出综合预警指标体系中,有些指标可以直接获取并用于判定非典型突出危险等级,如日常预测指标中的钻屑量 S,钻屑瓦斯解吸指标 K_1、Δh_2 等;有些指标需要建立一定的预测模型通过计算才能获取,如瓦斯压力或瓦斯含量、非典型突出危险区划分范围;有些指标需要经过专业的计算才能得到,如地质构造影响范围、煤层厚度变化率、瓦斯浓度提取指标等;有些指标属于定性类指标,需要通过一定的模型定量化处理才能使用,如喷孔、顶钻等预兆、非典型突出煤层破坏类型、防控措施空白带等。因此,需要构建一系列专业化分析模型,对预警指标进行预先计算和处理才能实现指标的获取和预警。

要利用计算机技术、网络等技术实现非典型突出防控的信息化、智能化预警,就必须充分利用计算机图形学等技术,构建一系列图形处理的方法实现模型,实现非典型突出预警相关的瓦斯地质、采掘空间、防控措施等信息的计算。

7.4.3.1 预处理模型

预处理的模型很多,本书将仅就用于预处理的瓦斯类分析模型、地质类分析模型、采掘应力分析模型、瓦斯浓度提取指标分析模型、防控措施缺陷分析模型五类进行阐述。

7.4.3.1.1 瓦斯类分析模型

瓦斯类分析模型,旨在预测和分析煤层的原始瓦斯赋存参数和规律,为非典型突出危险区的划分和区域防控措施效果判识提供基础数据。瓦斯参数专业分析类模型主要包括:煤层原始瓦斯压力(含量)预测模型,区域防控措施采取后残余瓦斯压力或瓦斯含量预测模型,掘进工作面附近瓦斯压力(含量)解算模型,煤层非典型突出区域危险性划分等模型。

(1)煤层原始瓦斯压力预测模型

瓦斯压力是一项十分重要的标志非典型突出危险性大小的指标,由于测定条件和管理等因素的影响,绝大部分煤层区域没有实测瓦斯压力参数,此时就必须根据具体的条件和瓦斯压力分布规律,采用一定的预测模型预测出煤层各处的瓦斯压力值,绘制瓦斯压力等值线,为非典型突出危险区域划分和工作面前方非典型突出危险性大小提供依据。

① 多元回归模型

煤层瓦斯赋存不仅受煤层沉积环境的影响,还受地质构造的影响,因此,煤层瓦斯赋存不仅与煤层埋深相关,还与地质构造、煤层露头的距离,煤层顶板基岩厚度、煤层底板泥岩厚度等相关,甚至还与煤层厚度、倾角等相关,所以,要准确预测煤层原始瓦斯压力,需要根据矿井实测煤层瓦斯参数,在具体分析瓦斯压力的主要影响因素基础上,建立瓦斯压力与各主要影响因素的多元回归模型(见下式),根据该模型进行瓦斯压力预测。

$$p = f(H、h、M、l、L、K\cdots) \tag{7-1}$$

式中　H——煤层埋藏深,m;

　　　h——煤层顶板基岩厚度,m;

　　　M——煤层厚度,m;

　　　l——距断层的距离,m;

　　　L——距露头的距离,m;

　　　K——煤层底板泥岩厚度,m。

② 一元预测模型

一般情况下,煤层瓦斯压力随着深度的增加而增大,在一定埋深范围内大多符合线性关系。煤层瓦斯压力可按照一元回归模型或者插值法计算模型预测,但需要根据不同的条件,按照不同的模型分别计算,以下是不同条件下的插值法预测模型。

设煤层的风化带深度为 H_0,风化带瓦斯压力为 p_0,$m_0 = 0.007 \sim 0.012$ MPa/m,记作 $N_0(H_0, p_0, m_0)$,埋深 H_1 处瓦斯压力为 p_1。

以风化带 $N_0(H_0, p_0, m_0)$ 为边界条件,埋深为 H 的任意煤层位置瓦斯压力预测值为:

$$p = p_0 + m_0(H - H_0) \tag{7-2}$$

$$p = p_0 + m_1(H - H_0), m_1 = \frac{p_1 - p_0}{H_1 - H_0} \tag{7-3}$$

不同瓦斯地质单元采用不同瓦斯压力计算公式。

（2）保护层开采后被保护层残余瓦斯压力解算模型

采取了区域防控措施后煤层的瓦斯参数变化是区域防控措施效果检验、非典型突出危险区重新划分的重要依据,措施采取后的瓦斯参数预测模型显得十分重要。保护层开采后被保护层的瓦斯压力一般通过实测得到,在没有实测时也可通过预测模型获得。于不凡教授根据国内大量实测数据回归统计构建了预测模型,模型与苏联的预测模型基本相同,只是系数有所区别,预测模型[135]如下:

① 距保护层距离 $h \leqslant 10$ m 的范围内,煤层残余瓦斯压力值一般为 $0 \sim 0.2$ MPa,此值与层间距离、原始瓦斯压力均无关。

② 距下保护层距离 $10 \sim 50$ m 或距上保护层 $10 \sim 30$ m 范围内,煤层残余瓦斯压力值只取决于层间距,而与瓦斯原始压力无关,其遵循如下关系:

$$p = c \cdot e^{ah} \tag{7-4}$$

式中　p——残余瓦斯压力,MPa;

　　　　h——层间距,m;

　　　　c, a——决定瓦斯排放特性的系数,根据我国保护层考察结果统计,$c = 0.155\,2$,$a = 0.046\,5$。

③ 距下保护层距离 $50 \sim 80$ m 或距上保护层 $30 \sim 40$ m 范围内,煤层残余瓦斯压力下降与瓦斯排放条件(时间、方式)有关,残余瓦斯压力不是一个定值,在不同的地点、时间数值不相同,它不但取决于原始瓦斯压力,而且还取决于排放条件。此时只能通过考察确定。保护层开采后残余瓦斯压力现场考察数据如图 7-19 所示。

（3）区域预抽瓦斯后煤层残余瓦斯含量解算模型

对于一个采煤工作面或其他特定的煤层区域来说,如果实施了预先抽采煤层瓦斯的区域性防控措施后,在假定钻孔布置均匀且每个钻孔的瓦斯抽采效果均相同的条件下,煤层中的残余瓦斯含量预测模型可采用平均下降模型,即每个点的残余瓦斯含量等于原始瓦斯含量减去吨煤瓦斯抽采量。具体计算方法见下式:

$$W_{残} = W_0 - W_{抽} \tag{7-5}$$

式中　$W_{残}$——预抽后残余瓦斯含量,m³/t;

　　　　W_0——预抽前原始瓦斯含量,m³/t;

　　　　$W_{抽}$——预抽区域吨煤瓦斯抽采量,m³/t。

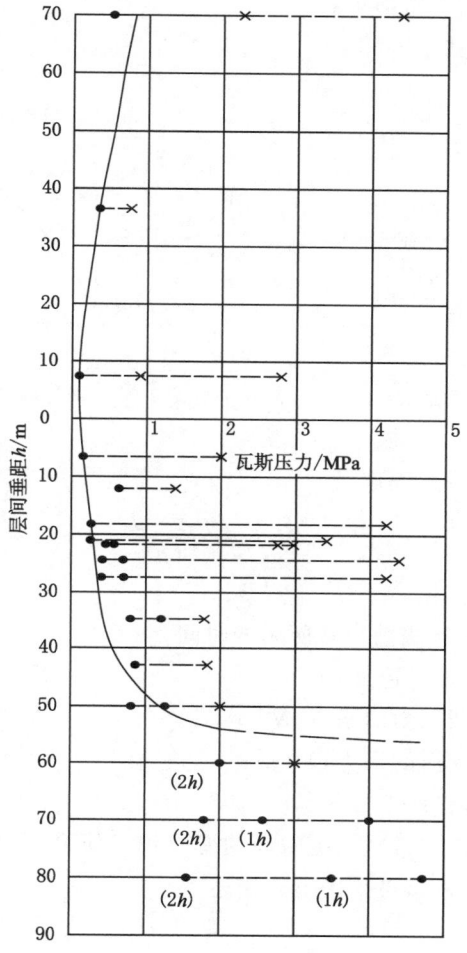

图 7-19　我国开采不同垂距保护层时的残余瓦斯压力值[137]

（1h）、（2h）——超前 1 h、2 h 时的残余瓦斯压力值；●——残余瓦斯压力值；×——原始瓦斯压力值

$$W_{抽} = W_{总}/kG \qquad (7\text{-}6)$$

式中　$W_{总}$——预抽区域瓦斯抽采总量，m^3；

　　　G——预抽钻孔控制的区域煤炭储量，t；

　　　k——围岩预抽系数。

（4）巷道附近瓦斯含量分布模型

巷道对煤层瓦斯具有释放作用（图 7-20），巷道开掘对其周边原始煤层的瓦斯参数具有重要的影响，要准确预测巷道附近的瓦斯参数，就需要建立距巷道不同距离和时间的煤层瓦斯参数预测模型，研究表明，距巷道某处排放带宽度符合下式，具体表现形态如图 7-21 所示。

$$l = L(1 - b\mathrm{e}^{-d}) \qquad (7\text{-}7)$$

式中　l——煤巷排放带宽度，m；

　　　L——煤巷极限排放带宽度，m；

b,c——常数,由现场考察确定;

t——煤巷排放时间,d。

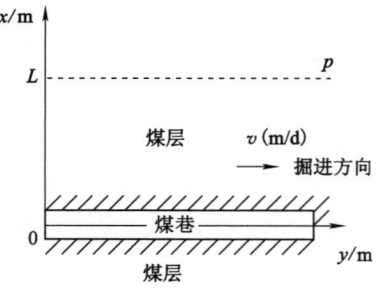

图 7-20　煤巷掘进工作面示意图

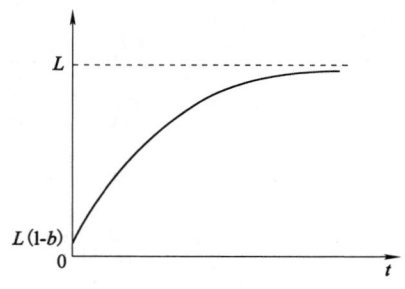

图 7-21　煤巷排放带宽度随时间的变化曲线

极限排放宽度 L 可由下式确定:

$$L = 2mTv\lambda \frac{p_1 - p_a}{Q_0} \qquad (7\text{-}8)$$

式中　m——煤层厚度,m;

　　　T——巷道掘进到当前位置所用的时间,d;

　　　v——巷道平均掘进速度,m/d;

　　　p_1——原始瓦斯压力的平方,MPa²;

　　　p_a——当地大气压的平方,MPa²;

　　　λ——为煤层透气性系数,m²/(MPa²·d)。

根据瓦斯衰减规律与排放带宽度随时间的变化规律研究,得到某一时刻煤巷周边瓦斯含量随距煤壁的深度分布特征,可采用下式描述:

$$Q = \frac{Q_a}{1 + be^{-d}} \qquad (7\text{-}9)$$

式中　Q——煤巷周边煤体瓦斯含量;

　　　Q_a——原始煤层瓦斯含量;

　　　l——距煤壁距离;

　　　b,c——常数。

由式(7-9)得巷道周围瓦斯赋存参数随深度的变化曲线如图 7-22 所示。

(5)煤层非典型突出危险性区域划分模型

国内外有关煤层非典型突出区域危险性划分方法的研究很多,所采取的方法手段也很多,主要包括瓦斯地质统计法、地质动力区划法、综合指标法、物探法、单项指标法等。借鉴《防治煤与瓦斯突出规定》所推荐的瓦斯参数并结合瓦斯地质的方法,其具体方法如下:

① 煤层瓦斯风化带为无非典型突出危险区域。

② 根据已开采区域确切掌握的煤层赋存特征、地质构造条件、非典型突出分布的规律和对预测区域煤层地质构造的探测、预测结果,采用瓦斯地质分析的方法划分出非典型突出危险区域。当非典型突出点及具有明显非典型突出预兆的位置分布与构造带有直接关系时,则根据上部区域非典型突出点及具有明显非典型突出预兆的位置分布与地质构造的关

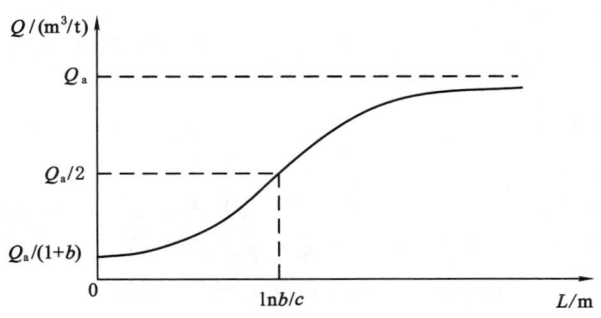

图 7-22　巷道附近煤层瓦斯含量分布曲线

系确定构造线两侧非典型突出危险区边缘到构造线的最远距离,并结合下部区域的地质构造分布划分出下部区域构造线两侧的非典型突出危险区;否则,在同一地质单元内,非典型突出点及具有明显非典型突出预兆的位置以上 40 m(埋深)(具体值应考察研究)及以下的范围为非典型突出危险区,如图 7-23 所示。

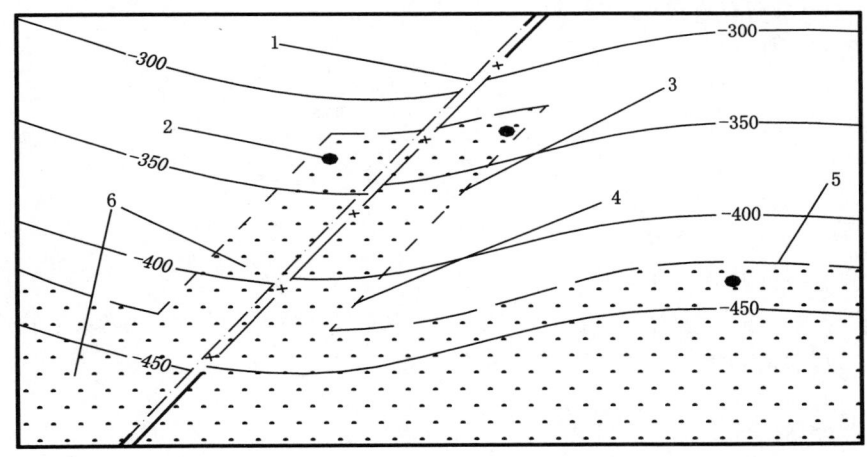

图 7-23　根据瓦斯地质分析划分非典型突出危险区域示意图

1——断层;2——突出点;3——上部区域突出点在断层两侧的最远距离线;

4——推测下部区域断层两侧的突出危险区边界线;5——推测的下部区域突出危险区上边界线;

6——突出危险区(阴影部分)

③ 在上述两条中划分出的无非典型突出危险区和非典型突出危险区以外的区域,根据煤层瓦斯压力、地应力、冲击倾向性等进行预测,预测所依据的临界值根据试验考察确定。

7.4.3.1.2　地质类分析模型

(1)地质构造影响范围分析模型

地质类分析模型主要是确定断层等地质构造的影响范围,研究发现,断层两侧的影响范围主要与断层类型、断层两盘及断层落差有关,并且满足以下关系:

$$L = a \times b \times c \times H \tag{7-10}$$

式中　L——断层影响范围,m;

  a——断层类型影响系数；

  b——断层两盘影响系数，一般正断层上盘及逆断层下盘影响范围较大，取值较大，大于1；

  c——断层落差影响系数；

  H——断层落差，m。

  上述系数在不同矿区、不同矿井取值均有所不同，需要根据具体煤层进行考察确定，影响范围也可根据实际考察结果按照断层的性质和落差直接划定。

  褶曲构造的影响范围一般根据实际考察情况沿向斜或背斜轴线一定范围划定。

  （2）煤层参数预警指标计算模型

  ① 煤层产状变化系数

  通过煤层倾角的变化程度反映，该系数定义为循环进尺内煤层的倾角变化量，即：

$$K_{倾角} = \frac{|\theta_1 - \theta_2|}{L} \tag{7-11}$$

  式中 $K_{倾角}$——煤层倾角变化系数；

    θ_1,θ_2——上、下循环的煤层倾角，(°)；

    L——循环进尺，m。

  ② 煤层厚度变化率

$$K_{煤厚} = \frac{|M - M_{均}|}{M_{均}} \tag{7-12}$$

  式中 $K_{煤厚}$——煤层厚度变化率；

    M——采掘工作面煤层厚度，m；

    $M_{均}$——煤层平均厚度，m。

  ③ 软分层厚度及其变化

  煤层软分层厚度 $H_{软}$ 主要通过井下实际测量得到。软分层厚度变化系数指在一个采掘循环内软分层厚度的变化率 $K_{软}$，其计算公式如下：

$$K_{软} = \frac{|H_{软1} - H_{软2}|}{L} \tag{7-13}$$

  式中 $K_{软}$——煤层软分层厚度变化系数；

    $H_{软1},H_{软2}$——上、下循环的煤层软分层厚度，m；

    L——循环进尺，m。

  （3）采掘应力影响范围分析模型

  采掘应力影响范围分析模型主要是确定工作面与邻近层煤柱（体）及本层相邻采（掘）面的合理距离，即分析邻近层煤柱（体）及本层采（掘）工作面的应力影响范围。

  ① 邻近层煤柱（体）应力影响范围的确定

  邻近层开采过程中由于采矿工程需要，会留各种类型的煤柱，在煤柱影响范围内，往往会引起应力集中现象，增大本煤层采掘工作面的非典型突出危险性，所以，当工作面接近或位于邻近层煤柱造成的应力集中区时，必须预警。研究结果表明，当煤柱宽度较小（4~6 m）时，煤层回采过程中会被压碎，可不考虑其影响，当煤柱宽度大于支承压力宽度的1/10时，应考虑并确定邻近层煤柱影响范围[137]。影响范围包括邻近层煤柱在垂直方向的影响深度、煤柱在开采层走向和倾向方向上的影响宽度。

　　煤柱在其煤层顶底板方向的极限影响范围可达 100 m 以外煤岩层,规律是随着开采深度和采煤工作面长度的增加而增加,具体数值(d_1 或 d_2)可按照文献[137]提供的研究成果参照图 7-24 和表 7-7 取值。

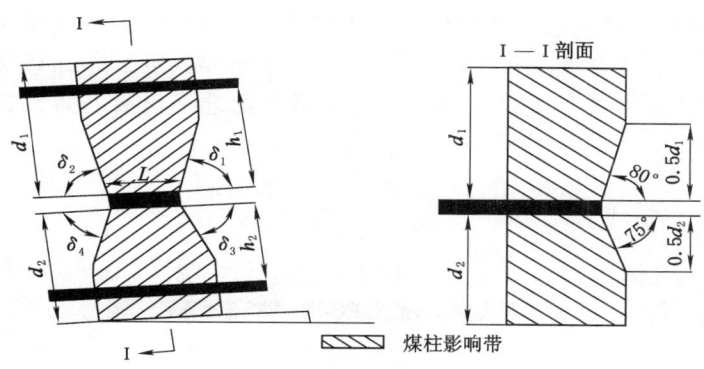

图 7-24　划定煤柱影响带示意图[3]

表 7-7　　　　　　　　　**采煤工作面边缘区地压增大带在顶底板的最大尺寸**　　　　　　　　　　　m

开采深度	d_1					d_2				
	采煤工作面长度 a					采煤工作面长度 a				
	100	125	150	200	250	100	125	150	200	250
300	92	96	105	110	115	80	92	104	105	110
400	105	113	120	122	125	93	105	115	118	120
500	115	125	130	132	135	105	115	125	128	130
600	120	130	135	138	140	117	127	135	138	140
700	135	145	150	155	157	125	133	140	145	156
800	145	155	160	165	168	132	140	148	150	153
900	155	160	173	177	180	140	143	155	158	160

　　实际影响范围可采用系数法确定[137],见下列公式:

$$d_1 = Cd'_1 \tag{7-14}$$
$$d_2 = Cd'_2 \tag{7-15}$$

式中　d_1,d_2——邻近层煤柱在煤层顶、底板方向的影响范围,m;

　　　　d'_1,d'_2——邻近层煤柱在煤层顶、底板方向的影响极限范围,m;

　　　　C——取决于煤柱宽度 L 和支承压力带宽度 D 的系数,按照表 7-8 确定。

表 7-8　　　　　　　　　　　　　　**修正系数 C**

L/D	≤0.1	0.15	0.2	0.25	0.35	0.5	1.0	1.5	≥2.0
C	0	0.25	0.5	0.75	1.0	1.13	1.25	1.13	1.0

沿煤层走向和倾向的影响范围可参照《防治煤与瓦斯突出规定》,分别按照走向和倾向方向的卸压角划定,并根据实际考察结果确定。

② 本层采掘工作面应力影响范围的确定

本煤层相邻采掘工作面之间距离较近时可能造成应力叠加,导致工作面非典型突出危险性的加大,所以应确定合理的工作面与相邻工作面(或采空区)的安全距离作为非典型突出预警的指标。安全距离的确定应以采煤工作面和掘进工作面的支撑应力带宽度作为依据。预警距离可按下式确定,图 7-25 为两个掘进工作面之间预警距离的确定示意图。

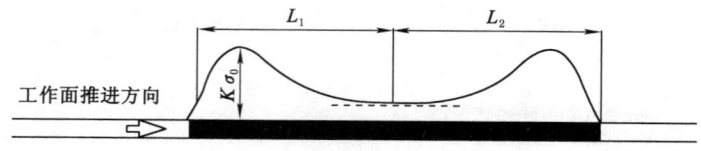

图 7-25　预警距离确定模型

$$L > k(L_1 + L_2) \tag{7-16}$$

式中　L——采掘工作面应力叠加的预警距离,m;

　　　L_1,L_2——采掘工作面及相邻工作面(采场)之间的支承压力影响范围,m;

　　　k——安全系数,取 1.2～2。

采掘工作面的支承压力影响范围 L_1、L_2,根据采深、岩性、位置、尺寸等有所不同(图 7-26),一般可根据实测或考察确定;掘进工作面前方的影响范围一般可按照巷道外接圆半径的 3～5 倍取值。

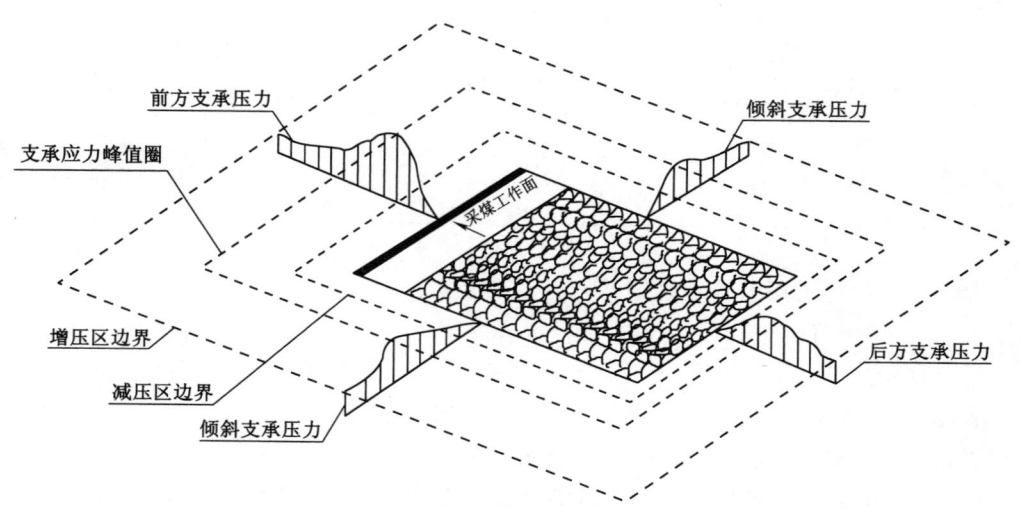

图 7-26　采煤工作面支承压力分布示意图[138]

7.4.3.1.3　瓦斯浓度提取指标分析模型

瓦斯浓度提取指标分析模型参见 6.2.3 章节相关内容。

7.4.3.1.4　防控措施缺陷分析模型

（1）区域防控措施技术缺陷判识模型

区域防控措施主要包括开采保护层和预抽煤层瓦斯措施两类,防控措施技术缺陷分析模型主要围绕这两类措施在执行中存在的技术缺陷构建。

① 开采保护层区域防控措施缺陷判识

保护层开采时的层间距和超前距作为非典型突出预警时考虑的主要技术措施缺陷,如果开采层和保护层的垂距超过了有效保护垂距,保护层的效果便得不到保证,此时需要预警;被保护层的采掘工作面位置距保护层工作面的水平距离小于保护层工作面的超前距时,卸压效果尚未完全体现,防控效果也会得不到保证,此时也必须给决策者提醒。

a. 保护效果判识

保护层的保护效果可根据下列公式判识,当满足公式要求时,判定措施不能有效消除非典型突出危险。

$$H \geqslant H_{有效} \tag{7-17}$$

式中　H——保护层距离被保护层的实际层间垂距,m;

　　　$H_{有效}$——保护层距离被保护层的有效保护垂距(m),具体应根据实际考察确定或参照《防治煤与瓦斯突出规定》中提供的最大值或计算公式计算确定。

b. 超前距判识

当保护层工作面超前于被保护层工作的距离小于层间垂距的 3 倍,或小于 100 m 时,判定超前距指标不符合要求,判识方法见下式：

$$L < L_0 \tag{7-18}$$

式中　L——正在开采的保护层工作面超前于被保护层工作面的水平距离,m;

　　　L_0——有效超前距,取层间垂距的 3 倍数值和 100 m 中的较小值,m。

② 区域预抽瓦斯防控措施缺陷判识

分别从区域预抽瓦斯钻孔的实际控制范围、钻孔布置的空白带、预抽效果三方面建立措施技术缺陷判识模型。

a. 控制范围缺陷判识

当实际施工的预抽钻孔布置范围,不满足关于控制范围的要求时,判定措施存在技术缺陷,按下式判识：

$$R_{区钻} < R_{区轮} \tag{7-19}$$

　　　式中　$R_{区钻}$——钻孔实际控制巷道轮廓线外的距离,m;

　　　　　$R_{区轮}$——防控要求控制巷道轮廓线外的距离,m。

根据实际考察临界值,如无,参照《防治煤与瓦斯突出规定》要求的指标取值：石门、立井和斜井揭煤处巷道轮廓线外 12 m,对急倾斜煤层底部或下帮 6 m;煤层巷道轮廓线外 15 m,对于倾斜及急倾斜煤层上帮 20 m、下帮 10 m;厚煤层分层开采时,钻孔控制分层范围上部 20 m、下部 10 m;顺层钻孔预抽煤巷条带瓦斯时,前方控制范围为 60 m。

b. 空白带缺陷判识

采用空白带累计面积比和钻孔孔底间距比对两种判识方法。

——空白带累计面积比判识法。对于一般厚度煤层,仅考虑煤层层面方面的控制范围。按照有效抽采影响半径,预抽钻孔未控制的面积之和与该抽采区域总面积之和的比值,作为

判识指标,当该指标大于临界值时判定措施总体上存在空白带缺陷,判定方法见下式:

$$K > K_0 \qquad\qquad (7\text{-}20)$$

式中 K_0——空白带面积所占比例的临界值,一般根据矿井实际确定,没有确定时取 20,%;

K——空白带面积所占比例(%),按照下式计算:

$$K = 100 \times (S_0 - \sum_{i=1}^{n} S_{1i} + \sum_{i=1}^{m} S_{2i})/S_0 \qquad\qquad (7\text{-}21)$$

式中 S_0——预抽区域煤层总面积,m^2;

S_{1i}——各钻孔有效控制面积(m^2),根据钻孔布置方式和有效抽采影响半径确定;

S_{2i}——相邻钻孔控制范围的重叠面积之和,m^2。

——钻孔间距判识法。当实际施工的相邻钻孔间距超过设计钻孔间距一定比例时,判定措施钻孔存在空白带,应该发出预警并补充钻孔,判识方法见下式。

$$Y > Y_0 \qquad\qquad (7\text{-}22)$$

式中 Y_0——相邻钻孔最大孔间距(一般取孔底间距)施工参数与设计参数之比的临界值,一般可取 1.3~2;

Y——相邻钻孔最大孔间距施工参数与设计参数的比例,按下式计算:

$$Y = d/d_0 \qquad\qquad (7\text{-}23)$$

式中 d——相邻钻孔孔底间距施工参数,m;

d_0——相邻钻孔孔底间距设计参数,m。

③ 预抽瓦斯措施效果

煤层预抽瓦斯后,必须对措施的效果进行检验,当检验指标达不到要求时,判定措施效果无效,此时,应该发布抽采不达标的预警。

采用抽采瓦斯后的残余瓦斯压力或者残余瓦斯含量,井巷揭煤也可采用实测的钻屑瓦斯解吸指标判断。残余瓦斯压力或者残余瓦斯含量可根据原始瓦斯含量、抽采瓦斯量等计算,必要时必须通过实测确定。

判定是否有效的指标临界值需要通过实际考察确定,没有考察出实际临界值时,将 0.6 MPa 和 6 m^3/t 作为残余瓦斯压力或者残余瓦斯含量临界值。

(2)局部措施缺陷判识模型

工作面局部防控措施存在的主要技术缺陷包括:防控措施的控制范围不够、措施钻孔布置存在空白带、措施超前距不足、措施执行时间不足等引起效果没有达到防控要求。局部防控措施的技术缺陷,要根据采用的具体措施方式和参数等判识。

控制范围、空白带、超前距和防控效果缺陷等的判识方法与区域防控措施缺陷的判识方法基本一致,但其判识的临界值和采用的效果检验指标有所不同。局部防控措施的判识模型本书不再重复论述。

7.4.3.2 方法实现模型

预警系统需要对生产过程中存在的各类危险源进行动态监测,且需要将监测的大量数据进行快速传输和计算处理,必须依靠计算机技术才能实现,特别是一些预处理模型的计算机实现,如瓦斯压力等值线绘制与校正、非典型突出危险区域范围划定、应力叠加情况的自动识别、空间距离的自动计算、底板等高线的自动校正、根据底板等高线和地形图绘制煤层埋深等值线等,不仅需要计算而且需要可视化处理。这些需要涉及计算机图形处理中的网格法生成等值线模型、离散点转换空间曲面模型、等值线转换空间曲面模型、空间曲面抽取离散点模型、空间曲面抽取等值线模型、等值线边界处理模型、等值线突变处理模型等,所以需要构建一系列用于计算机实现的方法模型或算法。由于模型较多,本书仅阐述以下几种模型。

(1) 等距网格法绘制等值线模型

模型构建的目标是根据预处理模型预测出每一点的参数值(如瓦斯压力)后,使用本算法连接生成等值线图,基本思想是对绘图区域进行网格化处理,按网格单元的排列顺序,逐个处理每一单元,寻找每一单元内相应的等值线段。处理完所有单元后,就生成了该网格中的等值线分布。

假设网格单元都是矩形,其等值线生成算法的主要步骤如下:① 逐个计算每一网格单元与等值线的交点;② 连接该单元内等值线的交点,生成该单元内的等值线线段;③ 由一系列单元内的等值线线段构成该网格中的等值线。

首先,要确定绘制等值线的区域范围。这里可根据区域边界的各个拐点的坐标,找出其 x、y 的最大、最小值,以这四个值组成四个点做出四条直线,就形成了绘制等值线的区域。在此区域内分别沿 x、y 方向绘制间隔为 n 的线条,就形成了 M 个节点,每个节点的数据包括坐标和参数值(x_i、y_i、p_i)。以瓦斯压力等值线为例,假设从瓦斯压力 $p = p_0$ 开始,每隔 Δp_0 就绘制一条等值线,共绘制 m 条等值线。

(2) 离散点转换空间曲面模型

空间曲面表现方式:GIS 系统中常采用栅格和不规则三角网两种方式来对空间曲面建模。栅格以规则格网表示表面,格网点的 Z 值记录表现的特征值,一般仅能用于表现规则区域的空间曲面;不规则三角网法(TIN)用一系列不规则分布的点来表现表面,这些点构成三角网,三角形的每个节点都有其特征值,可表现任意区域的空间曲面。

① 离散点生成规则网格算法

Kriging 算法又称空间自由协方差最佳内插法,由南非矿业工程师 D. G. Kriging 提出。Kriging 算法原理与最小二乘法相似,既考虑了采样曲面的总体趋势变化,又考虑采样表现特征变化和随机变化,分别对应为算法中的采样表现结构项、相关项、随机噪声项。

$$f(x, y) = f_1(x, y) + f_2(x, y) + C \tag{7-24}$$

其中,$f_1(x, y)$ 为结构项,$f_2(x, y)$ 为相关项,C 为随机噪声项。

非典型突出综合预警系统中瓦斯压力(含量)等值线的生成方法:根据瓦斯压力(瓦斯含量)数据点,采用 Kriging 算法生成栅格,然后根据起始值和间距,提取等值线,并对其进行平滑处理。等值线生成流程如图 7-27 所示。

② 离散点生成不规则三角网算法

将二维平面内的离散点剖分形成不规则三角网有多种算法,但要实现剖面的最优化,必须满足以下三个条件:唯一性,即生成的 TIN 是唯一的;最大最小角特性,即三角形的最小内角尽量最大,尽量接近等边;空圆特性,保证最邻近的点构成三角形,即三角形的边长之和尽量最小,且三角形的接圆中不包括其他三角形的顶点。要满足上述所有要求,只有 Delaunay 三角剖分算法最佳。

(3) 等值线转换空间曲面模型

等值线转换为空间曲面的关键点是将已有等值线离散化,提取等值点,然后按离散点转

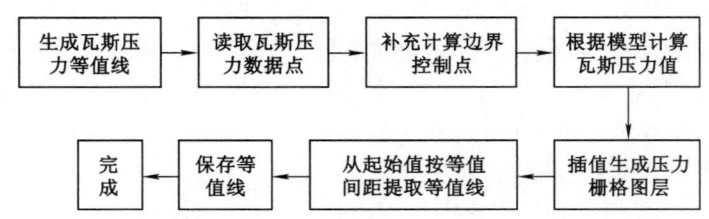

图 7-27 等值线生成流程

换空间曲面模型生成参数栅格(如瓦斯压力、瓦斯含量、地应力、煤厚、埋深线)。从等值线生成不规则三角网(TIN)或规则网格(如 ArcGIS 中的 Raster)有以下三种方法:

① 离散等值线直接生成法。即按一定间距从等值线上重采样,然后基于离散点构建空间曲面。此方法由于仅考虑了点而忽略了等值线的几何结构,往往出现三角形的三个顶点均位于同一条等值线上(即平三角形),或三角形的某一条边穿越了等值线。因此本方法在实际工作中很少采用。

② 加入特征点的 TIN 优化法。本方法是对离散等值线直接生成法的优化,采用加入特征点的方法来消除"平三角形"。

③ 以等值线为特征约束的特征线法。每一条等值线必须当作特征线或结构线,且等值线上不能有三角形生成。

(4)空间曲面抽取等值线模型

如果采用栅格作为空间曲面的表现方式,则提取等值线算法相对容易;反之使用不规则三角网表现空间曲面,则一般需要先加密,再提取等值线,并进行光滑处理。

传统等值线生成流程如图 7-28 所示。

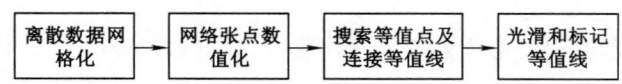

图 7-28 传统等值线生成流程

基于不规则三角网的高精度等值线生成算法:首先根据原始离散点构建不规则三角网;然后对原始离散点进行加密,形成均匀分布的三角形;对加密过程形成的点,采用 Kriging 方法进行插值;最后使用平面方程根据给定的等值线,计算与所有三角形的交点,从而连接生成等值线。在适当加密三角网以后,提取生成的等值线可以不经过任何光滑操作,即可满足可视化要求。

7.5 非典型突出综合预警实现方法

非典型突出综合预警方法主要包括以下步骤:

(1)该方法主要通过地质测量、现场井下实测及采掘生产获得的煤层赋存异常、地质构造异常、高瓦斯、冲击倾向性、应力集中及非典型突出预兆数据,进行煤层非典型突出灾害客观危险性分析,获取灾害发生程度,设置预警指标及临界值。

（2）获取综合防控措施,确定防控措施类型、参数,依据此措施及参数分析综合防控措施缺陷,建立预警指标,依据指标及参数进行防控措施类型及参数预警。

（3）获取涉及灾害合理采掘部署决策、区域综合防控措施、局部综合防控措施等各个环节"人、机、环、管"安全隐患管理缺失,建立预警指标,依据指标及规范标准进行管理行为预警。

（4）从灾害发生客观危险性、防控措施缺陷及安全隐患管理缺陷等构建预警数据库,将日常预测指标、综合防控措施类型、参数,"人、机、环、管"安全隐患管理行为存入数据库,通过与预警指标及临界值比较,当超出临界值时,进行非典型突出灾害综合预警。

7.5.1　非典型突出综合预警流程

根据预警基本逻辑以及预警理论和预警模型,非典型突出综合预警的实现,首先要通过煤矿安全监控系统、局域网和职能部门终端用户维护及管理,对影响非典型突出的主要危险源进行监测,获取相关安全信息。安全信息包括静态的安全信息和动态的安全信息,静态安全信息获取主要依靠矿井数字化过程来完成,动态安全信息获取主要通过监控系统和局域网来完成。安全信息主要包括煤层赋存、地质构造分布、巷道布置、工作面空间位置、工作面周围的瓦斯地质信息、应力集中信息、瓦斯涌出信息、日常预测信息、预兆信息、防控措施执行信息、防控措施效果检验、相关的预测设备信息、人员违章信息等。这些信息一般掌握在不同的职能部门,需要通过建立集中的综合数据库来实现信息的共享、集中管理和更新。然后,对这些安全信息进行识别、分析和相关预警指标的计算,再根据预警规则库中的各种规则对预警等级进行划分。信息识别、分析、判断等工作,需要通过预警服务器和专业的分析软件来完成。预警结果需要通过网络、短信、声光报警等形式将预警结果发布出来。其实现流程如图 7-29 所示。

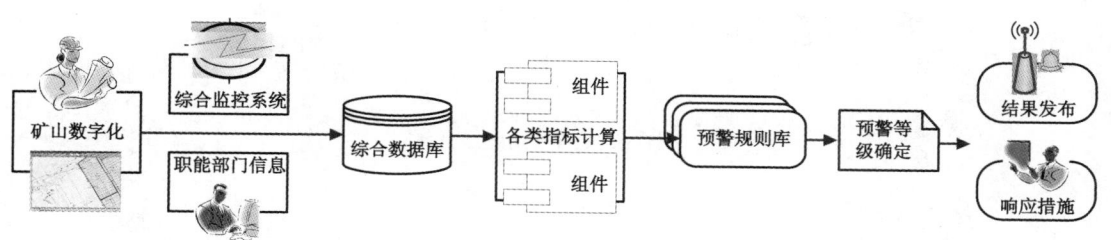

图 7-29　非典型突出综合预警实现流程

7.5.2　非典型突出综合预警软硬件结构

非典型突出综合预警技术软硬件主要由以下部分组成:

（1）基础数据系统。地理信息系统,主要实现矿井数字化管理;预警大数据库,存储相关预警指标所需信息数据;煤矿安全监控系统数据采集系统,主要用于采集监控系统中瓦斯浓度数据。

（2）非典型突出灾害预警指标判识分析系统。采掘动态管理系统,及时更新管理地质、采掘情况变化数据,为客观危险性指标提供依据;瓦斯应力地质动态分析系统,随着采掘变化,及时更新管理矿井应力分布变化信息,为客观危险性指标提供依据;监控系统日常预警系统,及时智能更新管理瓦斯浓度变化所反映的相对应力、瓦斯含量及煤体物理力学性质指标,为客观危险性指标提供依据;综合防控措施管理系统,及时更新管理预测、防控措施实施情况数据,为客观危险性和防控措施缺陷指标提供依据;安全隐患管理系统,及时更新管理人员行为数据,为安全隐患管理指标提供依据;综合客观危险性、防控措施缺陷及安全隐患管理指标进行非典型突出灾害预警预报。

（3）井下各种参数测定传感器提供数据采集,比如监控系统传感器等。

（4）地面预警服务器,用于存储预警信息数据。

（5）预警结果发布管理系统,主要通过网络、手机发布报警结果。

根据非典型突出综合预警系统实现流程,硬件环境需要矿井监测监控系统、办公局域网、预警服务器、计算机终端以及信息发布装置等,根据预警数据处理流程,利用配套专业分析软件从各职能部门集成井下相关数据,在实现安全信息集中管理和共享的基础上,构建非典型突出综合预警系统平台。预警系统结构流程如图7-30所示。

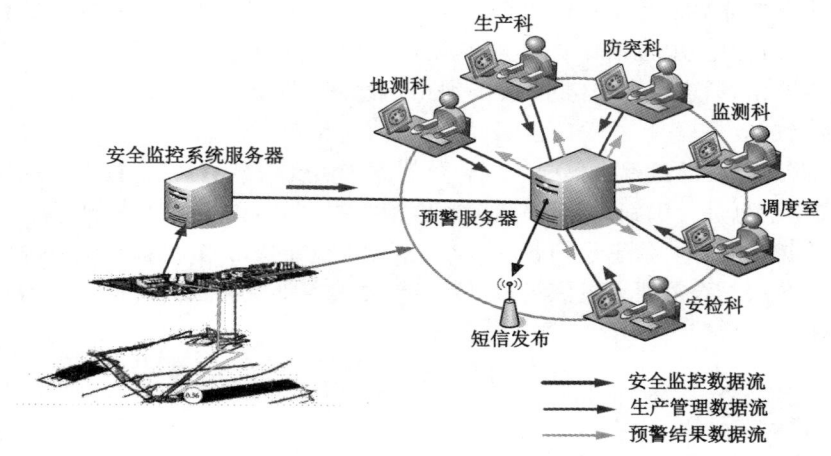

图 7-30 预警系统结构流程图

7.5.2.1 硬件系统结构

7.5.2.1.1 硬件构成

硬件系统是预警软件运行的载体和环境保障,需从数据输入、数据传输、数据分析、数据输出等方面构建硬件系统逻辑结构。其中,需要的硬件设备主要包括煤矿安全监控系统、矿井办公局域网络环境、预警服务器以及与上述系统相连接的计算机终端、手机短信发布装置（GSM Modem）等。

煤矿安全监控系统主要提供井下安全环境监测参数等实时信息;矿井办公局域网络主要承担无法通过监控系统监测的重要动态安全信息（分别被煤矿生产各职能部门所掌握）的传输、预警结果的发布等;预警服务器主要提供大型数据库存储、安全信息分析和预警指令的发出等硬件条件;计算机终端主要承担预警子系统的运行、动态安全信息的输入、预警结果的展示以及预警历史信息的查询等;手机短信发布装置主要作用是向矿井相关管理和技术人员及时发送预警结果和信息。通过上述硬件设备和环境的连接组合,形成预警系统硬件平台构架,如图7-31所示。

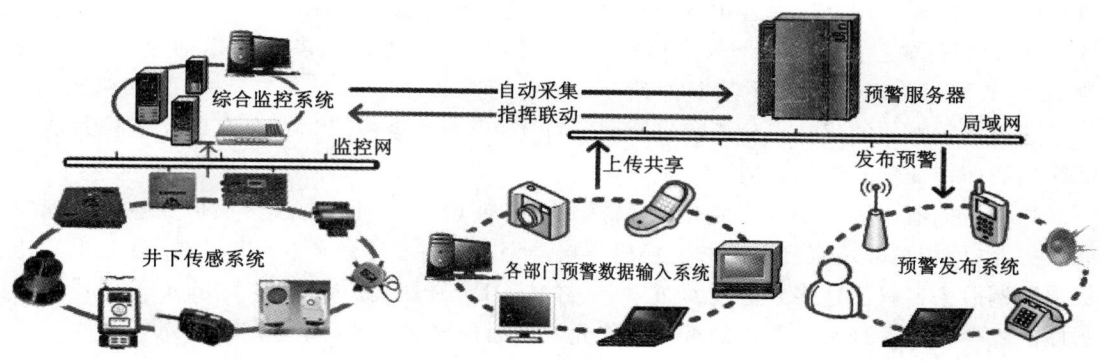

图7-31　硬件平台构架

7.5.2.1.2　网络平台

预警分析所需资料分散在矿井不同的职能部门,必须建立网络平台,以便及时、有效地收集预警所需要的安全信息数据。根据非典型突出预警平台的数据采集采取方式:通过直接连接井下监控系统网络,读取工作面实时监测数据;一些无法监测的数据,通过各职能部门的客户端录入,利用办公局域网集中上传给预警服务器。另外,预警结果也可通过办公局域网发布和查询,预警网络平台建设包括预警系统与监控系统之间的连接和预警系统内部网络连接。

（1）预警系统与监控系统间的网络连接

为了动态分析综合监控系统的 CH_4、CO、CO_2、状态量（STATE）等,预警系统需要与煤矿安全监控系统实现数据接口。实现以 KJ90 为代表的主流煤矿安全监控系统的无缝连接,其可选择的连接方式分为两种,如图7-32所示。

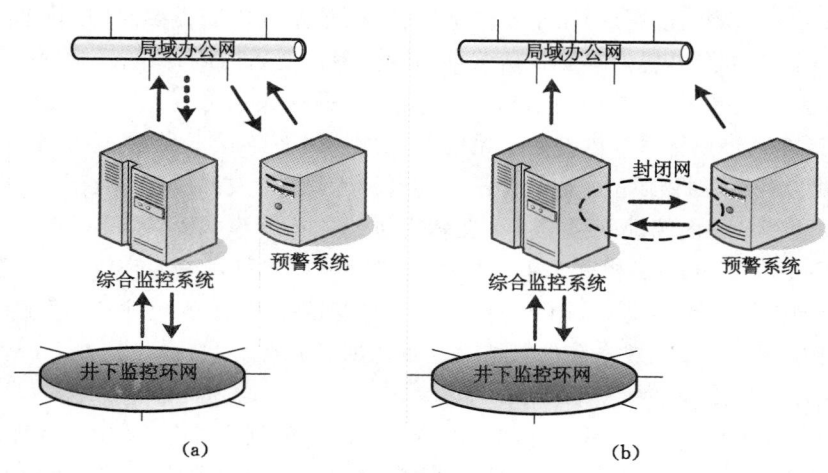

图7-32　预警系统与综合监控系统的网络连接方式
（a）公开传输；（b）封闭传输

① 公开传输。预警系统与安全监控系统之间通过矿井或矿区的局域网进行通信,由于现代化矿井的局域网是庞大且相对公开的,所以这里称为公开传输。

② 封闭传输。预警系统与安全监控系统之间通过内封闭的网络(可以通过 IP 段号控制,也可以通过物理网络控制)直接通信。

通过两种方式的优缺点分析和应用试验对比,认为预警系统和综合自动化监控系统之间采用封闭传输模式比较合适。

预警服务器一般安装双网卡并加软件防火墙,使用一张网卡通过交换机连接到监控发布服务器,使用另外一张网卡通过交换机连接预警系统各子系统所在的客户端;通过设置防火墙限制服务器只能连接到监控发布服务器的 SQL Server 端口。包含工作面传感器关联程序的综合预警管理平台所在的客户端仅允许访问预警服务器,如图 7-33 所示。

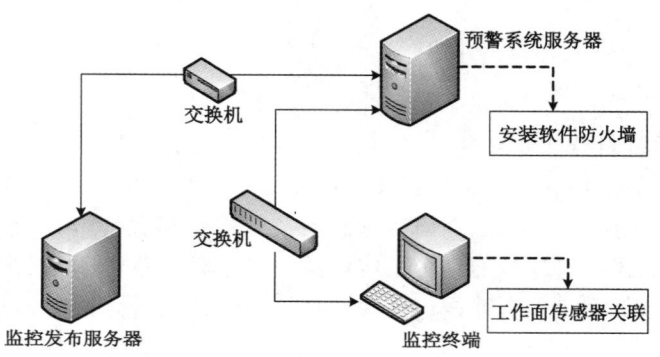

图 7-33　预警服务器与监控系统的网络连接

（2）预警系统内部网络连接和运行模式

预警系统是由多个子系统有机组合、协调运作形成的复杂庞大系统,在系统运行过程中,各子系统被不同部门使用,分布于不同地理位置,子系统之间需要及时、快速地交换、处理大量数据。这些数据既包括煤层瓦斯赋存、井巷工程、地质构造、通风系统等空间数据,也包括采掘进度、防控措施、日常预测指标、瓦斯监控数据等关系数据。因此需选择或建立合适的网络连接方式将预警系统内部各子系统及服务器进行连接。目前,煤矿企业一般都建有良好的局域办公网,将预警服务器放置于办公网上,在相关部门增加客户端网络连接端口,即可实现预警系统内部的网络连接。在软件系统的运行模式上,预警系统采用以"客户端—服务器"(Client/Server)模式为主,以"浏览器—服务器"(Browser/Server)模式为辅的运行模式,以便兼顾预警系统对图形处理、庞大计算与数据交互、安全性和效率的需要,又考虑到简化操作复杂性、降低成本和预警结果发布与浏览的需要。

7.5.2.2　软件系统结构

非典型突出综合预警软件系统是实现综合预警方法的核心部分,从用户管理体系、警源和警兆管理体系、警情分析和警度管理体系、预警发布和响应管理体系 4 方面构建非典型突出综合预警系统平台,如图 7-34 所示。

（1）用户管理体系

综合预警系统软件的操作根据煤矿各级人员职责的不同,设置专门的操作权限和预警

结果接收等级,如图7-35所示。根据非典型突出平台的建设结构和目标,各用户的权限职能和分配方式为:

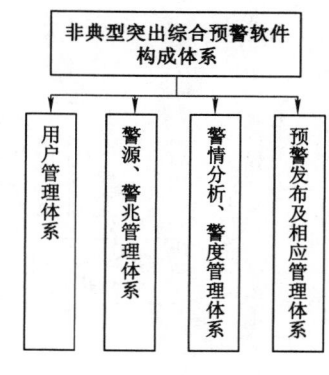

图 7-34 综合预警软件构成体系

① 数据维护用户群一般为 2～4 个(如果特殊需要可以适当增加),其操作权限是对数据进行维护更新,一般设在地质测量部门、通风科室、技术科室等。

② 高级预警处理用户群一般设置 3～10 个(必要时可以增加),其操作权限是根据系统现有数据进行预警操作,并向网络发布预警结果,可以设在技术科室、专业技术人员和总工程师办公室。另外,只允许 1 个高级用户可以对预警指标、规则和预警等级的发布对象进行修改。

③ 高级查询用户群的主要操作权限是对预警结果、所有预警资源及数据、所有预警文件等进行全方位的查询和输出,主要设在技术负责部门和领导办公室。

④ 简单查询客户群的操作权限是对部分预警结果、部分数据进行查询和输出。

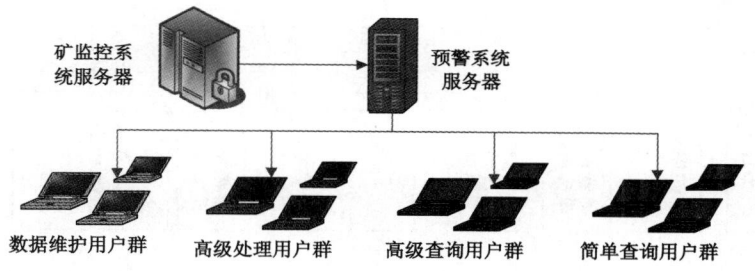

图 7-35 预警用户管理系统

(2)警源和警兆管理体系

根据煤矿职能部门组织结构和工作内容,建立警源和警兆管理体系(图 7-36)。警源管理体系包括安全信息的获取、传输和收集处理,依据信息来源部门和管理方法,采用半自动方式获取和处理,即监测数据直接通过煤矿安全监控系统自动采集获取,其他目前还无法实现监测的生产、管理数据通过相应职能部门人工录入获取。警兆分析是预警过程中的重要环节,通过深度挖掘综合预警数据库中的基础数据和安全信息,筛分和识别有效信息,并计算相应的预警指标。

(3)警情分析和警度管理体系

警情分析和警度管理结构如图 7-37 所示,综合预警系统分为预警管理平台和预警服务两大部分内容。预警管理平台主要用于选择、定制预警规则和警度显示形式,查询和分析预警结果及信息,并检查预警系统运行状态,如果系统运行有异常情况,进行报警和提示。综合预警服务,包括数据准备和执行预警两部分,数据准备是在进行工作面非典型突出危险预警之前需要确认对工作基本信息以及相关监测、监控设备连接情况,然后在工作面采掘过程中根据建立的预警指标体系、规则以及模型,分析工作面非典型突出危险状态和发展趋势。

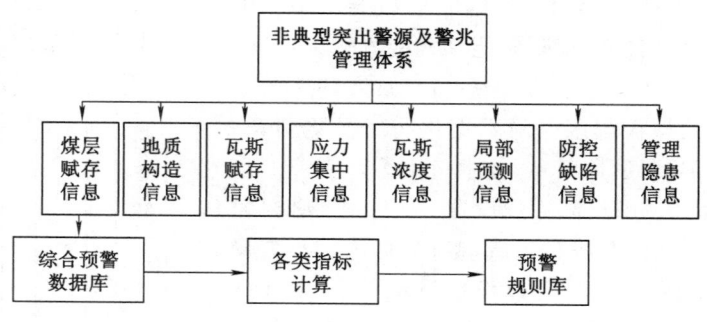

图 7-36　非典型突出警源和警兆管理体系

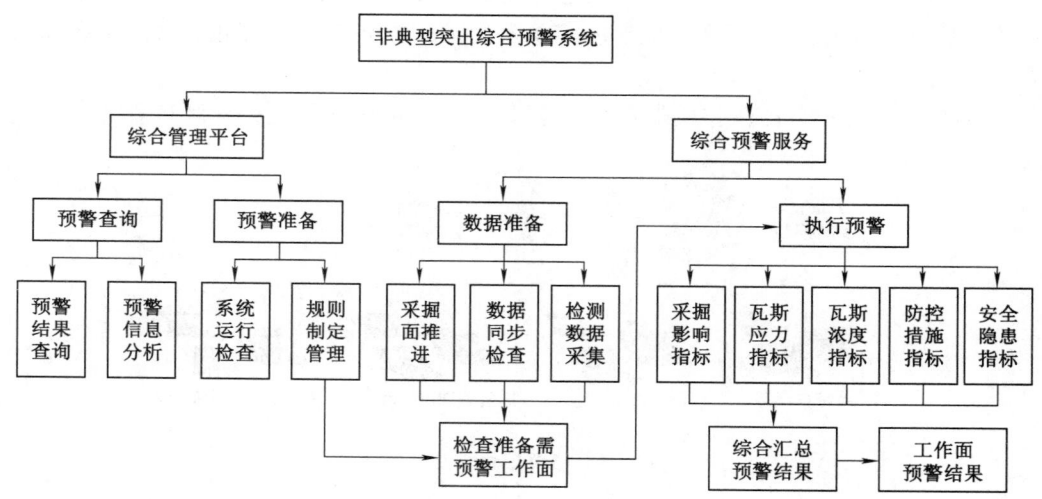

图 7-37　非典型突出警情分析和警度管理体系结构

因警度直接给用户提供工作面安全动态的信号,所以警度显示形式采用基于综合模型警度输出和单因素时序性警度输出这两种形式。基于综合模型警度输出,按照非典型突出危险性等级,采用常用和便于理解的警度表示方式,分别以文字和颜色的形式显示状态预警和趋势预警警度(表 7-9),对于每一个警度结果,根据警源、警兆和警情信息,都相应赋以描述性语言,说明警情和分析依据。

表 7-9　　　　　　　　　　　　　预警警度分级表示

预警结果类型	预警结果等级			
状态预警	正常	威胁	危险	灾变
趋势预警	趋于安全	趋于一般危险		趋于严重危险
	绿色	橙色		红色

（4）预警发布及响应管理体系

预警发布管理体系主要用于当警度达到设定值时,向相应部门及人员发出预警信号,预警系统根据警度要求,定制不同的预警发布措施。工作面为"正常"级别等级时,预警系统以绿色字体显示预警警度(无警),不对外发出预警信息;工作面为"非正常"预警结果时,根据用户类型发布不同信号:对于一般用户,预警系统以深色字体和颜色显示警度,通过预警Web网页进行发布和报警;对于防突技术人员类的主要用户,利用声、光电信号和短信,通过非典型突出预警综合管理平台进行发布和报警;对于矿领导、防突负责人之类的重点用户,通过手机短信,即时发布和报警。图7-38为报警管理方式。

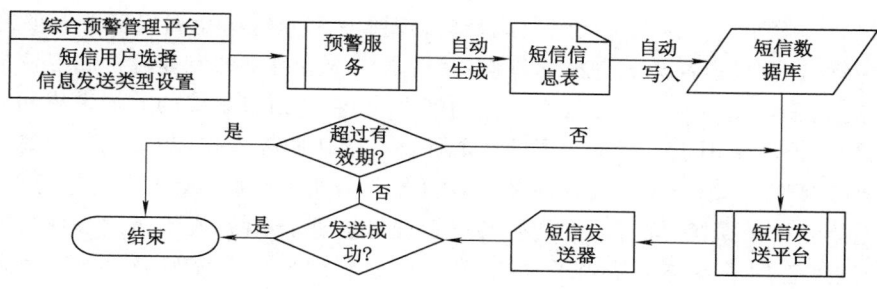

图 7-38 预警短信发送系统逻辑结构

预警响应管理体系从组织准备、日常监控和危险管理三方面实现。日常监控是对预警分析所确定的事故征兆(现象)进行特别监视与控制的管理活动,通过上述的警源和警兆管理体系、警情分析体系实现。危险管理是工作面有非典型突出危险性或灾害已发生时,采取的应对措施。根据预警警度信息,利用报警管理体系,向不同部门、主管领导等防突工作相关人员发出报警信息。然后,根据采取的处理措施和消突措施的消突效果,再次分析安全状态,给出新的预警结果,确定是否允许掘进,其管理结构如图7-39所示。

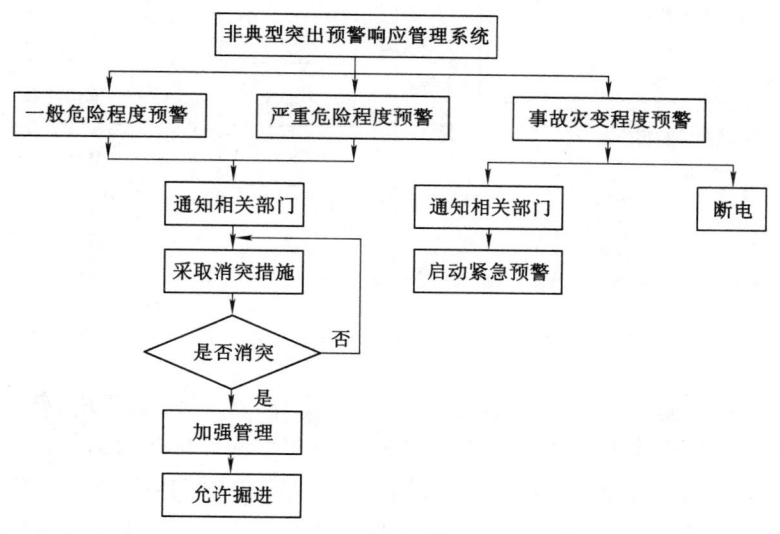

图 7-39 预警响应管理结构

7.5.3 非典型突出综合预警系统设计与开发

7.5.3.1 预警系统总体构成和开发平台选择

（1）预警系统软件结构设计

从信息管理角度来讲，综合预警系统首先是一个特殊的信息管理系统，具有信息系统的基本功能，包括数据管理（数据的输入、输出、修改和维护等）、数据分析和数据查询三部分。由于非典型突出综合预警所需信息量庞大、专业分析功能众多、使用部门分散、涉及专业各异，所以，综合预警系统应该设计成组件式结构，按照专业分析功能和煤矿企业的组织管理机构分别配置，这样可以简化软件操作界面，又可适应专业科室的专业分析和专业数据输入需要，同时有利于增设各科室平时技术工作的辅助功能，使预警系统的数据采集和矿井日常办公有效整合，提高使用积极性和数据的获取保证。煤矿防控工作涉及地测、通风、防控、生产、调度、监控等部门，基于客户端管理和预警服务器分析，分别开发地质测量管理子系统、瓦斯应力地质分析子系统、综合防控措施动态管理与分析子系统、瓦斯浓度提取指标分析子系统、采掘进度管理子系统等系列子系统、安全隐患管理分析系统和综合预警信息管理系统，形成非典型突出综合预警平台，同时，建立相应的地质测量数据库、瓦斯应力地质数据库、综合防控措施信息数据库、瓦斯监控数据库、采掘进度数据库、"人、机、环、管"安全隐患数据库和综合预警数据库。通过综合数据库实现各子系统之间的有效连接。

各子系统分布于相应职能部门，既可独立运行，实现各部门的日常工作管理和分析功能，又可通过与综合预警平台（预警综合分析系统）的链接，上传预警基础数据和动态安全信息，实现信息共享和综合预警分析功能，其组成结构如图 7-40 所示。

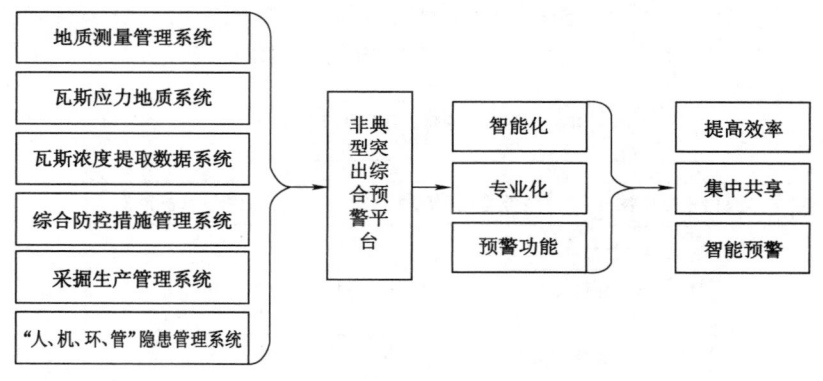

图 7-40 预警系统软件构成

软件系统是数据输入、传输、分析、存储、查询的工具，本着先进、实用、灵活的原则，根据非典型突出综合预警的要求，确定软件以计算机硬件与网络通信平台为依托，以规范、标准、信息化机构以及安全体系为保障，以空间数据为基础，其逻辑结构如图 7-41 所示。

为满足现场防控要求，预警系统软件必须保证操作方便快捷、数据交换稳定全面、数据分析及时可靠，遵循以下设计重点和原则：

① 使用分布式数据库存储技术，设计各子系统数据库和综合预警数据库（图 7-42）。各子系统数据库用于存储本系统所使用的必要数据，保证不使用综合预警数据库时仍然能够

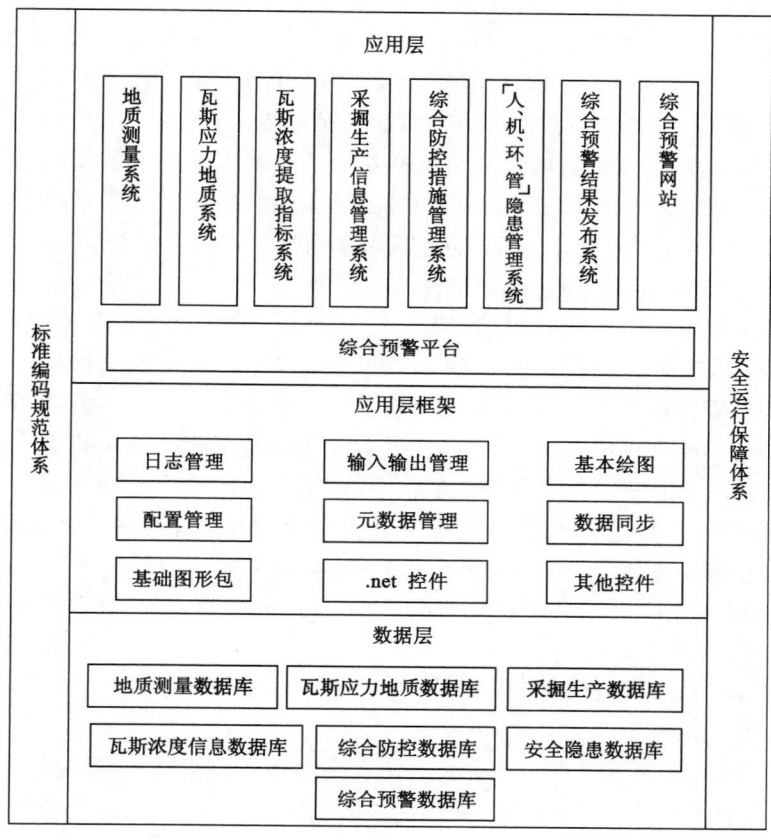

图 7-41 预警软件系统逻辑结构

正常使用,以减少数据访问时间,提高操作响应速度;综合预警数据库是各子系统数据库的交集,存储从各子系统采集的基础管理信息和预警所需的地质测量、瓦斯应力地质、采掘作业、非典型突出防控措施、通风瓦斯、监测监控等专业信息。

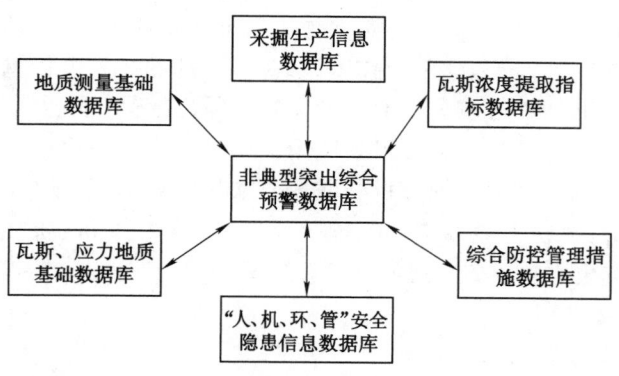

图 7-42 分布式数据库结构

② 通过同步机制实现各子系统数据库与综合预警数据库数据交换与集成。数据同步主要实现子系统数据库与预警综合数据库之间的信息传输和共享,使数据保持完整性和一致性。子系统在运行期间可以不连接网络,仅使用本地数据库即可完成所有功能;一次修改或维护完成后,通过同步机制与预警数据库实现数据交换。

③ 使用基于版本/复本机制实现复杂空间对象的双向同步。由于地质测量、瓦斯应力地质、综合预警服务器都可能修改空间数据,且一个子系统需要其他子系统采集、计算的空间数据,因此必须采用双向同步,当然部分空间数据可以采用单向同步。

④ 采用 C/S 和 B/S 混合的软件体系结构。根据用户对软件系统要求、软件系统对硬件系统要求,分别使用 C/S 结构和 B/S 结构。地质测量、瓦斯应力地质、采掘生产管理等子系统对空间数据访问需求较高,要求效应速度快,因此,应采用 C/S 结构,并采用本地数据库系统;而综合预警管理平台,预警结果综合查询系统要求访问到最新数据,且与综合预警数据库关联紧密,因此可采用 B/S 结构,或直接连接到综合预警数据库的 C/S 结构。

⑤ 组件式软件结构设计。综合预警系统中,各子系统间需要实现数据共享,一般情况为:子系统 A 维护的数据对象,可供子系统 B 查询使用。为了保证各子系统访问数据库对象的一致性,减少维护工作量,需要保证一个数据库对象只有一个读写接口。解决上述问题的最好方法是基于组件化技术的软件框架设计,将环境配置管理、元数据访问、用户界面控制逻辑分层等封装成不同的组件。

(2) 预警系统开发平台选择

① 软件开发平台选择

非典型突出综合预警系统作为一个大型信息化管理及分析系统,数据库平台与软件开发平台的选择都关系系统的开发效率、软件产品的可用性、可靠性与系统实施成本。根据预警系统存储小范围、多维度空间数据以及空间数据与属性数据混合存储的要求,选用 Microsoft SQL Server 2005 数据库平台,存储空间数据与属性数据。对于开发语言,从开发效率、先进性、通用性等方面权衡,选择 Microsoft C♯,其集成于 Microsoft Visual Studio,可以非常方便地进行设计、编码、调试和部署。

② GIS 图形开发管理平台

地理信息系统(geographic information system 或 geo-information system,GIS),是在计算机软硬件支持下,把各种地理信息按照空间分布及属性,以一定的格式输入、存储、检索、更新、显示、制图、综合分析和应用的技术系统[145]。GIS 在整个信息产业中具有重要地位,由于其在图形处理和数据分析方面的巨大优势,目前已经在国土资源、城市公共设施、电力与电信、农林、交通、矿业管理等方面得到应用。通过对国内外通用 GIS 平台进行的比较分析,基于瓦斯灾害预警系统对空间分析与表现要求较高的前提,从空间数据采集与存储、图形表现与空间分析、二次开发接口的完备性与友好性、产品性价比等方面考虑,选择 ArcGIS作为非典型突出灾害预警系统的软件开发平台。

7.5.3.2 数据库开发

7.5.3.2.1 预警数据库设计

数据库设计是根据需求分析结果,对相关数据进行组织、分类,并分析、整理数据之间关联关系,结合相应的数据库管理系统(DBMS),设计逻辑数据结构,并最终转换成物理数据结构。数据库建立是根据设计的物理数据结构,使用相应 DBMS 所支持的数据库定义语言

(DDL)，生成物理数据库。

预警系统是由多个子系统有机结合构成的复杂系统。通过对非典型突出综合预警系统数据库需求分析，各子系统接受、加工、输出的数据共享程度高，但又各有侧重。因此，结合各子系统功能和煤矿现场各部门职责，建立非典型突出综合预警系统各数据库的数据分布方案，使其既满足系统要求、方便使用，又能尽量避免数据冗余和混乱。

根据数据需求分析成果，在对数据结构和数据流程图按自下向上的顺序进行处理、优化、合并，结合选择的数据库管理系统，形成预警系统各数据库的逻辑模型和物理模型，并最终应用数据库管理系统所支持的数据库定义语言建立综合预警系统的各数据库。其具体设计顺序如下：分成相关属性信息表和空间对象图层两个方面来建设，先设计综合预警数据库中的基础信息表，例如部门信息、用户信息、用户权限等，再设计各子系统本地数据库中的业务信息表及所需图层，最后将各子系统的业务信息表和空间要素集整合，形成预警综合数据库。各数据库存储数据内容和功能为：

①　综合预警数据库。综合预警数据库主要存储各种空间、属性数据和预警指标、规则库、预警结果等基础信息和数据，根据空间数据的物理类型、用途差异，将其分为地面、井下非煤层、煤层三类，并据此建立基础空间数据库要素集。

②　地质测量数据库。地质测量数据库主要存储地质测量子系统所需要地质勘探、地质钻孔、地质构造、井巷工程、导线测量、工作面进尺等地质和测量数据，同时为综合预警系统提供基础空间坐标信息，并通过数据同步与综合预警数据库进行数据交换。

③　瓦斯应力地质数据库。瓦斯应力地质数据库主要存储瓦斯应力地质分析子系统运行所需要的煤层赋存信息，地质勘探信息，瓦斯抽采信息以及生成的瓦斯压力、含量、涌出量、地应力等值线，非典型突出危险区划分等信息，同时通过数据同步与综合预警数据库进行数据交换，为其提供瓦斯应力地质信息。

④　采掘生产数据库。采掘生产数据库主要保存采掘工作面信息以及工作面关系（对掘、相向掘进等）等信息。由于综合预警系统对采掘进度的时效性要求较高，故采掘进度数据通过采掘生产管理系统直接写入预警综合数据库，而采掘生产数据库则主要保存采掘工作面空间数据，并通过数据同步与综合预警数据库进行数据交换。

⑤　瓦斯监控分析数据库。瓦斯监控分析数据库用于保存从瓦斯监控数据库采集的传感器信息、瓦斯监控信息以及监控数据分析结果等，并通过接口与综合预警数据库保持实时同步。

⑥　综合防控措施信息数据库。综合防控措施信息数据库主要保存防控措施设计信息、日常预测（效果检验）钻孔施工及指标测定信息、防控措施施工信息、防控施工图件信息等。

⑦　安全监察数据库。主要保存煤矿部门信息、人员信息、井下施工队伍信息、日常安全检查结果信息、隐患整改指令信息、安全装备完好情况信息等，并通过接口与综合预警数据库进行实时数据同步。

7.5.3.2.2　矿山数字化信息入库

非典型突出综合预警的矿井信息的数字化建设主要以非典型突出预警为核心展开，其数字化内容包括煤层赋存、瓦斯赋存、地质构造、巷道、通风设施设备、瓦斯及其相关传感器等，每个矿图对象必须包括其空间位置信息和属性信息。针对煤矿的具体情况，提出如下具体的数字化方案。

（1）巷道。按照巷道的用途、寿命和围岩类型分类,将巷道分为大巷、普通岩巷、普通煤巷、水平上山、采区上山、硐室和其他巷道等;按照施工状态分类,分为巷道、设计巷道、正在施工巷道和报废巷道等。

根据测量部门提供的空间三维坐标测点,将巷道建立基于 GIS 的图形对象,在计算机上用中心线表示。已经掘进完成的巷道直接采用矿图绘制功能填写到空间数据库中,并对其主要功能属性进行补充;正在掘进施工的巷道,按照系统对掘进管理、地质测量的具体要求进行处理。正常情况下的巷道掘进施工、测量及其生成巷道的步骤和要求为:① 设计部门完成巷道的绘制工作,并通过地质测量管理系统绘制设计巷道,填写设计巷道的基本信息;② 通风或掘进部门在工作面的安全技术措施制定审批以后,即将开展掘进工作前,在原设计巷道的基础上建立掘进工作面的目录信息,选择或定义本工作面的预警指标,关联本工作的瓦斯传感器;③ 在巷道施工以后,每班或每天填写掘进日志,根据进尺情况,掘进巷道的动态信息直接显示在原设计巷道图上,每次掘进后,系统将根据工作面的空间位置和预定义的预警指标,进行非典型突出危险性的动态预警;④ 测量工作展开后,每次测量记录的录入,将是对施工巷道的完全修正,施工巷道将按照测量的具体数据,自动完成其空间位置的绘制。

（2）煤层赋存与地表地貌。煤层赋存条件主要通过煤层顶底板等高线来反映,因此对煤层赋存条件进行数字化入库的主要内容是将煤层的顶底板等高线数字化。初期,主要通过专门的矿图绘制工具将煤层顶底板等高线添加到数据库中。随着采掘作业和地质勘探作业的进行,煤层顶底板揭露点的资料被记录到计算机系统中,根据这些资料也可以对煤层的顶底板等高线进行不定期的修正。煤层顶底板等高线及其揭露点资料是绘制煤层顶底板空间曲面 TIN 的基础数据来源。地表地貌记录的目的主要是为计算井下采掘作业深度及其瓦斯赋存状况提供基础数据服务,可采用空间曲面 TIN(不规则三角网)的格式进行记录。

（3）瓦斯相关的传感器。与非典型突出预警系统建设相关的传感器主要是瓦斯浓度传感器、一氧化碳传感器、风流传感器、硫化氢传感器、温度传感器等,但以瓦斯传感器为主。传感器的实时数据信息直接从监控系统中读取。

（4）瓦斯、地应力信息。瓦斯、地应力信息在空间数据库中的记录分为瓦斯测点数据、地应力测点数据、瓦斯压力或含量等值线,地应力等值线,非典型突出危险区分布三种。瓦斯、地应力测点数据是预警系统智能计算及生成瓦斯、地应力等值线的信息基础,也是非典型突出危险区域预测的信息基础;等值线可分为原始等值线、动态生成的等值线和修正后的等值线;非典型突出危险区分布主要是为了直观地表现煤层中的瓦斯、地应力分布及危险性情况,宏观地将瓦斯赋存、地应力分布和非典型突出危险区域信息用不同的颜色在矿图上表现出来的一种方法,如非典型突出危险区用红色表现出来。

（5）地质构造。地质构造是进行非典型突出预测的基础,也是瓦斯地质图研究的基础。地质构造在矿图上的表现为线性对象。褶曲用其轴线来表示,轴线可以定义其危险影响范围,可以将褶曲的详细信息记录在该轴线所表示的属性信息中。断层分为可见上下盘与煤层交面线的大断层和只用单线表示的小断层两种。

7.5.3.3 预警系统软件开发

7.5.3.3.1 组件式结构设计和开发环境

根据预警软硬件总体结构,分别开发地质测量管理子系统、瓦斯应力地质分析子系统、综合防控措施动态管理与分析子系统、瓦斯浓度提取指标分析子系统、采掘进度管理子系统、安全隐患管理子系统等,形成非典型突出综合预警平台。软件系统专业管理与分析功能根据每个子系统对应的职能部门日常工作和专业领域的分析管理需要设置,软件系统之间通过综合数据库实现链接(图 7-43),综合预警功能通过各子系统和预警平台共同实现。

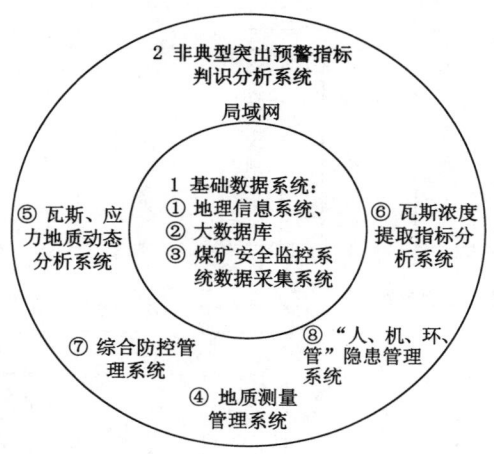

图 7-43　综合预警系统软件结构图

　　非典型突出综合预警系统软件包括矿图维护与管理、预警指标计算等配置程度高、处理量大的应用程序,在考虑先进性、安全稳定性、实用方便性、通用性、标准规范性等原则的基础上,软件开发环境如下:服务器操作系统采用 Microsoft Windows 2003 Server;客户端操作系统采用 Microsoft Windows 2000/Windows XP;地理信息开发平台采用 ArcGis Engine 9.2 SDK sp4。

7.5.3.3.2　预警系统功能设置

　　为便于安全信息采集和满足各职能部门的使用,非典型突出综合预警系统采用组件式开发结构,各子系统单独运行时具备专业分析和管理功能,组合运行时可实现信息共享、综合管理和预警功能。为此,非典型突出预警管理平台及地质测量管理子系统、瓦斯应力地质分析子系统、综合防控措施动态管理与分析子系统、瓦斯涌出分析子系统、采掘进度管理子系统、管理隐患子系统等系统的功能设计如图 7-44 所示。

7.5.3.3.3　预警软件系统开发

　　(1)专业分析与管理子系统

　　① 煤矿地质测量管理子系统。开发成一套面向煤矿地质测量部门的数字化矿井地质测量信息综合管理软件,同时为预警系统提供空间基础数据的功能。通过建立专用的地质、测量空间信息数据库,实现对地勘钻孔、测量导线、煤层赋存、井巷工程、地质构造等信息的有效管理。

　　② 瓦斯应力地质分析子系统。面向瓦斯地质图绘制和应用部门,以瓦斯地质理论、地质动力区划方法为指导,集数据管理、参数预测、图件生成等功能于一体,为非典型突出预警提供瓦斯应力地质相关信息的矿井瓦斯地质数字化管理平台。瓦斯应力地质分析系统不仅实现了瓦斯地质图的智能化自动生成,而且充分考虑瓦斯抽采、保护层开采等因素对煤层瓦斯赋存和非典型突出危险性的影响,实现了瓦斯地质图的动态管理、自动生成和措施影响效

果分析。其专业功能有瓦斯应力地质基础数据维护、瓦斯应力地质动态分析(包括瓦斯、地应力参数预测及等值线绘制、地质参数预测及等值线绘制、非典型突出危险区智能划分、瓦斯地质图智能生成及动态调整)等。

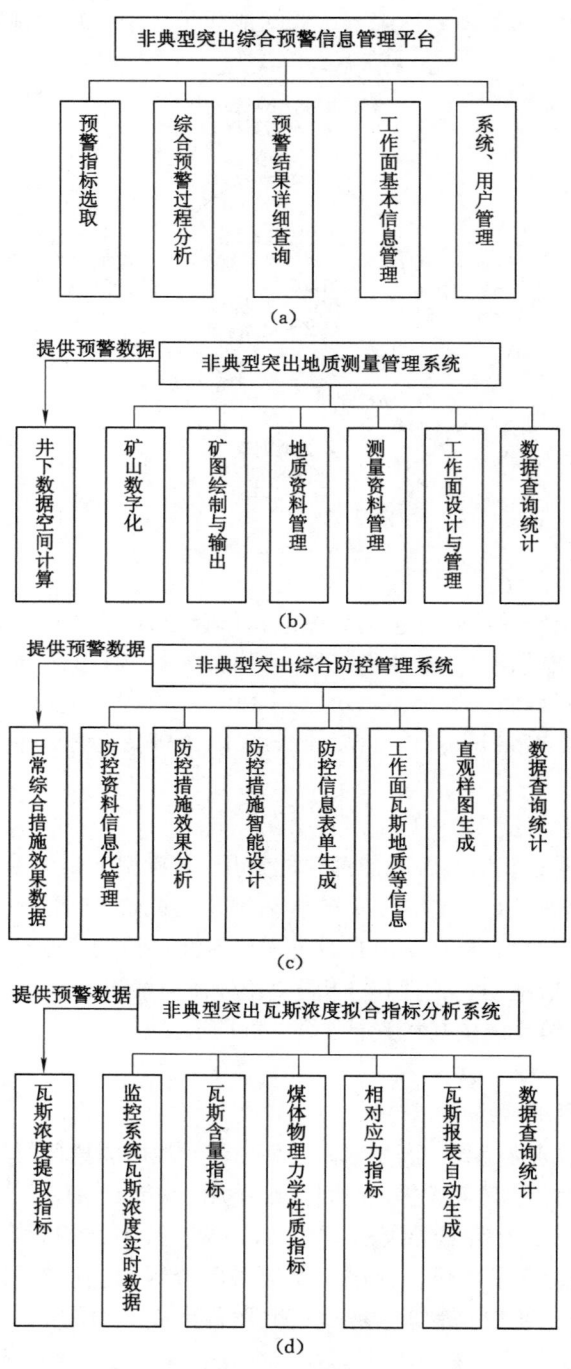

图 7-44　非典型突出综合预警平台和各子系统

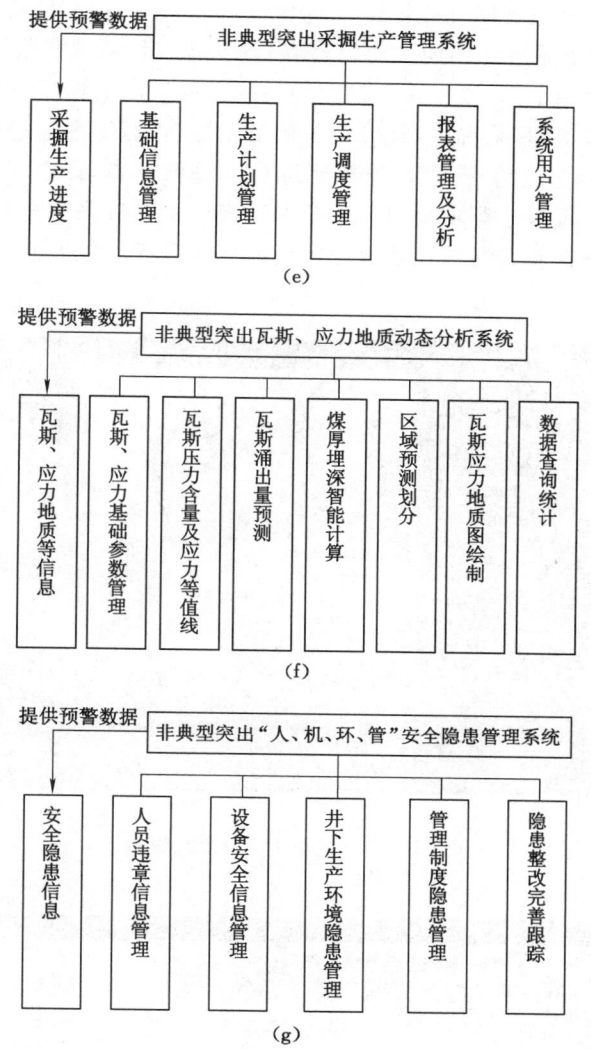

续图 7-44 非典型突出综合预警平台和各子系统

(a)非典型突出综合预警信息管理平台;(b)非典型突出地质测量管理系统;
(c)非典型突出综合防控管理系统;(d)非典型突出瓦斯浓度提取指标分析系统;
(e)非典型突出采掘生产管理系统;(f)非典型突出瓦斯、应力地质动态分析系统;
(g)非典型突出"人、机、环、管"安全隐患管理系统

③ 综合防控措施管理与分析子系统。面向防突部门,主要用来对工作面局部防控措施相关信息进行管理。利用该系统,不仅可以对日常预测(校检)资料及防控措施资料进行有效管理,而且可以对综合防控措施执行情况进行实时分析,并将分析结果实时传输给综合预警数据库,用于非典型突出预警。综合防控措施信息管理系统不仅实现了日常防控工作的信息化管理,而且可以规范防控管理,及时发现和处理防控措施执行中存在的问题,有效控制或消除非典型突出事故。其专业功能有防控非典型突出工作面管理、预测(校检)数据管理、预测报表生成和审批检验、措施施工效果分析和报警管理、施工大样图管理、防控措施智

能设计和图形生成(包括三视图和立体图)等功能。

　　④ 采掘生产管理子系统。面向生产管理和调度等部门,向预警服务器提供实时采掘进度信息,功能主要分为两个部分:一是与矿图相关的采掘生产主程序,提供采掘生产设计、工作面档案管理、采掘进度图、采掘生产计划、采掘报表等功能,使用本地 SQL Server Express 2005 数据库;二是采掘进度管理,直接连接到综合预警数据库,提供录入采掘进度、查询采掘进度、生成采掘生产日报表等功能(图 7-45、图 7-46)。通过采掘生产管理系统录入采掘进度数据后,由综合预警服务器的预处理程序读取相关数据,并执行工作面推进,进行空间位置预警。

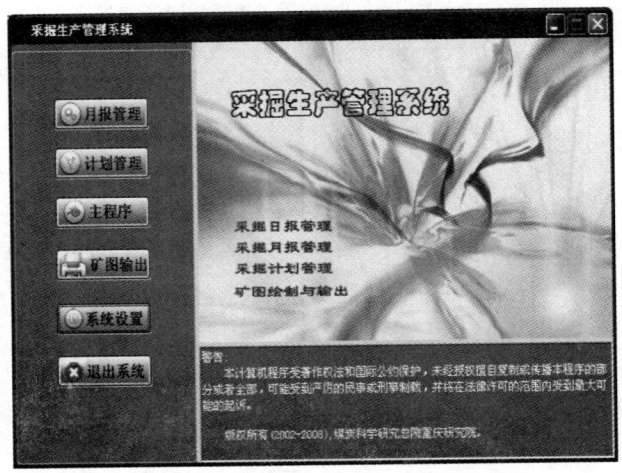

图 7-45　采掘生产管理系统

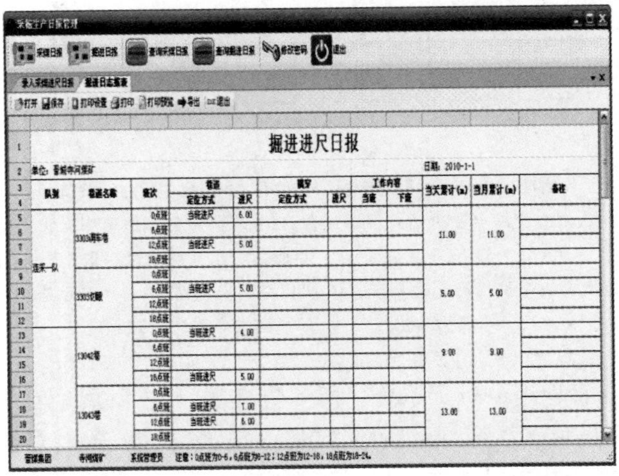

图 7-46　采掘生产管理系统报表

　　⑤ 瓦斯浓度提取指标分析子系统。面向瓦斯监控和防突部门,根据采掘工作面的瓦斯监控数据,自动计算设置的浓度提取指标,并将指标计算结果传输给综合预警服务器,进行

非典型突出预警。其专业功能有监控数据读取与传输、服务(包括各种预警指标计算及分析、预警指标数据传输)、客户端(包括指标查询和输出模块、图形管理模块)、瓦斯涌出异常预警等功能。

⑥ 煤矿"人、机、环、管"安全隐患管理子系统。主要是面向煤矿企业安监部门设计的一套安全监察信息管理及跟踪系统,为预警提供安全管理隐患信息。专业功能包括隐患信息管理、人员违章管理、重点作业安全监察、事故管理和统计分析、安全举报与奖惩公示、隐患整改与跟踪、预测装备管理等。

为保证瓦斯监控和防控非典型突出信息的安全,瓦斯浓度提取指标分析、综合防控措施管理、安全隐患管理系统设置了登录窗体和权限设置,用户登录后,方可进行对应权限的操作。

(2) 非典型突出综合预警平台

综合预警平台功能包括综合预警管理、综合预警分析、预警信息发布及响应三部分。

综合预警管理部分负责完成工作面预警准备和预警后结果查询分析,实现以下功能:

① 定义预警行为。包括预警指标选取、预警规则设置及预警参数管理等。

② 控制预警过程。包括区域措施效果检验指标采集、日常预测指标采集、防控措施指标采集、工作面传感器关联设置等。

③ 预警结果管理。预警结果查询、汇总、打印等。

综合预警服务是整个预警系统的核心,主要实现以下功能:预警指标的计算与分析;根据预警规则对工作面进行状态和趋势预警等级确定,并保存和传送预警结果。为了防止人为干扰,减少系统管理员工作量,本程序设计为 Windows 系统服务,开机自动运行,没有用户界面。

预警信息发布部分主要负责预警结果及信息的发布和报警,可通过预警结果网站和短信发布平台两种方式,根据用户的不同类型选择对应的发布和显示方式。预警结果网站包括预警信息查询、矿图信息查询和报表查询三部分。通过登录,用户可方便对最新非典型突出预警信息、历史预警信息、日常预测指标信息进行查看和分析。此外,用户还可以点击网页上的"矿图信息查询"和"报表查询"按钮,查看浏览矿图和相关预警及生产报表。

7.5.4 非典型突出综合预警管理机制

要实现上述框架设计思想,需要多部门联合、协调工作,而数据获取的及时性、全面性和可靠性决定了预警的超前性、实时性、准确性和响应措施的执行有效性。所以,必须建立一套包括预警组织管理制度、数据维护管理制度和预警响应管理制度在内的预警管理机制,以保障预警系统的正常运行。

预警管理机制结构如图 7-47 所示,由煤矿决策部门和职能部门建立综合预警组织机构,职能部门按数据维护管理制度在综合预警管理系统中进行日常数据维护、更新,预警系统平台发布预警结果,并根据预警结果的紧急程度确立一般响应和紧急响应措施。一般响应措施是向组织部门提供决策建议,由技术负责人确定防控措施决策,再将消突效果反馈到预警发布平台,进行危险等级调整;紧急响应措施是在灾变状态下,直接向矿井监控系统、井下广播系统等发布控制措施建议,经调度人员确认后可执行断电、撤人等应急措施。

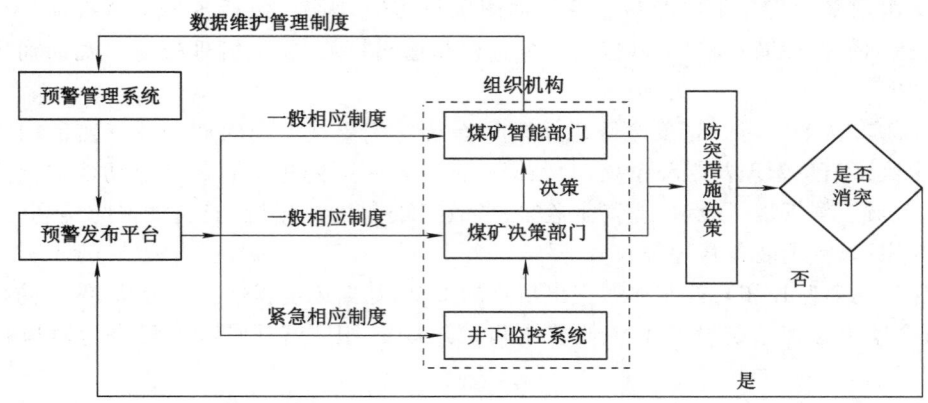

图 7-47　综合预警管理机制结构图

7.5.4.1　综合预警组织机构

综合预警系统的运行涉及地测、生产、防突、监控、通风、调度等部门,其组织机构一般由矿井技术负责人、分管负责人、职能部门负责人和维护/操作人员组成(图 7-48)。

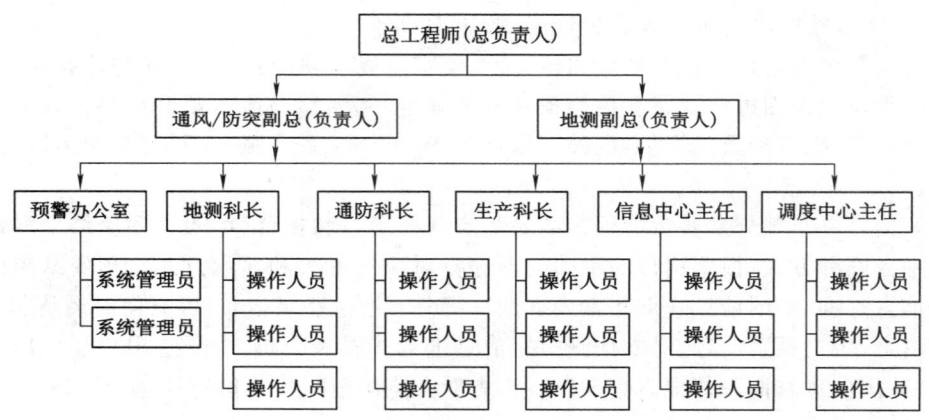

图 7-48　预警系统组织结构图

矿井技术负责人和分管负责人主要负责技术决策、监督、管理和人员协调工作;职能部门负责人主要负责协调职责范围内信息的采集、上传、审核、检查、响应措施工作的执行等,保证预警系统的正常运行;维护/操作人员主要负责信息录入、数据分析、发布预警结果、软硬件维护等。

7.5.4.2　预警数据维护制度设计

为了实现预警系统的实时有效分析和预警信息的即时发布、实时共享与综合管理,必须建立预警操作维护制度,提出相关部门的日常维护工作内容以及时间要求,以此规范综合预警系统的操作和维护,确保预警系统所需基础数据、信息的及时、准确获取。

预警操作流程如图 7-49 所示,煤矿各职能部门需要在工作面采掘前、采掘中和采掘完及时进行相关信息的整理与更新。在工作面采掘前,需要将工作面的设计信息、巷道信息以及批复的防控措施设计信息及时建立档案,根据预警规则和工作面特征选定预警指标,绑定瓦斯监控传感器;在工作面推进过程中,需要及时更新采掘进度、区域措施(抽采效果、保护层参数)、日常预警指标(包括预测、校检指标、非典型突出预兆等)、探明地质构造信息、软煤、煤厚变化以及通风瓦斯监控变化情况;工作面停头后及时解除绑定的监测探头信息,取消监测、预警。

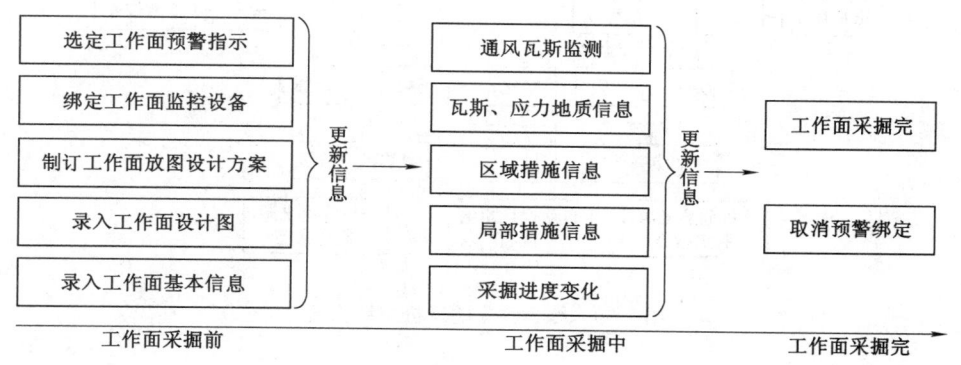

图 7-49 采掘工作面预警操作流程图

7.5.4.3 预警响应制度设计

非典型突出综合预警系统的响应机制是针对预警结果等级和预警依据向矿方提供的一种决策参考依据,通过局域网或手机短信向相关负责人发送预警结果等级、隐患内容和建议措施,由相关技术负责人决定采取相应的预警响应措施,消除隐患。根据非典型突出危险状态和发展趋势,具有非典型突出危险隐患和向严重发展的趋势时,非典型突出事故不一定发生,此时需要按照正常的管理机制采用一般的响应措施,根据预警依据采取防控技术或管理措施,消除隐患;而当预警系统发布灾变预警结果时,意味着工作面很可能已经发生非典型突出事故,此时需要采取灾变应急措施。所以,研究和设计一般响应管理制度和应急管理制度,对及时防范事故或事故的扩大具有重要的意义。

制度设计一般应该包括发布不同预警等级时的汇报期限、汇报对象、采取的技术措施、管理措施、反馈要求等(图 7-50)。

7.5.4.3.1 预警一般响应制度

需要结合矿井组织机构形式,制定出符合矿井实际的预警一般响应制度,制度设计时应根据预警发布结果,出现非"灾变"等级时,根据预警结果的类型和结果等级,应采取如下一般响应措施:

(1) 状态预警

状态预警结果表示从目前掌握的安全信息,对工作面的非典型突出危险状态给出的评价,响应措施主要体现在防控技术措施和现场管理等方面。当出现不同级别时,应采取如下不同的应对措施。

① 正常

综合预警结果为"正常"时,说明工作面各项监测或跟踪指标正常,可以按照正常程序继续作业。

② 威胁

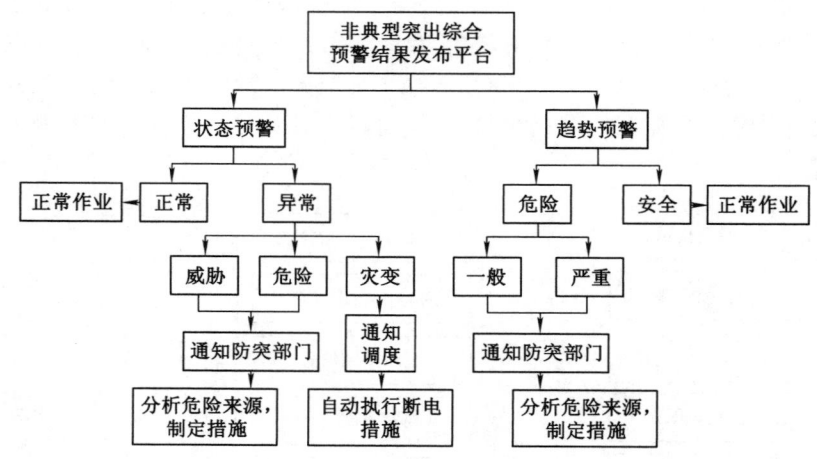

图 7-50　综合预警响应机制结构图

　　关键预警指标显示工作面无非典型突出危险或消除了非典型突出危险,可以按照正常程序继续作业;但是,作业环境存在一定风险,需要高度关注该工作面非典型突出危险性,加强安全管理。综合预警结果为"威胁"时,应在 24 h 内通报防突部门负责人,根据预警依据选择性地通报地测、生产、监测、通风等部门负责人;防突部门应将该工作面确定为重点防突工作面,制定相应防控管理和技术措施,随时收集和分析防突信息,加强非典型突出预兆观测、加强地质探测和分析、强化安全防护措施等。

　　③ 危险

　　工作面具有非典型突出危险性,应停止作业,采取防控措施或用日常预测的方法进一步确认非典型突出危险性。综合预警结果为"危险"时,1 h 内通报防突区、生产区、通风区技术负责人、调度值班人员、防突副总和矿井总工程师;按照设计执行防控措施或消除预警依据中的隐患,并由防突、地测、安监等部门落实工作面各项综合防控措施和管理规定。

　　(2)趋势预警

　　趋势预警结果是对工作面前方非典型突出危险性发展趋势的预测等级,响应措施主要体现在安全管理决策和现场管理等方面,当出现不同级别时,应采取如下不同的应对措施。

　　① 绿色

　　前方非典型突出危险性趋势无异常,按照正常管理程序进行。

　　② 橙色

　　前方非典型突出危险性趋势存在一定异常,应在生产中重点关注该工作面的危险性。在 8 h 内通报防突、地测和通风部门负责人,随时分析防突信息。

　　③ 红色

　　前方非典型突出危险趋势趋于严重,工作面按照重点防治非典型突出工作面进行管理。应根据预警来源和异常情况采取相应的管理措施,尽早采取防范措施、强化防控管理。发布红色预警时,应在 4 h 内通报防突和地测部门负责人、防突副总,24 h 内通报矿总工程师,研究部署该工作面的防控工作;防突区加强预测(效果检验)与防控措施,强化区域性措施;地测科加强地质预测、分析与钻探;通报各部门加强安全防护措施;通报生产部门严格执行安全措施,控制采掘进尺。

7.5.4.3.2　预警紧急响应联控制度

预警系统发布灾变预警等级时,工作面可能已经发生了非典型突出事故,此时,应该立即确认事故的可能性,确认后应马上采取紧急响应措施,尽可能将灾害影响控制在一定范围内,避免或减少人员伤亡。此时,应马上通报矿总工程师等,由矿总工程师确定是否启动矿井灾害与救援应急响应预案。必要时采取紧急响应联控措施,预警系统向煤矿安全监控系统或电力监控系统发出区域断电和撤人建议,待值班人员确认或自动执行。根据紧急响应机制,建立了预警综合控制平台,集成电力监控系统、井下人员定位系统和综合灾害预警系统,实现对瓦斯灾害的预防、控制与救援一体化功能,其联动控制流程如图 7-51 所示。

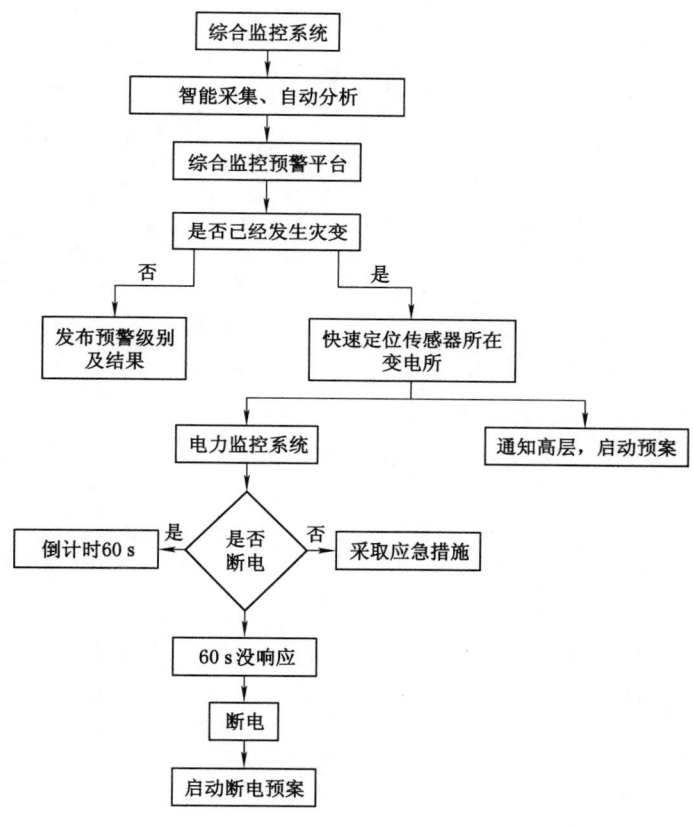

图 7-51　联动控制管理流程

7.6　本章小结

(1)依据非典型突出灾害发生、防控特点,集成非典型突出各种预测预防技术,从灾害发生客观危险性、防控措施缺陷及安全隐患管理缺陷等构建了预警模型、指标及判识分析数学模型,并基于井下传感器、地面服务器、基础数据信息平台等形成了相关预警技术及系统。

（2）明确了非典型突出的基础原因、间接原因和直接原因，并建立了非典型突出预警指标体系及模型。

（3）开发了非典型突出综合预警平台及地质测量管理子系统、瓦斯应力地质分析子系统、综合防控措施动态管理与分析子系统、瓦斯浓度提取指标分析子系统、采掘进度管理子系统、安全隐患管理子系统等系统。

8　非典型突出预测预警成套技术应用

8.1　近直立扭转煤层非典型突出预测预警技术

8.1.1　概述

8.1.1.1　研究的目的和意义

东林煤矿自 1938 年投产至 2010 年，所采煤层（4#、6#）共发生煤与瓦斯突出（简称突出，含抽冒动力现象）近 200 次，最大突出强度 3 500 t，最大瓦斯涌出量 200 km³。突出最严重煤层为 4# 煤层，突出近 152 次，矿井最大突出强度就发生在该煤层，具有普遍突出特点；其次为 6# 煤层，突出 41 次，该煤层具有局部突出特点，其中矿井北翼突出危险性小于南翼，北翼仅发生 9 次，而南翼为 32 次。由于矿井采用 6# 煤层作为 4# 煤层的下保护层先行开采，本身又具有突出危险，因此，首采 6# 煤层的防控问题成为矿井防灾的重点。

自 1991 年以来，采用的主要预测指标为钻屑量 S 及瓦斯解吸指标 Δh_2，其中，Δh_2 为主要指标，钻屑量为参考指标，其临界值系参照《防治煤与瓦斯突出细则》（以下简称《防突细则》）的推荐值（即 $S_{max} = 6 \ kg/m$，$\Delta h_{2\ max} = 200 \ Pa$），矿井在 6# 煤层严格执行了"四位一体"的综合防控措施，在减少煤与瓦斯突出次数和人员伤亡事故方面取得了一定效果。

矿井北翼 6# 煤层为近直立煤层（倾角 60°～80°），处于黑漆岩扭转轴附近，地应力大，钻屑量严重超标。2006 年 8 月 20 日，−100 m 七石门掘进工作面在 Δh_2 不超标、S 超标的情况下作业，发生了 3 人死亡的重大瓦斯事故，经现场勘查分析，此事故为非典型突出事故。在一般采掘过程中，若预测指标超标，则将钻屑量降至《防突细则》推荐临界值以下需要几天甚至 10 d 以上，导致防控工程量大大增加，掘进速度相当缓慢，采掘接替相当紧张。因此，摸索和确定适合北翼 6# 煤层掘进时非典型突出预测敏感指标及其临界值、合适的防控措施，对提高掘进速度、保障安全生产有较大的实际意义。

因此，重庆南桐矿业有限责任公司（以下简称南桐矿业公司）决定立项进行东林煤矿北翼 6# 煤层掘进工作面防突技术研究。

本研究工作于 2007 年 3 月开始，至 2007 年底结束。2008 年 3 月，提交了该项目技术报告，本研究成果经三年的扩大试验，在东林煤矿北翼 6# 煤层安全掘进 3 000 余米，单月掘进进度翻番，取得很好的安全与经济效益。

8.1.1.2　研究的主要内容和目标

（1）主要研究内容

由于矿井北翼 6# 煤层为近直立煤层，处于黑漆岩扭转轴附近，地应力大，瓦斯含量较高，而且煤层赋存变化剧烈，煤结构较软，掘进过程中极易造成漏冒（冒顶、垮冒、抽冒）甚至瓦斯动力现象，因此本项目的主要研究内容为：

① 东林煤矿北翼 6# 煤层已有动力现象规律研究。

② 历史预测、检验数据统计分析。

③ 在试验巷道和其他典型巷道采取煤样,实验室测定与煤层非典型突出危险性有关的基础参数,建立 K_1-p 关系模型。

④ 瓦斯解吸指标敏感性分析及临界值确定。

⑤ 采用声发射技术对比研究钻屑量指标敏感性,确定钻屑量指标临界值。

⑥ 其他预测指标敏感性分析及临界值确定。

⑦ 考察防控措施钻孔有效影响半径,优化防控措施孔布孔参数,优化打钻工艺及装备。

(2)主要研究目标

① 研究出东林煤矿北翼 6# 煤层煤巷掘进工作面非典型突出危险预测敏感指标及其临界值。

② 现有防控措施参数考察,优化打钻工艺和装备,以及防控措施参数优化。

8.1.1.3 研究的难点和重点

矿井北翼 6# 煤层为近直立煤层,处于黑漆岩扭转轴附近,地应力大、煤层赋存变化剧烈,现场实施预测、排放等钻孔过程中常伴有垮孔、卡钻及煤炮等现象,煤体表面施工钻孔过多而造成抽冒现象发生,因而找出适合北翼 6# 煤层的预测敏感指标及其临界值是本项目的难点和重点。

另外,矿井历史资料流失、接替紧张等现实情况为本项目的实施增加了一定难度。

8.1.1.4 研究方案、方法和技术路线

根据东林煤矿实际情况,本项目采用实验室与现场实测相结合、常规预测手段与声发射监测手段相结合的技术方法,通过对历史资料统计、实验室研究及现场实测相结合的技术路线进行研究。

该项目非典型突出危险预测敏感指标及其临界值的研究拟分两个阶段进行,第一阶段为试验研究阶段,通过 2～3 个月的试验研究,初步确定出东林矿北翼 6# 层的非典型突出预测敏感指标及其临界值;第二阶段为扩大应用试验研究阶段,通过 3 个月以上时间和一定巷道工程量的扩大应用试验验证,最终修正确定出东林煤矿北翼 6# 煤层煤巷掘进工作面非典型突出危险预测敏感指标及其临界值。

在研究敏感指标和临界值过程中,同时进行北翼 6# 煤层现有防控措施考察及参数、工艺优化研究。

(1)资料分析

对东林煤矿北翼 6# 煤层现有的煤与瓦斯突出和动力现象资料、预测预报和效果检验等相关资料(包括:突出点分布、地质构造、煤层赋存情况、瓦斯涌出情况、打钻过程中的动力现象、预测及检验参数等)进行整理、统计和分析,总结其煤层非典型突出特征规律,并为确定试验初期拟定临界值初值提供必要依据。并对采取防控措施效果进行统计、分析和评价,为制定防控技术措施提供基础资料。

(2)实验室基本参数测定

在试验巷道和其他典型巷道采取 2～3 个煤样,进行实验测定,测定与煤层非典型突出危险性有关的基础参数,包括瓦斯放散初速度 Δp、煤的坚固性系数 f 及瓦斯吸附解吸特征参数等。

同时取正常或异常打钻过程中钻粉及原始煤样共 $2\sim5$ 个样,进行瓦斯压力 p 与钻屑瓦斯解吸指标 K_1 值的关系研究,建立 K_1-p 关系模型,试验确定 $6^{\#}$ 煤层非典型突出最小瓦斯压力以及试验初期 K_1 指标临界值初值。

（3）试验人员操作培训

对参加试验人员进行必要的培训,现场指导各种指标的测定工作,规范仪器操作方法和注意事项,以保证试验期间测定数据的可靠性和准确性。

（4）现场试验

试验巷道主要选在处于未受采动影响的"2607"二段 -50 m 中巷掘进工作面和"2609"二段 -90 m 机巷 $2^{\#}\sim3^{\#}$ 石门之间的机巷掘进工作面。现场跟踪巷道总长 $400\sim500$ m,进行现场试验和资料收集工作。

① 北翼 $6^{\#}$ 煤层敏感指标及其临界值研究

在试验巷道掘进过程中,进行以下参数的测定和观察记录。

a. 钻屑瓦斯解吸指标 K_1 值敏感性及临界值考察

测定方法参照《防突细则》的规定执行,具体实际考察确定。

首先 K_1 值按 0.5 管理;测试试验 $50\sim100$ m 巷道后,煤炭科学研究总院重庆分院根据跟踪实际情况和实验室研究结果调整 K_1 临界初值后进行考察试验。

b. 钻屑量 S 的敏感性及临界值考察

钻屑量 S 测定方法按《防突细则》的规定执行,同时进行声发射（AE）指标测定,考察钻屑量与声发射指标对应关系。

钻屑量指标作为主要考察指标,声发射指标为辅助指标,主要用于参考和对比。钻屑量先按 6 kg/m 进行管理,待考察 100 m 巷道后根据试验情况调整临界值。

c. 钻孔瓦斯涌出初速度 q 敏感性及临界值考察

钻孔瓦斯涌出初速度 q 的测定考察参考《防突细则》。

d. 瓦斯浓度动态指标考察

收集瓦斯监测数据及相应时间的作业情况,进行考察分析。

e. 煤层赋存与构造情况的描述

主要进行煤层的煤厚、倾角、软分层厚度、构造产状变化及每班的进尺情况、打钻过程中的动力现象记录（包括:喷孔、卡钻、片帮、响煤炮等）等的描述。

② 北翼 $6^{\#}$ 煤层防控措施参数优化

在试验巷道预测指标超标的情况下,进行防控措施参数优化研究。即现有防控措施参数效果考察;考察防控措施钻孔有效影响半径,优化防控措施孔布孔参数;优化打钻工艺及装备。$6^{\#}$ 煤层防控措施参数优化工作贯穿于敏感指标及其临界值研究全过程。

（5）敏感指标及其临界值确定

通过实验室测定和对现场以往预测资料的统计分析,对主要预测指标确定一个初始临界值,当现场测定的指标值大于或等于该初始临界值时,或经过考虑各种因素综合判断为有非典型突出危险时,试验超前钻孔卸压（排放）措施,并经效果检验有效后,在严格执行安全防护措施的前提下,采用远距离爆破掘进;当现场测定的指标值小于初始临界值时,直接采用远距离爆破和安全防护措施掘进。在试验中,根据实际情况适当调整临界值,根据一定量的测定数据积累后,通过综合分析,确定预测非典型突出危险敏感指标及其临界值。

（6）指标的扩大应用

通过在试验巷道确定出了预测敏感指标及其临界值后,在地质、开采技术条件相似区域的煤层巷道中扩大应用试验,对该敏感指标及其临界值进行 3 个月以上的应用性验证试验。

8.1.2 矿井及试验工作面基本概况

8.1.2.1 矿井基本概况

东林煤矿位于重庆市綦江县、南川县及贵州省的桐梓县相互交界的重庆万盛区。东林煤矿是一个国有煤炭企业,属煤与瓦斯突出矿井,始建于 1938 年,改建于 1960 年,同年 10 月完工,采用竖井多水平分区开拓。主要开采鲜家坪背斜南部的甘家坪向斜及猫岩背斜的二叠系龙潭组 4#、6# 煤层,煤质牌号为焦煤、瘦煤、贫煤和肥煤等,它是重钢炼焦用煤的主要来源之一。

现剩余可采储量 3 061.5 万 t,核定年生产能力 40 万 t。

（1）煤系地层及煤层煤炭储量

东林井田含煤地层属上二叠系乐平煤系,煤系的顶界为晚二叠世的长兴灰岩,底界为早二叠世的茅口灰岩。由南至北,煤系地层厚度变化不大,煤系厚度为 84～100 m。它由煤、灰岩、矽质灰岩、钙质页岩、铝土页岩、砂质页岩（粉砂岩）、细砂岩、铁质细砂岩以及底部的角砾岩组成。据不完全统计:各类页岩占煤系的 50%～60%,各类灰岩占 26%～42%,细砂岩占 1.5%～8.5%,煤占 3.5%～6.9%。从煤系的岩石组成可以看出它的透气性很差。地层倾角由南向北逐步增大,即从 24°～87°。

本矿井共含煤 6 层,由上到下分别称:1#、2#、3#、4#、5#、6# 层,其中 1#、2#、3#、5# 层为不可采煤层,4#、6# 层为可采煤层。

可采煤层特征如下:

4# 层:俗称"大连子"。它位于煤系中部,煤厚稳定,厚 2.5～3.2 m。顶板岩石为砂质页岩、薄层石灰岩与黑色页岩,底板为铝土质页岩。它是东林煤矿的主要开采层。

6# 层:俗称"楼板洞",由南往北厚度从 1.2 m 增至 1.6 m,内有一、二层炭质页岩。煤层底板为铝土质页岩,顶板为钙质页岩、灰黑色页岩和灰岩。

（2）矿井地质构造

南桐矿区构造纲要图如图 8-1 所示。

东林煤矿主采甘家坪向斜轴部,矿内的褶皱属八面山向斜的次级褶曲,有甘家坪向斜、猫岩背斜、鸦雀岩向斜、黑漆岩急褶带、鸦雀岩—猫岩急褶带等次级构造。

甘家坪向斜:轴向 SN,向北倾伏,倾角 24°～32°,东翼走向近 SN,倾角陡,60°西倾,与鲜家坪背斜西翼部分,即黑漆岩急褶带相过渡,西翼陡立为鸦雀岩—猫岩急褶带,浅水平走向长 3 km,深水平走向长 2 km,煤层稳定,构造简单。

猫岩背斜:走向 N-NE,是鸦雀岩—猫岩急褶带与甘家坪向斜相过渡而形成的绕曲,±0 m 至－600 m 煤层地板等高线微向北倾伏而称之猫岩背斜。水平切面图上猫岩背斜在深部变得宽缓。甘家坪向斜轴部走向长相对缩小。

鸦雀岩向斜:轴向 N30°～40°W,是八面山向斜形成时与鸦雀岩—猫岩急褶带间产生的过渡绕曲,西翼走向 30°,倾角 38°,于八面山向斜相过渡,东翼即鸦雀岩—猫岩褶皱带,向斜

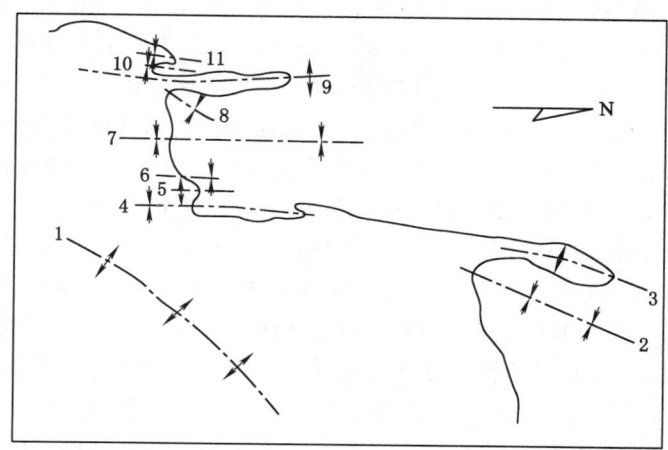

图 8-1　南桐矿区构造纲要图

1——龙骨溪大背斜;2——丛林沟向斜;3——鲜家坪背斜;4——甘家坪向斜;5——猫岩背斜;
6——雅雀岩向斜;7——八面山向斜;8——王家坝向斜;9——乌龟山背斜;10——平土向斜;11——庙顶向斜

浅部+150 m 水平以上煤扭折,扭折带长 350 m,其枢纽呈南北走向,以 29°的倾角向北倾伏,上翼沿向倾斜长 80 m。

鸦雀岩—猫岩急褶带:近 SN 走向,倾角陡立以 60°～80°向西倾,走向长 1 500 m,露头长 400 m,岩层挤压剧烈,并且顶压底鼓构造较发育,瓦斯富集。南端转折成鸦雀岩向斜与八面山向斜轴部相过渡,北端深水平转折形成猫岩背斜与甘家坪向斜相过渡,平面上呈东西—南北—东西"S"构造体。

黑漆岩急褶带:走向近南北,全长 4 km,以黑漆岩马硐为转折点,其南部走向长 1.5 km。深水平地层走向转至 S30°W,倾向 W(即甘家坪向斜东翼),马硐以北至边界走向长 2.5 km,地层倒转至东倾 30°,浅水平煤层走向 N10°W,深水平煤层走向 N10°E,整个急带发育的顶压底鼓小构造共计 40 余条,轴向均与黑漆岩扭转轴 N30°E 一致,小构造带长 20～265 m 不等,产状 N30°～45°E,倾角在 35°～55°之间,有以黑漆岩扭转轴以南作为顶压,以小构造为底鼓的主要应力趋势。

地面大断层:老 J 断层走向 NE10°,倾向 64°向西为一正断层,南端断距 110 m,北端切入煤系断距 20 m,F 断层北延部分影响东林北翼"4～5"、"4～3"采区构造,此二区构造是东林与砚石台井田的边线。

井下小构造:位于甘家坪向斜过渡至猫岩背斜地区,该区域小构造极为发育,顶压底鼓现象多处出现。

猫岩背斜西翼存在一个构造急褶带,在该构造带以东,煤、岩层的产状、厚度相对稳定,变化较小;构造带以西,煤、岩层、厚度变化较大。而构造带上则表现出强烈的地质受力现象,同时遭受构造挤压后的煤发生塑性流动,形成巨大的厚煤层区,严重破坏了煤层的原始沉积状态。

(3) 矿井开拓与开采

① 矿井开拓方式

东林煤矿井田范围根据煤层走向，分南、北（东、西）两翼，井田走向长度 7.5 km。采用竖井多水平分采区开拓，矿井中央设有一对竖井和一个斜井。主井和副井为竖井，直径为 5 m，断面积 19.6 m²；管子斜井为三心拱断面，断面积 13 m²，井口标高＋310 m。3 个井筒均布置在煤系顶板，通过主石门与煤层底板茅口大巷相连。矿井设有两个回风井。其中，大石板风井位于井田南翼边界，断面积 12 m²；真厂风井位于井田北翼中央，断面积 12 m²，井口标高均为＋340 m，总回风上山布置在煤层底板茅口灰岩中。

东林煤矿为两翼布置采区，根据不同情况将井田南翼划分为 3 个采区，北翼划分为 6 个采区。每个采区长度 500～800 m，并实现了联合布置跨越式开采。每个采区根据水平高度不同分为 4 个区段，每区段布置区段石门与煤层相连，每段在 4#、5# 煤层之间的矽质灰岩中均布置一条抽采巷，进行瓦斯预抽和卸压抽采。每个采区均在煤系底板茅口灰岩中布置 3 条上（下）山，担负采区通风、运料、行人及下煤。

当前生产水平为－100 m 水平（二水平），延深水平为－350 m 水平（三水平），正在进行开拓工作。矿井二水平北翼 6# 煤层采掘工程平面图如图 8-2 所示。

② 开采方法

东林煤矿倾斜煤层采用走向长壁后退采煤法，急倾斜煤层采用柔性掩护支架俯伪斜跨越式采煤法，全部垮落法管理顶板。东林煤矿落煤工艺还比较落后，主要采用爆破落煤，在受到有效保护的被保护层工作面采用风镐落煤。

③ 采掘情况

当前矿井采煤工作面平均月推进度 31.5 m，但保护层采煤工作面的月推进度仅有 10～15 m，月单产 4 500～6 000 t；掘进工作面平均月推进度 104.21 m，保护层掘进工作面月进度仅有 30～60 m。

（4）通风、瓦斯

① 矿井通风、瓦斯涌出

矿井采用中央对角抽出式通风。矿井有完整的独立通风系统，共有 2 个回风井（北翼真厂风井、南翼大石板风井，两翼回风量基本相同），4 套主要通风机（2 套工作，2 套备用）。各采区有一条独立的专用回风上山，采区实现了分区通风。采掘工作面全面实现了独立通风。

根据矿井 2007 年瓦斯等级鉴定资料：矿井绝对瓦斯涌出量为 19.73 m³/min，相对瓦斯涌出量为 36.57 m³/t，属于煤与瓦斯突出矿井。采煤工作面配风 400～500 m³/min，回风瓦斯浓度 0.5%～0.6%；掘进工作面采用对旋局部通风机压入式通风，风量一般配备 130 m³/min，回风瓦斯浓度 0.2%～0.3%。

② 其他

矿井地温正常，但随着采深增加，新水平的开拓和准备巷道掘进时温度高达 28～33 ℃。

煤层自燃倾向性为一类（容易自燃），煤尘具有爆炸性。

8.1.2.2 矿井历史资料情况

（1）矿井瓦斯基本参数

通过历史资料，得出北翼 6# 煤层吸附常数 $a=15$ 左右，$b=0.2$ 左右，$\Delta p=10$ 以下，$f=0.3$ 左右。

（2）煤与瓦斯突出、非典型突出情况

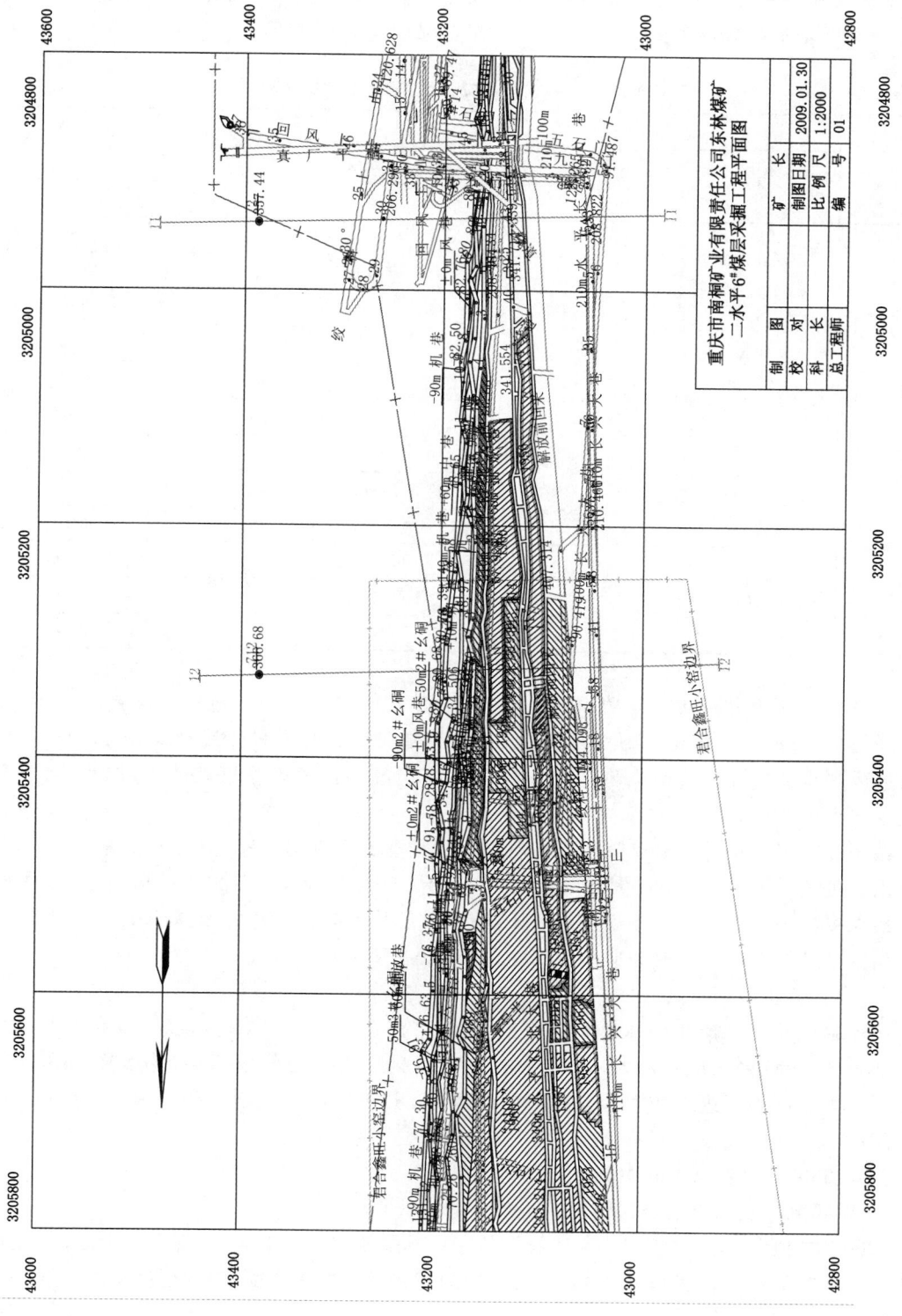

图 8-2 矿井二水平北翼 6#煤层采掘工程平面简图

东林煤矿各可采煤层均有突出危险,均发生过煤与瓦斯突出,北翼主要发生非典型突出,矿井瓦斯基本参数及历史突出、非典型突出情况如表 8-1 所列。

表 8-1   **矿井瓦斯基本参数及历史突出、非典型突出情况**

序号	名称			参数
1	煤层瓦斯压力 /MPa	4#煤层		6.0~8.0
		6#煤层		3.0~5.0
2	煤层瓦斯含量/(m³/t)	4#煤层		16~18
		6#煤层		13~15
3	煤层透气系数/[10⁻³m²/(MPa²·d)]			5.0~7.0
4	瓦斯突出或非典型突出	次数/次	4#煤层	152
			6#煤层	41.0
		最大强度/t	4#煤层	3 500
			6#煤层	160
5	瓦斯涌出量	绝对量/(m³/min)		17.3
		相对量/(m³/t)		31.4
6	瓦斯储量/亿 m³	可采煤层		4.9
		不可采和围岩		3.5
		合计		8.4

4#煤层为强及普遍突出煤层,在未对其采取开采保护层这一区域性防突措施之前,不敢以任何形式进入 4#煤层。即使对其施工穿层卸压抽采钻孔也只能接触煤层就停止,否则势必造成严重的钻孔喷孔而威胁施钻人员。6#煤层的突出危险程度较 4#煤层小,且为局部发生突出或非典型突出。

截至 2007 年,东林煤矿已发生近 200 次突出或非典型突出,平均突出强度为 72.8 t,最大突出强度达 3 500 t,突出最大瓦斯涌出量 20 万 m³,瓦斯事故共造成死亡 92 人。其中 4#煤层最大突出强度 3 500 t,6#煤层最大 160 t。从矿井走向看,南翼比北翼突出严重且次数多。如 6#煤层 41 次突出或非典型突出中,北翼仅占 9 次。

8.1.2.3 试验工作面概况

该项目试验区选择在东林煤矿二水平北翼 6#煤层第七采区(即 27 采区)和第九采区(即 29 采区)。该区煤层倾角大,近乎直立,非典型突出危险性大,掘进速度较慢,预测指标中钻屑量大。试验掘进工作面选择在正在或即将掘进的"2607"二段−50 m 中巷 1#~2# 石门之间段和"2609"二段−90 m 机巷 3#~2# 石门之间段。

(1)"2607"二段−50 m 中巷 1#~2# 石门

① 煤层赋存及临近层开采情况

"2607"二段−50 m 中巷 1#~2# 石门位于东林煤矿二水平北翼 6#煤层第七采区,北接正在回采的"2609"二段工作面,上部为已回采的"2607"一段工作面,南邻已回采的"2605"二段工作面,走向长度 278 m。

从已采掘的"2607"一段(上、下分段)工作面及已掘进的"2607"二段(上、下分段)±0 m

风巷的情况表明,该工作面－50 m 中巷 1#～2#石门段煤层赋存较稳定,但有底鼓和顶压构造出现,煤厚为 0.8～1.6 m,倾角为 86°～87°,煤岩破坏类型以Ⅱ类(破坏煤)为主,局部地方有少量Ⅲ、Ⅳ类(强烈破坏煤)。该段掘进采用爆破作业,人工架厢,梯形巷道,金属支架支护,掘进净断面积 4.4 m²。

　　② 通风及瓦斯情况

　　采用 2×11 kW 局部通风机压入式通风,保持工作面供风量大于 60 m³/min。根据已采掘的"2607"一段工作面的情况分析,该段相对瓦斯涌出量约为 15 m³/t,瓦斯压力约为 2 MPa。通风系统示意如图 8-3 所示。

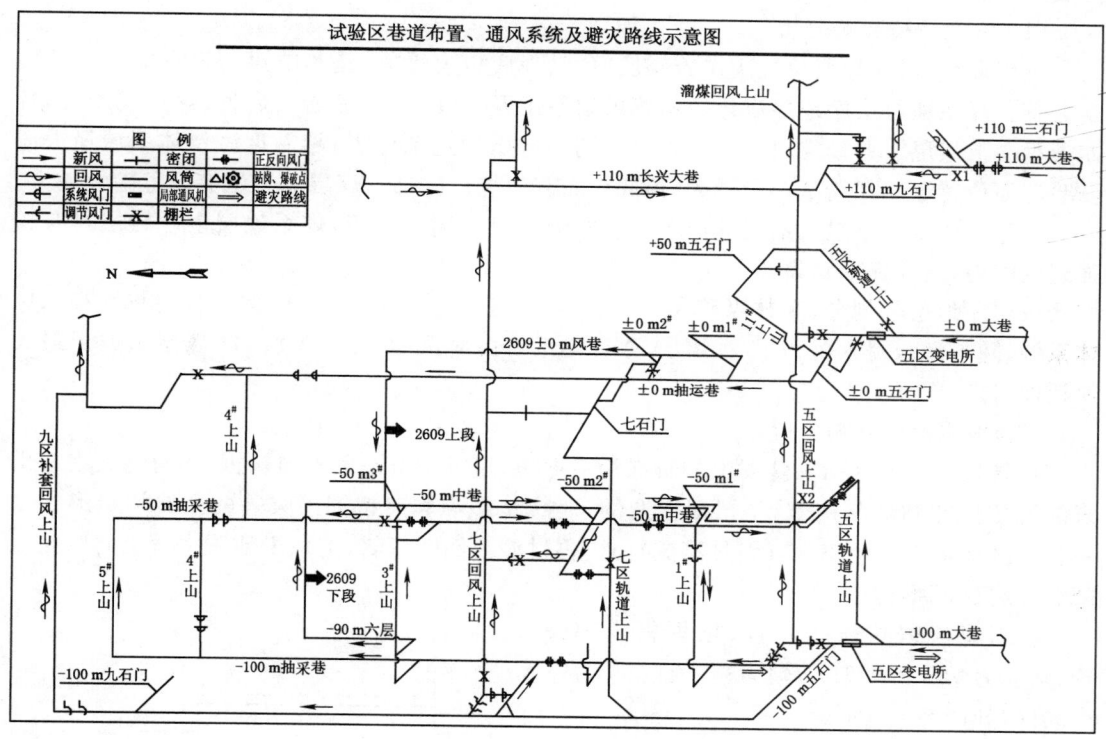

图 8-3　试验区巷道布置、通风系统及避灾路线示意图

(2)"2609"二段－90 m 机巷 3#～2#石门

① 煤层赋存及临近层开采情况

　　"2609"二段工作面位于矿井二水平北翼第九采区,北接已回采的"2611"二段工作面,上部为已回采的"2609"一段工作面,南邻未布置的"2607"二段工作面,"2609"二段－90 m 机巷全长 590 m,现需掘 3#～2#石门段走向长度 290 m。工作面位置及相邻关系见图 8-2。

　　从已采掘的"2609"一段(上、下分段)工作面及"2611"二段(上、下分段)及其±0 m 风巷、－50 m 中巷和－90 m 机巷的情况表明,该工作面－90 m 机巷 3#～2#石门段煤层赋存较稳定,但有底鼓和顶压构造出现,煤厚为 0.4～1.9 m,倾角为 84°～86°,煤的破坏类型以Ⅱ类为主,局部地方有少量Ⅲ类煤。该段掘进采用爆破作业,人工架厢,梯形巷道,金属支架支护,掘进净断面积 4.4 m²。

② 通风及瓦斯情况

采用 2×5.5 kW 局部通风机压入式通风,保持工作面供风量大于 60 m³/min。根据已采掘的"2609"一、二段工作面的情况分析,该区相对瓦斯涌出量为 15 m³/t,瓦斯压力为 2 MPa。通风系统示意见图 8-3。

8.1.3 东林煤矿瓦斯应力地质研究

依据非典型突出主控地质体分析,从沉积环境演化史、地质构造演化史及热演化史、生烃史角度进行东林煤矿非典型突出瓦斯应力地质预测分析。

（1）沉积环境影响分析

沉积环境、层序地层位置决定着煤层厚度、顶底板岩性等,是影响煤与瓦斯突出灾害因素之一。煤系地层层序地层演化控制着煤层厚度及其变化、顶底岩层岩性、煤层间距等,控制着垂向上煤层非典型突出灾害的差异。同一地质构造条件下,越靠近海侵体系域最大海（湖）泛面位置煤层瓦斯赋存量越大（顶底板石灰岩煤层除外）,煤层非典型突出危险性越大。

东林煤矿龙潭组煤系地层形成于低能的障壁海岸潮坪环境,煤系地层上下岩层具有较强封闭能力,造成瓦斯富集。

按层序地层学划分,东林煤矿含煤地层（龙潭组）可分为两个层序:海侵体系域和高水位体系域,随着海水侵入沉积了 4# 煤层,水位继续升高时沉积了 6# 煤层,4# 煤层形成于最大海泛面时期。

（2）地质构造影响分析

扭转构造是本区褶皱陡翼上的特殊构造形态,扭折构造是由走向转折、倾角增大表现出来的压扭性非圆柱状褶皱,是扭褶构造的一种,是影响非典型突出灾害的主要构造形式之一。本区地层产状由正常倾斜过渡成直立,再过渡为倒转倾斜,类似于地质力学上的麻花状"S"形或反"S"形构造。

针对黑漆岩扭转带特性,依据板壳理论,建立力学分析模型,x 轴为东、西向,y 为南北向,如图 8-4 所示。

假设岩层长为 a,宽为 b,厚度 d,边界与坐标轴平行的矩形板状岩层,沿平行于 x 轴的长度方向单向压缩时,受载边界用铰支承,单位宽度上的压力为 p,则联系其挠度 w 和平行岩层的载荷 F_x,F_y,F_{xy} 及垂直其中面的载荷的岩层正交各向异性挠曲面方程为:

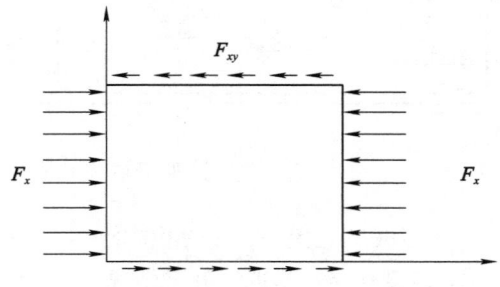

图 8-4　扭转构造形成力学分析模型

$$D_1 \frac{\partial^4 w}{\partial x^4} + 2D_3 \frac{\partial^4 w}{\partial x^2 \partial y^2} + D_2 \frac{\partial^4 w}{\partial y^4} - F_x \frac{\partial^2 w}{\partial x^2} - 2F_{xy} \frac{\partial^2 w}{\partial x \partial y} - F_y \frac{\partial^2 w}{\partial y^2} - q = 0$$

边界条件:

$$F_x = -p_1$$

$$F_y = q = 0$$
$$F_{xy} = -p_2$$

则变为：

$$D_1 \frac{\partial^4 w}{\partial x^4} + 2D_3 \frac{\partial^4 w}{\partial x^2 \partial y^2} + D_2 \frac{\partial^4 w}{\partial y^4} + p_1 \frac{\partial^2 w}{\partial x^2} + 2p_2 \frac{\partial^2 w}{\partial x \partial y} = 0 \quad (8-1)$$

其中：

$$D_1 = \frac{L_{k1} d^3}{12(1 - v_{k12} v_{k21})}; D_2 = \frac{L_{k2} d^3}{12(1 - v_{k12} v_{k21})}; D_3 = D_1 v_{k12} + \frac{G_{k12} d^3}{6}$$

式中，D_1，D_2，D_3，L_{k1}，L_{k2}，v_{k12}，v_{k21} 和 G 分别是主方向的抗弯刚度、拉伸模量、泊松比和剪切模量。

此岩层在单向压缩过程中，先呈平板形稳定平衡，当压力达到一定值时，即行挠曲，而达到另一弯曲的不稳定平衡状态。

假设 y 轴方向为铰支承，满足挠度和弯矩为零的边界条件。

采用岩层弯曲方程：

$$w = A_{mn} \sin \frac{m\pi x}{a} \sin \frac{n\pi y}{b} \quad (8-2)$$

式中，A_{mn} 为常系数，m 为岩层沿 x 轴成正弦状弯曲的半波段数，n 为其沿 y 轴成正弦状弯曲的半波段数，都是整数。

式(8-1)代入式(8-2)得：

$$A_{mn} \left\{ \pi^4 \left[D_1 \left(\frac{m}{a} \right)^4 + 2D_3 \left(\frac{mn}{ab} \right)^2 + D_2 \left(\frac{n}{b} \right)^4 \right] - p_1 \pi^2 \left(\frac{m}{a} \right)^2 + 2p_2 \left(\frac{mn}{ab} \right) \right\} = 0 \quad (8-3)$$

p_1，p_2 满足公式(8-3)条件下形成南桐矿区东林煤矿扭转构造。

该力学模型适用于压扭性条件下，并且不存在明显断裂构造存在情况时形成的扭转构造。

由扭转构造力学分析并结合东林煤矿实际地质特征可知，北东向次级褶皱和南北向构造交接部位，由于地质构造力作用造成黑漆岩扭转构造形成。

通过分析可知，东林煤矿扭转构造形成过程中由于挤压作用、剪切层间滑动作用造成了煤体结构的强烈破坏以及煤层产状的强烈变化，突出灾害大多发生在煤层厚度薄厚转化区域、煤体整体破坏区域及煤层走向急剧变化区域，由以上扭转构造形成力学模型可以解释挤压构造条件下造成煤层变厚变薄区域大量存在，扭转作用造成煤层走向急剧变化，挤压、扭折作用造成煤体强度时时降低，出现互强互弱区域存在，同时挤压作用使东林煤矿形成了一个封闭的构造单元及良好的瓦斯赋存场所，这些地质因素造就了东林煤矿非典型突出严重发生。通过扭转构造形成力学模型与非典型突出灾害发生地质区域特征关系，实现了东林煤矿非典型突出灾害特征力学分析。

（3）热演化史及生烃史影响

东林煤矿龙潭组煤层曾经经历了两个不同的阶段：

第一阶段，为含煤岩系形成至同上覆地层整体褶皱之前，其结果使煤系及其上覆地层厚 1 800～2 600 m 的地区，煤级达到至少相当气煤的阶段。这一阶段的热源主要取决于含煤岩系的沉降深度。

第二阶段，随着进一步演化，主要受燕山期区域构造变动和深部岩浆及由此派生的气液活动的控制,此阶段煤级达到焦煤、贫煤阶段。

东林煤矿龙潭组煤层热演化经历了前燕山期和燕山期两个阶段,前者以深变质作用为主,后者以区域岩浆热变质作用为主,现今煤类分布是两者叠加作用的结果。

(4)东林煤矿非典型突出主控地质体

综合以上分析可知,东林煤矿扭转构造带非典型突出主控地质体为黑漆岩扭转构造、海相顶底板泥岩及破坏煤体。

8.1.4 敏感指标及其临界值研究

8.1.4.1 试验前主要预测指标临界值初值确定

为了在较短的时间内摸索出东林煤矿北翼 $6^{\#}$ 煤层的敏感指标及其临界值,同时尽量避免引发瓦斯事故,以致给矿井安全生产带来被动,在井下试验之前,需要预先确定一个合适的主要试验敏感指标及其临界值,所选指标应尽可能敏感,其试验临界值的确定要谨慎,应比较接近矿井真实临界值,以后可根据试验情况再进行适当的调整。根据几年来东林煤矿的实践,钻屑量及钻屑解吸指标比较敏感,所以选择它为试验期间的主要指标。试验期间钻屑量及钻屑解吸指标临界值初值,主要根据历史资料统计结果、现场实测资料、实验室确定结果和实际非典型突出点附近钻屑指标测定情况等几个方面的分析综合确定。

(1)历史预测指标及其临界值

项目开展之前,试验工作面预测指标及其临界值参考《防突细则》推荐的预测指标及临界值:$\Delta h_2 = 200$ Pa 且 $S = 6.0$ kg/m。

(2)历史预测参数统计

对 $6^{\#}$ 煤层 27 采区、29 采区及 211 采区历史预测参数进行了统计分析,如表 8-2 所列。

表 8-2　　　　　　　　　　**井田北翼预测参数分布表**

钻屑量参数总个数 1 189 个、Δh_2 参数总个数 1 112 个

S 值分布范围	≥4	≥5	≥6	≥7	≥8	≥9	≥10
个数	514	264	121	69	39	18	12
百分比/%	43.23	22.2	10.18	5.8	3.28	1.51	1.01
Δh_2 值分布范围	≥80	≥100	≥120	≥140	≥160	≥180	≥200
个数	829	604	410	240	94	5	0
百分比/%	74.55	54.32	36.87	21.58	8.45	0.45	0

① K_1 值情况。东林煤矿曾经用过 K_1 值作为预测指标,井下实测数据不多,其值基本在 0.4 以下,目前已无资料可查。

② Δh_2 值情况。从过去所预测的数据分析,其大部分在 $80 \sim 180$ Pa 之间,平均值为 $100 \sim 120$ Pa 左右,无超过 200 Pa 的情况。

③ 钻屑量 S 情况。从所收集的资料来看,钻屑量大部分在 $2.2 \sim 18$ kg/m 之间,平均为 4 kg/m。从本次收集资料的情况分析及矿有关人员的介绍,由于钻屑量仅作为预测参考指标,没有引起大家的重视,因此,其值主要靠防突人员估测,并未实测,其可信度不高,参考价值不大。

（3）实验室研究

在矿井北翼 6# 煤层"2607"—50 m 及"2609"—90 m 采取了软煤样，在实验室进行了有关非典型突出危险性参数测定，其结果如表 8-3 所列。

表 8-3 实验室瓦斯基本参数测定表

采样地点	瓦斯放散初速度 Δp	煤的坚固性系数 f	K_1-p 关系模型，$K_1=Ap^B$				
			A	B	0.5 MPa	0.74 MPa	1.1 MPa
北翼"2607"—50 m(1)	6	0.27	0.147 2	0.558 2	$K_1=0.10$	$K_1=0.12$	$K_1=0.16$
北翼"2607"—50 m(2)	5	0.26	0.190 2	0.711 5	$K_1=0.12$	$K_1=0.15$	$K_1=0.20$
北翼"2609"—90 m	8	0.29	0.219 6	0.698 9	$K_1=0.14$	$K_1=0.18$	$K_1=0.23$

非典型突出危险性参数测定内容为北翼 6# 煤层工业分析、瓦斯放散初速度 Δp、煤的坚固性系数 f 值、可解吸瓦斯含量与 K_1 关系及 K_1 与瓦斯压力的 K_1-p 关系模型。如表 8-4 所列。

表 8-4 可解吸瓦斯含量与 K_1 关系

实验室温度/℃	水分 M_{ad}/%	灰分 A_d/%	挥发分 V_{daf}/%	真密度 TRD	视密度 ARD	孔隙率/%
30	0.41	10.32	20.25	1.37	1.31	4.38
采样地点	瓦斯含量/(m³/t)	瓦斯压力/MPa	相对瓦斯压力/MPa	可解吸瓦斯含量/(m³/t)	常压瓦斯含量/(m³/t)	K_1
"2609"—903 m# 石门	6	1.209	1.109	5.13	0.87	0.25
6# 煤层全层	8	2.195	2.095	7.13	0.87	0.38
吸附瓦斯常数 $a=14.473\ 1$，$b=0.788\ 3$						

（4）动力现象记录

矿井北翼发生的有记录可查的瓦斯动力现象（含抽冒）共 9 次，最大强度 92 t，最小强度 10 t，平均强度 31.4 t；最大瓦斯涌出量 3 900 m³。如表 8-5 所列。

表 8-5 井田北翼动力现象一览表

日期	地点	埋深/m	标高/m	工序	预兆	措施	突出类型	突出参数
2006-08-20	7 采区	390	−90	装煤	增厚	预抽、检验	非典型突出	92 t/3 900 m³
2006-07-08	9 采区	350	−50	钻前	增厚、煤炮	预抽、检验	非典型突出	10 t/354 m³
1993-05-29	3 采区	640	−50	架厢	构造、松软	预测	非典型突出	12 t/1 512 m³
1992-07-07	5 采区	680	−94	装煤	煤炮、掉渣	预测	非典型突出	37 t/1 410 m³
1992-07-03	5 采区	680	−94	风镐	增厚	预测	非典型突出	24 t/1 064 m³
1990-10-11	3 采区	595	−94	爆破	掉渣、增厚	300 mm 排放	非典型突出	15 t/2 312 m³
1990-09-27	3 采区	595	−94	风镐	增厚	300 mm 排放	非典型突出	58 t/1 988 m³
1988-05-03	3 采区		100	装煤	构造、岩炮	前探支架	非典型突出	25 t/46 m³
1985-10-23	11 采区		165	风镐	增厚	无	非典型突出	10 t

北翼发生的瓦斯动力现象具有以下规律：

① 沿井田走向方向，以靠近黑漆岩扭转轴附近瓦斯动力现象为主，发生动力现象的危险性大，如 23 采区、25 采区、27 采区；其两翼危险性小，动力现象少，如 211 采区、29 采区、21 采区。

② 沿井田倾斜方向，浅部发生动力现象少，深部多，即随着采深增加，动力现象危险性增大，如 0 m 水平以上只有 2 次，0～−50 m 水平 2 次，−50～−100 m 水平就有 5 次。

③ 从动力现象类型分析，主要以非典型突出为主，占 9 次。

④ 动力现象均发生在平巷掘进工作面，其石门揭煤和采煤工作面未发生。

⑤ 动力现象大部分发生在辅助作业工序，如装煤、架厢等，发生 5 次；而对煤体有震动的作业工序发生得少，如爆破、风镐掏槽等，发生了 4 次。

⑥ 动力现象前大部分有预兆。有 6 次发生在煤层增厚；2 次有构造；3 次有煤（岩）炮和掉渣。

⑦ 非典型突出前大多采取预测措施。

由于"一通三防"人员流动频繁，所存资料不多。资料仅收集了 2006 年 8 月 20 日 "2609"−90 m 平巷掘进工作面发生的一次动力现象的预测数据，其 $S_{max}=8.0$ kg/m 且 $\Delta h_2=160$ Pa。但经过调研，突出或非典型突出前大多采用预测措施。

（5）试验前现场实测

2006 年 11 月 15～18 日，东林煤矿进行了井下现场实测有关预测参数。现场试验地点为"2607"−50 m 中巷掘进工作面，为新掘进工作面。对现场实测数据进行了统计分析。

由表 8-6 可以清晰地看出钻屑指标的区间分布情况。

表 8-6 试验巷道预测参数分布表

钻屑量参数个数 20 个，K_1 参数个数 12 个						
S 值分布范围	≥6	≥8	≥10	≥15	≥20	≥30	≥40
个数	13	9	7	4	4	4	3
百分比/%	65	45	35	20	20	20	15
K_1 值分布范围	≥0.05	≥0.1	≥0.15	≥0.2	≥0.25	≥0.3	≥0.35
个数	12	7	2	0	0	0	0
百分比/%	100	58	16.7	0	0	0	0

基于东林煤矿历来采用钻屑瓦斯解吸指标法进行非典型突出危险性预测（检验），且因 K_1 测定装置相比 Δh_2 测定仪具有人为误差小的优点，因此，在试验初期仍采用钻屑瓦斯解吸指标法，即钻屑量指标 S 和瓦斯解吸指标 K_1 作为工作面非典型突出危险性预测指标。综合考虑矿井历史预测资料统计、历史动力现象记录、实验室研究及现场实测等方面数据，结合《防突细则》提供的参考临界值 $[S=6.0$ kg/m，$K_1=0.5$ mL/(g·min$^{1/2}$)]，确定试验初期非典型突出危险性判定指标：

① $K_{1max}\leqslant 0.05$ mL/(g·min$^{1/2}$) 且钻屑量 $S_{max}\leqslant 15$ kg/m，无非典型突出危险性。

② $0.05<K_{1max}\leqslant 0.1$ mL/(g·min$^{1/2}$) 且钻屑量 $S_{max}\leqslant 12$ kg/m，无非典型突出危险性。

③ $0.1<K_{1max}\leqslant 0.15$ mL/(g·min$^{1/2}$) 且钻屑量 $S_{max}\leqslant 10$ kg/m，无非典型突出危险性。

④ $K_{1max}<0.5$ mL/(g·min$^{1/2}$) 且钻屑量 $S_{max}<6$ kg/m，无非典型突出危险性。

⑤ 其他情况时,有非典型突出危险性。

依据此指标当采掘工作面任意一个预测钻孔、任意一项指标、任意一次测定结果大于(或等于)其临界值,该工作面判定为非典型突出危险工作面;当连续两次或以上的工作面预测结果均为无非典型突出危险时,该工作面方可判为无非典型突出危险。

同时考察其他预测指标的敏感性及其临界值,最终确定矿井北翼 6# 煤层敏感指标及其临界值。

8.1.4.2 预测指标敏感性考察与分析

8.1.4.2.1 现场试验情况

(1) 钻屑瓦斯解吸指标分析

① "2607"－50 m 中巷

试验期间共掘进近 160 m,进行了 35 个预测循环,其中 3 次由于地质原因没有收集到预测数据,收集到数据的 32 次预测循环中,13 次超标,19 次不超标,预测非典型突出率 41%。这 32 次 K_1 及 S 最大值的平均值分别为 0.11 mL/(g·min$^{1/2}$) 及 15 kg/m。

预测超标后,进行小直径钻孔($\phi42$ mm)排放,采取排放钻孔后,进行防控效果检验。共进行了效果检验循环 7 次,无一超标。

预测与校检钻屑瓦斯解吸指标(或称钻屑指标,即 S、K_1 值,以下同)收集情况具体如表 8-7 所列。

表 8-7　　　　　　　　试验区"2607"－50 m 中巷钻屑指标收集情况

钻屑瓦斯解吸指标法			预测地点
	项目	单位	"2607"－50 m 中巷
	起止日期	—	2007-03-15～2007-06-15
试验初期预测指标基本情况	巷道工程量	m	158.7
	预测循环次数	次	35.0
	预测采集到数据次数	次	32.0
	预测超标循环数	次	13.0
	预测非典型突出率	%	41.0
	K_{1max}平均值	mL/(g·min$^{1/2}$)	0.11
	S_{max}平均值	kg/m	15.0
试验初期校检指标基本情况	校检循环次数	资	7.0
	校检超标循环数	次	0.0
	K_{1max}平均值	mL/(g·min$^{1/2}$)	0.08
	S_{max}平均值	kg/m	9.13

预测钻屑瓦斯解吸指标与煤体破坏类型、指标超标与动力现象情况如表 8-8、表 8-9 所列。

表 8-8 煤体破坏类型及钻屑瓦斯解吸指标情况

循环数	日期/d	掘进距离/m	煤体破坏类型	预测最大孔深/m	K_{1max} /[mL/(g·min$^{1/2}$)]	S_{max}/(kg/m)
1	03-15	3.0	Ⅱ、Ⅲ	9.0	0.07	12.2
2	03-02	10.8	Ⅱ	10.0	0.11	3.4
3	03-23	16.7	Ⅱ	10.0	0.21	6.8
4	03-26	24.7	Ⅲ	10.0	0.12	23.0(煤软)
5	03-28	29.2	Ⅱ	10.0	0.18	5.9
6	03-03	34.2	Ⅱ、Ⅲ	10.0	0.22	40.0(煤软)
7	04-03	36.2	Ⅱ、Ⅲ	9.0	0.08	42.0(卡钻)(煤软)
8	04-05	40.4	Ⅱ、Ⅲ	6.0	0.10	4.0
9	04-07	41.9	Ⅱ、Ⅲ	4.0	0.05	3.2
10	04-01	43.3	Ⅲ、Ⅳ	5.0	0.07	30.6(煤软)
11	04-13	48.3	Ⅳ	7.2	0.08	40.0(卡钻)(煤软)
12	04-15	49.7	Ⅲ	10	0.04	73.0(卡钻)(煤软)
13	04-18	54.6	Ⅱ、Ⅲ、Ⅳ	10	0.06	8.2
14	04-21	62.3	Ⅱ、Ⅲ	10	0.06	10.8
15	04-23	67.3	Ⅱ	10	0.07	6.2
16	04-25	72.3	Ⅱ	10	0.21	8.4
17	05-01	77.8	Ⅱ、Ⅲ	4.0	0.04	19.0(卡钻)
18	05-03	80.8	Ⅱ、Ⅲ	7.0	0.12	20.0(卡钻)
19	05-06	82.9	Ⅱ	8.0	0.06	9.8
20	05-08	88.9	Ⅱ	7.8	0.04	10.2
21	05-10	93.1	Ⅱ	10.0	0.07	5.2
22	05-17	100.1	Ⅲ、Ⅳ	12.0	0.15	14.5
23	05-02	105.7	Ⅱ	8.0	0.12	5.8
24	05-23	108.5	Ⅱ	7.3	0.13	25.0(卡钻)
25	05-25	109.9	Ⅱ、Ⅲ	4.5		
26	05-26 早班	111.3	Ⅱ、Ⅲ	2.6		
27	05-26 夜班	112.7	Ⅱ、Ⅲ	1.8		
28	05-27	114.1	Ⅱ	10.0	0.18	5.8
29	05-28	119.1	Ⅱ	10.5	0.13	8.4
30	05-31	126.1	Ⅱ	10.2	0.11	9.5
31	06-03	133.9	Ⅱ	10.8	0.13	7.3
32	06-06	141.7	Ⅱ	10.5	0.21	5.8
33	06-09	147.3	Ⅱ	16.0	0.11	6.8
34	06-13	152.9	Ⅱ	13.0	0.15	6.0
35	06-15	158.7	Ⅱ	5.8	0.07	2.6

表 8-9　　　　　　　　　　　钻屑瓦斯解吸指标超标及动力现象情况

循环数	K_{1max} /[mL/(g·min$^{1/2}$)]	S_{max}/(kg/m)	指标是否超标	措施情况	其他现象
1	0.07	12.2	是	0 次	施钻正常
2	0.11	3.4	否	0 次	施钻正常
3	0.21	6.8	是	0 次	施钻正常
4	0.12	23.0(煤软)	是	1 次	卡钻
5	0.18	5.9	否	0 次	施钻正常
6	0.22	40.0(煤软)	是	1 次	响煤炮
7	0.08	42.0(卡钻)(煤软)	是	0 次	卡钻,出现空洞
8	0.10	4.0	否	0 次	地质构造,见岩,出现空洞
9	0.05	3.2	否	0 次	地质构造,见岩
10	0.07	30.6(煤软)	是	1 次	地质构造,见岩
11	0.08	40.0(卡钻)(煤软)	是	0 次	卡钻,出现空洞
12	0.04	73.0(卡钻)(煤软)	是	1 次	卡钻、煤炮
13	0.06	8.2	否	0 次	施钻正常
14	0.06	10.8	否	0 次	施钻正常
15	0.07	6.2	否	0 次	施钻正常
16	0.21	8.4	是	0 次	施钻正常
17	0.04	19.0(卡钻)	是	1 次	卡钻
18	0.12	20.0(卡钻)	是	0 次	卡钻、出现空洞
19	0.06	9.8	否	0 次	施钻正常
20	0.04	10.2	否	0 次	施钻正常
21	0.07	5.2	否	0 次	施钻正常
22	0.15	14.5	是	0 次	施钻正常
23	0.12	5.8	否	0 次	施钻正常
24	0.13	25.0(卡钻)	是	1 次	卡钻、煤炮,前方煤体变窄
25				1 次	卡钻、地质变化打钻失败
26					地质变化打钻失败
27					地质变化打钻失败
28	0.18	5.8	否	0 次	施钻正常
29	0.13	8.4	否	0 次	施钻正常
30	0.11	9.5	否	0 次	施钻正常
31	0.13	7.3	否	0 次	施钻正常
32	0.21	5.8	否	0 次	施钻正常
33	0.11	6.8	否	0 次	施钻正常
34	0.15	6.0	否	0 次	施钻正常
35	0.07	2.6	否	0 次	施钻正常

预测循环钻屑瓦斯解吸指标最大值分布、最大 K_1 值及最大钻屑量 S 与煤层平均厚度分布情况如图 8-5 至图 8-7 所示。

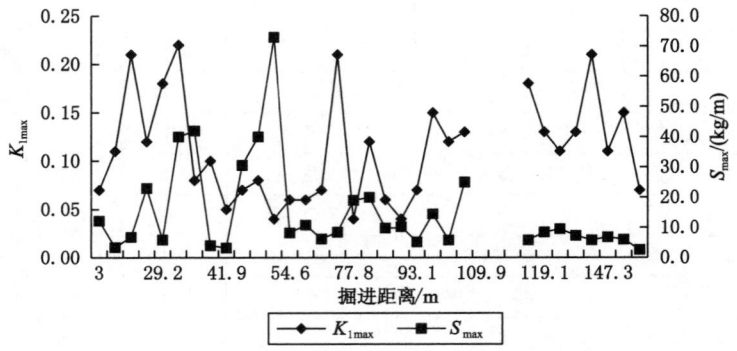

图 8-5　预测循环钻屑瓦斯解吸指标最大值分布情况

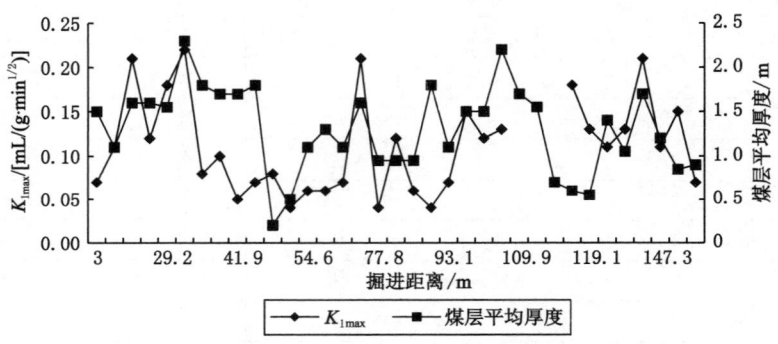

图 8-6　预测循环 K_{1max} 与煤层平均厚度比较情况

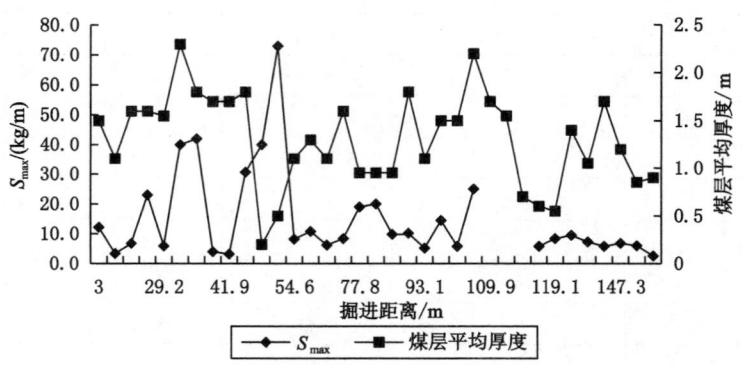

图 8-7　预测循环 S_{max} 与煤层平均厚度比较情况

由此可知，试验工作面在煤层赋存变化剧烈地带，试验过程中经常有垮孔、卡钻及煤炮现象发生。

预测循环钻屑瓦斯解吸指标随孔深变化情况、最大值百分比统计分布情况如表 8-10 至表 8-12 所列。

表 8-10　　　　　　　　　　预测钻屑指标 K_1 随孔深的变化情况

预测孔深/m	1	2	3	4	5	6	7	8	9	10
预测次数/次	9	45	20	47	17	38	16	30	12	20
$K_{1max}/[\mathrm{mL}/(\mathrm{g}\cdot\mathrm{min}^{1/2})]$	0.06	0.22	0.13	0.21	0.18	0.19	0.15	0.13	0.21	0.15
$K_{1min}/[\mathrm{mL}/(\mathrm{g}\cdot\mathrm{min}^{1/2})]$	0.01	0	0.01	0.01	0.02	0.01	0.01	0.02	0.01	0.01
K_1 平均值$/[\mathrm{mL}/(\mathrm{g}\cdot\mathrm{min}^{1/2})]$	0.03	0.07	0.07	0.07	0.07	0.06	0.06	0.06	0.08	0.07

表 8-11　　　　　　　　　　预测钻屑指标 S 随孔深的变化情况

预测孔深/m	1	2	3	4	5	6	7	8	9	10
预测次数/次	53	65	63	69	57	56	48	43	33	28
$S_{max}/(\mathrm{kg}/\mathrm{m})$	2.8	28.0	18.4	26.0	42.0	73.0	48.0	40.0	42.0	30.0
$S_{min}/(\mathrm{kg}/\mathrm{m})$	0.6	0.8	1.3	1.2	1.8	1.8	2.2	1.6	2.0	2.2
S平均值$/(\mathrm{kg}/\mathrm{m})$	2.2	2.8	3.7	4.8	5.9	7.8	8.2	7.8	8.8	7.2

表 8-12　　　　　　　　　　预测钻屑指标最大值的百分比统计分布

$K_{1max}/[\mathrm{mL}/(\mathrm{g}\cdot\mathrm{min}^{1/2})]$	总次数(32)/次	百分比/%	$S_{max}/(\mathrm{kg}/\mathrm{m})$	总次数(32)/次	百分比/%
≥0.05	29	91	≥6	23	72
≥0.1	18	56	≥10	13	41
≥0.15	8	25	≥12	11	34
≥0.2	4	13	≥15	9	28
≥0.25	0	0	≥20	8	25
≥0.3	0	0	≥25	6	19
≥0.35	0	0	≥30	5	16

钻屑瓦斯解吸指标随孔深变化情况、最大值百分比统计分布情况如图 8-8 至图 8-11 所示。

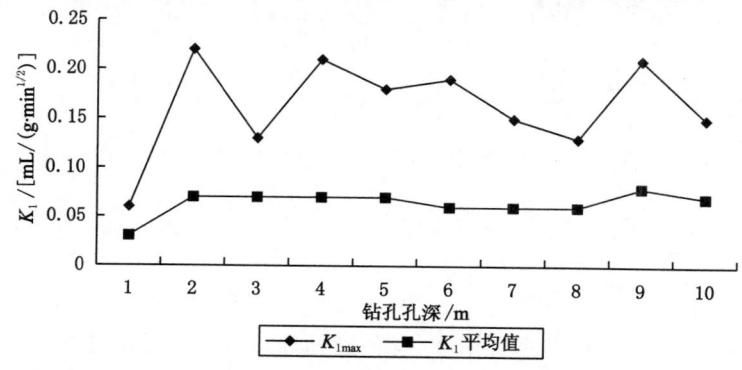

图 8-8　预测循环每米钻屑指标 K_1 分布情况

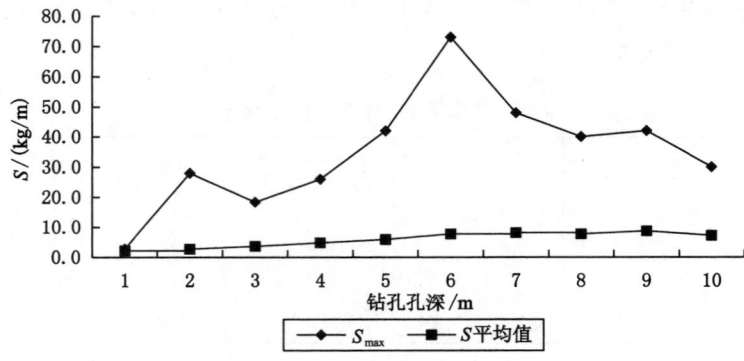

图 8-9　预测循环每米钻屑指标 S 分布情况

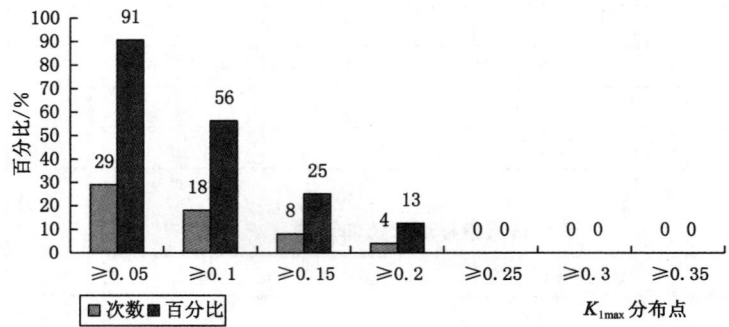

图 8-10　预测循环钻屑指标 K_{1max} 区间分布情况

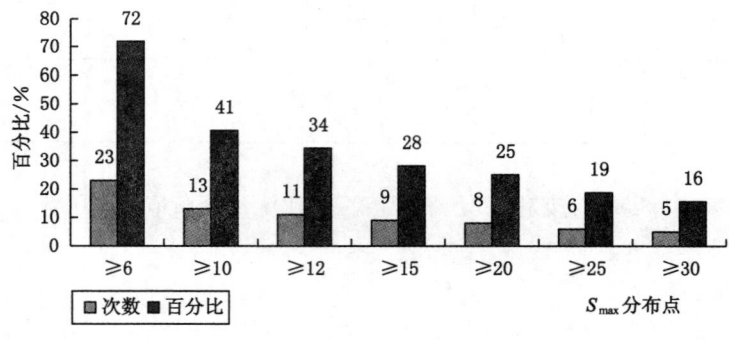

图 8-11　预测循环钻屑指标 S_{max} 区间分布情况

由此可知,钻屑指标 K_1 平均值的最大值为 $0.08\ \mathrm{mL/(g \cdot min^{1/2})}$, S 平均值的最大值为 $8.8\ \mathrm{kg/m}$ 。

②"2609"—90 m 机巷

试验工作面共掘进近 140 m,进行了 35 次预测循环,这 35 次循环中进行了 26 次预测,26 次预测有 13 次超标,预测非典型突出率 50%;校检进行了 18 次,有 8 次超标。

这 26 次预测循环 K_1 及 S 最大值的平均值分别为 0.21 mL/g·min$^{1/2}$ 及 13.4 kg/m。钻屑指标收集情况如表 8-13 所列。

表 8-13　　　　　　　试验区"2609"−90 m 机巷钻屑指标收集情况

钻屑指标法			预测地点
	项目	单位	"2609"−90 m 机巷
试验初期预测指标基本情况	起止日期	—	2007-03-13～2007-07-11
	巷道工程量	m	137.3
	预测循环次数	次	35.0
	预测采集到数据次数	次	26.0
	预测超标循环数	次	13.0
	预测非典型突出率	%	50.0
	K_{1max}平均值	mL/(g·min$^{1/2}$)	0.21
	S_{max}平均值	kg/m	13.4
试验初期校检指标基本情况	校检循环次数	次	18.0
	校检超标循环数	次	8.0
	K_{1max}平均值	mL/(g·min$^{1/2}$)	0.16
	S_{max}平均值	kg/m	12.8

预测钻屑指标与煤的破坏类型、指标超标与动力现象情况如表 8-14、表 8-15 所列。

表 8-14　　　　　　　预测循环煤体破坏类型及钻屑指标情况

循环数	日期/d	掘进距离/m	煤体破坏类型	预测孔深/m	S_{max}/(kg/m)	K_{1max}/[mL/(g·min$^{1/2}$)]
1	03-13	2.1	Ⅲ	2.5	12	0.07
2	03-22	4.2	Ⅳ	—	—	—
3	03-28	10.5	Ⅳ	—	—	—
4	04-06	11.9	Ⅳ			
5	04-13	14.0	Ⅳ	10.2	26(煤软)	0.06
6	04-18	17.5	Ⅱ	8.5	5.8	0.2
7	04-20	19.6	ⅡⅢ	6.0	3.2	0.18
8	04-27	21.0	ⅡⅢⅣ	4.5		
9	04-28	23.1	ⅡⅢ	4.3	2.4	0.18
10	05-01	27.9	Ⅲ	10.2	31(煤软)	0.33
11	05-06	30.0	ⅢⅣ	6.0	3.8	0.35
12	05-07	31.4	ⅡⅢⅣ	8.2	64(煤软,卡钻)	0.36
13	05-09	37.0	ⅢⅣ	8.0	8.2	0.37
14	05-14	41.2	ⅡⅢ	10.5	15.0	0.28

循环数	日期/d	掘进距离/m	煤体破坏类型	预测孔深/m	S_{max}/(kg/m)	K_{1max}/[mL/(g·min$^{1/2}$)]
15	05-16	45.3	ⅡⅢ	4.0	12.6	0.28
16	05-19	50.9	ⅡⅢ	10.0	13.0	0.23
17	05-21	54.45	ⅡⅢ	10.0	15.0	0.2
18	05-29	61.5	Ⅱ	10.4	5.4	0.15
19	06-01	66.35	ⅡⅢ	10.4	12.0	0.22
20	06-03	71.35	ⅡⅢ	—	—	—
21	06-06	79.35	Ⅱ	10.4	5.6	0.22
22	06-09	84.15	Ⅱ	8.3	9.7	0.46
23	06-11	89.75	Ⅱ	—	—	—
24	06-13	92.55	Ⅲ	6.0	22(煤软)	0.24
25	06-17	97.45	Ⅱ	—	—	—
26	06-19	102.2	ⅡⅢ	10.5	11.0	0.1
27	06-21	106.4	Ⅱ	10.0	7.0	0.14
28	06-24	107.8	Ⅲ	5.0	12.0	0.30
29	06-28	109.9	Ⅱ	—	—	—
30	07-01	113.45	Ⅱ	8.7	8.3	0.14
31	07-02	116.25	Ⅲ	10.4	18(煤软,卡钻)	0.19
32	07-04	120.5	ⅡⅢ	—	—	—
33	07-07	127.5	Ⅱ	10.5	5.6	0.09
34	07-09	133.8	ⅡⅢ	10.0	9.5	0.09
35	07-11	137.3	Ⅱ	8.6	10.3	0.09

表 8-15   **预测循环钻屑指标超标及动力现象情况**

循环数	S_{max}/(kg/m)	K_{1max}/[mL/(g·min$^{1/2}$)]	是否超标	措施执行	动力现象等情况
1	12(煤软)	0.07	否	1次	无
2	—	—	—	1次	无
3	—	—	—	1次	无
4	—	—	—	1次	无
5	26(煤软)	0.06	是	1次	垮孔、卡钻
6	5.8	0.2	否	0次	无
7	3.2	0.18	否	0次	无
8			否	0次	无
9	2.4	0.18	否	0次	无
10	31(煤软)	0.33	是	1次	无
11	3.8	0.35	否	0次	无
12	64(煤软,卡钻)	0.36	是	1次	喷孔、垮孔、卡钻

循环数	$S_{max}/(kg/m)$	$K_{1max}/[mL/(g \cdot min^{1/2})]$	是否超标	措施执行	动力现象等情况
13	8.2	0.37	是	0 次	垮孔
14	15	0.28	是	0 次	卡钻
15	12.6	0.28	是	1 次	无
16	13	0.23	是	0 次	无
17	15	0.2	是	0 次	卡钻
18	5.4	0.15	否	0 次	卡钻、垮孔
19	12	0.22	是	1 次	无
20	—	—	—	1 次	—
21	5.6	0.22	否	0 次	无
22	9.7	0.46	是	1 次	喷孔
23	—	—	—	1 次	—
24	22(煤软)	0.24	是	2 次	卡钻、喷孔、垮煤体
25	—	—	—	1 次	—
26	11	0.1	否	0 次	无
27	7	0.14	否	0 次	无
28	12	0.30	是	1 次	喷孔
29	—	—	—	1 次	—
30	8.3	0.14	否	1 次	无
31	18(煤软,卡钻)	0.19	是	1 次	卡钻
32	—	—	—	1 次	—
33	5.6	0.09	否	0 次	无
34	9.5	0.09	否	0 次	无
35	10.3	0.09	否	0 次	无

预测、校检循环钻屑指标情况如图 8-12、图 8-13 所示。

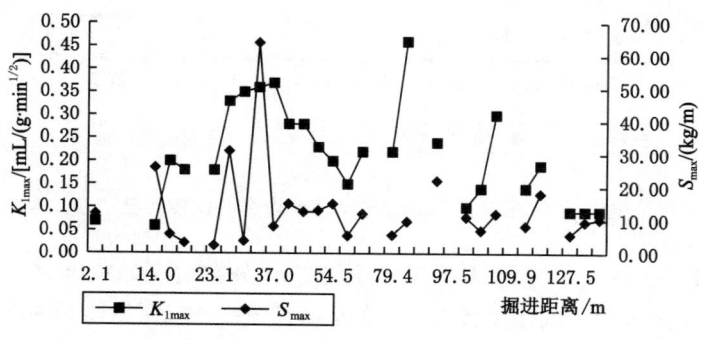

图 8-12 预测循环钻屑指标 K_{1max} 与 S_{max} 比较情况

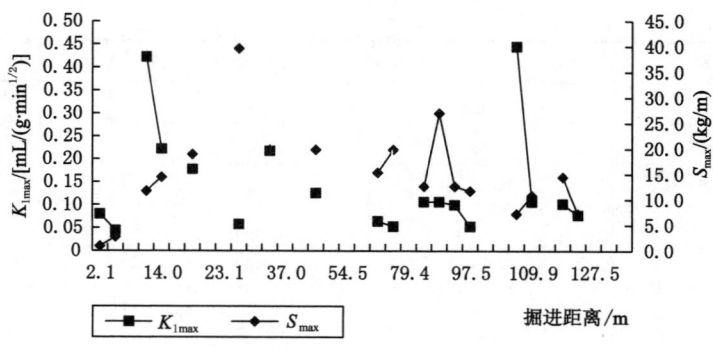

图 8-13　校检循环钻屑指标 K_{1max} 与 S_{max} 比较情况

预测循环煤层平均厚度与钻屑指标比较情况如图 8-14、图 8-15 所示。

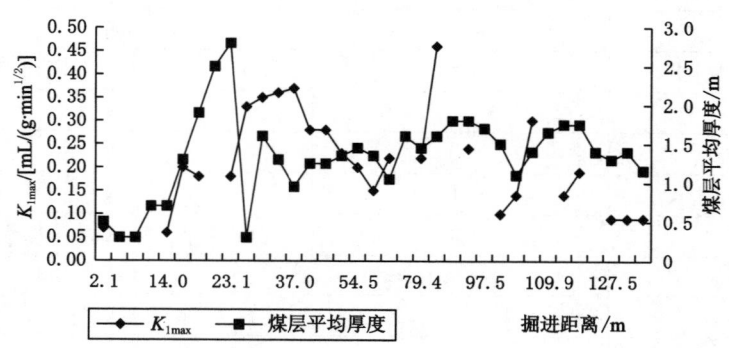

图 8-14　预测循环 K_{1max} 与煤层平均厚度比较情况

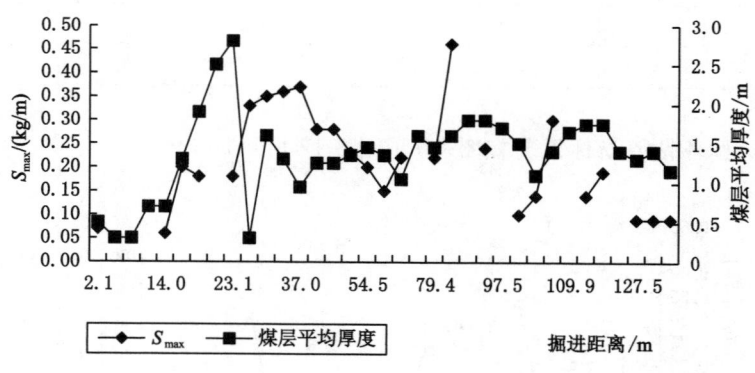

图 8-15　预测循环 S_{max} 与煤层平均厚度比较情况

预测循环钻屑指标随孔深变化、最大值百分比统计分布情况如表 8-16 至表 8-18 所列。每米钻屑指标、指标最大值百分比统计分布情况如图 8-16 至图 8-19 所示。由表 8-16、表 8-17 可知，每米钻屑指标 K_1 平均值的最大值为 0.15 mL/(g·min$^{1/2}$)，S 平均值的最大值为 7.8 kg/m。

表 8-16   钻屑指标 K_1 随孔深的变化情况

预测孔深/m	1	2	3	4	5	6	7	8	9	10
预测次数/次	0	48	10	35	10	28	7	25	6	13
K_{1max}/[mL/(g·min$^{1/2}$)]	/	0.34	0.22	0.37	0.30	0.35	0.21	0.46	0.18	0.33
K_{1min}/[mL/(g·min$^{1/2}$)]	/	0.00	0.02	0.00	0.07	0.00	0.06	0.02	0.07	0.00
$K_{1平均值}$/[mL/(g·min$^{1/2}$)]	/	0.11	0.09	0.11	0.15	0.14	0.11	0.12	0.11	0.12

表 8-17   钻屑指标 S 随孔深的变化情况

预测孔深/m	1	2	3	4	5	6	7	8	9	10
预测次数/次	54	57	52	43	37	38	31	33	23	19
S_{max}/(kg/m)	18.5	64.0	36.0	22.0	13.7	22.0	26.0	31.0	16.0	15.0
S_{min}/(kg/m)	1.0	1.2	0.6	1.2	2.0	1.8	3.2	2.4	1.0	1.2
$S_{平均值}$/(kg/m)	2.5	4.1	6.2	4.6	5.1	6.0	6.9	7.8	7.4	7.7

表 8-18   预测指标最大值百分比统计

K_{1max}/[mL/(g·min$^{1/2}$)]	总次数(26)/次	百分比/%	S_{max}/(kg/m)	总次数(26)/次	百分比/%
≥0.05	26	100	≥6	19	73
≥0.10	21	81	≥10	14	54
≥0.15	18	69	≥12	12	46
≥0.20	14	54	≥15	7	27
≥0.25	8	31	≥20	4	15
≥0.30	6	23	≥25	3	12
≥0.35	4	15	≥30	2	8
≥0.40	1	4	≥35	1	4

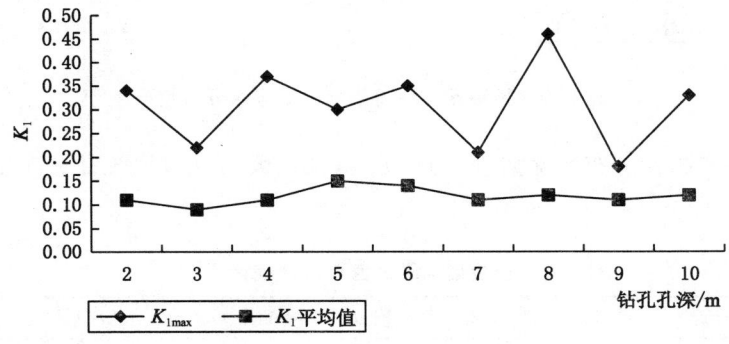

图 8-16   预测循环每米钻屑指标 K_1 分布情况

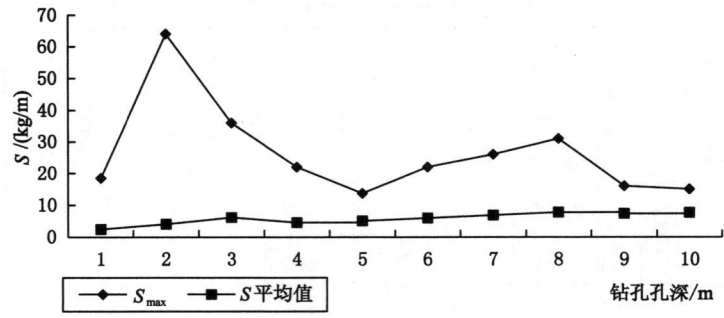

图 8-17 预测循环每米钻屑指标 S 分布情况

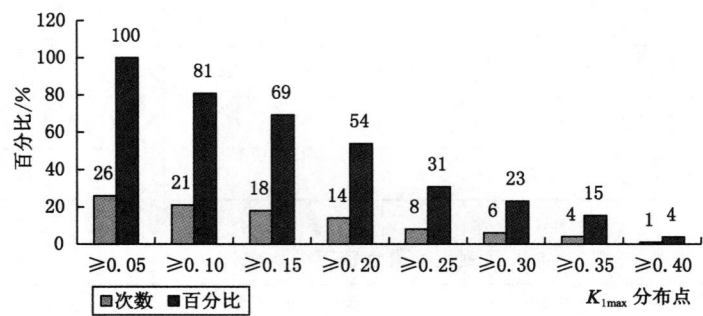

图 8-18 预测循环钻屑指标 K_{1max} 区间分布情况

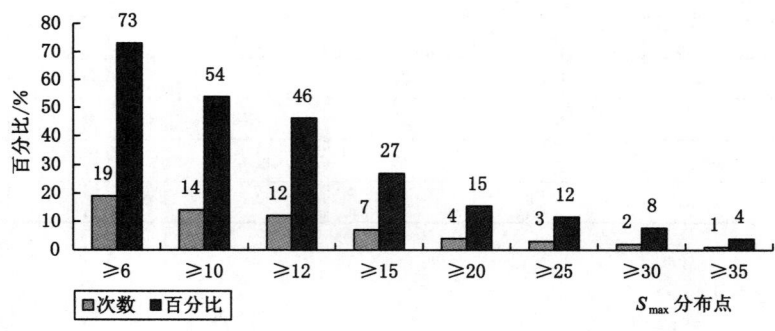

图 8-19 预测循环钻屑指标 S_{max} 区间分布情况

校检循环钻屑指标分布情况如表 8-19 所列,其最大值百分比统计分布情况如图 8-20、图 8-21 所示。

表 8-19　　　　　　　　　　　校检指标最大值百分比统计

K_{1max}/[mL/(g·min$^{1/2}$)]	总次数(18)/次	百分比/%	S_{max}/(kg/m)	总次数(18)/次	百分比/%
≥0.05	16	89	≥6	13	72
≥0.10	14	78	≥10	6	33

$K_{1max}/[\text{mL}/(\text{g}\cdot\text{min}^{1/2})]$	总次数(18)/次	百分比/%	$S_{max}/(\text{kg}/\text{m})$	总次数(18)/次	百分比/%
≥0.15	9	50	≥12	5	28
≥0.20	6	33	≥15	5	28
≥0.25	2	11	≥20	3	17
≥0.30	2	11	≥25	2	11
≥0.35	1	6	≥30	2	11
≥0.40	1	6	≥35	2	11

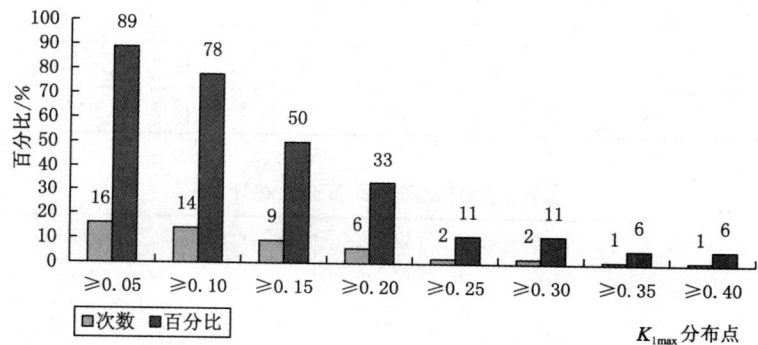

图 8-20 校检循环钻屑指标 K_{1max} 区间分布情况

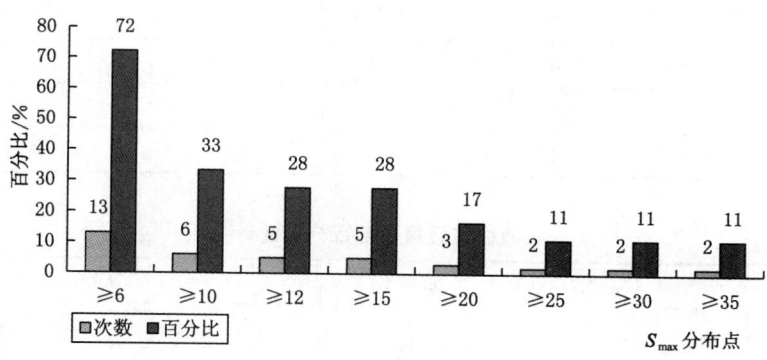

图 8-21 校检循环钻屑指标 S_{max} 区间分布情况

③ "2607"—50 m 中巷及"2609"—90 m 机巷综合分析

试验期间"2607"—50 m 中巷及"2609"—90 m 机巷总共进行了 70 次预测循环,其中收集 58 次预测数据,超标 26 次,预测非典型突出率 45%。这 58 次 K_1 及 S 最大值的平均值分别为 0.16 mL/(g·min$^{1/2}$)及 14.3 kg/m。校检循环 25 次,超标 8 次,校检超标率 32%。预测循环每米钻屑指标及预测、校检循环钻屑指标最大值分布情况如表 8-20 至表 8-23 所列,对应图 8-22 至图 8-27。

表 8-20 **预测循环钻屑指标 K_1 随孔深的变化情况**

预测孔深/m	1	2	3	4	5	6	7	8	9	10
预测次数/次	9	93	30	82	27	66	23	55	18	33
$K_{1max}/[mL/(g \cdot min^{1/2})]$	0.06	0.34	0.22	0.37	0.30	0.35	0.21	0.46	0.21	0.33
$K_{1min}/[mL/(g \cdot min^{1/2})]$	0.01	0	0.01	0	0.02	0	0.01	0.02	0.01	0
$K_{1平均值}/[mL/(g \cdot min^{1/2})]$	0.03	0.08	0.07	0.08	0.08	0.07	0.06	0.07	0.08	0.07

表 8-21 **预测循环钻屑指标 S 随孔深的变化情况**

预测孔深/m	1	2	3	4	5	6	7	8	9	10
预测次数/次	107	122	115	112	94	94	79	76	56	47
$S_{max}/(kg/m)$	18.5	64	36	26	42	73	48	40	42	30
$S_{min}/(kg/m)$	0.6	0.8	0.6	1.2	1.8	1.8	2.2	1.6	1.0	1.2
$S_{平均值}/(kg/m)$	2.4	3.4	4.8	4.7	5.6	7.1	7.7	7.8	8.2	7.4

表 8-22 **预测循环钻屑指标百分比统计**

$K_{1max}/[mL/(g \cdot min^{1/2})]$	总次数(58)/次	百分比/%	$S_{max}/(kg/m)$	总次数(58)/次	百分比/%
≥0.05	55	95	≥6	42	72
≥0.1	39	67	≥10	27	47
≥0.15	26	45	≥12	23	40
≥0.2	18	31	≥15	16	28
≥0.25	8	14	≥20	12	21
≥0.3	6	10	≥25	9	16
≥0.35	4	7	≥30	7	12
≥0.4	1	2	≥35	1	2

表 8-23 **校检循环钻屑指标百分比统计**

$K_{1max}/[mL/(g \cdot min^{1/2})]$	总次数(25)/次	百分比/%	$S_{max}/(kg/m)$	总次数(25)/次	百分比/%
≥0.05	21	84	≥6	19	76
≥0.1	17	68	≥10	9	36
≥0.15	11	44	≥12	6	24
≥0.2	6	24	≥15	5	20
≥0.25	2	8	≥20	3	12
≥0.3	2	8	≥25	2	8
≥0.35	1	4	≥30	2	8
≥0.4	1	4	≥35	2	8

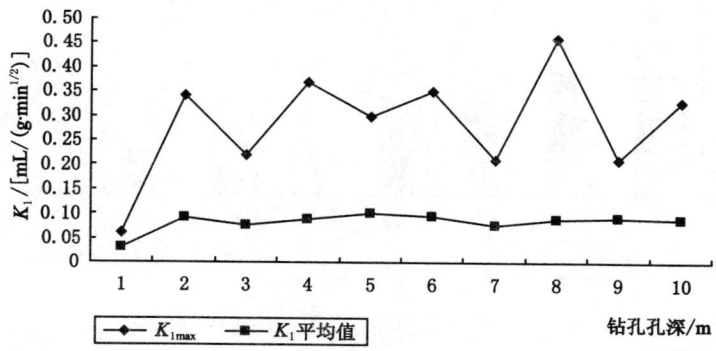

图 8-22   58 次预测循环每米钻屑指标 K_1 分布情况

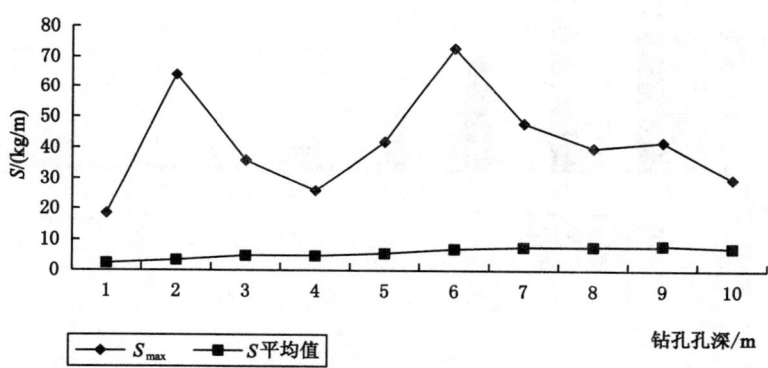

图 8-23   58 次预测循环每米钻屑指标 S 分布情况

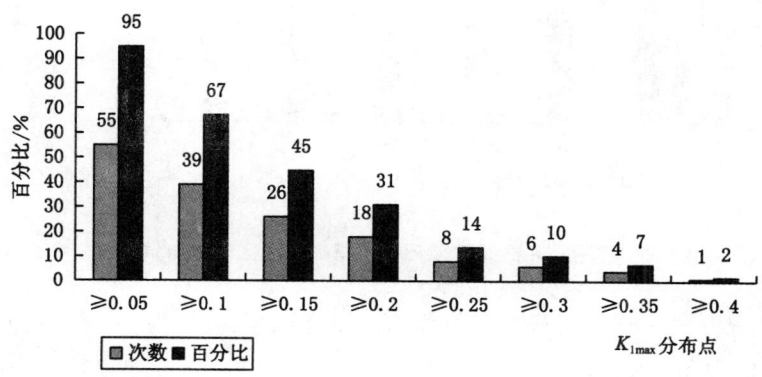

图 8-24   58 次预测循环钻屑指标 K_{1max} 区间分布情况

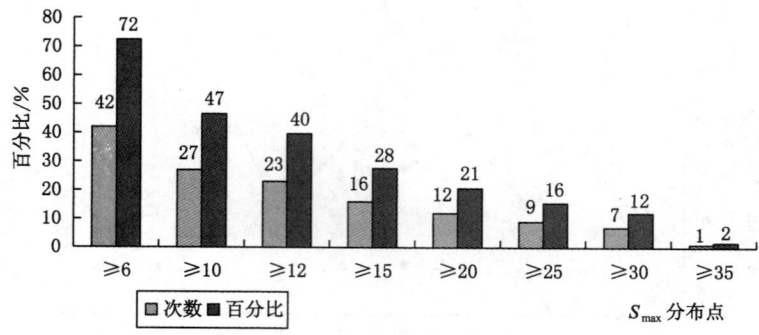

图 8-25 58 次预测循环钻屑指标 S_{max} 区间分布情况

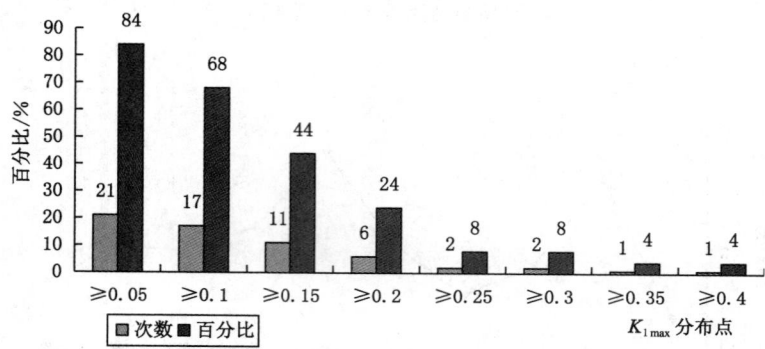

图 8-26 25 次校检循环钻屑指标 K_{1max} 区间分布情况

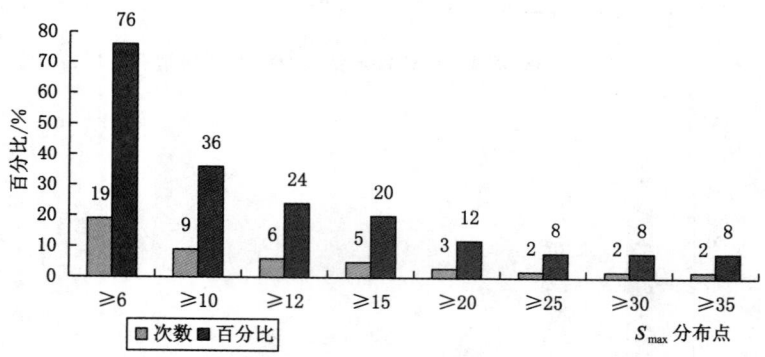

图 8-27 25 次校检循环钻屑指标 S_{max} 区间分布情况

由表 8-20、表 8-21 可知,每米钻屑指标 K_1 平均值的最大值为 0.08 mL/(g·min$^{1/2}$),S 平均值的最大值为 8.2 kg/m。

通过现场测定,得出目前情况下钻屑指标与动力现象、孔深、煤层赋存存在着以下的对应关系:

K_{1max} < 0.2 时,尚未发现过喷孔现象,煤体较硬(破坏类型 Ⅱ 类)且无卡钻或响煤炮时,

钻屑量最大值一般在 6.0 kg/m 左右；煤体较硬（破坏类型 Ⅱ 类）且有卡钻或响煤炮时，钻屑量最大值一般在 15 kg/m 以上；含有较软煤体（Ⅲ、Ⅳ 类）且有卡钻或响煤炮时，钻屑量最大值更大。

钻屑指标最大钻屑量在孔深 6 m 范围内，最大 K_1 值发生在孔深 9 m 范围内，预测或检验钻孔深度应控制在 10 m 范围内。

在煤层赋存（平均煤厚）变化剧烈地带，试验过程中经常有垮孔、卡钻及煤炮现象发生。

（2）钻屑指标 S_{max} 与声发射指标比较分析

地应力及煤体结构是非典型突出灾害发生的两大因素，反映两因素的指标就是钻屑量。由于声发射指标同样可以反映地应力及煤体结构变化情况，并且可以避免人为测试误差对预测准确率的影响。因此，在预测指标敏感性及临界值考察过程中，将钻屑量指标与声发射指标进行对比研究，为钻屑指标临界值的确定提供一定的参考价值。

① "2607"二段－50 m 中巷 $1^{\#}$ ～$2^{\#}$ 石门段

"2607"二段－50 m 中巷 $1^{\#}$ ～$2^{\#}$ 石门段共进行预测循环 35 个，在每个掘进循环过程中尽量采集每一爆破后 30 min 的声发射信号。由于该巷道具有与其同一水平的抽采巷道，如图 8-28 所示，因此将声发射传感器安装于抽采巷中。

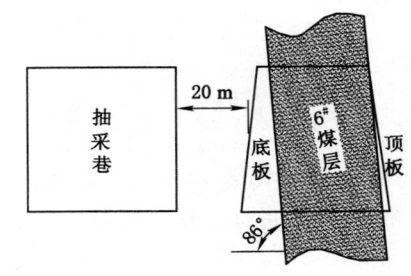

该巷道的声发射跟踪考察试验共进行了 35 个循环，其中因某些客观原因目前只统计了 32 个循环的声发射指标。因爆破后声发射信号主要来自掘进头前方应力集中区及以里，又因循环进尺不固定，根据实际进尺情况，将声发射指标与下下

图 8-28　"2607"二段－50 m 中巷 $1^{\#}$ ～$2^{\#}$ 掘进工作面及抽采巷剖面示意图

循环的钻屑指标进行对比研究具有可比性。变化曲线如图 8-29 和图 8-30 所示。

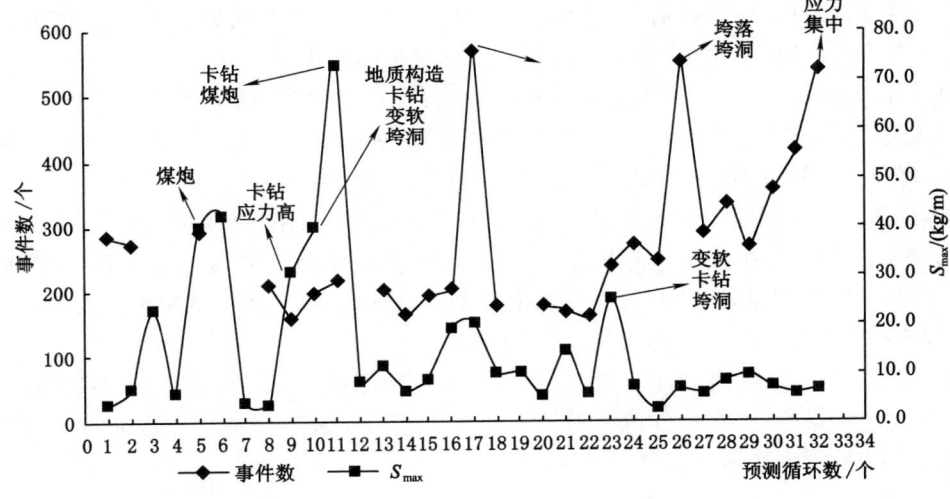

图 8-29　超前两个循环的事件数指标与 S_{max} 指标变化曲线

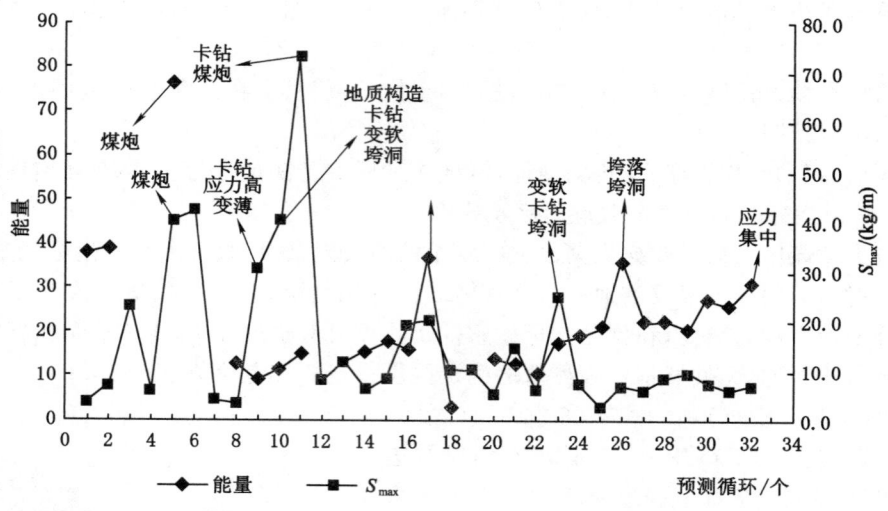

图 8-30　超前两个循环的能量指标与 S_{max} 指标变化曲线

从图 8-29、图 8-30 对比可以看出：

a. 钻屑量指标。从钻屑量指标变化曲线及高指标点对应煤层赋存结构或动力现象（主要是卡钻）来看，高指标多出现于地质构造带，煤层破坏类型较高，煤体较软，打钻过程中某些次会出现垮孔。从非典型突出角度，该地带为灾害多发地点，而钻屑指标在该地点恰恰反映了煤体结构变化及地应力的大小。

b. 声发射指标。从声发射指标变化曲线及高指标点对应的动力现象来看，高指标多出现于煤炮、抽冒及垮孔地点，由于声发射指标是超前两个循环与 S_{max} 指标进行的对比，因此说，声发射可以超前两个循环预知未来两个循环掘进头应该发生的动力现象。

c. 结合比较声发射高指标值与卡钻、煤炮及抽冒等"动力现象"的关系，该掘进头的 S_{max} 高于 20 kg/m 时，卡钻、煤炮及抽冒等动力现象伴随发生严重。

通过仔细分析钻屑量和声发射曲线可以看出：在正常地带，两指标变化趋势平稳，具有一定的相关性；但在非正常地带，一是地质构造带，S 指标相对于声发射指标较为敏感，二是在煤炮、垮落及抽冒地带，声发射指标相对 S 指标较为敏感。

从第 27 个循环以后直至巷道贯通，此期间煤体处于正常地带，煤层赋存正常，无地质构造带，煤体 f 值较高，由于处于应力集中较高地带，从现场掘进期间记录来看，在此地带多为煤体垮落及煤炮现象，因此声发射指标出现了逐渐升高现象，而钻屑指标较为平稳。

②"2609"二段－90 m 机巷 3#～2# 石门段

"2609"二段－90 m 机巷 3#～2# 石门段共进行预测循环 35 个，在每个掘进循环过程中尽量采集每一爆破后 30 min 的声发射信号。其传感器安装于掘进工作面后方一定距离内进行监测。传感器安装范围如图 8-31 所示。

声发射指标与钻屑量指标变化曲线如图 8-32 和图 8-33 所示。由于客观原因及传感器坏掉，目前只有 23 个循环的声发射指标。

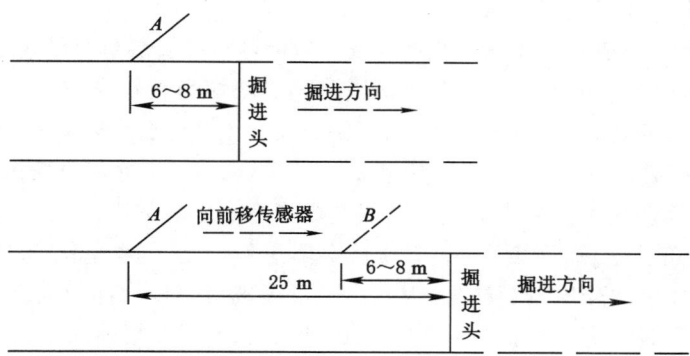

图 8-31 传感器安装钻孔布置示意图

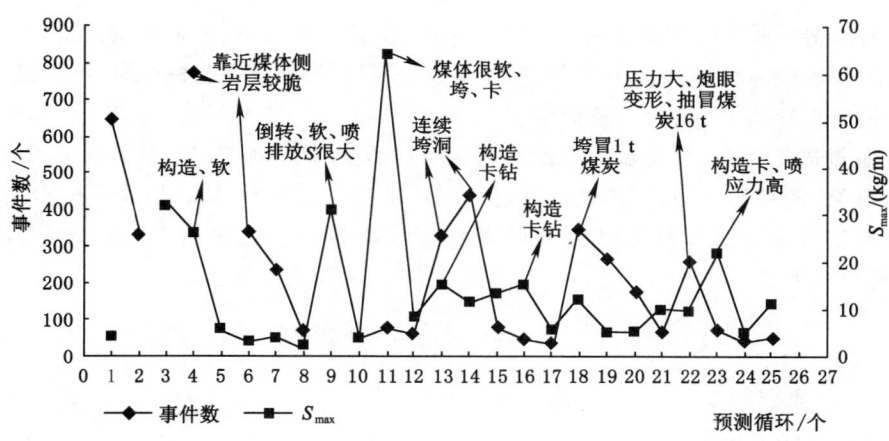

图 8-32 超前两个循环事件数指标与 S_{max} 指标变化曲线

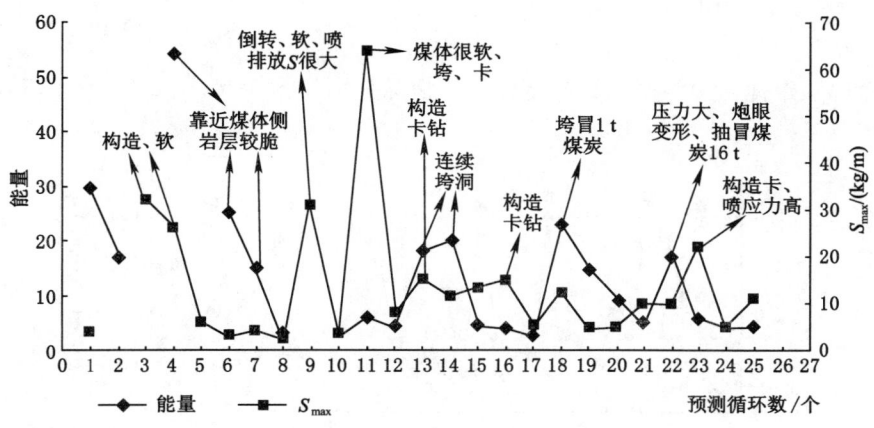

图 8-33 超前两个循环能量指标与 S_{max} 指标变化曲线

从图 8-31、图 8-32 对比可以看出：

a. 钻屑量指标。从钻屑量指标变化曲线及高指标点对应煤层赋存结构或动力现象（主要是卡钻）来看，高指标多出现于地质构造带，煤软，煤层破坏类型较高，打钻过程中卡钻严重。从非典型突出角度，该地带为灾害多发地点，而钻屑指标在该地点恰恰反映了煤体结构变化及地应力的大小。这与"2607"二段－50 m 中巷 1#～2# 出现的高指标现象是相吻合的。

b. 声发射指标。从声发射指标变化曲线及高指标点对应的动力现象来看，高指标多出现于煤炮、抽冒及垮孔地点，而第 4～7 个循环煤体正处于地质构造带，煤体变薄，只有 0.3 m，但由于靠近煤体侧的岩层较为松软，因此出现了爆破后 AE 指标较高现象。由于声发射指标是超前两个循环与 S_{max} 指标进行的对比，因此说，AE 可以超前两个循环预知未来两个循环掘进头应该发生的动力现象。

c. 结合比较声发射高指标值与卡钻、煤炮及抽冒等"动力现象"的关系，该掘进头的 S_{max} 高于 15 kg/m 时，卡钻、煤炮及抽冒等动力现象伴随发生严重。

通过仔细分析钻屑量和声发射曲线可以看出，在非正常地带，一是地质构造带，S 指标相对于声发射指标较为敏感，二是在响煤炮、垮落及抽冒地带，声发射指标相对 S 指标较为敏感。

（3）钻屑指标与 V_{30} 指标比较分析

在煤巷掘进工作面，利用爆破后工作面瓦斯涌出规律预测煤层非典型突出危险性具有自动化程度高、测量时间短、不占用作业时间、减少预测工程量、保证测量人员安全等优点，是一种极有发展前途的非典型突出预测技术。V_{30} 指标是指爆破后 30 min 吨煤瓦斯涌出量，其计算公式如下：

$$V_{30} = \frac{Q}{100G} \sum_{i=1}^{30} (C_i - C_0) \tag{8-4}$$

式中　V_{30}——爆破后 30 min 吨煤瓦斯涌出量，m^3/t；

　　　Q——工作面风量，m^3/min；

　　　G——爆破落煤量，t；

　　　C_0——爆破前瓦斯浓度，%；

　　　C_i——爆破后瓦斯浓度，%。

① "2607"－50 m 中巷

预测前 V_{30} 指标与预测循环钻屑指标比较情况分别如图 8-34、图 8-35 所示，对应值如表 8-24 所列。

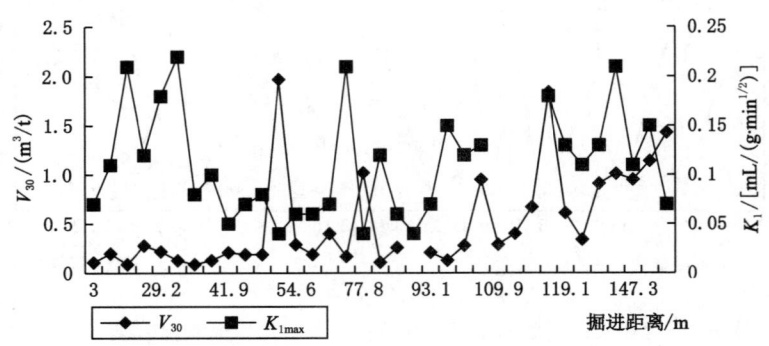

图 8-34　预测循环 V_{30} 指标与钻屑指标 K_{1max} 比较情况

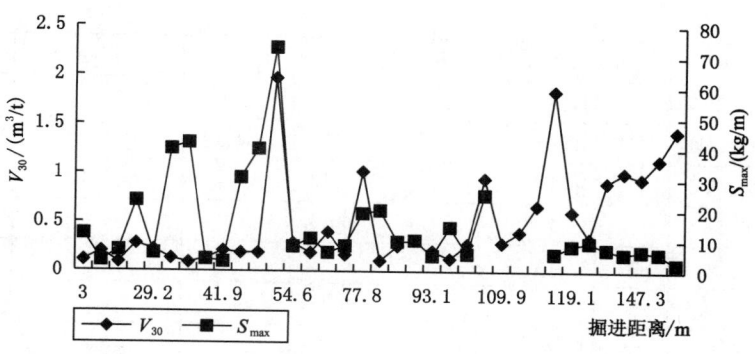

图 8-35 预测循环 V_{30} 指标与钻屑指标 S_{max} 比较情况

表 8-24   试验区"2607"－50 m 中巷 V_{30} 指标情况

循环数	日期	掘进距离/m	$K_{1max}/[mL/(g \cdot min^{1/2})]$	$S_{max}/(kg/m)$	$V_{30}/(m^3/t)$
1	03-15	3.0	0.07	12.2	0.11
2	03-20	10.8	0.11	3.4	0.2
3	03-23	16.7	0.21	6.8	0.09
4	03-26	24.7	0.12	23	0.28
5	03-28	29.2	0.18	5.9	0.22
6	03-30	34.2	0.22	40.0	0.13
7	04-03	36.2	0.08	42.0	0.09
8	04-05	40.4	0.1	4.0	0.13
9	04-07	41.9	0.05	3.2	0.21
10	04-10	43.3	0.07	30.6	0.19
11	04-13	48.3	0.08	40.0	0.19
12	04-15	49.7	0.04	73.0	1.97
13	04-18	54.6	0.06	8.2	0.29
14	04-21	62.3	0.06	10.8	0.19
15	04-23	67.3	0.07	6.2	0.4
16	04-25	72.3	0.21	8.4	0.17
17	05-01	77.8	0.04	19.0	1.02
18	05-03	80.8	0.12	20.0	0.11
19	05-06	82.9	0.06	9.8	0.26
20	05-08	88.9	0.04	10.2	
21	05-10	93.1	0.07	5.2	0.21
22	05-17	100.1	0.15	14.5	0.13
23	05-20	105.7	0.12	5.8	0.28
24	05-23	108.5	0.13	25.0	0.95
25	05-25	109.9			0.29

循环数	日期	掘进距离/m	$K_{1\max}/[\mathrm{mL/(g \cdot min^{1/2})}]$	$S_{\max}/(\mathrm{kg/m})$	$V_{30}/(\mathrm{m^3/t})$
26	05-26 早班	111.3			0.4
27	05-26 夜班	112.7			0.67
28	05-27	114.1	0.18	5.8	1.84
29	05-28	119.1	0.13	8.4	0.61
30	05-31	126.1	0.11	9.5	0.34
31	06-03	133.9	0.13	7.3	0.91
32	06-06	141.7	0.21	5.8	1.01
33	06-09	147.3	0.11	6.8	0.95
34	06-13	152.9	0.15	6.0	1.14
35	06-15	158.7	0.07	2.6	1.43

② "2609"—90 m 机巷

预测前 V_{30} 指标与预测循环钻屑指标比较情况分别如图 8-36、图 8-37 所示,对应值如表 8-25 所列。

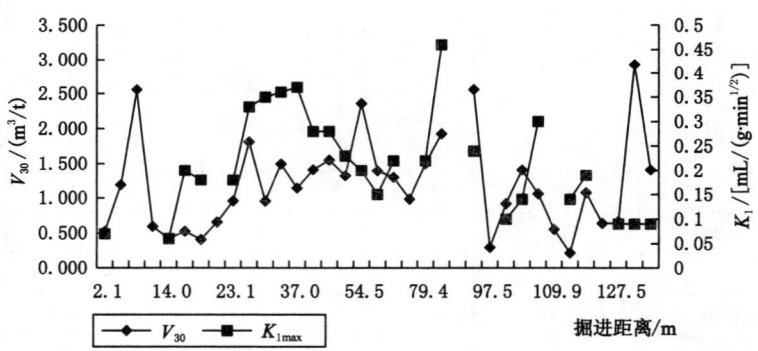

图 8-36　预测循环 V_{30} 指标与钻屑指标 $K_{1\max}$ 比较情况

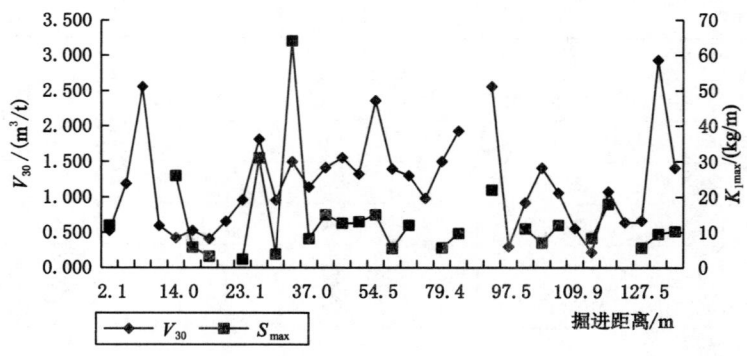

图 8-37　预测循环 V_{30} 指标与钻屑指标 $S_{\max}$ 比较情况

表 8-25　　　　　　　　　　　　试验区"2609"—90 m 机巷 V_{30} 指标情况

循环数	日期	掘进距离/m	$K_{1max}/[mL/(g \cdot min^{1/2})]$	$S_{max}/(kg/m)$	$V_{30}/(m^3/t)$
1	03-13	2.1	0.07	12	0.11
2	03-22	4.2			0.2
3	03-28	10.5			0.09
4	04-06	11.9			0.28
5	04-13	14.0	0.06	26	0.22
6	04-18	17.5	0.20	5.8	0.13
7	04-20	19.6	0.18	3.2	0.09
8	04-27	21.0			0.13
9	04-28	23.1	0.18	2.4	0.21
10	05-01	27.9	0.33	31	0.19
11	05-06	30.0	0.35	3.8	0.19
12	05-07	31.4	0.36	64	1.97
13	05-09	37.0	0.37	8.2	0.29
14	05-14	41.2	0.28	15	0.19
15	05-16	45.3	0.28	12.6	0.4
16	05-19	50.9	0.23	13	0.17
17	05-21	54.5	0.2	15	1.02
18	05-29	61.5	0.15	5.4	0.11
19	06-01	66.4	0.22	12	0.26
20	06-03	71.4			
21	06-06	79.4	0.22	5.6	0.21
22	06-09	84.2	0.46	9.7	0.13
23	06-11	89.8			0.28
24	06-13	92.6	0.24	22	0.95
25	06-17	97.5			0.29
26	06-19	102.2	0.10	11	0.4
27	06-21	106.4	0.14	7	0.67
28	06-24	107.8	0.30	12	1.84
29	06-28	109.9			0.61
30	07-01	113.5	0.14	8.3	0.34
31	07-02	116.3	0.19	18	0.91
32	07-04	120.5			1.01
33	07-07	127.5	0.09	5.6	0.95
34	07-09	133.8	0.09	9.5	1.14
35	07-11	137.3	0.09	10.3	1.43

（4）爆破后瓦斯浓度峰值 C_{CH_4} 指标分析

预测前爆破后瓦斯浓度峰值 C_{CH_4} 指标与预测循环钻屑指标 K_{1max} 比较情况分别如图 8-38、图 8-39 所示。

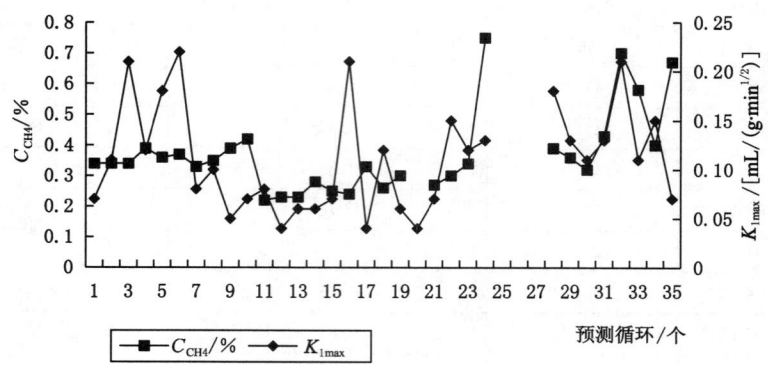

图 8-38 "2607"－50 m 中巷预测循环钻屑指标 K_{1max} 与爆破前 C_{CH_4} 关系曲线

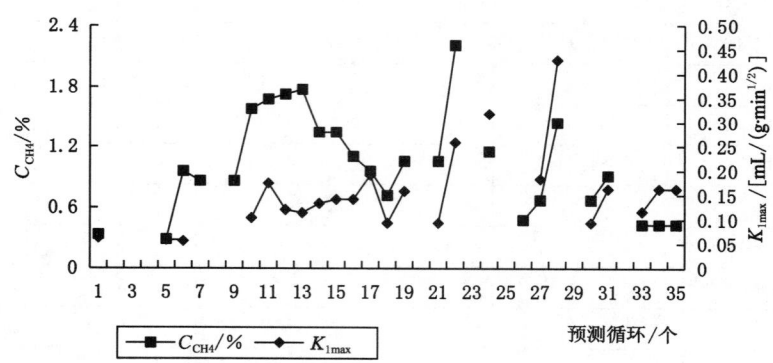

图 8-39 "2609"－90 m 机巷预测循环钻屑指标 K_{1max} 与爆破前 C_{CH_4} 关系曲线

综合比较"2607"－50 m 中巷、"2609"－90 m 机巷钻屑指标 K_{1max} 与预测前最近一次爆破瓦斯浓度峰值，可以发现只要爆破瓦斯浓度峰值 $C_{CH_4} \geqslant 0.6\%$，K_{1max} 预测值接近或大于 0.15 的概率就大大增加，可以作为一种辅助指标，增加防突人员预测前对掘进工作面的了解。

（5）钻孔瓦斯涌出初速度 q 及其衰减 C_q 指标分析

钻孔瓦斯涌出初速度 q 及其衰减指标 C_q 根据有关理论分析、计算，可得到以下近似关系：

$$q = 2.834\,8 f^{0.161\,5} \sigma^{0.210\,6} \lambda^{0.617\,4} p^{1.457\,6} \tag{8-5}$$

$$C_q = 1.374\,1 f^{0.167\,1} \sigma^{-0.174\,7} \tag{8-6}$$

式中　q——钻孔瓦斯涌出初速度；

　　　C_q——钻孔瓦斯涌出速度衰减系数；

　　　f——煤的坚固性系数；

σ——地应力值；

λ——透气性系数；

p——瓦斯压力。

① 钻孔瓦斯涌出初速度 q 及其衰减指标 C_q 测试要求钻孔在测试时间内相对保持完整。

② 当 λ 很小时，即使瓦斯压力 p、地应力 σ 很大，煤的坚固性系数 f 很小时，q 值也会很小，则测量误差会大大降低 q 的敏感性。

③ 在瓦斯压力不大的情况下，也可能发生以地应力为主导作用的压出或以重力为主导作用的倾出，此时，由于 σ 值对 q 的影响相对较小，q 测定值会较小，测量误差会淹没 q 及 C_q 的敏感性，所以对于地应力为主导的非典型突出，q 及 C_q 的敏感性会差一些。

试验工作面地应力严重、钻孔垮孔严重及煤层 λ 较小，经过几次考察，发现测管很难伸入孔内预定位置；即使伸入孔内，测值很小，测量误差淹没了 q 及 C_q 的敏感性，不具有现场操作性，也未深入进行研究。

8.1.4.2.2　指标敏感性考察与分析

非典型突出预测敏感指标是指针对某一矿井或煤层进行非典型突出危险性预测时能够较为明显地区分出非典型突出危险和无非典型突出危险的指标，否则即为不敏感。具体判断一种指标是否敏感，主要考虑两个方面的因素：一是指标值的大小是否会随着非典型突出危险性的大小明显变化；二是影响指标值大小的非典型突出危险因素是否大于测定误差等非危险因素。

非典型突出是一种复杂的动力现象，是由地应力、瓦斯及煤的物理力学性质三种因素综合作用的结果。理想的预测指标应是能够完全反映引发非典型突出的三个因素，而实际上，目前常用的预测指标仅是间接和部分地反映这三个非典型突出预测因素。对不同矿井、煤层或区域，非典型突出的主导因素会有所不同，三种因素在导致非典型突出作用中的贡献比重有所不同。所以，主要反映非典型突出三因素中某一因素或两方面因素的不同指标，其预测非典型突出危险的敏感性会有所不同。同时，预测指标还在一定程度上或多或少地受到现场测试条件、仪器性能、操作人员责任心等非危险因素的影响，使得测定出的指标值影响因素非常复杂，从而影响指标的敏感性。所以，预测敏感指标必须通过对各种指标的实际考察，结合本矿、煤层或区域的具体测试条件来确定，确定出的敏感指标既能体现出本矿或煤层的非典型突出主导因素，又适应矿井的具体测试条件，从而较好地符合本矿实际。

（1）钻屑指标敏感性分析

① 钻屑瓦斯解吸指标 K_1

钻屑瓦斯解吸指标 K_1 是综合反映煤层瓦斯压力、瓦斯含量、瓦斯放散初速度、煤的坚固性系数及煤的孔隙结构等参数的指标，其值大小与煤中瓦斯、煤的物理参数、强度性质、瓦斯解吸特征以及测量工艺、环境条件和测定误差有关。一般情况下，对一个特定矿井而言，环境、工艺条件等相对固定，其他因素则与非典型突出危险性密切相关，所以影响 K_1 指标敏感性的因素主要是 K_1 值随煤层非典型突出危险程度的变化而变化的幅度与测定误差上，变化幅度越大，误差越小，K_1 指标就越敏感；反之，如果测定误差大于或接近于变化幅度，误差就会淹没实际危险性，K_1 指标就不敏感。所以，通过对测试人员的严格培训,在测量上进行的规范化操作,可以在不同程度上避免或减小测定误差,提高预测指标的敏感性。

东林煤矿北翼 6# 煤层瓦斯压力相对较高,从理论上分析,K_1 指标应该比较敏感。在 4 个多月的现场实际预测中,当发生喷孔现象时,K_1 指标相对都比较大,而且 K_1 值越大,发生喷孔现象的程度及概率越大;当采取防控措施后,K_1 值明显减小。综合以上分析,K_1 指标在东林煤矿北翼 6# 煤层是敏感的。

② 钻屑量指标 S

钻屑量指标 S 是综合反映煤层地应力或构造应力、瓦斯和煤质等几个因素的预测指标,在相同的打钻工艺条件下,应力越大,煤的强度越小,所产生的钻屑量越大,而此时非典型突出危险性越大。在我国,通常当钻屑量比正常排屑量大 3 倍或倍率 $n \geq 4$ 时认为有突出危险。但是,由于各种因素的影响,钻屑量的测定误差有时会很大,以致严重影响了它的敏感性,考虑到测量误差的影响,钻屑量临界值一般应不低于 3.5 kg/m,否则,其敏感性较差。

北翼 6# 煤层为近直立煤层,又处于黑漆岩扭转轴附近,地应力大,理论上钻屑量指标比较敏感。由于东林煤矿以前钻屑量指标只作参考指标,只有估测,没有具体实测,因此仅作参考。通过 4 个月左右的现场资料收集,发现对同种破坏类型的煤体,卡钻或响煤炮时钻屑量增加,钻屑量指标比较敏感;但对不同种破坏类型的煤体,钻屑量差别很大,对于较硬煤体,其卡钻或响煤炮时,钻屑量比较软煤体无卡钻或响煤炮时钻屑量小很多,钻屑量指标此时无法真正反映煤体危险程度,钻屑量指标显得不敏感;当钻屑量指标超标时,实施排放孔,此时可能进一步破坏煤体结构,反而造成钻屑量不减或增大。综合以上分析,钻屑量是煤体破坏类型、地应力及构造应力的综合反映,钻屑量指标较大时可能仅仅只反映煤体破坏严重或地应力(构造应力大)较大或两者的综合反映,有一定的敏感性。钻屑量指标只有结合煤体破坏类型、卡钻及响煤炮等才更能综合反映煤体危险程度。

(2) 瓦斯涌出动态指标 V_{30} 敏感性分析

V_{30} 值主要由爆破后煤壁表面新增瓦斯涌出量 V_{q30}、爆破后巷道顶底板中煤壁表面的瓦斯涌出量 V_{dq30}、爆破后落煤中涌出的游离瓦斯量 V_{p30}、爆破后落煤中解吸出的瓦斯涌出量 V_{x30} 四个部分构成。落煤游离瓦斯涌出量尽管与煤层瓦斯压力关系密切,但变化量不大,这部分瓦斯对预测非典型突出的敏感性较差;顶底板未暴露煤层中的瓦斯涌出量与地应力、f 值都有关,但对未暴露煤层厚度的变化不大于 2 m 时,这部分瓦斯涌出量的变化也不大,除对少数煤层厚度起伏很大的矿井,一般对预测非典型突出的敏感性也较差;煤壁表面新增瓦斯涌出量与 f、σ_0、p_0 的关系都极为敏感,但对煤层透气性系数 λ 也较为敏感,一般而言,对 λ 变化不大,且 $\lambda \geq 0.01$ m²/(MPa² · d) 的煤层,这部分是 f、σ_0、p_0 的综合反映,对预测非典型突出的敏感性较强,但对 $\lambda < 0.01$ m²/(MPa² · d) 的煤层,这部分瓦斯量数值较小,f、σ_0、p_0 的作用容易被测量误差所掩盖,此时,预测非典型突出的敏感性较差;落煤解析瓦斯量是 V_{30} 的主要组成部分,其量值及变化范围通常远大于测量误差,但这部分对地应力 σ_0 不敏感,因此对预测以地应力为主导因素的非典型突出敏感性较差。

综合以上分析,当煤层透气性系数 $\lambda < 0.01$ m²/(MPa² · d),V_{30} 对预测非典型突出的敏感条件与钻屑瓦斯解析指标类似;对 $\lambda \geq 0.01$ m²/(MPa² · d) 的煤层,且 λ 变化不大时,V_{30} 对预测非典型突出的敏感条件主要是由瓦斯涌出指标及瓦斯解析指标两个方面决定的。北翼 6# 煤层为近直立煤层,又处于黑漆岩扭转轴附近,地应力大,煤层透气性系数较小,从以

上理论分析,V_{30}预测此种动力现象敏感性较差。由于东林煤矿以前没有V_{30}的历史资料,所以无从参考,通过4个月左右的现场资料收集,得出V_{30}与卡钻、喷孔、响煤炮等现象相关性一般,不太敏感。所以,V_{30}指标在东林煤矿北翼$6^\#$煤层不太敏感。

8.1.4.3 敏感指标及临界值初步确定

对于一个非典型突出预测敏感指标而言,我们希望存在一个理想的临界值,超过该值基本上会发生非典型突出,否则就不发生。但是,实际情况并不是这样,非典型突出危险性是一个概率的概念,一般随着指标测定值的增高,发生非典型突出的概率会增大,这是因为目前任何一个非典型突出预测指标都不能完全反映发生非典型突出的三要素,只能反映发生非典型突出的一个或两个因素。所以理想的临界值并不存在,存在的实际上是一个临界范围。当测定值小于此范围时没有非典型突出危险,一般不发生,高于此范围时大多都会发生非典型突出,而在此范围内时,可能发生非典型突出,也可能不发生。为了便于生产管理,需要在此范围内确定一个合理的临界点,使得采用它后,可取得安全和经济的最大平衡,既能保证安全生产,又能尽可能地解放生产力,提高采掘进度。根据我国目前预测技术水平的实际情况,一般情况下,合适的临界值应该是当测定值大于它时发生非典型突出的可能性为50%~60%,而小于该值时不发生非典型突出的可能性为95%~100%。

通过对各种预测指标的敏感性分析,认为钻屑瓦斯解吸指标K_1值在东林煤矿北翼$6^\#$煤层非典型突出危险性预测中是敏感的,钻屑量指标S也具有敏感性。由于东林煤矿北翼$6^\#$煤层处于黑漆岩扭转轴附近,地应力大,常规预测手段中地应力目前只能通过钻屑量指标来反映,所以选取钻屑瓦斯解吸指标K_1和钻屑量指标S作为预测指标,用于非典型突出预测。

(1)主要预测指标K_1值临界值的初步确定

本项目K_1指标临界值是采用实验室确定、现场试验数据统计及现场动力现象相结合的方法来初步确定的,同时参考瓦斯含量与K_1的关系。

首先,实验室通过K_1-p确定K_1指标临界值的方法,经过大量研究和不少矿井的应用,被证明是行之有效的。在东林煤矿北翼$6^\#$煤层不同地点采取煤样,同时采用不同确定发生非典型突出的最小瓦斯压力方法确定出的K_1临界值在$0.10\sim0.23$ mL/(g·min$^{1/2}$)之间;其次,现场跟踪表明,东林北翼$6^\#$煤层真正有非典型突出的区域占30%左右,现场资料收集统计$K_1\geqslant0.2$ mL/(g·min$^{1/2}$)占31%;从现场试验情况看,$K_1<0.2$ mL/(g·min$^{1/2}$)时尚未发现过喷孔现象,随着K_1值的增大,喷孔等动力现象发生概率增大;同时,以$6^\#$煤层的工业分析资料为基础,得出瓦斯含量分别是6 m^3/t和8 m^3/t时对应的K_1分别是0.23 mL/(g·min$^{1/2}$)和0.38 mL/(g·min$^{1/2}$)。

综合以上分析,初步确定东林煤矿北翼$6^\#$煤层瓦斯解吸指标K_1临界值为0.2 mL/(g·min$^{1/2}$)。

(2)主要预测指标S临界值的初步确定

本项目S指标临界值是采用现场试验数据统计、实际中动力现象的分析及与声发射指标的比较方法来初步确定的。

通过以上分析可知,钻屑量受煤体结构、地应力或构造应力的影响很大。首先,现场跟踪表明,东林煤矿北翼$6^\#$煤层真正有非典型突出的区域占30%左右;其次,结合4个多月现场钻屑量数据可知煤体较硬(破坏类型Ⅱ类)且无卡钻或响煤炮时,钻屑量最大值一般在

6.0 kg/m 左右,煤体较硬(破坏类型Ⅱ类)且有卡钻或响煤炮时,钻屑量最大值一般在 15 kg/m 以上;含有较软煤体(Ⅲ、Ⅳ类),且有卡钻或响煤炮时,钻屑量最大值更大。另外,根据声发射指标等资料分析,东林煤矿"2607"-50 m 及"2609"-90 m 的钻屑量值分别为 20 kg/m 及 15 kg/m 以上时动力现象伴随发生严重。

综合以上分析,初步确定东林煤矿北翼 6# 煤层预测钻屑量指标 S 临界值为 15 kg/m。

8.1.4.4 敏感指标及其临界值的扩大应用试验

根据项目实施方案的安排,对于第一阶段初步确定出的敏感指标及其临界值,需要进行扩大应用试验,以进一步验证其可靠性,或根据验证结果进行适当的调整。为此,分别在"2607"-50 m 中巷剩余段、"2609"-90 m 机巷剩余段 2 个掘进工作面进行了 3 个多月的扩大应用。

扩大应用期间钻屑解吸指标分布区间如表 8-26 所列。

表 8-26　　　　预测循环钻屑指标百分比统计

$K_{1max}/[mL/(g \cdot min^{1/2})]$	总次数(30)/次	百分比/%	$S_{max}/(kg/m)$	总次数(29)/次	百分比/%
≥0.05	25	83	≥6	28	97
≥0.1	15	50	≥10	18	62
≥0.15	12	40	≥12	15	52
≥0.2	7	23	≥15	12	41
≥0.25	5	17	≥20	9	31
≥0.3	2	7	≥25	6	21
≥0.35	0	0	≥30	2	7

扩大应用期间钻屑解吸指标收集资料如图 8-40 至图 8-47 所示。

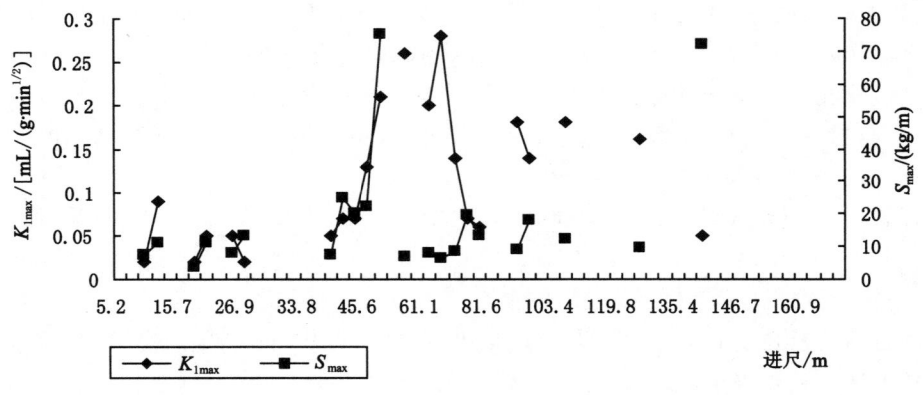

图 8-40 "2607"-50 m 中巷扩大应用期间预测循环钻屑指标最大值分布情况

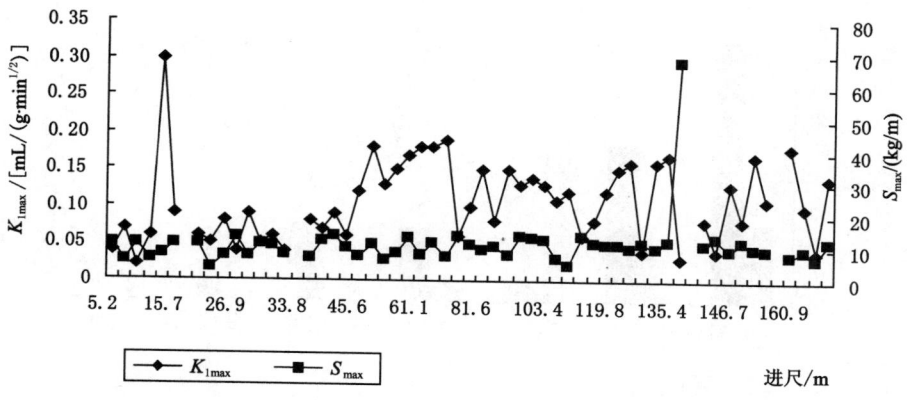

图 8-41　"2607"－50 m 中巷扩大应用期间校检循环钻屑指标最大值分布情况

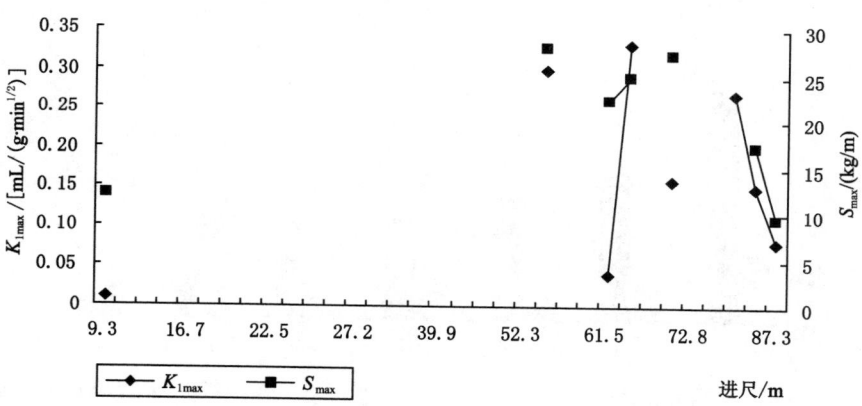

图 8-42　"2609"－90 m 机巷扩大应用期间预测循环钻屑指标最大值分布情况

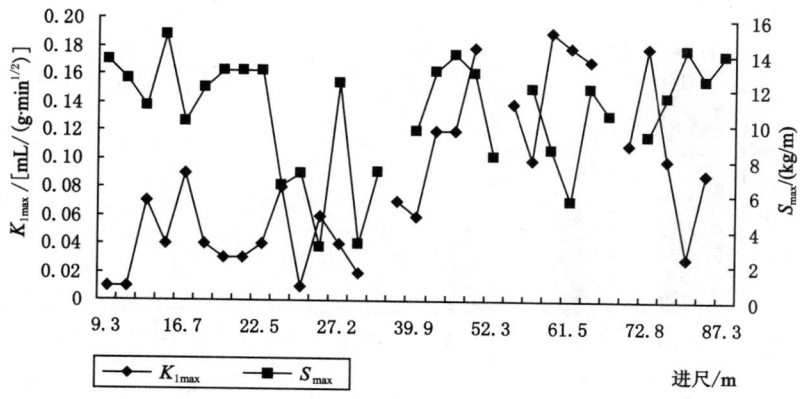

图 8-43　"2609"－90 m 机巷扩大应用期间校检循环钻屑指标最大值分布情况

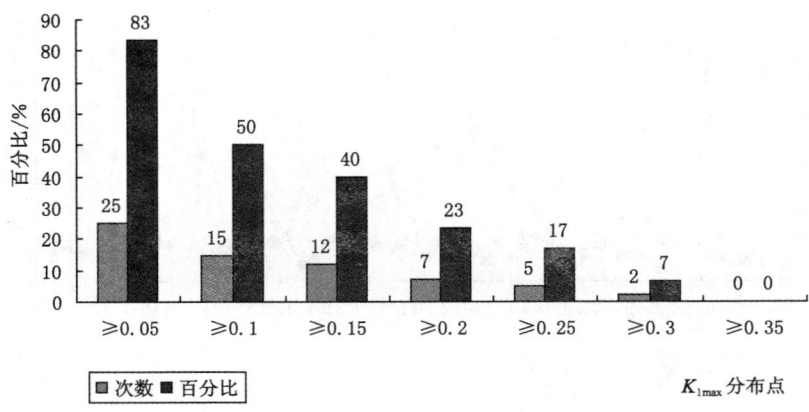

图 8-44 扩大应用期间全部预测循环钻屑指标 K_{1max} 区间分布情况

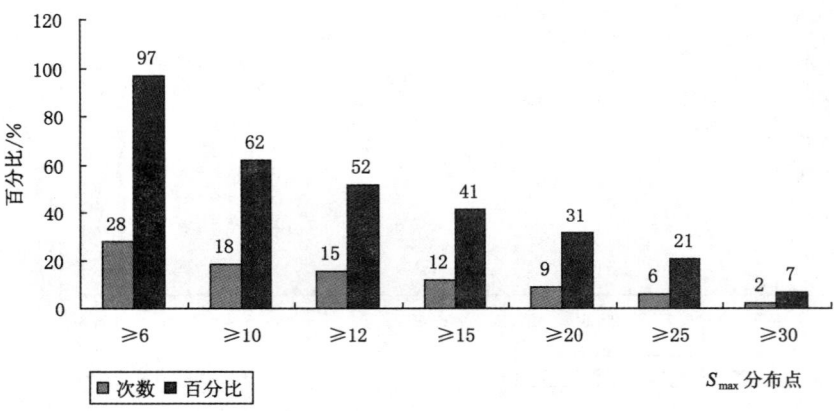

图 8-45 扩大应用期间全部预测循环钻屑指标 S_{max} 区间分布情况

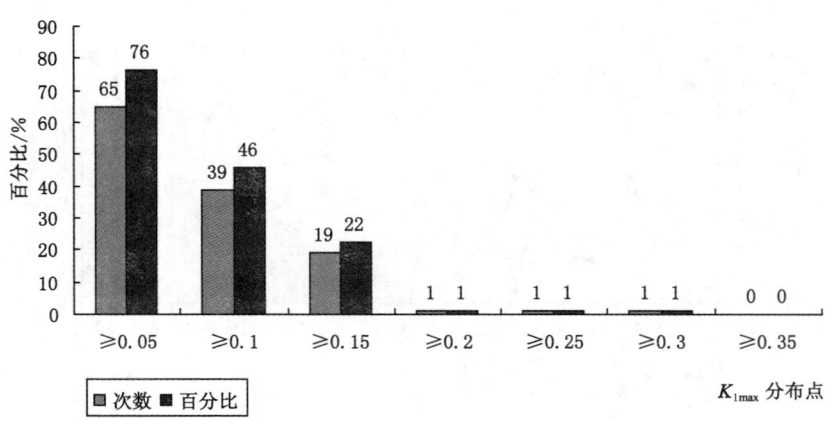

图 8-46 扩大应用期间全部校检循环钻屑指标 K_{1max} 区间分布情况

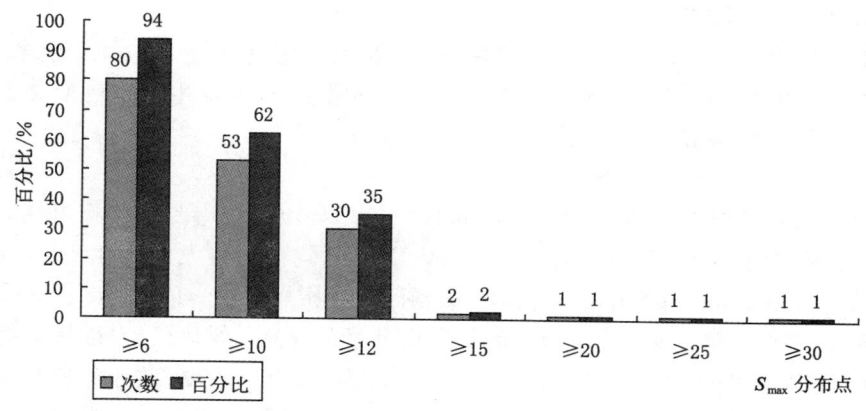

图 8-47 扩大应用期间全部校检循环钻屑指标 S_{max} 区间分布情况

截至 2007 年 12 月底,在扩大应用期间共进行了 85 个预测、校检循环的测定,掘进巷道 257.5 m,均安全掘进,未发生过非典型突出现象。

8.1.4.5 敏感指标及临界值确定

通过第一阶段的试验研究和第二阶段的扩大应用试验,共在非典型突出煤层巷道考察了 558 m,进行了 156 个预测、校检循环,获得 K_1 值 1 500 多个,S 值 2 000 多个。特别是经过第二阶段的应用验证,表明确定的非典型突出危险预测敏感指标及其临界值是安全、经济的,符合东林煤矿北翼 6# 煤层掘进巷道实际情况,最终确定的敏感指标及其临界值如下:K_1 指标,临界值为 0.2 mL/(g·min$^{1/2}$);S 指标,临界值为 15 kg/m。

依据此指标,当采掘工作面任意一个预测钻孔、任意一项指标、任意一次测定结果大于(或等于)其临界值,该工作面判定为非典型突出危险工作面;当连续两次或以上的工作面预测结果均为无非典型突出危险时,该工作面方可判为无非典型突出危险。

8.1.4.6 敏感指标及其临界值应用效果分析

本项目敏感指标及其临界值研究期间,共考察掘进巷道 558 m,进行了 156 个预测、校检循环,预计在以后的生产实践中,采用新的敏感指标及其临界值后,将会取得明显的安全效益和经济效益。主要表现为:在安全的前提下,减少防控工程量,提高掘进速度,缓解采掘接替紧张局面,降低掘进成本。

(1)保障安全掘进。在试验期间,采用新的临界值后,在正确测定钻屑指标 K_1 及 S 指标的情况下没有发生非典型突出现象,说明该敏感指标和临界值是安全的。

(2)减少防控措施工程量。在采用新的敏感指标及临界值的扩大应用期间,需要采取的补充防控措施次数由原来的 80 次减少到 2 次,减少补充措施工程量达 93%,所以在确保安全生产的前提下,采用新的敏感指标及其临界值将会大大减少防控措施工程量。

(3)提高掘进速度。由于提高了钻屑指标 S 临界值,大大减少了防控措施工程量,同时也减少了效果检验的次数,从而减少了实施防控措施和效果检验所占用的时间,所以无疑会提高掘进速度。经过统计,扩大应用期间,"2607"－50 m 中巷试验采掘工作面近 3 个月共掘进 170 m,在掘进速度上比以前有明显提高。

(4)降低掘进成本。由于大大减少了防控措施工程量和提高了掘进速度,煤巷掘进成本无疑会比以前有所降低。

从项目研究结束到 2010 年 11 月,矿井进行了扩大应用范围,经过 3 000 余米巷道的扩大应用,取得了明显的经济效益和安全效益。扩大应用期间,未发生过非典型突出事故,掘进进度比项目研究前提高了 2～3 倍。

8.1.4.7　小结

(1)综合试验工作面"2607"－50 m 中巷和"2609"－90 m 机巷钻屑指标可知,每米钻屑指标 K_1 平均值的最大值为 0.08 mL/(g·min$^{1/2}$),S 平均值的最大值为 8.2 kg/m;预测钻屑指标 $K_{1max} \geqslant 0.20$ mL/(g·min$^{1/2}$)占 31％,预测钻屑指标 $S_{max} \geqslant 15$ kg/m 占 28％。

(2)$K_{1max} < 0.2$ mL/(g·min$^{1/2}$)时尚未发现过喷孔现象。煤体较硬(破坏类型Ⅱ类)且无卡钻或响煤炮时,钻屑量最大值一般在 6.0 kg/m 左右;煤体较硬(破坏类型Ⅱ类)且有卡钻或响煤炮时,钻屑量最大值一般在 15 kg/m 以上;含有较软煤体(Ⅲ、Ⅳ类)且有卡钻或响煤炮时,钻屑量最大值更大。

(3)结合比较声发射高指标值与卡钻、煤炮及抽冒等异常现象的关系可知:试验工作面"2607"－50 m 中巷、"2609"－90 m 机巷的钻屑指标 S_{max} 分别高于 20 kg/m 和 15 kg/m 时,卡钻、煤炮及抽冒等异常现象伴随发生严重。综合分析钻屑指标和声发射曲线可以看出,在正常地带,两指标变化趋势平稳,具有一定的相关性;但在非正常地带,一是地质构造带,S 指标相对于声发射指标较为敏感,二是在煤炮、垮落及抽冒地带,声发射指标相对 S 指标较为敏感。

(4)综合比较"2607"－50 m 中巷和"2609"－90 m 机巷钻屑指标 K_{1max} 与预测前最近一次爆破瓦斯浓度峰值可以发现:只要爆破瓦斯浓度峰值 $C_{CH_4} \geqslant 0.6$％(绝对瓦斯涌出量 $\geqslant 0.6$ m^3/min),K_{1max} 预测值接近或大于 0.15 mL/(g·min$^{1/2}$)的概率就大大增加,可以作为一种辅助指标,增加防突人员预测前对掘进工作面的了解度。

(5)钻屑指标 K_{1max} 及 S 指标在东林煤矿北翼 6$^{\#}$ 煤层是敏感的,但钻屑量指标 S 受煤体结构及地应力或构造应力影响很大,钻屑量指标较大时可能仅仅只反映煤体破坏严重或地应力(构造应力大)较大或两者的综合反映。

(6)钻孔瓦斯涌出初速度及其衰减系数预测指标在东林煤矿北翼 6$^{\#}$ 煤层无法考察;瓦斯涌出动态指标 V_{30} 在东林煤矿北翼 6$^{\#}$ 煤层不太敏感。

(7)本项目敏感指标及其临界值研究期间,进行了 156 个预测、校检循环,获得 K_1 值 1 500 多个,S 值 2 000 多个。共考察掘进巷道 558 m,均安全掘进,未发生过非典型突出现象。

(8)钻屑敏感指标及其临界值扩大应用试验期间,预测钻屑指标 $K_{1max} \geqslant 0.20$ mL/(g·min$^{1/2}$)占 23％,预测钻屑指标 $S_{max} \geqslant 15$ kg/m 占 41％。

(9)东林煤矿北翼 6$^{\#}$ 煤层掘进巷道非典型突出危险预测敏感指标及其临界值确定为:钻屑瓦斯解吸指标 K_1,其临界值为 0.2 mL/(g·min$^{1/2}$);钻屑量指标 S,其临界值为 15 kg/m。

8.1.5　局部防控工艺初步研究

对试验工作面的预测循环钻屑指标数据及校检循环钻屑指标数据进行了比较,并对实施局部措施后校检钻屑指标的降幅进行了分析,同时考察了局部排放钻孔有效半径,通过这些分析数据考察了试验工作面的局部防控措施效果,在此基础上优化了打钻工艺和设备。

8.1.5.1 试验工作面现有防控技术措施

东林煤矿北翼 6#煤层在采掘作业过程中参照《煤矿安全规程》、《防突细则》的要求,执行了瓦斯抽采和局部防控措施。

(1)瓦斯抽采

在"2607"二段−50 m中巷 1#～2#石门(以下简称为"2607.−50")掘进前,施工了掘进条带预抽钻孔,预抽了煤层瓦斯,累计抽采 158 d,抽出瓦斯(Q_{hc})6 870 m³,负压 0.022～0.030 MPa,抽采浓度 2%～8%,项目进行前预抽率 15%左右;"2609"二段−90 m机巷 3#～2#石门(以下简称为"2609.−90"),抽采浓度 6%～10%,负压 0.027～0.045 MPa,累计抽采 68 d,抽出瓦斯(Q_{hc})7 128.07 m³,项目进行前预抽率 16%左右。

(2)局部防控措施

试验工作面执行局部"四位一体"综合防控措施,进行正规的日常预测循环作业,每个预测循环都进行非典型突出预测或效果检验(在严重危险区不进行预测,直接采取防控措施,并进行效果检验),当预测或效果检验结果不超标时,在执行安全防护措施的前提下进行采掘作业。

排放钻孔直径是确定排放效果的主要因素,钻孔直径愈大,排放和卸压效果愈好。根据《防突细则》,钻孔直径应当根据煤层赋存条件、地质构造和瓦斯情况确定,一般直径为 75～120 mm,地质条件变化剧烈地带也可采用直径 42～75 mm 的钻孔。根据东林煤矿北翼 6#煤层赋存及地质构造情况,试验工作面采用直径 42 mm 的排放钻孔局部防控措施。钻孔呈扇形布置,预测为 2 个钻孔,排放 7 个钻孔(其中 2 个为预测孔),效果检验孔为 2 个,所有钻孔孔径为 42 mm。

其详细布置如图 8-48 所示。

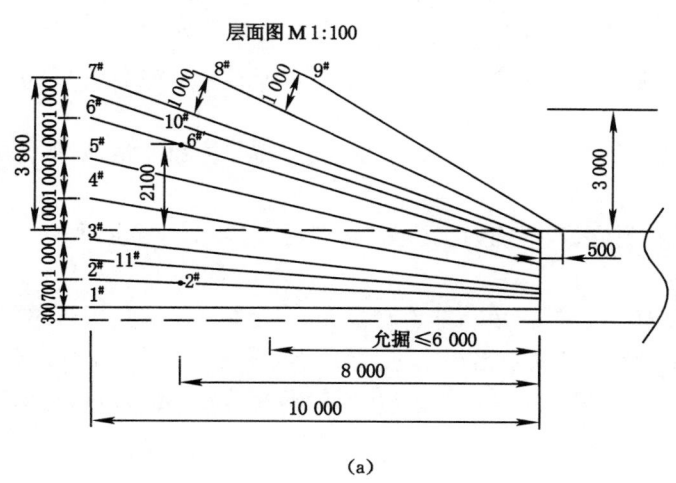
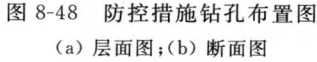

(a)

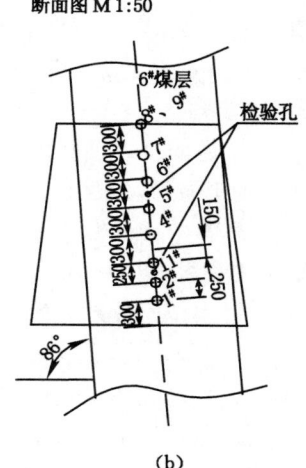

(b)

图 8-48　防控措施钻孔布置图

(a)层面图;(b)断面图

（3）安全防护措施

① 通风队按相关规定安设压风自救器、隔爆水袋等"一通三防"设施；作业及爆破地点必须配备足够作业人员使用的压缩氧自救器。

② 进行岗位及禁区设置。栅栏设置和禁区内搜索撤人由通风队负责，井下站岗点站岗和撤人由施工队负责。以上工作完成后由专人向矿调度室汇报（矿调度室安设井下爆破点和站岗点电话与调度室接通），接到调度室通知后才能爆破。

③ 爆破必须实行"三人连锁放炮制"和"一炮三检制"，且爆破后等足 30 min 以上才许进入掘进头检查爆破情况，若爆破正常，煤层及瓦斯无异常情况，则恢复正常作业，若爆破异常，由矿总工程师组织研究补充措施，采取措施后再作业。

④ 设置防逆流风门，风门设置要符合相关规定。

⑤ 施工队必须保证避灾路线畅通无阻，严禁杂物及其他物件堆放在避灾路线上。

（4）其他

① 在该工作面的排放孔施工过程中，瓦斯队指派管理或业务组人员现场指导、督促，按要求施钻。打钻过程中瓦斯忽大忽小、煤壁片帮严重及喷孔严重等非典型突出征兆时，全体人员必须沿避灾路线撤至安全地点向矿调度汇报，听候处理。

② 施工队在掘进前或允许掘进距离掘完时，应提前一个小班通知瓦斯队施工排放孔或效果检验，严禁不施工排放孔或效果检验掘进以及超掘。

③ 工作面施工排放孔和效果检验参数的测定，由瓦斯队负责实施，突控板、突控基点由瓦斯队设置和移动，施工队负责突控板中的"已掘长度、剩余长度"的填写和组织人员施工效果检验钻孔。

④ 工作面严禁风镐作业，只能爆破或手镐作业，爆破实行矿调度闭锁（各站岗点的人员站好岗后，向调度汇报，调度员在确认各站岗点都站好岗后通知爆破工爆破，爆破工接到调度命令后才能爆破），没有调度命令严禁爆破。

⑤ 施工队准备好处理抽冒所需用的材料，支护好巷顶及掘进头，使用好松方或金属骨架支护，杜绝煤体自重垮落事故；施工队必须编制专门的金属骨架支护设计和措施；施工队跟班人员负责金属骨架及支护措施在现场的实施，安监、生产等部门派人现场检查该工作的实施情况。

⑥ 超前排放钻孔施工时，施钻人员按设计参数开口施工，控制好方位和倾角，确保排放钻孔施工质量，以保证消突效果。

⑦ 各个排放钻孔的原始记录必须清楚，准确如实填写，终孔后，瓦斯队业务组人员应收集相关资料，以便分析。

⑧ 工作面效果检验后，瓦斯队防突人员应填写非典型突出危险性效果检验报告单，报矿总工程师审批，施工队严格按报告单中的要求组织施工，严禁不效果检验掘进以及超掘。

⑨ 所有施钻、掘进人员必须熟练使用压缩氧自救器，在该处施工措施孔前，由救护队进行自救器的使用培训。

8.1.5.2 局部防控措施效果分析

8.1.5.2.1 局部防控措施实施后钻屑指标变化情况

两试验巷道试验期间预测及校检钻屑值变化情况如表 8-27、表 8-28 所列。

表 8-27　　　　　　　　　　"2607.－50"预测及校检钻屑指标值

循环次数/次	预测 K_{1max} /[mL/(g·min$^{1/2}$)]	预测 S_{max} /(kg/m)	校检 K_{1max} [mL/(g·min$^{1/2}$)]	校检 S_{max} /(kg/m)	预测 K_{1max} 对应孔深/m	预测 S_{max} 对应孔深/m	预测实际最大孔深/m	校检 K_{1max} 对应孔深/m	校检 S_{max} 对应孔深/m	校检实际最大孔深/m
1	0.07	12.2			3	9	9			
2	0.11	3.4			4	9	9			
3	0.21	6.8			9	11	11			
4	0.12	23.0	0.1	14	4	6	10	2	7	10
5	0.18	5.9			5	9	10			
6	0.22	40.0	0.18	4.2	2	9	10	3	3	10
7	0.08	42.0			4	9	9			
8	0.10	4.0			4	5	6			
9	0.05	3.2			2	4	4			
10	0.07	30.6	0.05	7	5	10	10	6	6	10
11	0.08	40.0			2	5	7			
12	0.04	73.0	0.05	11.5	10	6	10	9	7	10
13	0.06	8.2			7	4	10.5			
14	0.06	10.8			9	9	10.5			
15	0.07	6.2			2	7	10.5			
16	0.21	8.4			4	10.5	10.5			
17	0.04	19.0	0.03	11	4	4	4	8	9	9
18	0.12	20.0			4	7	7			
19	0.06	9.8			8	8	8			
20	0.04	10.2			7	7	8			
21	0.07	5.2			5	6	10			
22	0.15	14.5			10	11	12			
23	0.12	5.8			2	7	8			
24	0.13	25.0	0.15	9	2	6	7	2	8	8
25			0.02	7.2				4	4	4
26										
27										
28	0.18	5.8			2	4	10			
29	0.13	8.4			10	8	10			
30	0.11	9.5			10	10	10			
31	0.13	7.3			10	9	10			
32	0.21	5.8			3	10	10			

循环次数/次	预测 K_{1max} /[mL/(g·min$^{1/2}$)]	预测 S_{max} /(kg/m)	校检 K_{1max} [mL/(g·min$^{1/2}$)]	校检 S_{max} /(kg/m)	预测 K_{1max} 对应孔深 /m	预测 S_{max} 对应孔深 /m	预测实际最大孔深 /m	校检 K_{1max} 对应孔深 /m	校检 S_{max} 对应孔深 /m	校检实际最大孔深 /m
33	0.11	6.8			5	9	16			
34	0.15	6.0			5	7	12			
35	0.07	2.6			4	4	6			

表 8-28　　　　　　　　　　"2609.－90"预测及校检钻屑指标值

循环次数/次	预测 K_{1max} /[mL/(g·min$^{1/2}$)]	预测 S_{max} /(kg/m)	校检 K_{1max} [mL/(g·min$^{1/2}$)]	校检 S_{max} /(kg/m)	预测 K_{1max} 对应孔深 /m	预测 S_{max} 对应孔深 /m	预测实际最大孔深 /m	校检 K_{1max} 对应孔深 /m	校检 S_{max} 对应孔深 /m	校检实际最大孔深 /m
1	0.07	12.0	0.01	7.2	2	3	3.0	2	2	3
2			0.03	4.0				4	3	4
3										
4			0.13	38.0				4	8	8
5	0.06	26.0	0.16	20.0	4	7	10.0	8	10	10
6	0.20	5.8			6	3	8.5			
7	0.18	3.2	0.21	16.0	4	6	6.0	5	6	5.5
8						4	4.5			
9	0.18	2.4			2	4	4.3			
10	0.33	31.0	0.44	5.2	10	8	10.2	4	9	10
11	0.35	3.8			6.0	6	6			
12	0.36	64.0	0.22	19.6	7	2	8.2	6	4	8.5
13	0.37	8.2			4	3	5.4			
14	0.28	15.0			2	10	10.5			
15	0.28	12.6	0.22	11.3	2	4	4.0	4	11	12
16	0.23	13.0			2	10	10.0			
17	0.20	15.0			6	7	10.0			
18	0.15	5.4			8	9	10.4			
19	0.22	12.0	0.17	5.8				2	5	10.4
20			0.22	4.8				8	6	11.7
21	0.22	5.6			2	9	10.4			
22	0.46	9.7	0.14	9.6	8	3	8.3		10	10
23			0.3	9.6				7	11	11
24	0.24	22.0	0.14	9.0	6	4	6.0	9	7	9
25			0.13	4.8				8	5	10
26	0.10	11.0			9	8	10.5			

循环 次数 /次	预测 $K_{1\max}$ /[mL/(g·min$^{1/2}$)]	预测 $S_{\max}$ /(kg/m)	校检 $K_{1\max}$ [mL/(g·min$^{1/2}$)]	校检 $S_{\max}$ /(kg/m)	预测 $K_{1\max}$ 对应 孔深 /m	预测 $S_{\max}$ 对应 孔深 /m	预测 实际 最大 孔深 /m	校检 $K_{1\max}$ 对应 孔深 /m	校检 $S_{\max}$ 对应 孔深 /m	校检 实际 最大 孔深 /m
27	0.14	7.0			2	8	10.0			
28	0.30	12.0	0.08	40.0	5	3	5.0	8	8	10
29			0.12	9.6				7	7	7.8
30	0.14	8.3			8	8	8.7			
31	0.19	18.0	0.16	9.2	5	6	10.4	4	8	8
32			0.08	7.0				10	10	10
33	0.09	5.6			8	8	10.5			
34	0.09	9.5			7	9	10.0			
35	0.09	10.3			8	5	8.6			

　　两试验巷道采用局部措施(排放钻孔)后预测、校检指标值及校检指标减小百分比情况如图 8-49 至图 8-54 所示。

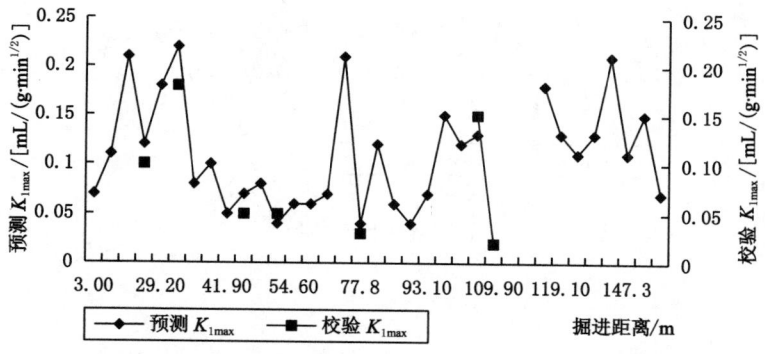

图 8-49　局部措施后预测循环与校检循环钻屑指标 $K_{1\max}$ 比较情况

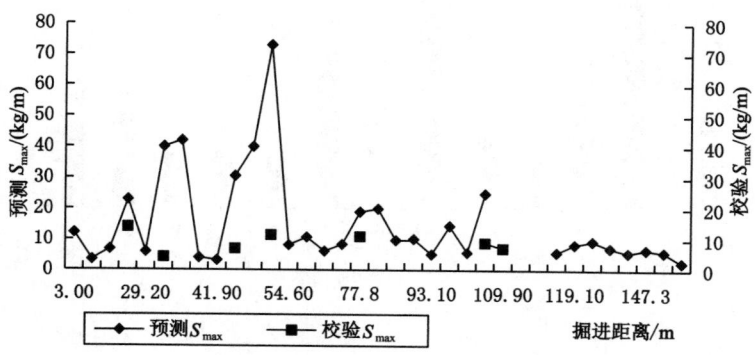

图 8-50　局部措施后预测循环与校检循环钻屑指标 $S_{\max}$ 比较情况

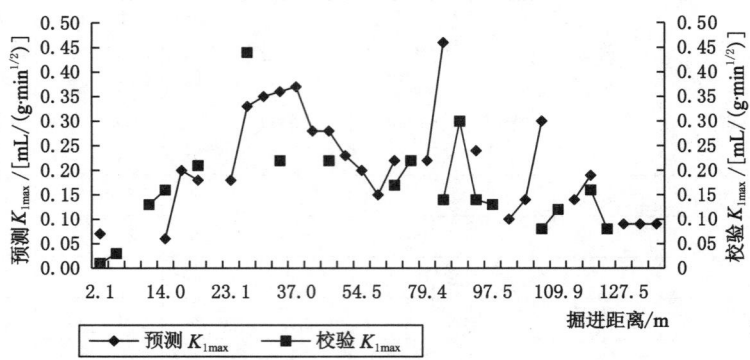

图 8-51　局部措施后预测循环与校检循环钻屑指标 K_{1max} 比较情况

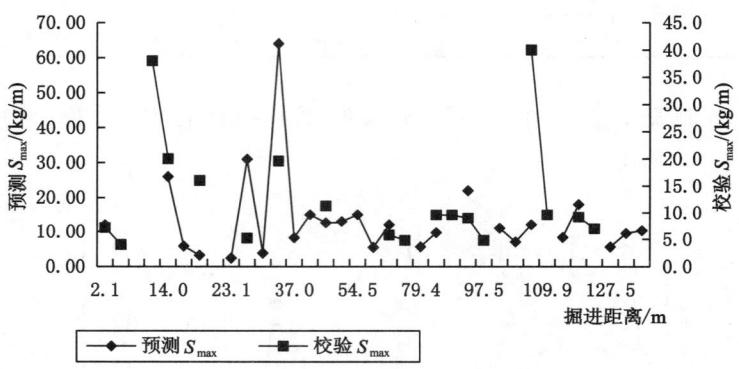

图 8-52　局部措施后预测循环与校检循环钻屑指标 S_{max} 比较情况

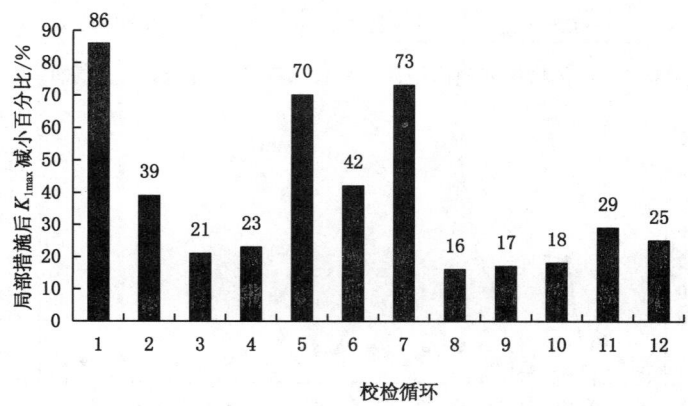

图 8-53　局部措施后校检循环相比预测循环 K_{1max} 减小百分比情况

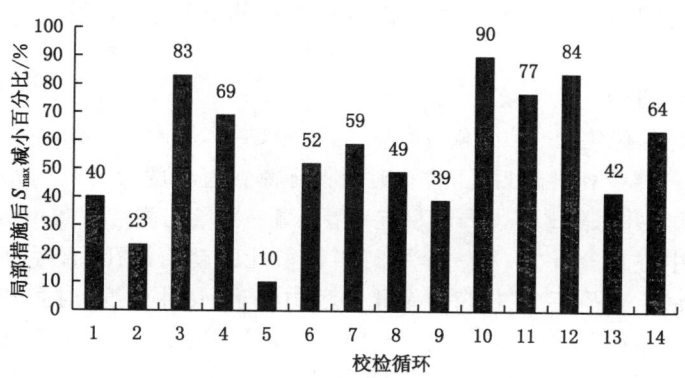

图 8-54 局部措施后校检循环相比预测循环 S_{max} 减小百分比情况

由图 8-53、图 8-54 可知,试验掘进工作面正常实施本层排放钻孔后,校检钻屑指标较预测钻屑指标普遍减小,K_{1max} 平均降幅 38%,S_{max} 平均降幅 56%。

但应注意的是,实施排放钻孔措施后,仍有个别循环或部分钻孔校检指标最大值大于预测值的情况,经分析,主要原因如下:

① 由于地应力大,钻孔垮孔严重,可能出现钻孔愈多,垮孔愈严重,造成钻屑量 S 校检值大于预测值。

② 垮孔严重时,工作面迎头无法再施工钻孔,不排除个别检验孔进入了排放钻孔未控制范围,造成指标 K_1 校检值大于预测值。

总之,基于试验工作面的实施现有局部防控措施后预测、校检钻屑指标数据、考察结果,得出在按照要求实施现有排放钻孔的情况下,现有局部防控措施有效。

8.1.5.2.2 局部防控措施钻孔有效半径考察

超前排放钻孔局部防控措施是指向工作面前方沿煤层打一定数量和长度的排放钻孔,以消除工作面附近一定范围内的非典型突出危险。钻孔直径过小,瓦斯得不到应有排放且排放范围有限,但钻孔直径过大,钻头附近煤体瓦斯、地应力场急剧变化,容易诱导非典型突出。

超前钻孔的作用原理在于通过向工作面前方煤体打若干钻孔,使钻孔控制范围内的煤体得到卸压与排放瓦斯,释放一定范围内的非典型突出能量;同时使应力集中带向前方和巷道两侧深部运移,以达到一定范围内消除和降低非典型突出危险。超前钻孔措施能否消除非典型突出危险,关键在于钻孔布置及参数的合理性。大量的实践表明,防控技术措施参数不合理,钻孔布置不均匀,不仅不能消除非典型突出危险,而且可能增加非典型突出危险。然而,不同的地质、开采技术条件,单个排放钻孔有效作用范围存在差异,因此,针对具体工程地质条件,研究超前钻孔措施合理参数是正确使用该措施的前提。

(1)考察方法

超前钻孔有效排放半径是指单个超前钻孔沿半径方向能够消除非典型突出危险的最大范围,其值不仅与煤层非典型突出危险的大小及自身结构有关,而且还与措施孔的排放时间有关。测定超前钻孔有效排放半径的原理是:在措施孔一侧或四周布置若干个测量孔,通过考察测量孔内瓦斯涌出量(或其他非典型突出预测指标)的变化确定措施孔的排放范围。超前钻孔有效排放半径的测定方法有钻孔流量法、钻屑瓦斯解吸指标法和瓦斯压力降低法。

① 钻孔瓦斯流量法

沿工作面软分层施工 3～5 个相互平行的测量钻孔，孔径 42 mm，孔长 5～7 m，间距 0.3～0.5 m。对各测量孔进行封孔，封孔时应保证测量室长度为 1 m。钻孔密封后，立即测量钻孔瓦斯涌出量，并每隔 2～10 min 测定一次，每一测量孔测定次数不得少于 5 次。在距最边缘测量钻孔中心 0.5 m 处，打一个平行于测量孔的超前钻孔（直径是待考察超前钻孔有效排放半径的钻孔直径）。在打超前钻孔过程中，记录钻孔长度、时间和各测量孔中的瓦斯涌出量变化。超前钻孔打完后，每隔 2～10 min 测定各测量孔的瓦斯涌出量。打完超前钻孔后测定 2 h。绘制出各测量孔的瓦斯涌出量变化图。

如果连续 3 次测定测量孔的瓦斯涌出量都比打超前钻孔前增大 10%，即表明该测量孔处于超前钻孔的有效排放半径之内。符合条件的上述的测量孔距排放钻孔的最远距离，即为超前钻孔的有效排放半径。

② 钻屑瓦斯解吸指标法

在没有执行过防控措施的有非典型突出危险的采掘工作面，在其软分层中先打一个考察孔，钻孔深 8～10 m，钻孔直径为 42 mm，测量每米的钻屑量与钻屑瓦斯解吸指标。测试结束后，将钻孔扩大到排放钻孔的设计直径，进行扩孔排放。按施工要求，确定排放时间。当到达时间后，在该钻孔附近的软分层中打一个与此孔有一定角度的测试孔，测定其每米的钻屑量与钻屑瓦斯解吸指标。

将 2 个钻孔同一深度范围内所测到的数据和两点的间距进行分析，当其小于临界指标值时，相应两点的最大间距确定为排放钻孔的有效排放半径。

③ 瓦斯压力降低法

在无限流场条件下，按瓦斯压力确定钻孔排放瓦斯有效半径。先在石门断面上打一个测压孔，准确地测出煤层的瓦斯压力。然后距测压孔由远而近打排放瓦斯钻孔，观察瓦斯压力的变化，如果某一钻孔，在规定的排放瓦斯时间内，能把测压孔的瓦斯压力降低到容许值，则该孔距测压的最小距离即为有效半径。也可以由石门向煤层打几个测压孔，待测出准确瓦斯压力值后，再打一个排放瓦斯钻孔，观察各测压孔瓦斯压力的变化，在规定的排放瓦斯时间内，瓦斯压力降低到安全限值的测压孔距排放孔的距离，就是有效半径。这种方法测出的有效半径很小，因为测压钻孔周围有丰富的瓦斯来源，瓦斯压力下降很慢。这种方法确定的有效半径适用于排放孔很少和厚煤层单排孔条件下。

在有限流场条件下，按瓦斯压力确定钻孔排放瓦斯有效半径。在石门断面向煤层打一个穿层测压孔或在煤巷打一个沿层测压孔，测出准确的瓦斯压力值后，再在测压孔周围由远而近打数排钻孔，即在距离测压孔较远处先打一排排放钻孔（至少 4 个），位于同一半径上，然后观察瓦斯压力变化。若影响甚小，在距测压孔较近的半径上再打一排排放钻孔（至少 4 个），再观察瓦斯压力变化，在规定排放瓦斯期限内，能将测压孔的瓦斯压力降低到容许限值的那排钻孔距测压孔的距离就是排放瓦斯有效半径。

（2）局部防控措施钻孔有效半径考察

根据东林煤矿实际条件，本次有效排放半径的测定采用钻屑解吸指标法。在本次有效排放半径的测定过程中，主要是用钻屑瓦斯解吸指标 K_1 值法。钻屑瓦斯解吸指标 K_1 值法，其钻孔布置可分为平行和扇形布孔法。在东林煤矿的有效排放半径的测定过程中,采用的是扇形钻孔布置法。

东林煤矿北翼 $6^{\#}$ 煤层排放钻孔有效作用半径检验孔采用风钻配套麻花钻头施工,孔径 $\phi42\ mm$,待考察的孔径为 $\phi42\ mm$ 和 $\phi75\ mm$。通过考察排放钻孔周边钻屑解吸指标参数的变化来综合分析确定有效作用范围。

在煤层软分层内未受排放及预抽钻孔影响的地点,布置 1 个孔径为 $\phi42\ mm$ 的考察钻孔(预测孔)。打钻过程中,每钻进 1 m 测试钻屑量 S 和钻屑解吸指标 K_1,孔深 10 m,然后将该考察孔进行扩孔作为排放钻孔,扩孔直径为待考察排放半径的孔径(在考察 $\phi42\ mm$ 时不用扩孔,在考察 $\phi75\ mm$ 时,排放孔扩 $\phi75\ mm$),孔深与考察孔相同。排放孔施工后,在其旁边一定距离的同一层位布置一孔径为 $\phi42\ mm$ 检验孔,该检验孔与排放孔成一定夹角布置,并每钻进 1 m 测试钻屑量 S 和钻屑解吸指标 K_1。将 2 个钻孔同一深度范围内所测到的数据和两点的间距进行分析,从而确定排放钻孔的有效排放半径。

① $\phi42\ mm$ 钻孔有效排放半径考察

$\phi42\ mm$ 钻孔的有效排放半径共进行了 2 次考察,钻孔有效排放半径考察钻孔布置如图 8-55、图 8-56 所示;考察参数测定结果如表 8-29、表 8-30 所列。

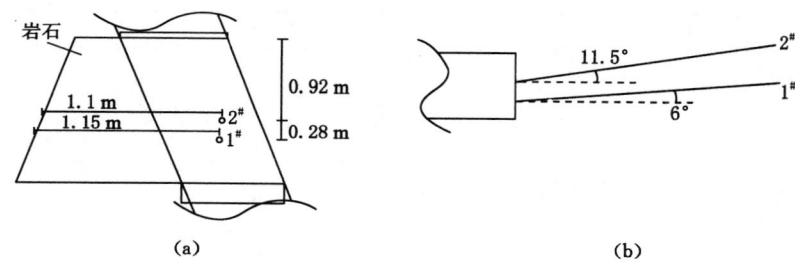

图 8-55　$\phi42\ mm$ 钻孔有效排放半径考察示意图(Ⅰ)

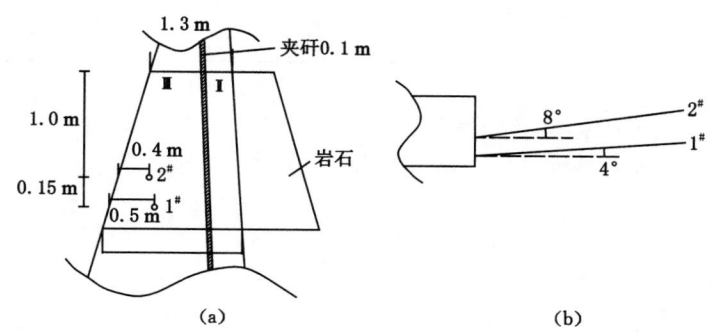

图 8-56　$\phi42\ mm$ 钻孔有效排放半径考察示意图(Ⅱ)

表 8-29　　　　　　　　　$\phi42\ mm$ 预测和检验指标测试参数对比表(Ⅰ)

孔段	钻屑解吸值/$[mL/(g \cdot min^{1/2})]$			钻屑量/(kg/m)		
	1号孔	2号孔	增减值	1号孔	2号孔	增减值
1	0	0.15	+0.15	1.8	1.5	−0.3

孔段	钻屑解吸值/[mL/(g·min$^{1/2}$)]			钻屑量/(kg/m)		
	1号孔	2号孔	增减值	1号孔	2号孔	增减值
2	0.18	0.11	−0.07	2.2	2	−0.2
3	0.2	0.53	+0.33	2	2.2	+0.2
4	0.1	0.09	−0.01	4.1	3.4	−0.7
5	0.09	0.21	+0.12	4.1	6	+1.9
6	0.12	0.12	0	4.2	11.5	+7.3
7	0.07	0.11	+0.04	7.4	3.4	−4
8	0.09	0.07	−0.02	6.8	6.6	−0.2
9	0.08	0.12	+0.04	7	7.4	+0.4
10	0.1	0.08	−0.02	8.2	—	

表 8-30　　　　　　　　ϕ42 mm 预测和检验指标测试参数对比表（Ⅱ）

孔段	钻屑解吸值/[mL/(g·min$^{1/2}$)]			钻屑量/(kg/m)		
	1号孔	2号孔	增减值	1号孔	2号孔	增减值
1	0.06	0.05	−0.01	2.8	2.8	0
2	0.09	0.05	−0.04	10	4.0	−6
3	0.08	0.05	−0.03	5.4	3.2	−2.2
4	0.13	0.06	−0.07	27	3.0	−24
5	0.05	0.05	0.00	18	2.4	−15.6
6	0.21	0.06	−0.15	20	98	+78
7	0.10	0.07	−0.03	75	34	−41
8	0.17	0.07	−0.10	66	12	−54
9	0.15	0.11	−0.04	40	15	−25
10	0.17	0.05	−0.12	29	—	—

② ϕ75 mm 钻孔有效排放半径考察

ϕ75 mm 钻孔的有效排放半径考察钻孔布置如图 8-57 所示。

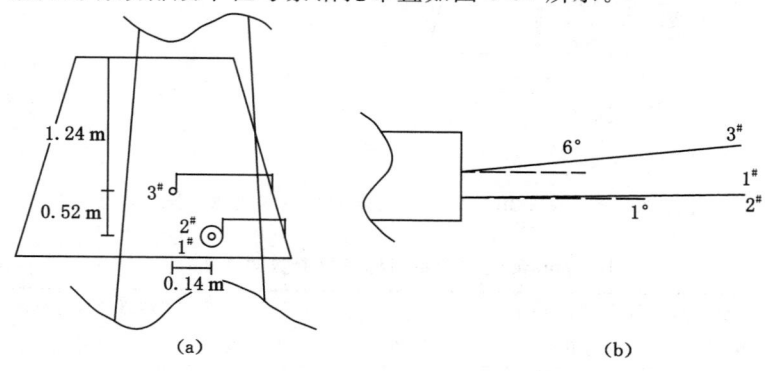

图 8-57　ϕ75 mm 钻孔有效排放半径考察示意图

考察参数测定结果如表 8-31 所列。

表 8-31　　　　　　　　$\phi75$ mm 预测和检验指标测试参数对比表

| 孔段 | 钻屑解吸值/[mL/(g·min$^{1/2}$)] | | | 钻屑量/(kg/m) | | |
	1 号孔	2 号孔	增减值	1 号孔	2 号孔	增减值
1	0.13	0.09	−0.04	2.0	—	—
2	0.18	0.00	−0.18	3.2	—	—
3	0.15	0.16	+0.01	16.0	—	—
4	0.14	0.00	−0.14	15.8	—	—
5	0.11	0.14	+0.03	17.5	—	—
6	0.14	0.00	−0.14	17.0	—	—
7	0.11	0.10	−0.01	21.0	—	—
8	0.11	0.00	−0.11	17.1	—	—
9	0.08	0.08	—	34.0	—	—
10	—	—	—	—	—	—

根据对测试结果分析,从表 8-29 可以看出,$\phi42$ mm 考察孔的 2 号孔的 K_1 值,从第 4 m 开始受到 1 号孔的影响整体变小,即孔间距 0.57 m 处;从表 8-30 可以看出,$\phi42$ mm 考察孔的 2 号孔的 S 值,从第 5 m 开始受到 1 号孔的影响整体变小,即孔间距 0.62 m 处;从表 8-31 可以看出,$\phi75$ mm 考察孔的 2 号孔的 K_1 值,从第 3 m 开始没有受到 1 号孔的影响,即孔间距为 0.78 m 处。

综合测试结果,$\phi42$ mm 的排放钻孔沿煤层较软分层钻进时有效作用半径 $R<0.57$ m;$\phi75$ mm 的排放钻孔沿煤层较软分层钻进时有效作用半径 $R<0.78$ m。由于东林煤矿北翼 6$^{\#}$ 煤层赋存条件决定成孔孔径要大于钻孔孔径,因此,计算得出的排放钻孔有效半径是合理的。

由于煤层赋存及测试误差的影响,并考虑一定的安全系数,经综合分析后确定:东林煤矿 $\phi42$ mm 钻孔有效排放半径取值为 0.5 m,$\phi75$ mm 钻孔有效排放半径取值为 0.7 m。

8.1.5.3　局部防控措施钻孔打钻工艺及装备优化

由于矿井北翼 6$^{\#}$ 煤层为近直立煤层,又处于黑漆岩扭转轴附近,地应力大,瓦斯含量高,煤层赋存变化剧烈,现场实施预测时,钻屑量基本均超过《防突细则》临界值,超标后实施排放钻孔过程中常伴有卡钻等现象,若要将钻屑量降至《防突细则》临界值以下,则需要几天甚至 10 d 以上,掘进速度相当缓慢,采掘接替紧张至已经失调,甚至有时煤体打钻孔过多造成抽冒现象发生,因而,有必要进行打钻工艺及设备优化。

在现场跟踪打钻过程中发现,目前打钻技术存在以下问题:

① 为了避免煤体垮冒,没有按照设计要求实施均匀布置钻孔。例如:钻孔间距过小,没有在措施孔之间实施校检孔等。

② 快速推进钻具,容易发生卡钻等情况,发生卡钻时,需来回钻进处理被卡孔位,无形中虚增不少钻屑量,不利于指标准确测定。

③ 钻进一段时间后,钻杆易变形,造成钻孔变形、垮孔严重。

针对以上情况,提出钻孔施工工艺优化、设备改进方法如下:

① 北翼 6$^\#$ 煤层变化剧烈,应加强前探钻孔措施,尽可能了解前方煤体变化情况,为钻孔的布置及实施提供基础。

② 尽可能按照设计要求实施钻孔,避免钻孔间距过小而造成煤体垮冒,给其他钻孔施工带来困难,过大而达不到应有的防治效果。

③ 匀速推进钻具,避免卡钻等。

④ 参照《防突细则》要求,排放钻孔控制巷道前方、上帮、下帮一定范围。

⑤ 采用全液压坑道钻机在煤层底板岩层中布置穿层预抽钻孔,提前抽采掘进工作面条带煤层瓦斯,超前释放掘进工作面前方煤层瓦斯和地应力,增强煤体强度,减少掘进打钻时的垮孔、卡钻概率,避免反复在煤层施工钻孔将掘进头安全屏障破坏现象,为钻孔施工和巷道掘进提供了必要的安全屏障。

⑥ 针对北翼 6$^\#$ 煤层赋存的特殊性和钻孔施工难度,调研了国内相似矿井小直径排放钻孔施工设备,推荐德国产 FIV S/L 型手持型气动钻机代替国产 ZFS-15 型手持型风煤钻,实施掘进工作面排放钻孔。

该设备质量轻、功率大、扭矩高、钻杆质量好、钻孔深,能在一定程度上大大提高打钻效率,解决钻孔施工中存在问题,适合北翼 6$^\#$ 煤层施工小直径排放钻孔。两种钻孔施工设备技术参数对比如表 8-32 所列。

表 8-32   **打钻设备技术参数对比表**

技术参数 设备	ZFS-15 型手持型风门钻	FIV S/L 型手持型气动钻机
钻进深度/m	15	70
钻孔直径/mm	38～45	28～140
输出转速/(r/min)	566	550
输出扭矩/(N·m)	30	43
空气压力/MPa	0.45	0.4～0.6
耗气量/(m³/min)	1.5	4
马达功率/kW	1.7	2.4～2.5
外形尺寸/mm	247×300×275(长×宽×高)	700×385×160(长×宽×高)
整机质量/kg	14	8

8.1.5.4 小结

(1)掘进工作面实施本层小直径排放钻孔后,校检钻屑指标值较预测值普遍减小,其中 K_{1max} 平均降幅 38%,S_{max} 平均降幅 56%。现有局部防控措施有效。

(2)北翼 6$^\#$ 煤层局部防控措施中 ϕ42 mm、ϕ75 mm 钻孔的有效排放半径为 0.5 m 和 0.7 m。

(3)北翼 6$^\#$ 煤层钻孔施工尽量匀速钻进,利用煤层底板抽采巷对掘进工作面煤体实施超前预抽。

(4)推荐使用德国产 FIV S/L 型手持型气动钻机,施工小直径排放钻孔。

8.1.6   主要结论及建议

8.1.6.1   主要结论

本项目的试验与研究历时大半年,相关单位进行了大量而细致的工作,从方案制订、人员培训、历史数据统计、实验室研究、现场试验、扩大应用到数据分析,完成和达到了项目预定的研究内容和要求,取得了明显的安全效益和经济效益。

本项目敏感指标及其临界值研究期间,进行了 156 个预测、校检循环,获得瓦斯解吸指标 K_1 值 1 500 多个,钻屑量指标 S 值 2 000 多个。相关技术人员和管理人员现场跟班考察掘进巷道 558 m,扩大应用巷道掘进工程量 3 000 余米,均安全掘进,未发生过非典型突出现象。

通过大量现场相关参数测定、实验室研究和相关资料综合分析研究,可得出如下主要结论:

(1) 通过主控地质体理论及方法分析可知,东林煤矿扭转构造带非典型突出主控地质体为黑漆岩扭转构造、海相顶底板泥岩及破坏煤体。

(2) 运用板壳理论,通过地质力学分析可知,东林煤矿由于处于北东向次级褶皱和南北向构造交接部位,挤压作用、剪切扭转作用形成了黑漆岩扭转带。

(3) 由扭转构造形成力学模型可以解释挤压构造条件下造成东林煤矿煤层变厚变薄区域大量存在,扭转作用造成煤层走向急剧变化,挤压、扭转作用造成煤体强度时时降低,出现互强互弱区域存在,同时挤压作用使东林煤矿形成了一个封闭的构造单位及良好的瓦斯赋存场所,这些地质因素造就了东林煤矿非典型突出严重发生。

(4) 东林煤矿扭转构造区域煤层应力场分布波动较大,应力场分布不均匀,瓦斯场整体波动较小,可知个别应力场高区域易发生非典型突出。

(5) 东林煤矿北翼 6# 煤层掘进工作面非典型突出危险性预测方法为钻屑瓦斯解吸指标法;敏感指标及其临界值为:瓦斯解吸指标 K_1,其临界值为 0.2 mL/g·min$^{1/2}$;钻屑量指标 S,其临界值为 15 kg/m,并参照《防突细则》要求综合判断掘进工作面有无非典型突出危险。

在与试验工作面地质、煤层赋存与开采技术条件相似的区域,可以参考应用该套指标和临界值。

(6) 综合分析钻屑量指标 S 和声发射曲线,可以看出:在正常地带,两指标变化趋势平稳,具有一定的相关性;但在非正常地带,一是地质构造带,S 指标相对于声发射指标较为敏感,二是在响煤炮及垮落、抽冒地带,声发射指标相对 S 指标较为敏感。

(7) 钻孔瓦斯涌出初速度 q 及其衰减系数 C_q 预测指标在东林煤矿北翼 6# 煤层特殊赋存条件下无法考察;瓦斯涌出动态指标 V_{30} 在东林煤矿北翼 6# 煤层不太敏感。

(8) 在东林煤矿北翼 6# 煤层局部防控措施中,ϕ42 mm 钻孔的有效排放半径为 0.5 m,ϕ75 mm 钻孔的有效排放半径为 0.7 m。

(9) 基于试验工作面实施现有局部防控措施后预测、校检钻屑指标数据、排放钻孔有效半径的考察结果,东林煤矿北翼 6# 煤层现有局部防控措施——小直径排放钻孔有效。

8.1.6.2   建议

尽管本项目进行了大量细致和富有成效的研究工作,但鉴于东林煤矿北翼 6# 煤层及瓦斯赋存、地质构造、瓦斯动力现象的特殊性,要达到准确预测、彻底消除非典型突出,实现矿井安全、高效生产,仍有一定差距。对此,矿井在北翼 6# 煤层开拓开采应做好如下工作:

(1)进一步提高非典型突出危险预测预报人员的技术业务素质,规范操作,并定期对预测仪进行标定,减少测定误差,以提高测定数据的可靠性和准确性。

(2)加强地质工作在防控工作中的作用,做好地质超前预报工作,在地质构造带应强化防控措施。

(3)加强掘进工作面支(背)护工作,探索巷顶超前支护及煤体固化技术,防止煤层垮冒、片帮而发生非典型突出动力现象。

(4)矿井在采掘过程中注意煤层赋存及瓦斯动态变化,并观察采掘活动中的瓦斯涌出情况、钻孔施工情况或其他非典型突出预兆现象。当出现异常变化时,应及时采取安全技术措施,预防瓦斯事故发生。

(5)重视区域预抽防控措施在非典型突出灾害防治中的主导作用,坚持以"区域防突措施为主,局部防突措施为补充"的原则,将煤层非典型突出危险性消除在采掘工作面部署之前。

8.2 深部矿井非典型突出预测技术

8.2.1 概述

近年来,随着矿井开采深度的增加和开采强度的增大,淮南矿区和全国其他严重瓦斯灾害矿区一样,非典型突出问题越来越严重,已成为严重威胁矿区安全生产主要问题之一。构造纲要图如图 8-58 所示。

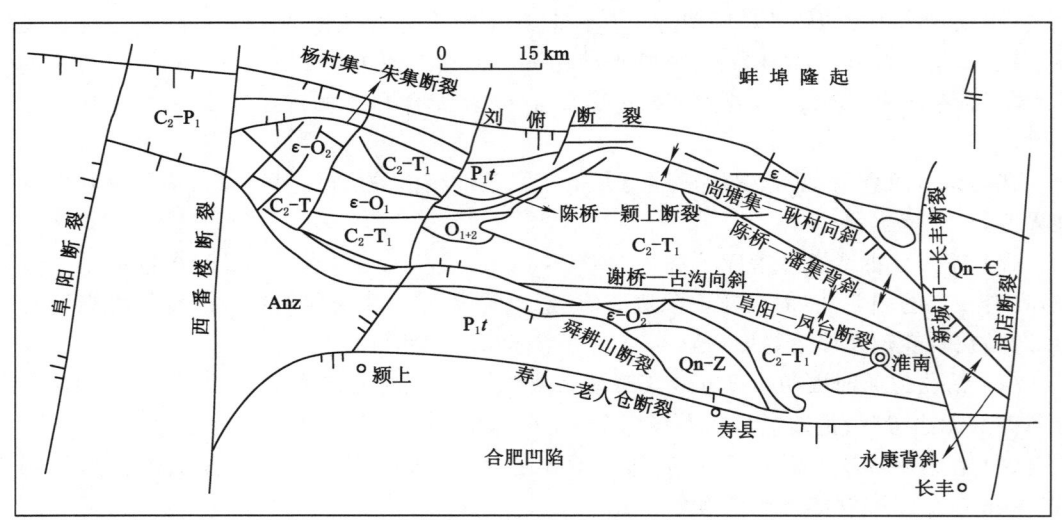

图 8-58 淮南矿区构造纲要图

淮南矿区走向长 100 km,倾斜宽 20~30 km,面积近 3 000 km²。矿区现有 15 对矿井均为煤与瓦斯突出矿井,平均采深 750 m。煤层赋存属高瓦斯煤层群(9～18 层可采煤层),其地质条件极为复杂,矿区瓦斯涌出总量达 1 200 m³/min。矿区生产矿井原始煤体透气性低[0.001 135 m²/(MPa²·d)],煤层瓦斯含量大(12～26 m³/t),瓦斯压力高(6 MPa),煤质松软($f=0.2$～0.8)。高瓦斯采煤工作面瓦斯涌出量最大 60 m³/min,掘进工作面瓦斯涌出量一般为 2～4 m³/min,最大达 8 m³/min。

淮南煤田位于华北板块,属华北石炭二叠系含煤区,煤层厚度稳定,煤质优良,煤田盆地由南北翼对冲推覆运动构造,盆地内形成一系列褶皱,斜切煤层走向的正断层亦很发育,构造复杂,形成很多不同块段,煤系地层构造应力复杂。井田内各煤层瓦斯含量沿走向分布变化很大;井田内小型构造也相当发育,如层滑构造、小型褶曲、小型断裂等,使得煤层局部增厚或变薄,改造着煤体结构,使之松软、破碎,增加了煤层吸附与储存瓦斯的能力。

淮南老区(淮河以南)受舜耕山、阜凤等逆冲断层影响,地质条件较为复杂,区内的中小型波状褶皱与斜切断层均较发育,更次一级的附生断层在煤田中亦很发育,且大多数发育在褶曲的翼部和核部,含煤岩系被切割成断块状赋存,造成多处地垒或地堑,有些褶曲已支离破碎,形态不完整。淮南新区(淮河以北)主要受明龙山长丰、陈桥、阜阳等逆冲断层和横切正断层影响,矿井之间以大断层划分为界,矿井内大断层分布较少,新区地质条件相对老区简单,主要有潘集背斜、谢桥背斜、尚塘—耿村向斜等;区内有少量岩浆入侵,主要分布在明龙山北侧、上窑山东南角及潘集区深部。

矿区煤系地层被古近纪、新近纪松散层所覆盖,新生界松散层厚 20～600 m,由东向西、由南向北逐渐增厚;总体情况是淮南老区松散层较薄,厚度 20～62 m,而新区松散层较厚,厚度 148～600 m。新区由于部分煤层缺失煤层赋存较深,矿井第一水平(−492～−826 m)开采深度远大于老区第一水平开采深度(−47～−200 m),新区开采深度大,矿井一般布置两个水平;老区矿井第一水平较浅,开采水平较多,部分矿井多达 6 个开采水平。同一开采标高,老区地质条件较新区复杂,老区构造复杂程度为中等—复杂,而新区构造复杂程度为简单—中等,老区煤层瓦斯具有良好的"生"、"储"、"盖"条件,煤层瓦斯压力及含量较高,且各种断层发育较多,因此老区瓦斯灾害较新区更为严重。

淮南煤田处在两个相交的凹地区域,是断裂带的影响区。由于长期沉降,形成应力集中区,煤层瓦斯不能得到释放,具有良好的保存条件,这就决定了这个区域的含瓦斯性。这一构造凹地的形成与产生是淮南矿区具有高瓦斯含量、产生煤与瓦斯突出的重要原因。

谢桥矿属于淮南矿区,其 13-1 煤层采掘过程至今未发生非典型突出,但谢桥矿在开采 13-1 煤层过程中施工钻孔时存在喷孔、吸钻以及钻屑量严重超过《防突细则》规定的临界值等现象,淮南矿业集团决定对 13-1 煤层采掘工作面非典型突出预测预报敏感指标体系及其临界值进行研究。针对谢桥矿开采 13-1 煤层的具体情况和采掘安排,将谢桥矿的−720 m 西翼新增进风石门反揭煤联巷(不包括石门反揭煤)以及 1231(3)下平巷作为试验区域,同时开展了相关资料收集整理、指标考察、煤样有关参数测定等工作,现初步提出谢桥矿 13-1 煤层试验区采掘工作面敏感指标及其临界值。

8.2.2　矿井及试验区概况

8.2.2.1　矿井基本概况

谢桥矿井原井田边界东以 F₂₀₉ 断层与张集矿井毗邻,南以谢桥向斜轴或 17-1 煤层

－1 000 m 底板等高线的地面投影为深部边界,西至 F_5 断层与刘庄矿勘探区衔接,北至1 煤层露头线或张集勘探三线,全井田东、西走向长 11.5 km(其中东翼 7.2 km,西翼 4.3 km),倾斜宽 4.3 km,开采面积约 50 km²,其中 F_{22} 断层以东至 F_{209} 断层部分的 13-1 煤层－720 标高线以北块段划归张北矿井。

(1)煤系地层

本区含煤地层为石炭系上统太原组,二叠系山西组,上、下石盒子组。二叠系山西组,上、下石盒子组是本区主要含煤地层,总厚约 727 m,可分 7 个含煤段,分述如下:

山西组即第一含煤段厚约 71 m,底部为灰黑色富含腕足类化石的泥岩、砂质泥岩,其上为砂泥岩互层,浑浊层理发育,具虫孔构造,夹菱铁结核。下部含煤层 1 层。中上部以粉砂岩、泥岩为主,夹 1～2 层灰白色石英砂岩、中细砂岩,局部含煤砾及泥质包体。1 煤层上 25 m 左右有时见一薄煤层。

下石盒子组即第二含煤段厚约 116 m,为本区主要含煤段之一,含煤系数达 10%。含煤 8～11 层,编号为 4-1～9 煤层,其中可采煤层 6 层。底部为含砾中粗砂岩,具冲刷现象。其上发育一套花斑状泥岩、带状泥岩和铝质泥岩。中部常见薄层状粉细砂岩、砂泥岩互层,具浑浊层理和底栖动物通道,含舌形贝。8 煤层与 5 煤层顶板常发育石英砂岩、中细砂岩。上部以灰色、深灰色泥岩为主,夹有细、中砂岩和石英砂岩。8 煤层、5 煤层顶板多产植物化石。

上石盒子组厚约 540 m,可分为 5 个含煤段。

第三含煤段:厚约 109 m,底部常发育一层灰白色石英砂岩或中砂岩,下部以细、中砂岩为主,夹有泥岩,上部以灰色泥岩、砂质泥岩为主,夹浅灰、灰白色细、中砂岩。该阶段含煤 5 层,其中 11-2 煤属于可采煤层,顶部有时有一层花斑状泥岩,底板常有菱铁鲕粒,顶板富含植物化石。

第四含煤段:厚约 82 m,是主要含煤段之一,以灰色泥岩、砂质泥岩为主,中下部发育花斑状泥岩,局部含鲕粒。顶部有时发育花斑状泥岩,底部为灰白色细、中砂岩或石英砂岩。该阶段中 13-1 为主采煤层,其上、下均产植物化石。

第五含煤段:厚约 90 m,以泥岩、砂质泥岩为主,夹粉砂岩、砂泥岩互层和细、中砂岩,下部发育多层花斑状泥岩,底部常有细、中砂岩或石英砂岩。该阶段含煤 4 层,其中 16-1、17-1 煤层局部可采。

第六含煤段:厚约 118 m,以粉砂岩,细、中砂岩为主,夹深灰、灰色泥岩和砂质泥岩。中部含煤 4～5 层,其中 18 煤厚度大部可采。

第七含煤段:厚约 141 m,上部以粉砂岩和细、中砂岩为主,夹少量泥岩、砂质泥岩,下部以灰色泥岩、砂质泥岩为主,夹粉砂岩和细、中砂岩,局部发育一层花斑泥岩,底部中砂岩具冲刷现象。该阶段含煤 4～5 层,其中 23、25 煤层厚度一般均达到可采。

第四含煤段中的 C_{13-1} 煤层为稳定的全区可采煤层,厚度 0.79～8.28 m,平均 4.72 m。上距 16-1 煤层平均为 90.48 m,变异系数 30%,可采系数 100%。九线以西深部煤厚有变薄趋势。结构较简单,含炭质泥岩或泥岩夹矸 1～2 层,底部一层夹矸普遍发育,从西向东逐渐变厚,使煤层分叉,最大厚度 2.62 m;顶底板岩性均为泥岩及砂质泥岩。

(2)地质构造

谢桥煤矿位于淮南复向斜中部,陈桥背斜的南翼、谢桥向斜的北翼。总体上呈一走向近东西、向南倾斜的单斜构造。地层倾角一般 10°～15°,虽局部地段发育有小的褶曲,造成地层起伏,但波幅较小,地层产状总体上变化不大,单斜构造特征明显。

井田内断层较少,一般规模不大,对煤层的影响、破坏作用较弱,规模较大的主要为井田边界断层或发育在井田深部;且以北东、北北东向斜切正断层为主,偶见其他走向断层,逆断层发育较少。井田内共发育有 38 条断层及 2 个陷落柱。

根据井田范围的钻探、二维地震勘探及一水平三维地震或三维三分量勘探(除东三采区)的控制情况,井田内断层以正断层为主,逆断层较少,走向多为北东、北北东向,且规模较小,规模较大断层较少且多为边界断层。较大断层(按其落差大小划分)中≤10 m 有 21 条,>10~25 m 有 10 条,>25~50 m 的 3 条,>100 m 的 4 条。根据已掌握的地质资料,本井田断层发育有如下特征:正断层较多,逆断层较少;小断层较多,规模较大断层较少且多为边界断层;以走向北东、北北东向的断层为主。

(3) 开拓开采、延深情况

谢桥煤矿实际年生产能力为 700 万 t,现生产水平为-610 m 水平。自 2004 年采场布局调整后,西翼实施下保护层开采,即先采 11-2 煤保护 13-1 煤,东翼实施远距离下保护层开采,即先采 8 煤、6 煤保护 13-1 煤。

谢桥煤矿采用立井集中运输大巷,分区石门和上下山开拓,工业场地内设主井、副井、矸石井 3 个井筒,其中副井延至-720 m 辅助水平,主井与矸石井只到-610 m;东、西翼在 1 煤露头附近设东风井(2 个井筒)和西风井(1 个井筒);副井和矸石井进风,东、西风井回风。

全井田共划分 2 个水平,-610 m 和-900 m 水平,上下山开采。一水平采至-720 m,二水平采至-1 000 m;回风水平标高:东翼-440~-450 m,西翼-427.5 m。一水平井底车场位于主要开采煤层顶板,为一卧式车场,采用环形运输调车方式,东、西两翼主要运输大巷(胶带大巷和轨道大巷)均布置在 13-1 煤层底板岩层中,以分区石门贯穿各煤层,全井田原设计共划分 5 个分区石门(东一、东二、东三、西一、西二),50 个分煤组采区(上、下山各 25 个)。-720 m 水平建有简易辅助水平井底车场,采用折返式调车的简易卧式车场,-720 m 水平车场内设中央泵房、变电所和水仓。

采煤工作面采用走向长壁布置方式回采,面长一般为 150~240 m,可采走向长一般为 800~2 400 m,回采巷道均平行地布置在煤层中。2007 年底采区内只布置一个综采工作面和 2~3 个煤巷掘进工作面,综采工作面月推进速度平均为 100~200 m。

(4) 通风、瓦斯等情况

矿井通风方式为两翼对角式,工业广场有 3 个进风井,副井、主井、矸石井;东一风井、东二风井和西风井回风。

东风井装有 2 台 GV1-42.3-1800 型轴流式通风机,通风机设计最大排风量 390 m³/s,最大压力 3 280 Pa,实际运排风量 14 576 m³/min(242.9 m³/s)。西风井装有 2 台 GAF-30-18-2 型轴流式通风机,通风机设计最大排风量 225 m³/s,实际排风量 14 115 m³/min(235.3 m³/s)。

当前矿井东翼回风能力为 19 824 m³/min,东风井井底车场回风断面仅 24 m²,困难时期东翼存在东风井井底车场回风能力明显不足,回风大巷能力不足,风机能力不足等问题,需要增补回风大巷,东风井井底车场增补回风巷道,更换大风量风机。

矿井煤层瓦斯含量在垂向上变化较明显,在同一深度范围内,13-1 煤层瓦斯含量较大,平均瓦斯含量为 5.48 m³/t,最大实测瓦斯压力为 5.8 MPa;8 煤次之,平均瓦斯含量为 4.18 m³/t,最大实测瓦斯压力为 5.0 MPa;11-2 煤层平均瓦斯含量为 2.05 m³/t,最大实测瓦斯压力为 4.8 MPa。在同一煤层中,瓦斯含量随埋深加大而增加,但递增梯度由浅至深变小,从 −400~−900 m 平均梯度分别为:13-1 煤层 1(m³/t)/85 m、8 煤层 1(m³/t)/80 m。根据谢桥矿地质总况,其中 13-1 瓦斯含量与上覆建立如下关系式:

$$q = 2.504\,2\ln(h) - 9.067 \tag{8-7}$$

式中　q——瓦斯含量;

　　　h——煤层上覆基岩厚度。

自建井到 2007 年,矿井未发生过瓦斯动力现象。谢桥矿的绝对瓦斯涌出量是 90.43 m³/min,相对瓦斯涌出量为 8.0 m³/(t·d),矿井瓦斯等级是煤与瓦斯突出矿井。

(5) 监测监控系统

谢桥煤矿使用的是 KJ-2000 监控系统,初步完成了同省、市和集团公司的联网。监控系统现运行 KJ2007F 型分站 2 台,KJ2007G4 型分站 5 台,KJF23B 型分站 26 台,甲烷传感器 93 台,风速传感器 7 台,一氧化碳传感器 5 台,断电 53 个,至 2007 年系统运行基本正常。

谢桥煤矿现有采煤工作面 3 个,掘进工作面 17 个,主要是在采煤工作面的上隅角、工作面和回风巷,掘进工作面的迎头、回风,矿井采区总回风巷,钻机窝以及长距离掘进工作面每 500~1 000 m 等处安设瓦斯传感器,遇到特殊情况加设传感器,并有完善的管理制度,对安设和调校有着严格的规定。

现通风区、调度所及通风科均安设瓦斯监控终端,能够同步掌握安全监控实时信息和任意调取历史信息功能。

8.2.2.2　试验区概况

针对谢桥煤矿 C₁₃₋₁ 煤层采掘工作面采掘部署,选定 −720 m 西翼新增进风石门反揭煤联络巷掘进工作面和 1231(3) 工作面下平巷掘进工作面作为试验工作面。

C_{13-1} 煤煤质黑色,粉末状,暗煤为主,夹矸为泥岩。煤岩类型为半暗型,煤层结构 0.7(0.3)4.1,平均厚度 5.1 m,煤层产状 195°~205°,煤层倾角 13°~15°,平均倾角 14°。煤层顶板为泥岩及煤线,泥岩为深灰色,局部含粉砂,较破碎;底板为泥岩,灰色,块状,较破碎。C_{13-1} 煤层瓦斯参数及试验区域构造特征如表 8-33、表 8-34 所列。

① 西翼新增进风石门反揭煤联络巷掘进工作面概况

−720 m 西翼新增进风石门反揭煤联络巷设计长度 290 m,其中上山长 32.5 m,平巷长 210.6 m,下山长 47 m(实际下山阶段掘进角度变大,实际长度变小,33 m 左右),工作面标高 −708~−716 m。施工顺序为先施工揭煤回风联络巷,再向 −720 m 西翼进风石门方向施工 5 m,之后再施工 C_{13-1} 煤揭煤联络巷。掘进方式采用钻爆法掘进,辅以手镐人工成形,施工巷道净宽 2.6 m,中高 2.6 m,掘进断面积 6.76 m²。揭煤联络巷从 −720 m 西翼轨道石门顶部过时,净垛 3.58 m。拨门口处架设 8 棚 U 形棚,净宽×净高＝3 000 mm×3 000 mm,其他巷道采用锚网架棚支护。−720 m 西翼新增进风石门反揭煤联络巷布置如图 8-59 所示。

② 1231(3) 下平巷掘进工作面概况

1231(3) 工作面下平巷西起西翼 C 组采区上山,东至 F₁₀ 断层,北至 1221(3) 运输平巷,南至 13-1 煤层 −600 m 底板等高线。与本工作面相邻的 1221(3) 工作面已回采完毕。掘进

表8-33 可采煤层瓦斯参数情况表

煤层	水平	新地层厚度/m	基岩盖层厚度/m	瓦斯含量/(m³/t) CH₄	瓦斯含量/(m³/t) CO₂	瓦斯成分/% CH₄	瓦斯成分/% CO₂	瓦斯成分/% N₂
13-1	−440 m 以上	388.20(1)	37.54(1)	0.284 0(1)	0.096 6(1)	7.39(1)	9.97(1)	82.64(1)
	−440~−610 m	262.60~385.34 336.40(15)	131.16~358.85 239.54(15)	0.06~10.647 3 4.823 5(15)	0.03~2.244 2 0.662 2(15)	41.70~94.82 73.04(15)	2.10~20.34 9.77(15)	0.00~56.20 17.19(15)
	−610~−720 m	238.70~357.60 299.98(8)	336.45~482.80 400.75(8)	4.38~6.67 5.480 9(8)	0.14~0.55 0.325 0(8)	74.94~93.42 84.29(8)	1.54~6.64 4.69(8)	3.04~18.71 11.02(8)
	−720 m 以下	204.20~285.00 231.74(5)	520.04~590.83 567.46(5)	3.979 8~7.904 0 5.447 1(5)	0.254 3~0.789 7 0.552 7(5)	43.87~94.01 67.21(5)	3.82~15.11 7.04(5)	1.54~50.84 25.75(5)
11-2	−440~−610 m	377.20~388.20 383.47(3)	80.19~171.20 120.94(3)	1.801 5~7.214 0 3.634 4(3)	0.434 4~0.794 0 0.566 1(3)	35.90~95.27 62.66(3)	4.73~32.16 16.65(3)	0.00~31.90 20.67(3)
	−610~−720 m	319.60(1)	366.82(1)	2.048(1)	0.127 9(1)	87.31(1)	3.23(1)	9.46(1)
8	−440~−610 m	385.62~399.35 390.08(6)	117.20~234.87 161.61(6)	1.216 4~4.376 5 2.567 4(4)	0.134 5~0.607 1 0.302 7(4)	22.67~80.39 60.51(6)	5.16~20.89 9.59(6)	10.25~56.44 29.90(6)
	−610~−720m	344.90~376.20 354.99(4)	265.94~387.20 329.43(4)	0.58~6.014 4.182 9(4)	0.10~1.849 6 0.816 9(4)	18.67~91.93 67.61(4)	2.88~20.16 9.47(4)	1.10~78.45 22.92(4)
	−720 m 以下	228.55~369.10 304.00(9)	401.22~380.72 511.55(9)	0.45~7.385 8 3.733 4(9)	0.05~1.302 3 0.655 9(9)	26.59~87.68 62.20(9)	4.67~21.22 12.84(9)	0.00~63.44 24.96(9)
4-2	−440~−610 m	381.20(1)	240.97(1)	4.446 3(1)	0.819 1(1)	53.47(1)	11.20(1)	35.33(1)
	−720 m 以下	369.10(1)	452.89(1)	10.361 6(1)	0.489 7(1)	97.85(1)	2.15(1)	0.00(1)
1	−440~−610 m	360.96~418.60 398.29(5)	157.60~219.19 197.72(5)	0.045 5~2.174 4 1.248 8(5)	0.220 8~0.505 4 0.375 6(5)	4.08~66.56 41.74(5)	8.91~37.13 18.87(5)	11.16~60.31 39.39(5)
	−610~−720 m	390.45(1)	331.54(1)	3.745 1(1)	0.398 0(1)	71.51(1)	6.88(1)	21.61(1)
	−720 m 以下	344.54(4)	498.08(4)	3.045 3(4)	0.378 8(4)	66.86(4)	7.02(4)	26.12(4)

表 8-34   试验区域构造特征表

构造名称	走向/(°)	倾向/(°)	倾角/(°)	性质	落差/m	对掘进影响程度
F_a	330		60～70	正	4	较小影响
F_{10}	110～130	11	70～85	正	10～19	较小影响
F_b	170		34～59	正	3.0	较小影响

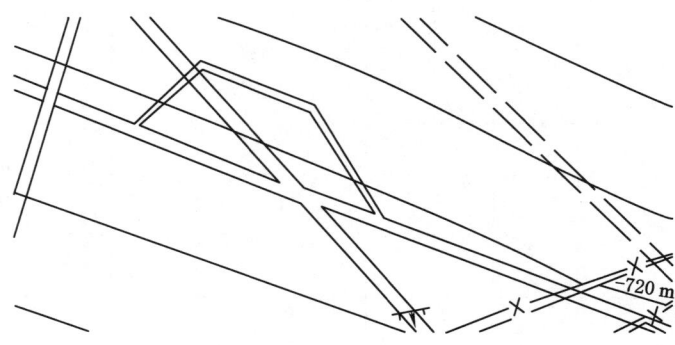

图 8-59　C_{13-1} 煤－720 m 西翼新增进风石门反揭煤联络巷布置

方式采用综掘的方式掘进,施工巷道净宽×中高＝4.6 m×2.8 m,掘进断面积 12.88 m^2。揭煤联络巷从－720 m 西翼轨道石门顶部过时,净垛 3.58 m。拨门口处架设间距 600 mm U 形棚,其他巷道采用 M 形钢带支护。1231(3)工作面下平巷掘进工作面布置如图 8-60 所示。

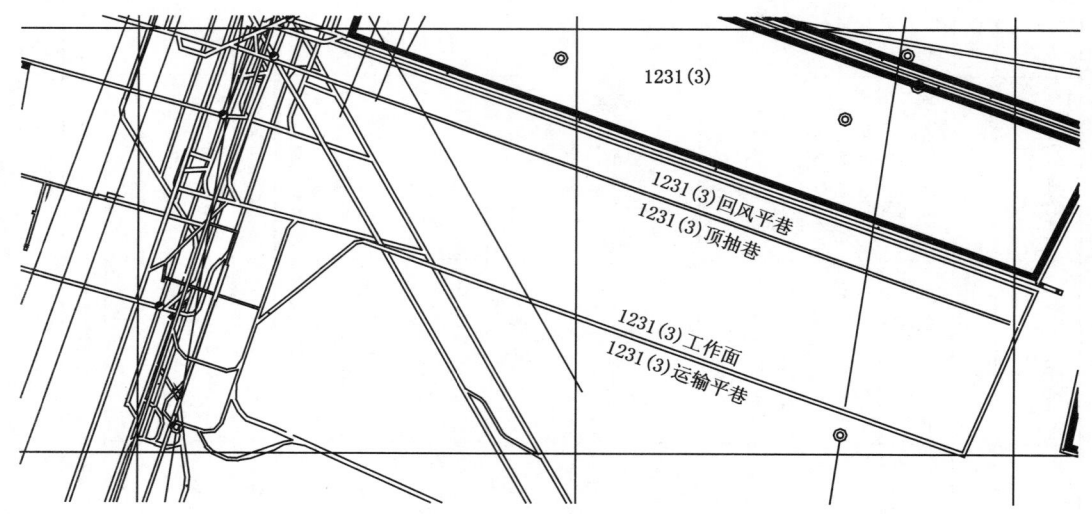

图 8-60　C_{13-1} 煤 1231(3)下平巷掘进工作面布置图

　　煤层情况:黑色,粉末状及块状,半亮型煤,局部发育有泥岩及炭质泥岩两层夹矸。煤层产状为:180°～210°∠11°～15°,平均煤厚 5.28 m。煤层顶底板情况如表 8-35 所列。

表 8-35		1231(3)煤层顶底板情况		
顶底板名称	岩石名称	厚度/m	岩性特征
基本顶	粉砂岩	0～3.2	灰白～浅灰色,坚硬致密,局部缺失
直接顶	泥岩及煤线	0.97～2.47	灰色,含植化碎片,局部相变为炭质泥岩,顶部发育一层煤线
伪　顶	—	—	—
直接底	砂质泥岩	0.67～1.86	灰色,富含植化碎片,砂质含量不均匀

8.2.2.3　矿井 C_{13-1} 煤层掘进通风瓦斯情况

矿井 C_{13-1} 工作面非典型突出危险性预测及措施效果检验采用钻屑指标法[在 1231(3)同时进行钻孔瓦斯涌出初速度预测],一般布置 3 个预测钻孔,孔深 8～10 m,预测指标临界值 S_0＝6 kg/m、K_{10}＝0.5 mL/(g・min$^{1/2}$)、q_0＝4 L/min;防控技术措施主要为超前钻孔(9 个 ϕ94 mm、长 25 m);安全防护措施:掘进工作面采用独立回风系统、压风自救带、便携自救器等。

－720 m 反揭石门联巷工作面掘进为半圆拱断面,巷道毛断面 18 m^2,爆破掘进,采用锚杆锚索金属网喷浆支护。掘进期间工作面绝对瓦斯涌出量 1.0～3.0 m^3/min。

1231(3)下平巷掘进采用综掘的方式,巷道形状为直墙斜梯形,断面宽×中高＝4 600 mm×2 800 mm。掘进期间工作面绝对瓦斯涌出量 1.0 m^3/min 左右。

8.2.3　主要研究内容及实施方案

本项目的主要研究内容:确定谢桥煤矿 C_{13-1} 煤层煤巷掘进工作面非典型突出危险性预测敏感指标及其临界值。

该项目的研究分两个阶段进行,第一阶段为试验研究阶段,通过历史资料的统计分析、实验室研究和 2～3 个月的现场试验研究,初步确定出谢桥矿 C_{13-1} 煤层的非典型突出预测敏感指标及其临界值;第二阶段为扩大试验阶段,通过 3 个月的扩大应用试验验证,最终修正并确定出谢桥煤矿 C_{13-1} 煤层煤巷掘进工作面非典型突出危险预测敏感指标及其临界值。

第一阶段,首先对谢桥煤矿 C_{13-1} 煤层现有的瓦斯资料和预测预报等相关资料进行整理、统计和分析,总结 C_{13-1} 煤层非典型突出特征规律;现场开展多种预测指标(包括钻屑量 S、钻屑瓦斯解吸指标 K_1、钻屑瓦斯涌出初速度 q 及其衰减 C_q、工作面瓦斯涌出动态指标 V_{30}、软分层厚度、钻屑温差及煤的破坏类型)的测试工作;对参加试验人员进行必要的培训,现场指导各种指标的测定工作,规范仪器操作方法和注意事项,以保证试验期间测定数据的可靠性和准确性;通过 2～3 个月的现场试验,结合实验室煤样参数试验,分析研究各种预测指标的敏感性及初步确定敏感指标临界值。

第二阶段,用不少于 3 个月的时间,对第一阶段初步确定出的敏感指标和临界值进行扩大试验,选择一些其他有代表性且通风系统简单容易加强安全防护措施的巷道进行验证,在验证中,可进行必要的调整和修正,最终确定出谢桥煤矿 C_{13-1} 煤层试验区掘进工作面非典型突出预测敏感指标及其临界值。

8.2.4　试验区煤样实验室测试结果及分析

在 1231(3)下平巷采取了 1 层软分层煤样,其煤样有关参数测试结果如表 8-36、表 8-37 所列。

表 8-36 谢桥煤矿 C_{13-1} 煤非典型突出危险性参数

取样地点	Δp	f	瓦斯解析特性 $K_1 = Ap^B$		
			A	B	R^2
1231(3)下平巷软分层	8	0.53	0.264 8	0.625 7	0.997 9

表 8-37 谢桥煤矿 C_{13-1} 煤工业分析及吸附瓦斯常数

取样地点	M_{ad}	A_d	V_{daf}	TRD	ARD	F	a	b
1231(3)下平巷软分层	0.91	16.81	37.47	1.43	1.24	13.29	14.750 8	0.954 2

实验表明,该矿试验区 C_{13-1} 煤层软分层坚固性系数 $f=0.53$,瓦斯放散初速度 $\Delta p=8$。

根据瓦斯解吸特性曲线(图 8-61),在瓦斯压力为 0.74 MPa 时,算出 13-1 煤层瓦斯解吸指标 K_1:软分层煤样 $K_1=0.219\ 3\ \text{mL}/(\text{g} \cdot \text{min}^{1/2})$。

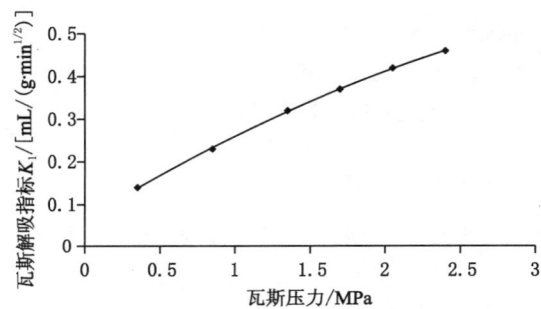

图 8-61　煤样瓦斯解吸特性曲线

谢桥煤矿试验区煤样硬度较大,瓦斯解吸、放散能力较小,现场测试解吸指标 K_1 也比较小。实践表明,该种情况煤层一般不具有瓦斯突出危险;但在高应力条件下,可能发生以地应力为主导作用的非典型突出。

8.2.5　试验区现场考察及资料分析

制订了较全面的、系统的淮南矿区采掘工作面非典型突出预测预报敏感指标体系及其临界值的确定实施方案,针对谢桥煤矿 C_{13-1} 煤层的特点,重点对矿井所使用的钻屑解吸指标法、钻孔瓦斯涌出初速度法、煤体结构稳定性等进行了现场考察,根据目前的考察资料分析,认为钻屑解吸指标法、煤体结构稳定性等考察可以满足适合矿井试验区 C_{13-1} 煤层掘进工作面预测非典型突出危险需要。

试验期间,矿井参照《防突细则》提供的参考临界值:$S_0 = 6.0\ \text{kg/m}$,$K_{10} = 0.5\ \text{mL}/(\text{g} \cdot \text{min}^{1/2})$,$q_0 = 4\ \text{L/min}$。

(1) C_{13-1} 煤层历史资料分析

根据谢桥煤矿历史资料,在 $-610\ \text{m}$ 以上 C_{13-1} 煤层 1111(3)上平巷等掘进工作面共预测 1 340 余次,测试煤巷工程量 17 450 m,其预测结果如表 8-38 所列。

表 8-38 煤巷掘进工作面预测指标统计表

预测地点	S_{max} /(kg/m)	K_{1max} /[mL/(g·min$^{1/2}$)]	$S_{均}$ /(kg/m)	$K_{1均}$ /[mL/(g·min$^{1/2}$)]	预测次数 /次	超标次数 /次	Q /(m³/min)
1111(3)上平巷	8.8	0.274	3.7	0.081	108	4	0.89
1111(3)下平巷	5.4	0.347	3.8	0.083	93	0	1.60
1112(3)上平巷	10.0	0.437	3.3	0.078	78	2	1.39
1112(3)下平巷	>10	1.004	3.7	0.083	94	20	2.26
1132(3)上平巷	3.0	0.187	1.4	0.055	36	0	1.20
1132(3)下平巷	2.3	0.268	1.5	0.075	34	0	1.10
1141(3)下平巷	2.3	0.182	1.3	0.053	20	0	1.30
1211(3)上平巷	5.2	0.242	3.3	0.073	49	0	0.55
1212(3)上平巷	3.8	0.180	2.2	0.048	51	0	0.63
1221(3)上平巷	1.4	0.046	1.2	0.011	22	0	0.30
1221(3)下平巷	1.8	0.050	1.2	0.022	31	0	0.90
1151(3)上平巷	10.0	0.187	3.9	0.058	59	10	2.10
1151(3)下平巷	>10	0.418	4.1	0.086	503	90	4.05
−720 m 西一回风下山	>10	2.991	3.6	0.085	168	35	1.80
−720 m 东翼反揭煤巷	1.5	0.086	1.2	0.041	5	0	0.40

注:Q 为工作面平均绝对瓦斯涌出量,m³/min。

在 1111(3)、1112(3)、1211(3)等采煤工作面共预测 90 余次,预测结果如表 8-39 所列。

表 8-39 采煤工作面预测指标统计表

预测地点	S_{max} /(kg/m)	K_{1max} /[mL/(g·min$^{1/2}$)]	$S_{均}$ /(kg/m)	$K_{1均}$ /[mL/(g·min$^{1/2}$)]	预测次数 /次	超标次数 /次	Q /(m³/min)
1111(3)	3.1	0.193	2.8	0.116	8	0	7.75
1112(3)	9.0	0.399	3.8	0.105	39	1	16.01
1211(3)	4.2	0.214	2.9	0.129	33	0	4.41
1151(3)	4.7	0.307	3.6	0.163	18	0	40.3

注:Q 为工作面平均绝对瓦斯涌出量,m³/min。

从历史资料看,在煤巷掘进过程中,钻屑量 S 和瓦斯解析指标 K_1 均有不同程度的超标现象,但在采煤工作面只有钻屑量 S 超标。根据矿上已有资料分析,整体上 C_{13-1} 煤层煤质坚硬,软分层不明显。在采动的影响下,裂隙变大,煤的相应透气性增大,瓦斯涌入采煤工作面,风流中瓦斯浓度增大。所以,在采煤工作面 K_1 不敏感。工作面在遇断层等构造带时,表现出钻屑量指标明显增大并有超标现象,在采取相应的措施后钻屑量指标又明显变小,且没有伴随任何动力现象。

(2) 试验区域现场考察概况

收集了谢桥煤矿 C_{13-1} 煤层试验区域 2007 年 4 月 10 日至 7 月 15 日的预测资料,共 40 次循环,118 个钻孔的预测数据,累计时间 131 d,累计巷道工程量 290 m。

预测超标共 51 次,预测指标 S 和 q 同时超标 1 次,指标超限范围:S 超标值位于 6.2~20 kg/m 之间;q 超标值位于 4.2~9.1 L/m 之间。

—720 m 反揭石门联络巷没有超限的情况,1231(3)下平巷钻孔超标 15 次。S 超标 36 次,q 超标 6 次,分布具体情况如表 8-40 所列。

表 8-40　　　　　　谢桥煤矿 C_{13-1} 煤层掘进试验区域预测指标统计

项目			预测地点		总计
			—720 m 反揭石门联络巷	1231(3)下平巷	
预测基本情况	起止日期	—	2007-04-20~07-15	2007-06-11~07-15	—
	时间	d	96	35	131
	巷道工程量	m	136	154	290
	预测循环次数	次	29	11	40
	预测钻孔总个数	个	87	31	118
预测指标超标情况	超标钻孔总个数	个	0	15	15
	S 值超标次数	次	0	36	36
	q 值超标次数	次	/	6	6
	S、q 同时超标次数	次	/	1	1
	S 值超标值范围	kg/m	/	6.2~20	6.2~20
	q 值超标值范围	L/min	/	4.2~9.1	4.2~9.1

上述预测指标超标时工作面异常特征主要表现为:煤层断面内,单层软分层厚度不明显,通常在 0~300 mm 左右。煤质较硬,以 Ⅱ 类为主钻孔时的动力现象主要是吸钻,吸钻过程钻屑增多(大于 20 kg/m)、粒度较大(大于 3 mm 的粒度一般大于 30%);钻进过程中煤尘飞扬,工作面瓦斯浓度增大等。

(3) —720 m 反揭石门联络巷指标统计分析

—720 m 西翼新增进风石门东段在施工探煤钻时曾发生较严重喷孔现象,实测瓦斯压力为 2.5 MPa,该区域具有突出危险性。

谢桥煤矿在—720 m 反揭石门联络巷处采取消突措施,在其掘进之前打了 252 个穿层钻孔进行卸压(图 8-62)。2007 年 4 月 10 日至 7 月 15 日 96 d 工作面试验区预测 29 次循环共 87 个钻孔预测数据,巷道掘进 136 m。其中,K_1 最大值为 0.27 mL/(g·min$^{1/2}$),S 值为 5.7 kg/m,两值均在临界值范围内,没有出现预测指标超限的情况。

① —720 m 反揭石门联络巷掘进期间,工作面预测无突出危险 K_1 值 51 次循环,指标统计见表 8-41、图 8-63。

② 预测无非典型突出危险 S 值 47 次循环,其指标统计见表 8-42 和图 8-64。

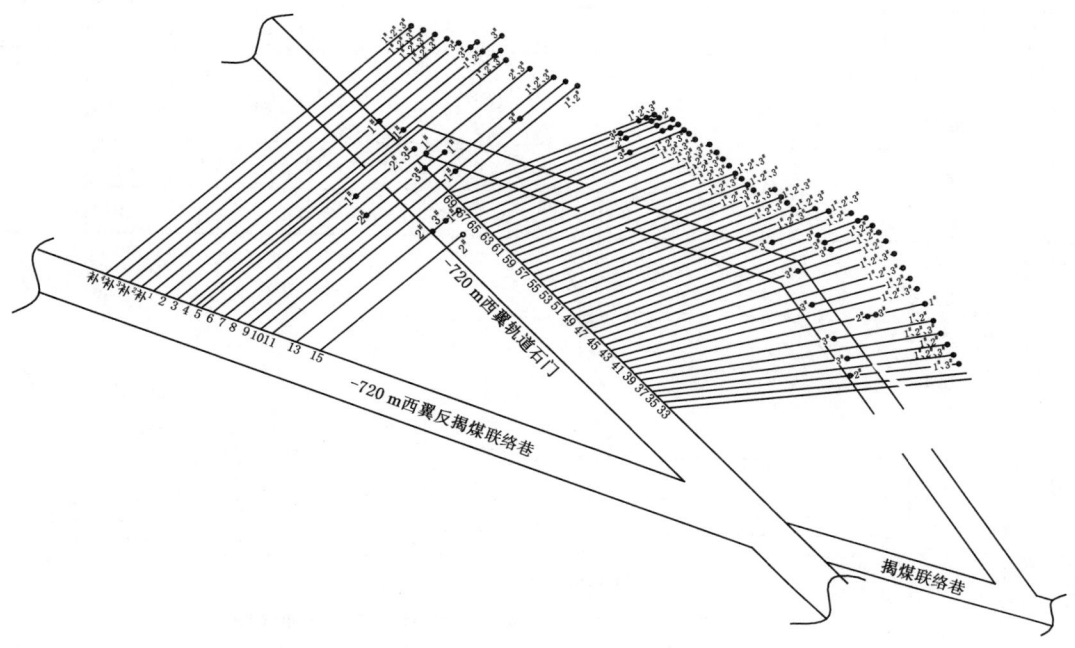

图 8-62 −720 m 反揭石门联络巷穿层孔示意图

8-41		预测无突出危险情况下 K_1 值统计情况表			
预测孔深/m	2	4	6	8	10
预测次数/次	87	87	87	84	55
K_{1max}/[mL/(g · min$^{1/2}$)]	0.26	0.26	0.27	0.23	0.12
K_{1min}/[mL/(g · min$^{1/2}$)]	0	0.03	0	0	0
$\overline{K_1}$/[mL/(g · min$^{1/2}$)]	0.03	0.03	0.03	0.02	0.031

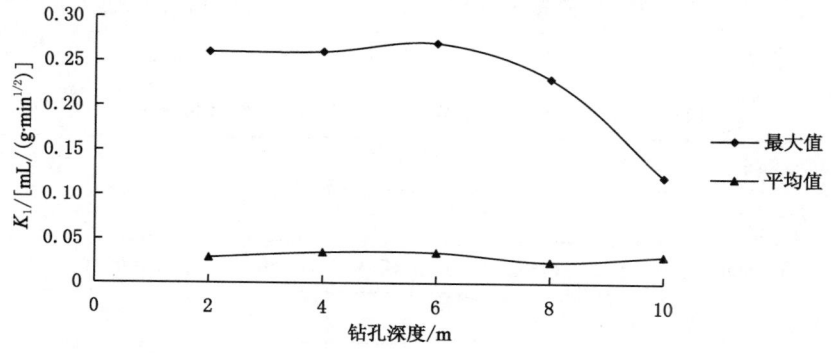

图 8-63 工作面预测无非典型突出危险的 K_1 平均值曲线图

表 8-42 预测无非典型突出危险情况下 S 值统计情况表

预测孔深/m	1	2	3	4	5	6	7	8	9	10
预测次数/次	87	87	87	87	87	87	86	84	56	50
S_{max}/(kg/m)	3.9	5.6	5.6	5.7	5.6	5.5	5.6	5.0	5.0	5.7
S_{min}/(kg/m)	0.4	0.6	0.4	0.3	0.2	0.2	0.2	0.4	0.4	0.5
$\overline{S}$/(kg/m)	1.6	1.9	1.9	1.9	2.0	1.9	2.2	2.0	2.0	2.03

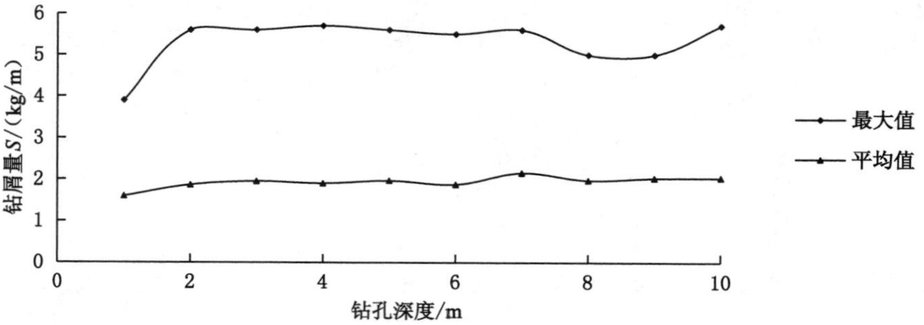

图 8-64　工作面预测无非典型突出危险的 S 平均值曲线图

从表 8-39、表 8-40 和图 8-63、图 8-64 可以看出，－720 m 反揭石门联络巷在掘进过程中没有发生指标超限，也没有动力现象发生。说明在该区域实施的穿层卸压钻孔比较到位，卸压效果显著。

（4）1231(3)下平巷掘进工作面指标统计分析

1231(3)工作面标高－520～－600 m 位于非典型突出危险区，在下平巷掘进之初没有进行安全防护措施预测，也没有采取措施。确定为考察区域后，从 2007 年 6 月 11 日开始做预测，同时考察钻屑解析指标 K_1、钻屑量 S 和瓦斯涌出初速度 q 及衰减 C_q（在 $q>3$ 测定衰减）。截至 2007 年 7 月 15 日 35 d 内巷道掘进 154 m，进行 10 次预测循环共考察了 31 个钻孔预测数据，其中预测指标超限 9 次。在这 9 次中有 6 次 S 值超限，并且有 5 次 S 大于 10 kg/m 或者 20 kg/m；4 次 q 值超限，其中 2 次值大于 7，但 q 超限时衰减都大于 0.65。

预测无非典型突出危险（正常情况下）K_1、S 和 q 值的具体情况见表 8-43 至表 8-47 和图 8-65 至图 8-67。

表 8-43 1231(3)下平巷预测无非典型突出危险 K_1 值统计情况表

预测孔深/m	2	4	6	8	10
预测次数/次	28	28	26	22	11
K_{1max}/[mL/(g·min$^{1/2}$)]	0.16	0.17	0.17	0.14	0.15
K_{1min}/[mL/(g·min$^{1/2}$)]	0	0	0	0	0
$\overline{K}_1$/[mL/(g·min$^{1/2}$)]	0.08	0.079	0.07	0.063	0.055

表 8-44　　　　　**1231(3)下平巷预测无非典型突出危险 *S* 值统计情况表**

预测孔深/m	1	2	3	4	5	6	7	8	9	10
预测次数/次	26	26	27	24	23	19	20	19	12	9
S_{max}/(kg/m)	3.2	3.9	4.8	5.0	5.6	5.8	5.7	8.2	4.0	3.4
S_{min}/(kg/m)	0.6	0.6	0.7	0.5	0.1	0.2	0	0.2	0.1	0
$\overline{S}$/(kg/m)	1.80	1.83	2.13	2.33	2.18	2.09	1.8	1.85	1.52	1.5

表 8-45　　　　　**1231(3)下平巷预测异常时 *S* 值统计情况表**

预测孔深/m	1	2	3	4	5	6	7	8	9	10
预测次数/次	11	11	11	11	11	11	9	9	5	3
S_{max}/(kg/m)	6.2	6.2	6.3	10.0	20.0	20.0	20.0	10.0	17.0	20.0
S_{min}/(kg/m)	0.8	0.6	1.4	1.3	1.4	2.6	0.3	0.2	0.6	0.5
$\overline{S}$/(kg/m)	2.2	2.5	3.3	5.0	7.8	9.9	7.6	8.1	7.8	9.9

表 8-46　　　　**1231(3)下平巷预测无非典型突出危险时 *q* 值统计情况表**

预测孔深/m	2	3	4	5	6	7	8	9	10
预测次数/次	23	10	20	8	17	6	13	2	7
q_{max}/(L/min)	3.9	1.2	3.1	0.9	0.7	1.3	0.8	0.6	2.0
q_{min}/(L/min)	0	0	0	0	0	0	0	0	0
$\overline{q}$/(L/min)	1.007	0.55	0.519	0.313	0.222	0.333	0.111	0.3	0.286

表 8-47　　　　　**1231(3)下平巷预测异常时 *q* 值统计情况表**

预测孔深/m	2	3	4	5	6	7	8	9	10
预测次数/次	5	2	5	/	/	/	/	/	3
q_{max}/(L/min)	7.7	4.7	7.8	/	/	/	/	/	9.1
q_{min}/(L/min)	0	4.4	0	/	/	/	/	/	0
$\overline{q}$/(L/min)	3.62	4.55	2.42	/	/	/	/	/	3.033

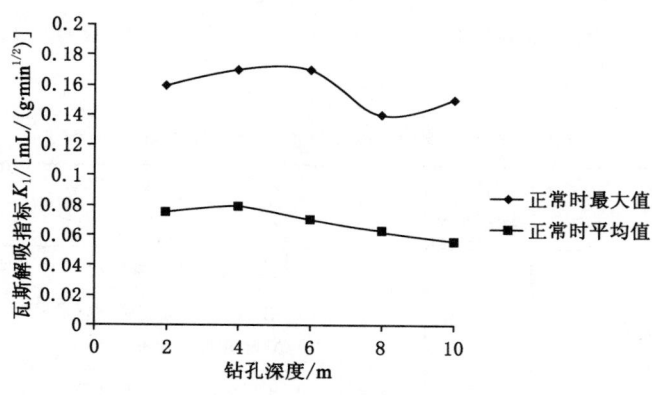

图 8-65　预测无非典型突出危险的 K_1 平均值曲线图

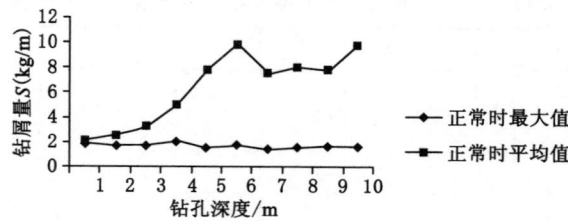

图 8-66　预测无非典型突出危险的 S 平均值曲线图

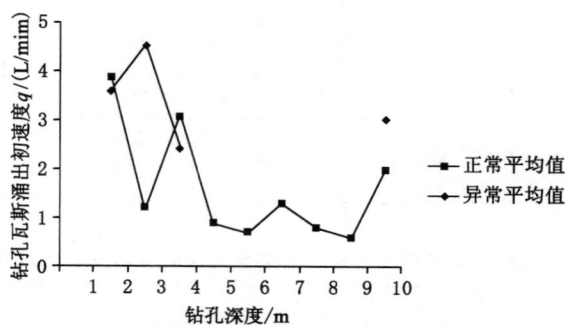

图 8-67　预测无非典型突出危险的 $\bar{q}$ 平均值曲线图

从表 8-43 和图 8-65 可以看出,1231(3)工作面掘进过程中瓦斯解吸指标 K_1 在预测过程中都比较小,最大值为 0.17 mL/(g·min$^{1/2}$),在此工作面做了 10 次循环预测,有 9 次指标超过临界值,其中钻屑量超 6 次,钻孔瓦斯涌出初速度超 3 次,而 K_1 值一直比较小,没有出现超标现象,故 K_1 值不敏感。

从表 8-44、表 8-45 和图 8-66 可以看出,钻屑量超标比较严重,预测 10 次,钻屑量超标 6 次,工作面没有明显软分层,钻孔施工过程中吸钻现象比较严重。

从表 8-46、表 8-47 和图 8-67 可以看,出钻孔瓦斯涌出初速度 q 有 3 次超标,工作面没有明显的软分层,钻孔施工中吸钻现象比较严重。

表 8-48 列举了谢桥煤矿 1231(3)下平巷掘进期间预测异常现象,在此工作面共做了 10 次预测跟踪试验,其中 9 次预测指标超标,并伴有明显的吸钻现象,软分层不明显。另外 1 次预测在 5 m 处出现埋钻现象。

表 8-48　　　　　谢桥煤矿考察期间 1231(3)工作面异常现象统计表

时间	K_{1max} /[mL/(g·min$^{1/2}$)]	S_{max} /(kg/m)	q_{max} /(L/min)	异常现象
2007-06-13	0.12	10	1.3	1$^{\#}$孔 3 m 有吸钻现象,5 m 处有埋钻现象
2007-06-15	0.08	20	0.6	1$^{\#}$孔 4 m、10 m 有吸钻现象;2$^{\#}$孔 2.2 m 处有吸钻,3$^{\#}$孔 5 m 有吸钻现象
2007-06-19	0.14	3.2	4.4	1$^{\#}$孔 4 m、10 m 处有吸钻现象;2$^{\#}$孔 7 m 处有吸钻现象
2007-06-22	0	20	1.3	3$^{\#}$孔 8.3 m 有吸钻现象,1$^{\#}$孔 7 m 处打不进造成扩孔

时间	K_{1max} /[mL/(g·min$^{1/2}$)]	S_{max} /(kg/m)	q_{max} /(L/min)	异常现象
2007-06-29	0.17	10	9.1	1#孔打到 7.3 m 时吸钻
2007-07-05	0.12	3.8	4.2	2#孔打到 5.7 m 时吸钻；3#孔打到 9 m 时吸钻；软分层 3 层 1.2 m
2007-07-08	0.17	20	2.7	3#孔打到 7 m、8 m、9 m 时吸钻；煤体潮湿无光泽
2007-07-11	0.16	8.6	1.3	1#孔打到 6 m 时吸钻，8 m 时正常
2007-07-15	0.11	5.4	7.8	1#孔 5 m、7 m、9 m 时吸钻见水；2#孔 9 m 时吸钻；3#孔 6 m、8 m 时吸钻；软分层厚度为 0.3 m

8.2.6 敏感指标临界值初步确定

非典型突出预测敏感指标是指针对某一矿井或煤层进行非典型突出危险性预测时能够较为明显地区分出非典型突出危险和无非典型突出危险的指标，否则即为不敏感。理想的预测指标应是能够完全反映引发非典型突出的三个因素，而实际上，目前常用的预测指标仅是间接和部分地反映这三个非典型突出预测因素，且主要反映非典型突出三因素中某一因素或两方面因素的不同指标，其预测非典型突出危险的敏感性会有所不同。同时，预测指标还在一定程度上或多或少地受到现场测试条件、仪器性能、操作人员责任心等非典型突出危险因素的影响，使得测定出的指标值影响因素非常复杂，从而影响指标的敏感性。

判断一种指标是否敏感，主要考虑两个方面的因素：一是指标值的大小是否会随着非典型突出危险性的大小明显变化；二是影响指标值大小的非典型突出危险因素是否大于测定误差等非典型突出危险因素。所以预测敏感指标，必须通过对各种指标的实际考察，结合本矿、煤层或区域的具体测试条件来确定，确定出的敏感指标既能体现出本矿或煤层的非典型突出主导因素，又适应矿井的具体测试条件，从而较好地符合本矿实际。

8.2.6.1 K_1 指标敏感性考察与分析

谢桥煤矿 C_{13-1} 煤层瓦斯含量大、瓦斯压力较高（根据瓦斯涌出换算），根据 C_{13-1} 煤层的赋存情况，试验区域开采深度大，且属于地质构造中等复杂区域。这些区域的煤层受到不同程度的破坏，致使煤层孔隙率较大，瓦斯解析速度较快，煤质特征和构造应力均有利于非典型突出的发生，所以从理论上分析，K_1 指标应该比较敏感。但根据几年来谢桥煤矿的预测实践分析，实测的 K_1 指标太小（小于 0.1 的占 92.8%，在测量的误差范围内），不具备敏感条件，同时有无动力现象发生时 K_1 值变化也不明显。因此，综合分析结果，我们认为 K_1 指标作为谢桥煤矿 C_{13-1} 煤层掘进工作面的预测指标是不敏感的。

8.2.6.2 钻屑量 S 指标敏感性分析

钻屑量指标是综合反映煤层地应力、瓦斯和煤质三个因素的预测指标，在相同的打钻工艺条件下，应力越大，瓦斯压力越大，煤的强度越小，所产生的钻屑量越大，而此时非典型突出危险性越大。但是，在三个因素中，地应力对钻屑量的影响最大，所以这一指标在不少以地应力为主导的矿井中得到应用。在我国，通常当钻屑量比正常排粉量大 n 倍时认为有非典型突出危险。但是，由于各种因素的影响，钻屑量的测定误差有时会很大，以致严重影响了它的敏感性。考虑到测量误差的影响,钻屑量临界值一般应不低于 3.5 kg/m,否则,其敏感性较差。

谢桥煤矿 C_{13-1} 煤层赋存深度大,且属于地质构造中等复杂区域,根据以往对煤层赋存深度与地应力的关系研究,认为采用钻屑量指标 S 作为预测校检指标应该比较敏感。根据测定的钻屑量指标 S 来看,其值能反映一定的非典型突出危险性,数据分布大部分在 2~6 kg/m 之间,有个地点测定数据达到了 10 kg/m 甚至 20 kg/m 以上。在实际的预测校检中,当 S 值大于一定值后,打钻时有时候会发生卡钻、吸钻等动力现象,而且 S 值越大,动力现象越明显和严重。例如,2007 年 6 月 15 在 1231(3)下平巷预测中,$1^{\#}$ 在 4 m 时发生吸钻,在随后的 5 m 处预测的 S 值超过 20 kg/m。当采取防控措施后,S 值明显减小。根据矿方现场测定的预测数据来看,所有预测中超标共 36 次,指标超限范围 S 超标值位于 6.2~20 kg/m 之间,因此认为钻屑量 S 在预测 C_{13-1} 煤是敏感的。见表 8-49、表 8-50。

表 8-49　　谢桥煤矿 C_{13-1} 煤层工作面预测值分布统计表

K_1	总计 517 次	K_1范围 /[mL/(g·min$^{1/2}$)]	$0 \leqslant K_1 \leqslant 0.3$	$0.2 < K_1 \leqslant 0.3$	$0.1 < K_1 \leqslant 0.2$	$K_1 \leqslant 0.1$	$K_1 > 0.5$
		所在范围段次数 /次	517	6	31	480	0
		占总次数的比例/%	100	1.2	6	92.8	0
S	总计 1 037 次	S分布范围 /(kg/m)	$0 < S \leqslant 3$	$3 < S \leqslant 5$	$5 < S \leqslant 6$	$6 < S \leqslant 10$	$S > 10$
		所在范围段次数 /次	881	94	16	28	8
		占总次数的比例/%	85	9.06	2	3	0.94
q	总计 135 次	q分布范围 /(kg/m)	$0 < q \leqslant 3$	$3 < q \leqslant 4$	$4 < q \leqslant 5$	$q > 5$	—
		所在范围段次数 /次	124	5	3	3	—
		占总次数的比例/%	91.9	3.7	2.2	2.2	—

表 8-50　　谢桥煤矿 C_{13-1} 煤层煤层试验区域预测 S 异常程度 N_i 统计

地点	N_1	N_2	N_3	N_4	N_5	N_6	N_7	N_8	N_9
-720 m	1.17	1.25	1.27	1.32	1.51	1.56	1.47	1.32	1.18
1231(3)	3.37	3.34	2.88	3.46	6.89	5.28	6.18	5.76	8.13
煤层平均值	3.75	3.33	3.14	4.11	7.47	5.66	5.32	5.03	6.37
备注	$N_i = S_异/S_正$,其中 $S_异$ 为钻孔预测异常时 i m 孔深时 S 平均值,$S_正$ 为钻孔预测正常时 i m 孔深时 S 平均值,$i=1\sim9$。								

8.2.6.3　钻孔瓦斯涌出初速度 q 及其衰减指标敏感性分析

钻孔涌出初速度测量误差是影响指标预测非典型突出敏感性的一个重要因素。试验考察认为:当 $q < 3$ L/(min·m)时,测量误差对指标的影响很大,实测 q 值确信度很低;同样

C_q 指标是通过测量 q 得到的,因此当 $q<3$ L/(min·m)时,C_q 指标确信度也很低。以 $q>$ 3 L/(min·m)作为依据,q 和 C_q 指标预测非典型突出的敏感性受测量误差的影响较小。因此,在谢桥煤矿的具体预测中当 $q>3$ L/(min·m)时,才测量衰减(见表 8-51)。

表 8-51 谢桥煤矿 $C_{13\text{-}1}$ 煤层试验区域预测 q 异常程度 N_i 统计

地点	N_2	N_4	N_6	N_8	N_9
−720 m	1.79	2.32	2.59	2.56	2.02
1231(3)	1.68	2.09	2.45	2.64	—
煤层平均值	2.12	2.45	2.82	2.96	1.9
备注	$N_i = q_{1i异} / K_{1i正}$,其中:$q_{1i异}$ 为钻孔预测异常时 i m 孔深时 q_1 平均值,$q_{1i正}$ 为钻孔预测正常时 i m 孔深 q_1 平均值,$i=2\sim9$。				

虽然,目前只在 1231(3)下平巷实验考察了 q,但其超标的情况还是可以说明钻孔涌出初速度的敏感性。得到了 135 个预测数据,其中超标情况为 5 个钻孔,6 次超标,超标范围为 4.2~9.1 L/m,q、S 同时超标 1 次。钻屑量大的测定地点,随后测定的 q 值也比较大,并且当打钻发生有吸钻现象时,随后测定的钻屑量 S 和 q 都比较大,甚至超过临界指标。说明钻屑量 S 和 q 有着一定的联系。综合分析结果,认为 q 指标作为谢桥煤矿 $C_{13\text{-}1}$ 煤层掘进工作面的预测指标是敏感的。

8.2.6.4 敏感指标临界值的初步确定

(1)试验区域主要预测敏感指标的初步确定

通过对预测指标的敏感性分析,认为钻孔瓦斯涌出初速度 q 及其衰减 C_q 和钻屑量 S 值在谢桥煤矿 13-1 煤层非典型突出危险性预测中是敏感的。

(2)试验区域主要预测敏感指标临界值的初步确定

从试验情况看,当 $S>6$ kg/m 时,打钻时开始出现卡钻、吸钻等现象,工作面煤层也往往出现异常地质构造,如软分层增多,煤层厚度变化,以及构造附近随着 q 和钻屑量 S 的增大,这种动力现象越发明显和严重,出现卡钻、吸钻的次数更多,现象越明显。从现场考察情况看(图 8-66、图 8-67),在共计 40 次循环、118 个钻孔的预测数据中,在经过矿上自行实施超前钻孔措施后,在 $q<4$ L/min 和 $S<6$ kg/m 时直接掘进,未发生过非典型突出事故,预测不发生非典型突出准确率达 100%。

综上所述,初步确定谢桥煤矿 $C_{13\text{-}1}$ 煤层试验区预测敏感指标及其临界值如下:

① $S_0<6.0$ kg/m,无非典型突出危险。

② $S_0\geqslant6.0$ kg/m,有非典型突出危险。

③ $q_0<4$ L/min,无非典型突出危险。

④ {4.0 L/min$\leqslant q_0<8$ L/min}$\bigcap${$C_q>0.65$},无非典型突出危险。

⑤ {4.0 L/min$\leqslant q_0<8$ L/min}$\bigcap${$C_q\leqslant0.65$},有非典型突出危险。

⑥ $q_0\geqslant8$ L/min,视为有非典型突出危险,工作面按非典型突出危险管理。

工作面任意预测钻孔、任意指标预测有非典型突出危险时,工作面预测即有非典型突出危险;工作面预测指标超限点在掘进投影方向必须留有 5 m 安全煤柱时可作为允许进尺或直接采取措施;否则,必须采取措施经措施效果检验消除非典型突出危险后留有 5 m 安全煤柱作为允许进尺。

8.2.7 敏感指标及其临界值的扩大应用试验

敏感指标临界值扩大试验区域定在谢桥煤矿 1231(3)下平巷掘进工作面进行。经过
500 m 巷道扩大性试验,确定谢桥煤矿 C_{13-1} 煤层试验区预测敏感指标及其临界值如下:

① $S_0 < 6.0$ kg/m,无非典型突出危险。

② $S_0 \geqslant 6.0$ kg/m,有非典型突出危险。

③ $q_0 < 4$ L/min,无非典型突出危险。

④ $\{4.0$ L/min $\leqslant q_0 < 8$ L/min$\} \bigcap \{C_q > 0.65\}$,无非典型突出危险。

⑤ $\{4.0$ L/min $\leqslant q_0 < 8$ L/min$\} \bigcap \{C_q \leqslant 0.65\}$,有非典型突出危险。

⑥ $q_0 \geqslant 8$ L/min,视为有非典型突出危险,工作面按非典型突出危险管理。

8.2.8 主要结论及建议

8.2.8.1 主要结论

(1) 谢桥煤矿 C_{13-1} 煤层非典型突出危险性参数、煤工业分析及吸附瓦斯常数见表8-36、
表 8-37。

(2) 确定谢桥煤矿 C_{13-1} 煤层试验区预测敏感指标及其临界值如下:

① $S_0 < 6.0$ kg/m,无非典型突出危险。

② $S_0 \geqslant 6.0$ kg/m,有非典型突出危险。

③ $q_0 < 4$ L/min,无非典型突出危险。

④ $\{4.0$ L/min $\leqslant q_0 < 8$ L/min$\} \bigcap \{C_q > 0.65\}$,无非典型突出危险。

⑤ $\{4.0$ L/min $\leqslant q_0 < 8$ L/min$\} \bigcap \{C_q \leqslant 0.65\}$,有非典型突出危险。

⑥ $q_0 \geqslant 8$ L/min,视为有非典型突出危险,工作面按非典型突出危险管理。

8.2.8.2 主要结论

(1) 进一步提高非典型突出危险预测预报人员的技术业务素质,规范操作,并定期对预
测仪进行标定,减少测定误差,以提高测定数据的可靠性和准确性。

(2) 加强地质工作在防控工作中的作用,做好地质超前预报工作,在地质构造带应强化
防控措施。

(3) 矿井在采掘过程中注意煤层赋存及瓦斯动态变化,并观察采掘活动中的瓦斯涌出
情况、钻孔施工情况或其他非典型突出预兆现象,当出现异常变化时,应及时采取安全技术
措施,预防瓦斯事故发生。

(4) 重视区域预抽防控措施在非典型突出中的主导作用,坚持以"区域防突措施为主,
局部防突措施为补充"的原则,将煤层非典型突出危险性消除在采掘工作面部署之前。

8.3 深部矿井非典型突出预测预警技术

平顶山矿区可以分为西半部和东半部。西半部主要包括十一矿、五矿、七矿、六矿、三
矿、二矿、四矿井田和一矿井田的西半部;东半部可包括十矿、十二矿、八矿井田和一矿井田
的东半部。平顶山矿区构造纲要图如图 8-68 所示。

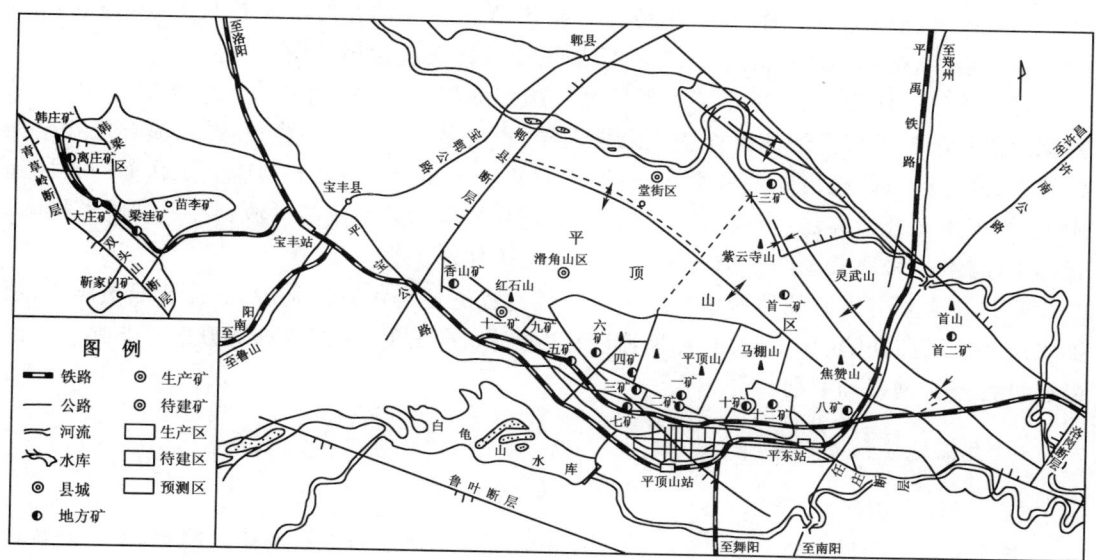

图 8-68　平煤矿区构造纲要图

平顶山矿区西半部的锅底山断裂是一个控制性断裂,锅底山断裂上盘为五矿、七矿、十一矿井田,该井田经历过锅底山断裂上盘的逆冲推覆以及该断裂反转时的下降运动,煤层破坏强烈,是造成五矿发生煤与瓦斯突出的主要原因。位于锅底山断裂下盘一侧的六矿、二矿、三矿、四矿井田和一矿井田的西半部,是平顶山矿区构造简单区,煤层破坏轻微,目前这些矿井除四矿 2004 年鉴定为突出矿井外,其余都属于低瓦斯矿井。矿区东半部的十矿、十二矿井田以及一矿井田东半部,受北西向展布的郭庄背斜、牛庄向斜、十矿向斜、牛庄逆断层、原十一矿逆断层的控制,是一个以北西西—北西向展布为主的逆冲推覆断裂褶皱构造带,构造复杂,煤层破坏强烈,构造煤极为发育,厚度一般 1.5 m 以上。十矿丁、戊、己组煤层已发生突出 45 次,最大突出强度 326 t/次。十二矿已发生突出 22 次,最大突出强度 293 t。矿区东半部的八矿井田,西邻十矿、十二矿井田,位于李口向斜轴的南东转折仰起端。该井田位于 NW 向构造与 NE 向构造交汇复合、联合部位,既有 NW 向展布的任庄断裂、张湾断裂,又有 NE 向展布的辛店断裂;既有 NE 向展布的前聂背斜,又有 NW 向与 NE 向构造复合控制的焦赞背斜,且又有 NW 向构造与 NE 向构造联合作用控制的盆形构造任庄向斜。井田构造极为复杂,煤层破坏强裂,构造煤其发育,厚度一般在 1 m 以上。八矿戊、己组煤层已发生突出 34 次,最大突出强度 551 t[9]。

针对平顶山矿区煤层赋存组间距离远、组内距离近,难以选择保护层进行开采的典型特征,基于研究的深部矿井瓦斯赋存规律、深孔取样煤层瓦斯含量测定、非典型突出监控预警等技术,构建起了平顶山矿区的"两个四位一体"防控技术体系。

首先,研究掌握深部区域煤层瓦斯赋存规律,并进行区域非典型突出危险性预测。

在非典型突出危险区开采过程中,首先开掘低位巷,施工穿层瓦斯抽采钻孔,并进行水力冲孔增透,对煤巷条带瓦斯进行预抽;采用直接法测定煤层残余瓦斯含量,并反演煤层残余瓦斯压力,进行区域防控措施效果检验,临界值为 $W=6$ m³/t,$p=0.6$ MPa。煤巷掘进过程中,采用复合指标法进行区域验证、局部预测(校检),指标及临界值分别为 $S=6$ kg/m、

$q=5$ L/min。当指标超标时,在工作面迎头施工超前排放钻孔局部防控措施,并进行防控措施效果检验;指标不超标时,采取安全防护措施条件下进行掘进作业。

对于采煤工作面,在运输平巷和回风平巷施工顺层钻孔,预抽回采区域煤层瓦斯,并采用课题研制的深孔定点快速取样装置采集煤样,测定煤层残余瓦斯含量,并反演煤层残余瓦斯压力,进行区域防控措施效果检验,临界值为 $W=6$ m³/t、$p=0.6$ MPa。工作面回采过程中,同样采用复合指标法进行区域验证、局部预测(校检),采用超前排放钻孔局部防控措施。指标不超标时,采取安全防护措施条件下进行回采作业。

矿井非典型突出监控预警系统对整个防控过程进行全程监测,分别从瓦斯地质异常、预抽煤层瓦斯措施缺陷、日常预测、瓦斯浓度提取指标、声发射、防控管理等方面对非典型突出隐患进行分析判识和超前预警。

8.3.1 瓦斯地质预测技术

(1)平煤十矿概况

平煤十矿位于河南省平顶山市区东部,井田内含煤地层为上石炭统太原组、下二叠统山西组、下石盒子组和上二叠统上石盒子组,划分为9个煤段。地层共含煤41层,其中可采煤层8层,自下而上依次为一₄、二₁、二₂、四₁、四₂、四₃、五₁、五₂煤层,赋存于太原组、山西组及下石盒子组的四、五煤段。可采煤层赋存特征如8-52所列。

表 8-52　　　　　　　　　　平煤十矿主要可采煤层特征

煤层	煤厚/m		间距/m	煤层结构	煤层稳定性
	两极值	平均			
五₂(丁₅₋₆)	0.47~5.0	2.19		简单	较稳定
五₁(丁₇)	0~1.89	1.10	90	简单	不稳定
四₃(戊₈)	0.2~3.23	1.02		简单	不稳定
四₂(戊₉₋₀)	0.79~9.42	4.23	180	中等	较稳定
四₁(戊₁₁)	0.2~3.03	1.31		简单	不稳定
二₂(己₁₅)	1.27~3.52	2.11		简单	较稳定
二₁(己₁₆₋₁₇)	0.83~6.70	3.44	67	简单	较稳定
一₄(庚₂₁)	0.44~1.88	0.97		简单	较稳定

矿井采用多水平立、斜井综合开拓,共划分为3个生产水平,当前生产水平为二水平,标高−320 m,三水平正在建设,标高−800 m。矿井采用综合机械化一次采全高开采,全部垮落法管理顶板。

平煤十矿为煤与瓦斯突出矿井,主采的丁、戊、己三组煤均为突出煤层,历史上发生突出51次。受煤层赋存组间距离远、组内距离近的典型特征影响,难以选择保护层进行开采。随着进入深部,非典型突出逐渐增多。

目前十矿共有瓦斯抽采泵站5座,瓦斯抽采泵14台,总装机功率3 075 kW,总抽采能力2 146 m³/min。储存瓦斯浓度在37%左右,每天利用瓦斯纯量3 500~6 000 m³。2005年建设瓦斯发电站一座,装机容量 4×500 kW·h,利用瓦斯浓度为8%左右。

（2）煤层瓦斯地质规律

从地质构造、沉积环境、埋深和煤质等角度研究了地质要素对平煤十矿瓦斯赋存的影响,确定了矿井煤层瓦斯赋存主控因素;对比测定了不同埋深处的煤层瓦斯吸附参数,并对己组煤层瓦斯基本参数进行了收集和补充测定,建立了煤层瓦斯赋存随埋深变化的非线性特征模型,其深部煤层瓦斯吸附特征和瓦斯赋存规律符合临界深度拐点特征。

① 地质构造。李口向斜是平煤十矿瓦斯赋存的主控地质体。矿区位于李口向斜南翼,其南翼发育原十一矿逆断层及其反冲断层,断层逆冲形成李口向斜的次级褶皱郭庄背斜和十矿向斜。平煤十矿北西—南东向构造多属于封闭性构造,对瓦斯起聚集作用,北东向构造多属于张性构造或调节断层,对瓦斯起放散作用。平煤十矿浅部（－300 m 以浅）瓦斯含量除十矿向斜轴部外基本较小,矿井深部（－300 m 以深）瓦斯含量高。十矿向斜轴部瓦斯含量高,郭庄背斜位于两条逆断层上盘,瓦斯逸散,瓦斯含量低。

② 沉积环境。沉积作用通过聚煤特征、含煤岩系的岩性、岩相组成及其空间组合,在一定程度上控制着瓦斯的保存条件。层序地层演化控制着煤层厚度及其变化、顶底岩层岩性、煤层间距、垂向上煤层非典型突出灾害的差异等。经过对沉积环境的分析,平煤十矿己组煤和戊组煤的顶底板一般不会成为瓦斯赋存的主控因素。

③ 煤层埋深。平煤十矿丁组煤层瓦斯压力由－310 m 水平的 0.6 MPa 增加到－467 m 的 1.9 MPa,瓦斯含量由 8 m³/t 增加到 12 m³/t;戊组煤层瓦斯压力由－430 m 水平的 1.51 MPa 增加到－800 m 水平的 2.1 MPa,瓦斯含量由 13 m³/t 增加到 18 m³/t;己组煤层瓦斯压力由－430 m 水平 1.5 MPa 增加到－760 m 水平的 2.4 MPa,瓦斯含量由 12.7 m³/t 增加到 29.5 m³/t,由此可知埋深对瓦斯赋存影响较大。

④ 煤质。地温梯度恒定,同一埋深条件下,煤级增高,煤层含气量增大。临界深度所指示的煤储层埋藏深度随煤级不同而呈现出较有规律的变化特征,从气煤、肥煤到焦煤,临界深度逐渐增大,从焦煤、贫煤到瘦煤,临界深度逐渐减小,临界深度在焦煤阶段达到最大值。平煤十矿井田以肥煤为主,属于变质程度较高的煤种,临界深度和成煤阶段的瓦斯生成量相对较高。

⑤ 深部矿井煤层瓦斯吸附常数特征

在不同埋藏深度采集了戊₉煤层煤样,在实验室对其瓦斯吸附常数进行了测定,测定结果如表 8-53 所列,可以看出:埋深 875 m 处煤样的 a 值大于埋深 920 m 处深煤样的 a 值,920 m 处 3 个样品的 a 值接近,间接说明平煤十矿戊₉煤层在 900 m 以深,煤层吸附能力反而下降。

表 8-53　　　　　　　　　　　戊₉煤层实验测试结果统计

序号	采样地点	埋深/m	吸附常数		灰分 $A_{ad}/\%$	水分 $M_{ad}/\%$	挥发分 $V_r/\%$	孔隙率/%
			$a/[\mathrm{mL}/(\mathrm{g \cdot r})]$	b/MPa^{-1}				
1	20230 机巷 920 m 埋深处	920	19.03	0.78	17.57	1.06	31.60	3.5
2	20230 机巷距 930 m 埋深处	930	19.19	0.71	22.13	0.94	31.95	3.4
3	20230 风巷 埋深 945 m 处	945	19.994 2	0.782 6	14.76	0.90	33.07	2.88
4	20160 机巷 埋深 875 m 处	875	21.905 8	0.709 6	16.12	1.06	32.20	3.55

⑥ 深部矿井煤层瓦斯赋存模型

平煤十矿己$_{15-16}$煤层埋深为 $400\sim 1\,200$ m,满足深部矿井瓦斯赋存特征规律研究需求的煤层埋深范围。首先,收集了平煤十矿己组煤层瓦斯基本参数资料,并补充测定了 6 组煤层瓦斯压力(含量)数据;然后,对收集和测定的瓦斯含量和瓦斯压力数据进行可靠性筛选,共获得 24 组可靠瓦斯参数,在此基础上建立了平煤十矿己组煤层的瓦斯赋存模型,如图 8-69 所示。

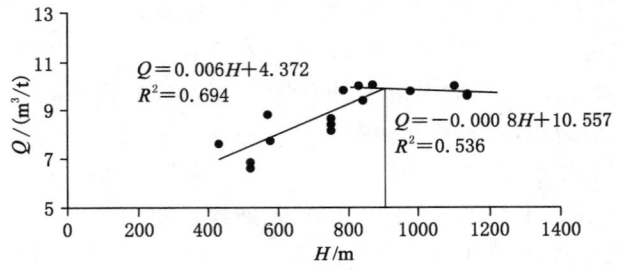

图 8-69　平煤十矿己组煤瓦斯含量与煤层埋深模型

通过模型可以看出,平煤十矿己组煤层从浅部至 910 m 左右,煤层瓦斯含量随着埋深增加为线性增加,瓦斯含量增加梯度为 $0.6\ \mathrm{m^3/t}$;从 910 m 至 1 150 m 左右瓦斯含量随着埋深增加基本保持不变,甚至略微减小,瓦斯含量随埋深减小的梯度为 $-0.08\ \mathrm{m^3/t}$。可知,在预测范围内己组煤层临界深度为 910 m,与浅部相比,深部煤层含气量基本不再大梯度增加。另外,结果与煤层吸附常数 a 值在埋深 875 m 处测得值大于埋深 920 m 以深测得值相一致。

(3) 非典型突出瓦斯地质预测技术

依据煤层瓦斯地质规律分析可知,平煤十矿非典型突出主要集中在原十一矿逆断层和牛庄逆断层控制的深部区域。如图 8-70、图 8-71 所示。

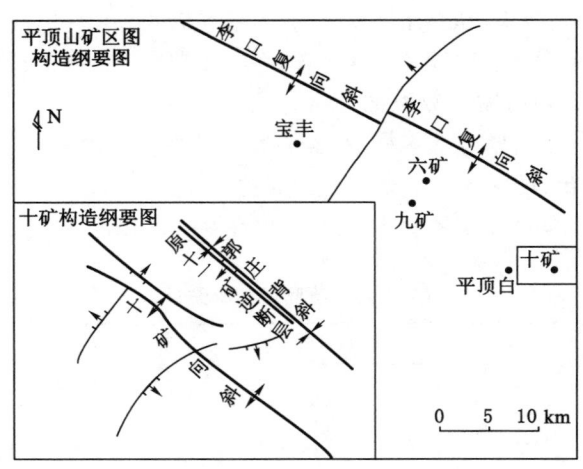

图 8-70　平煤十矿构造纲要图

8.3.2　声发射监测预警技术

(1) YSFS(A)声发射监测系统安装构建

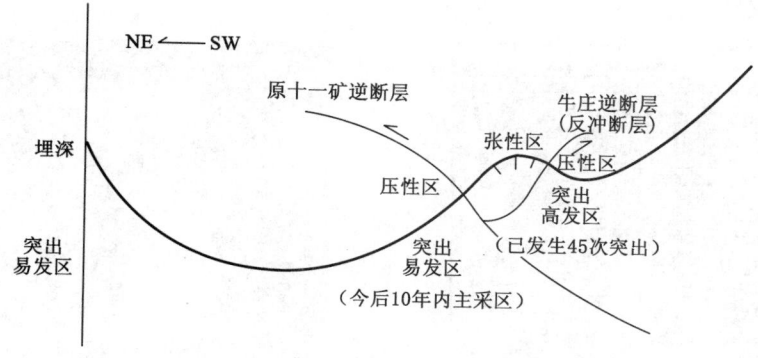

图 8-71 平煤十矿非典型突出分布图

在平煤十矿己$_{15}$-24080 采煤工作面安装了声发射传感器,构建了 YSFS(A)声发射监测系统,应用该系统对工作面回采期间的声发射信号进行了跟踪监测,并根据声发射特征参数进行了非典型突出灾害预警。

平煤十矿声发射监测系统整体结构如图 8-72 所示,主要由声发射监测主机、系列化传感器、专用传输屏蔽信号线、地面上位机处理分析软件等几大部分组成。

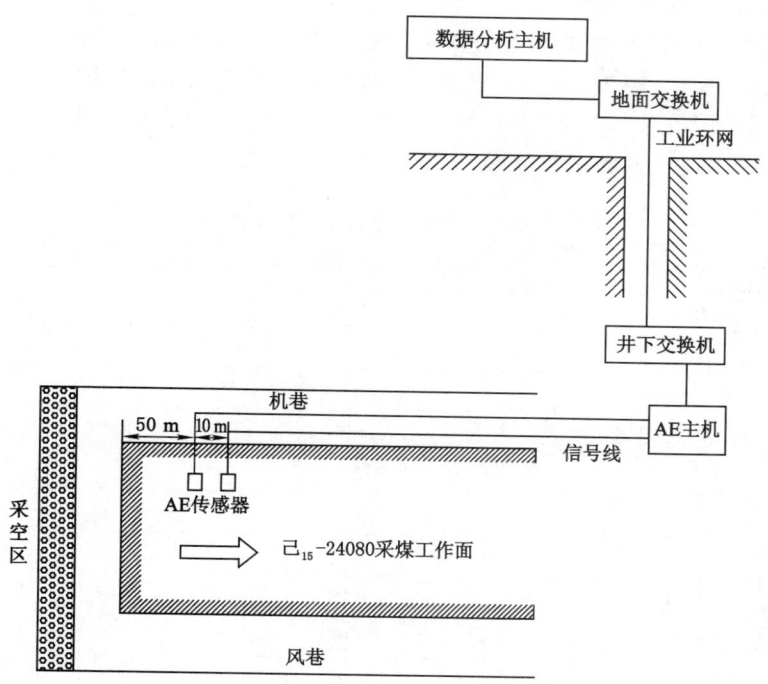

图 8-72 平煤十矿声发射监测系统结构图

现场采用的声发射传感器有埋式传感器和波导传感器两种,其中埋式传感器采用孔底安装方式,孔径 65 mm,孔深 20 m,采用水泥注浆或叉式固定;波导传感器通过特制接头安装在巷道顶板上的矿用标准高强锚杆上。声发射传感器孔底安装和波导传感器现场安装效果如图 8-73 所示。

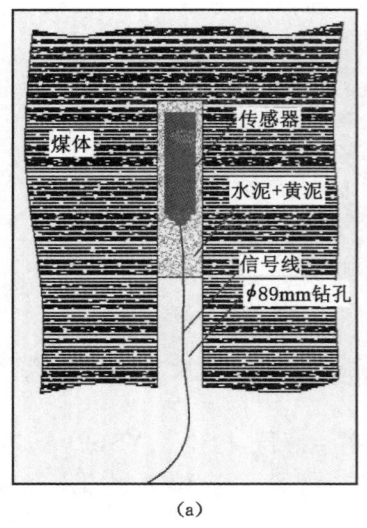 

(a)   (b)

图 8-73   平煤十矿声发射传感器孔底安装示意图及波导传感器安装现场效果

(a) 声发射传感器孔底安装示意图；(b) 波导传感器安装效果

    传感器在己$_{15}$-24080 采煤工作面的具体安装位置：在机巷距离工作面 50 m 左右位置布置 1 个声发射传感器，后退 10 m 另布置第 2 个传感器。随着工作面的推进，每 30 m 作为一个循环将传感器后退安装。从 2013 年 5 月开始至 2014 年 2 月试验结束，共经历了 6 个监测循环，各循环声发射传感器具体安装参数如表 8-54 所列。

表 8-54   平煤十矿声发射传感器安装参数

监测循环	监测时间	传感器编号	安装位置	距切眼距离/m	孔深/m	安装方式
第 1 循环	2013-05-18 ～2013-07-14	1$^{\#}$	煤体	50	17.5	水泥注浆
		2$^{\#}$		62.93	16	叉式固定
第 2 循环	2013-07-14 ～2013-08-31	3$^{\#}$	顶板	39.2	/	波导器
		4$^{\#}$	煤体	51	17.5	叉式固定
第 3 循环	2013-09-01 ～2013-10-14	5$^{\#}$	煤体	45	18	水泥注浆
			顶板	20	/	波导器
		6$^{\#}$	煤体	60	17	叉式固定
第 4 循环	2013-10-15 ～2013-11-22	7$^{\#}$	顶板	15	/	波导器
		8$^{\#}$	顶板	20	/	波导器
第 5 循环	2013-11-23 ～2014-01-20	9$^{\#}$	煤体	50	18	水泥注浆
			顶板	20	/	波导器
		10$^{\#}$	煤体	70	17	叉式固定
第 6 循环	2014-01-21 ～2014-02-14	11$^{\#}$	顶板	15	/	波导器
		12$^{\#}$	顶板	20	/	波导器

（2）声发射监测预警效果考察

从 2013 年 5 月 18 日至 2014 年 2 月 14 日,应用声发射监测系统对已$_{15}$-24080 采煤工作面声发射信号进行了跟踪监测,期间工作面从距开切眼 360 m 位置推进至 610 m 位置,累计监测推进约 250 m,共计预测检验 55 个循环。工作面在声发射跟踪监测范围内存在 A$_5$（风巷测落差 0.5 m 正断层）、A$_6$（风巷测正断层）、A$_7$ 和 A$_8$（风巷侧落差 2.2 m 断层）4 个物探异常区,并且此范围内巷道掘进期间经常出现喷孔、卡钻、响煤炮等异常动力现象,煤层非典型突出危险性较大。

以 2013 年 8 月 1 日为界,整个监测过程分为两个阶段,之前为声发射特征指标临界值考察阶段,之后为声发射监测预警应用阶段。

在临界值考察阶段,工作面分别于 2013 年 7 月 3 日中班 18:06 和 7 月 19 日夜班 6:01 发生了 2 次以地应力为主导瓦斯大幅超限事故,2 次事故均发生在工作面矿山 CT 应力图的应力升高区,事故现场如图 8-74 所示。2 次事故发生前后的声发射特征参数变化如图 8-75、8-76 所示,可以发现事故发生前声发射特征参数连续高水平波动,特征十分明显,其动力灾害预测的敏感性远远好于无明显变化的日常预测指标(q、S 和 Δh_2)。对 2 次瓦斯超限事故的声发射特征参数进行分析,确定了平煤十矿动力灾害预警的声发射特征指标临界值,如表 8-55 所列。

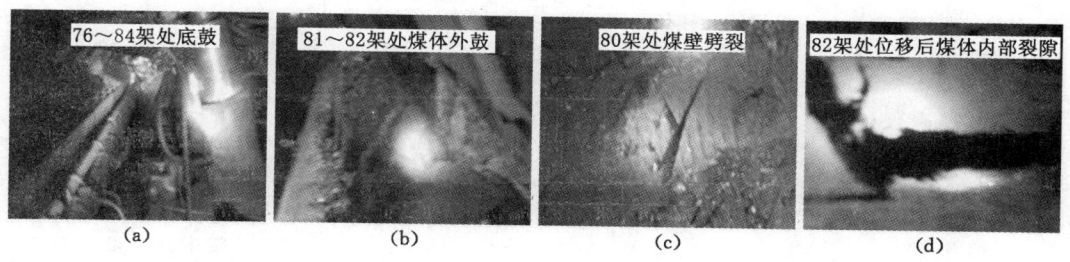

图 8-74　平煤十矿 2013 年 7 月 19 日瓦斯超限事故现场情况

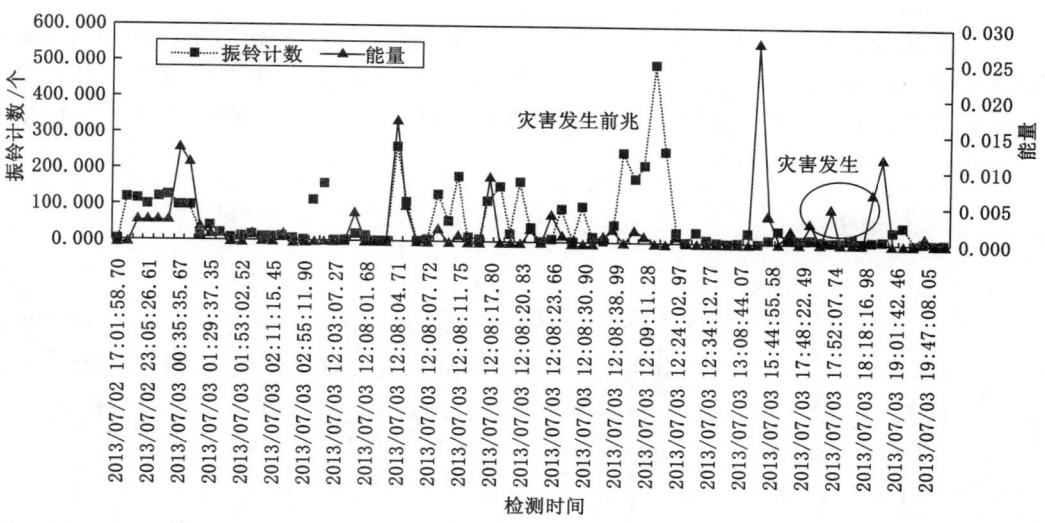

图 8-75　平煤十矿 7 月 3 日瓦斯超限事故发生前后声发射特征参数变化

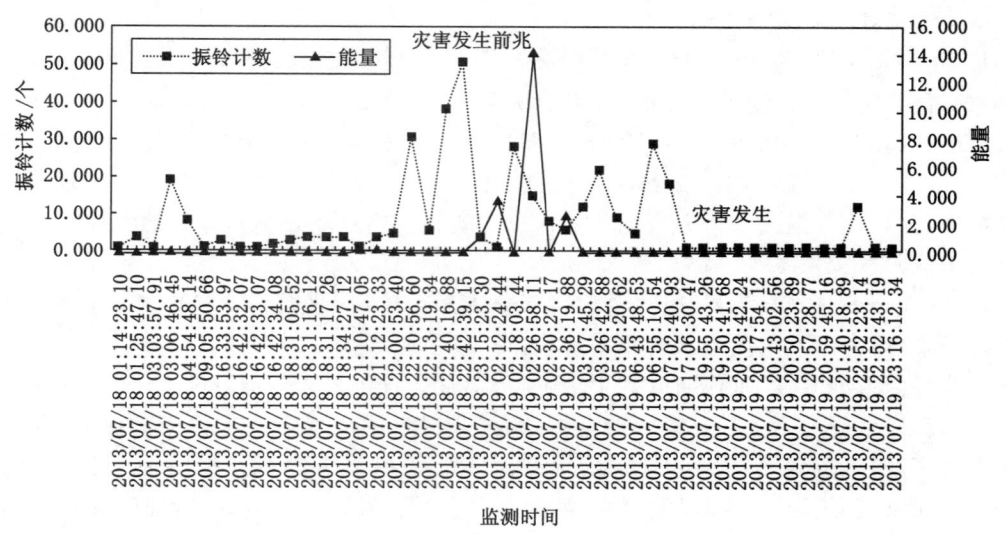

图 8-76　平煤十矿 7 月 19 日瓦斯超限事故发生前后声发射特征参数变化

表 8-55　　　　　　　　　平煤十矿声发射特征指标非典型突出灾害预警临界值

传感器类型	声发射敏感指标值区间	工作面非典型突出危险性
埋式传感器	振铃计数≥30 个	有非典型突出危险
	能量值≥0.003	有非典型突出危险
	振铃计数<30 个且能量值<0.003	无非典型突出危险
波导器	振铃计数≥20 个	有非典型突出危险
	能量值≥0.002	有非典型突出危险
	振铃计数<20 个且能量值<0.002	无非典型突出危险

在声发射监测预警应用阶段,基于考察的声发射特征指标临界值对工作面煤岩瓦斯动力灾害进行了预警指导,共跟踪监测工作面推进约 180 m,累计给出了 10 余次工作面异常情况预警。现场工人根据预警结果及时采取措施,未出现瓦斯事故,保障了工作面的安全生产。

8.3.3　综合预警技术

（1）平煤十三矿概况

平煤十三矿位于平顶山市东北。井田内含煤地层为石炭系上统的太原组、二叠系的山西组、下石盒子组、上石盒子组。其中二叠系的山西组为主要的含煤地层,含二$_1$（己$_{15-17}$）煤,其次为下石盒子组的三、四、五、六煤段及上石盒子组的七、八、九煤段。矿井主采己$_{15-17}$煤层,赋存于山西组下部,常分叉或合并,煤层厚 0~9.80 m,平均厚 3.69 m。

矿井采用立井、斜井综合开拓,上下山开采,开采水平标高为-525 m,主要开拓巷道沿己组煤底板布置。目前有三个生产采区,一个试生产采区。掘进工作面使用综掘和炮掘方式;采煤工作面以综采为主,炮采为辅。

平煤十三矿为煤与瓦斯突出矿井,已累计发生煤与瓦斯突出 3 次,均发生在己$_{15-17}$煤层中。进入深部后,非典型突出灾害逐渐增多。

(2)非典型突出监控预警指标体系模型

考察建立了平煤十三矿非典型突出综合预警指标体系,安装构建了平煤十三矿非典型突出综合预警系统,进行了非典型突出灾害综合预警技术示范。

非典型突出监控预警指标体系框架如图 8-77 所示。以该框架为基础,结合平煤十矿非典型突出防治技术体系考察结果,建立了平煤十三矿非典型突出综合预警指标体系和预警规则,如表 8-56、表 8-57 所列。

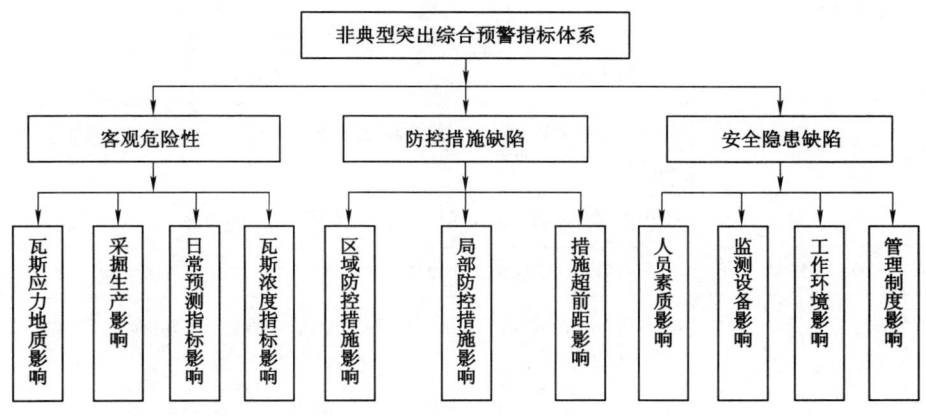

图 8-77　非典型突出监控预警指标体系框架

表 8-56　　　　　　　　　　平煤十三矿非典型突出监控预警指标体系

预警类型		指标
客观危险性指标	瓦斯、应力地质	地质构造带距离、瓦斯含量、软分层厚度及煤厚变化
	采掘应力集中	巷道对穿贯通、巷道交叉贯通、巷道采面平行作业距离
	瓦斯浓度提取	瓦斯含量指标 S_1、煤体物理力学性质指标 S_2、应力指标 S_3
	日常预测	q、S 指标变化趋势、喷孔等动力现象
防控措施缺陷指标	区域措施缺陷	残余瓦斯含量
	局部措施缺陷	排放钻孔空白带、排放钻孔控制范围
	措施超前距缺陷	超前距是否合理
安全隐患预警指标	"人"安全隐患	弄虚作假、违章操作、无资质作业
	"机"安全隐患	监测检测仪器设备故障或未标校
	"环"安全隐患	片帮、冒顶、超采超掘
	"管"安全隐患	规章制度是否完善

表 8-57 平煤十三矿非典型突出监控预警规则

预警类型		预警规则
客观危险性指标	瓦斯地质	工作面到构造带距离小于临界值 d 时,进行危险预警
		工作面软分层厚度超过临界值 h 时,进行危险预警
		煤厚变化量超过临界值 ΔH 时,进行危险预警
	采掘应力集中	工作面对穿贯通距离、交叉贯通距离、巷道工作面平行作业距离小于临界值时,判定采掘应力叠加,进行危险预警
	瓦斯浓度提取	瓦斯含量指标 S_1、煤体物理力学性质指标 S_2、应力指标 S_3 超过临界值时,进行预警
	日常预测	日常预测指标超过临界值时,进行工作面危险预警
		连续多个循环日常预测指标偏高,或有增大趋势,且已超过警戒值时,进行工作面危险预警
		工作面有非典型突出征兆显现时,进行工作面危险预警
防控措施缺陷指标	区域措施缺陷	工作面前方煤层残余瓦斯含量超过临界值时,区域措施无效,进行工作面危险预警
	局部措施缺陷	排放钻孔左右两帮、上下顶底板及前方控制范围小于临界值时,工作面控制范围不足,进行危险预警
		当排放钻孔孔底间距大于钻孔有效排放半径时,措施存在空白带,进行危险预警
	措施超前距缺陷	超前距不够时进行危险预警
安全隐患预警指标	"人"安全隐患	当工作面防控措施施工、区域校检、日常预测、瓦斯抽采监测检测、通风瓦斯监测检测过程中存在弄虚作假、违章操作、人员资质不符合要求等隐患时,进行非典型突出危险预警
	"机"安全隐患	当工作面区域校检、日常预测、瓦斯抽采监测检测、通风瓦斯监测检测过程中等使用的仪器设备存在故障、未标校等情况时,进行非典型突出危险预警
	"环"安全隐患	当工作面存在未处理的片帮、冒顶时,进行非典型突出危险预警。当工作面存在超采超掘时,进行非典型突出危险预警
	"管"安全隐患	防控制度不完备时进行预警

（3）非典型突出综合预警系统构建

① 硬件安装。基于防控隐患排查系统巡检手机终端隐患信息井下自动上传需要,在井下安装了 KTW118K(C) 矿用无线基站,形成了井下通信环网的无线 WIFI 接口;从非典型突出灾变在线监测出发,在井下采掘工作面进风巷、回风巷、采区回风巷及总回风巷等地点,补充安装了高低浓度甲烷传感器和风速、风向传感器;在地面安装了监控预警服务器,型号为 IBM System X3650 M4。硬件设备现场安装效果如图 8-78 所示。

② 软件系统。平煤十三矿非典型突出综合预警系统子系统软件主要包括瓦斯应力地质分析系统、地质测量管理系统、采掘进度管理系统、综合防控措施管理系统和预警管理平

(a)

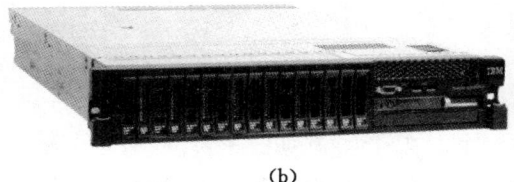
(b)

图 8-78　平煤十三矿井下无线基站和地面预警服务器安装效果图

(a) 无线基站；(b) 预警服务器

台、瓦斯浓度提取指标预警系统、防控隐患排查及巡检系统和非典型突出灾变分析系统。

③ 系统构建。借助矿井安全监控系统、井下环网和地面局域网，对无线基站、服务器、客户端等硬件设备及软件系统进行了集成，构建起了平煤十三矿非典型突出综合预警系统。

（4）非典型突出综合预警系统应用试验

从 2015 年 4 月开始，应用构建的非典型突出综合预警系统对平煤十三矿各工作面非典型突出危险进行了跟踪预警，共监测 1 个采煤工作面和 3 个掘进工作面，累计发布"状态"和"趋势"预警结果各 1 271 次，现场考察统计各工作面的预警准确率在 85.65%～100% 之间，其中状态预警准确率平均为 95.94%，趋势预警准确率平均为 97.09%，预警结果准确可靠。

平煤十三矿非典型突出综合预警系统，实现了从"区域"到"局部"、"两个四位一体"综合防控措施的全程监测和非典型突出危险的超前预警，以及非典型突出灾变的在线监测和自动判识，提升了矿井的防控技术和管理水平。

8.3.4　主要结论

（1）依据平煤十矿瓦斯地质规律分析可知，深部矿井瓦斯含量在某一埋深值以浅随着埋深增加呈线性增加，超过某一深度后基本保持不变。

（2）依据平煤十矿瓦斯地质规律分析可知，平煤十矿非典型突出主要集中在原十一矿逆断层和牛庄逆断层控制的深部区域。

（3）根据深部矿井现场连续监测试验，给出了平煤十矿声发射预测非典型突出的敏感指标及临界值。

（4）考察建立了平煤十三矿非典型突出综合预警指标体系，安装构建了平煤十三矿非典型突出综合预警系统，进行了非典型突出灾害综合预警技术示范。现场考察统计各工作面的预警准确率在 85.65%～100% 之间，其中状态预警准确率平均为 95.94%，趋势预警准确率平均为 97.09%，预警结果准确可靠。

参 考 文 献

[1] 于不凡.煤和瓦斯突出机理[M].北京:煤炭工业出版社,1985.

[2] 于不凡.国外煤和瓦斯突出研究综述[C]//国外煤和瓦斯突出资料汇编.重庆:科学技术文献出版社重庆分社,1978.

[3] 胡千庭,文光才.煤与瓦斯突出力学作用机理[M].北京:科学出版社,2013.

[4] 周世宁,何学秋.煤和瓦斯突出机理的流变假说[J].中国矿业大学学报,1990,19(2):1-8.

[5] 何学秋.含瓦斯煤岩流变动力学[M].徐州:中国矿业大学出版社,1995.

[6] 刘保县,鲜学福,刘新荣,等.爆破激发煤与瓦斯突出的研究[J].中国矿业,2000,9(2):89-91.

[7] 郭德勇,韩德馨.煤与瓦斯突出粘滑机理研究[J].煤炭学报,2003,28(6):598-602.

[8] 蒋承林,俞启香.煤与瓦斯突出的球壳失稳机理及防治技术[M].徐州:中国矿业大学出版社,1998.

[9] 张子敏.瓦斯地质学[M].徐州:中国矿业大学出版社,2009.

[10] 丁晓良,俞善炳,丁雁生,等.煤在瓦斯一维渗流作用下的初次破坏[J].力学学报,1990,22(2):154-162.

[11] 俞善炳.恒稳推进的煤与瓦斯突出[J].力学学报,1988,20(2):97-106.

[12] 缪协兴,陈占清,茅献彪,等.峰后岩石非Darcy渗流的分岔行为研究[J].力学学报,2003,35(6):660-667.

[13] 潘岳,王志强,张勇.突变理论在岩体系统动力失稳中的应用[M].北京:科学出版社,2008.

[14] 姜耀东,赵毅新,刘文岗,等.煤岩冲击失稳的机理和实验研究[M].北京:科学出版社,2009.

[15] 郑哲敏.从数量级和量纲分析看煤与瓦斯突出的机理[M].北京:北京大学出版社,2004:128-137.

[16] 尹广志,赵洪宝,许江,等.煤与瓦斯突出模拟试验研究[J].岩石力学与工程学报,2009,28(8):1674-1680.

[17] 许江,陶云奇,尹广志,等.煤与瓦斯突出模拟试验台的研制与应用[J].岩石力学与工程学报,2008,27(11):2354-2362.

[18] 唐巨鹏,潘一山,杨森林.三维应力下煤与瓦斯突出模拟试验研究[J].岩石力学与工程学报,2013,32(5):960-965.

[19] 张淑同.煤与瓦斯突出模拟的材料及系统相似性研究[D].淮南:安徽理工大学,2015.

[20] 赵旭生.煤与瓦斯突出综合预警方法研究[D].青岛:山东科技大学,2012.

[21]　窦林名,何学秋.冲击地压防治理论与技术[M].徐州:中国矿业大学出版社,2001.

[22]　陆菜平,窦林名.煤矿冲击矿压强度的弱化控制原理[M].徐州:中国矿业大学出版社,2012.

[23]　齐庆新,史元伟,刘天泉.冲击地压粘滑失稳机理的实验研究[J].煤炭学报,1997,22(2):144-148.

[24]　姜福兴,王存文,杨淑华,等.冲击地压及煤与瓦斯突出和透水的微震监测技术[J].煤炭科学技术,2007,35(1):26-28.

[25]　王恩元,刘晓斐.冲击地压电磁辐射连续监测预警软件系统[J].辽宁工程技术大学学报,2009,28(1):17-20.

[26]　章梦涛,徐曾和,潘一山.冲击地压和突出的统一失稳理论[J].煤炭学报,1991,16(4):48-52.

[27]　梁冰.煤和瓦斯突出固流耦合失稳理论[M].北京:地质出版社,2000.

[28]　高保彬,米翔繁,张瑞林.深部矿井煤岩瓦斯复合动力灾害研究现状与展望[J].煤矿安全,2013,44(11):175-178.

[29]　李铁,蔡美峰,王金安,等.深部开采冲击地压与瓦斯的相关性探讨[J].煤炭学报,2005,30(5):562-567.

[30]　张宏伟,韩军,宋卫华,等.地质动力区划[M].北京:煤炭工业出版社,2009.

[31]　王振.煤岩瓦斯动力灾害新的分类及诱发转化条件研究[D].重庆:重庆大学,2010.

[32]　邹银辉.AE声发射监测煤与瓦斯突出技术[R].重庆:煤炭科学研究总院重庆分院,2003.

[33]　杨明纬.声发射检测[M].北京:机械工业出版社,2004.

[34]　胜山邦久.声发射(AE)技术的应用[M].北京:冶金工业出版社,1996:12-48.

[35]　彭新明,孙友宏,李安宁.岩石声发射技术的应用现状[J].世界地质,2000(3):303-306.

[36]　袁振明,马羽宽.声发射技术及其应用[M].北京:机械工业出版社,1985.

[37]　邹银辉.煤岩体声发射传播机理研究[D].青岛:山东科技大学,2007.

[38]　张希九,于宗立.突出预兆及防治[J].煤炭科学技术,1998,26(4):37-38.

[39]　王志亮,李其中.浅析煤与瓦斯突出的危险性评价指标体系[J].西部探矿工程,2008,20(3):91-93.

[40]　胡千庭,邵军,文光才,等.工作面预测敏感临界值确定方法的研究[R].煤炭科学研究总院重庆分院,1995.

[41]　曾庆阳.矿井通风监测技术预报突出初探[J].煤炭工程师,1994(4):28-30,35.

[42]　苏文叔.利用瓦斯涌出动态指标预测突出[J].煤炭工程师,1996(5):2-7.

[43]　聂韧,赵旭生.掘进工作面瓦斯涌出动态指标预测突出危险性的探讨[J].矿业安全与环保,2004,31(4):36-38.

[44]　中国科技情报所重庆分所,重庆大学采矿系.煤和瓦斯突出的预测方法[J].矿业安全与环保,1976,(3):20-29.

[45]　刘彦伟,刘明举,武刚生.鹤壁十矿突出前瓦斯涌出特征及预测指标的选择与应用[J].煤矿安全,2005,36(11):18-21.

[46] (德)埃克尔,卡藤贝格.利用通风监测技术预报煤与瓦斯突出[J].蒋佑权,译.矿业安全与环保,1990(4):51-56.

[47] 秦汝祥,张国枢,杨应迪.瓦斯涌出异常预报突出[J].煤炭学报,2006,31(5):599-602.

[48] 秦汝祥.基于监测系统的瓦斯与煤突出实时预报研究[D].淮南:安徽理工大学,2004.

[49] 秦汝祥,张国枢,杨应迪.瓦斯浓度序列的突出预报方法及应用[J].安徽理工大学(自然科学版),2008(1):25-29.

[50] 邹云龙.基于掘进面瓦斯涌出动态特征的突出连续预测研究[D].重庆:煤炭科学研究总院重庆研究院,2010.

[51] WHITT,THOMAS BERT. Early warning fire detection system in an underground coal mine[J]. IEEE Transactions on Components, Hybrids and Manufacturing Technology,1980(17):1-17.

[52] FRANK. Early Warning Systems[J]. Journal of Occupational Medicine,1968,10(5):259.

[53] JOCHEN ZSCHAU,KÜPPERS A N. Early warning systems for natural disaster reduction[D]. New York:Springer-VerlagBerlin Heideberg,2003.

[54] GRAYMAN W M,DEININGER R A,MALES R M. Design of early warning and predictive source-water monitoring systems[M]. American Water Works Association,2001.

[55] HARVEY C R,SINGH R N. Management of the outburst risk in the Southern coalfield[J]. New South Wales:Australasian Institute of Mining and Metallurgy Publication Series,2003(5):121-128.

[56] SCHLANGER H P,LINCOLN PATERSON. Computation of gas pressure profiles relevant to outbursting in coal mines[J]. International Journal for Numerical and Analytical Methods in Geomechanics,1987,11(2):171-183.

[57] SATO K,FUJII Y. Source mechanism of a large scale gas outburst at Sunagawa Coal Mine in Japan[J]. Pure and Applied Geophysics,1989,129(3):325-343.

[58] WOLD M B,CONNELL L D,CHOI S K. The role of spatial variability in coal seam parameters on gas outburst behaviour during coal mining[J]. International Journal of Coal Geology,2008,75(1):11-14.

[59] PHILIPS C A. Time series analysis of famine early warning systems in Mali[D]. USA:Michiagn State University,2002.

[60] GUNTHER J W,MOORE R R. Early warning models in real time[J]. Journal of Banking & Finance,2003(23):121-133.

[61] JOSE-MANUEL ZALDIVAR,JORDI BOSCH,FERNANDA STROZZI. Early warning detection of runaway initiation using non-linear approaches[J]. Communications in Nonlinear Science and Numerical Simulation,2005,10:299-311.

[62] RIGBY N,BOLT P B,STEFFEN,et al. Development and application of an under-

ground microseismic monitoring system for outburst prone coalmines[J]. Mining EngineerLondon,1989,149(338):197-203.

[63] DAVIES A W. Developments in ourburst prediction by microseismic monitoring from the surface[J]. Mining Engineer London,1987,146(304):486-488,490-492.

[64] KRAKOW C T. Prediction of rock and gas outburst occurrence[J]. Engineering Geology,1993,33(3):241-250.

[65] 宫运华.安全生产预警管理研究[J].煤矿安全,2007(10):67-69.

[66] 周建明.煤矿风险预警管理软件支持系统设计与开发[D].北京:中国地质大学(北京),2007.

[67] 罗云,宫运华,宫宝霖,等.安全风险预警技术研究[J].安全,2005,26(2):26-29.

[68] 苏东亮.对重大危险源安全预警系统的探讨[J].工业安全与环保,2005,31(11):53-54.

[69] 肖仁鑫.煤矿安全预测的研究与集成[D].昆明:昆明理工大学,2006.

[70] 张明.煤矿安全预警管理及系统研究[D].太原:太原理工大学,2004.

[71] 杨玉中,冯长根,吴立云.基于可拓理论的煤矿安全预警模型研究[J].中国安全科学学报,2008,18(1):41-45.

[72] 李春民.矿山安全监测预警与综合管理信息系统[J].辽宁工程技术大学学报,2007,26(5):654-657.

[73] 邵长安,李贺,关欣.煤矿安全预警系统的构建研究[J].煤炭技术,2007,26(5):63-65.

[74] 耿殿明,李金克,宋晓倩.煤矿安全预警管理的系统思考[J].山东工商学院学报,2007,21(2):61-67.

[75] 郭佳.瓦斯爆炸风险在线评价与动态预警系统研究[D].西安:西安科技大学,2008.

[76] 曹庆贵.安全行为管理预警技术[J].辽宁工程技术大学学报,2003,22(4):556-558.

[77] 王莉,田水承.瓦斯爆炸3类危险源系统结构建模与分析[J].西安科技大学学报,2010,30(6):651-656.

[78] 王莉.基于安三类危险源划分的煤矿瓦斯爆炸事故机理与预警研究[D].西安:西安科技大学,2010.

[79] 徐承彦.四川煤矿煤与瓦斯突出及其防治[J].煤矿安全技术,1985(2):4-10.

[80] 沈海鸿,李胜.应用GIS建立煤与瓦斯突出危险性区域预测管理系统[J].煤矿安全,2011(11):40-42.

[81] 张宏伟.煤与瓦斯突出危险性的模式识别和概率预测[J].岩石力学与工程学报,2005,24(19):3577-3581.

[82] 刘胜.煤与瓦斯突出区域预测的模式识别方法研究[D].沈阳:辽宁工程技术大学,2004.

[83] 张瑞林.现代信息技术在煤与瓦斯突出区域预测中的应用[D].重庆:重庆大学,2004.

[84] 周骏.煤与瓦斯突出模式识别预测软件的设计原理[J].山东矿业学院学报,1996,15(1):61-66.

[85]　赵涛. 基于多因素概率预测的瓦斯突出预警方法研究[D]. 成都:成都理工大学,2007.

[86]　王凯,俞启香. 煤与瓦斯突出危险性计算机识别与预报系统[J]. 中国安全科学学报,1997,7(2):1-5.

[87]　何学秋,聂百胜,王恩元,等. 矿井煤岩动力灾害电磁辐射预警技术[J]. 煤炭学报,2007,32(1):56-59.

[88]　杨飞,罗新荣,张爱然,等. 神经网络理论在延时煤与瓦斯突出预警中的应用[J]. 黑龙江科技学院学报,2007(1):30-32.

[89]　宋建成,毛善君,李中州. 煤矿瓦斯防治导航系统研究与应用[M]. 北京:煤炭工业出版社,2007.

[90]　赵旭生. 煤与瓦斯突出综合预警方法研究[D]. 青岛:山东科技大学,2012.

[91]　郭建伟. 煤矿复合动力灾害危险性评价与监测预警技术[D]. 徐州:中国矿业大学,2013.

[92]　曹树刚,刘延保,李勇,等. 煤岩固—气耦合细观力学试验装置的研制[J]. 岩石力学与工程学报,2009,28(8):1681-1690.

[93]　曹树刚,刘延保,张立强,等. 煤岩固—气耦合细观力学加载装置:200820099767.4[P]. 2008-02-22.

[94]　王振,胡千庭,尹光志. 瓦斯压力对煤体冲击指标影响的实验研究[J]. 中国矿业大学学报,2010,39(4):516-519.

[95]　董国伟. 煤与瓦斯突出主控地质体研究[D]. 西安:煤炭科学研究总院西安分院,2013.

[96]　董国伟,金洪伟,胡千庭,等. 煤与瓦斯突出地质作用机理及应用[M]. 徐州:中国矿业大学出版社,2017.

[97]　国家安全生产监督管理总局,国家煤矿安全监察局. 防治煤与瓦斯突出规定[M]. 北京:煤炭工业出版社,2009.

[98]　艾龙根,舒胡华. 弹性动力学[M]. 北京:石油工业出版社,1984.

[99]　邹银辉,文光才,胡千庭. 岩体声发射传播衰减理论分析及试验研究[J]. 煤炭学报,2004,29(6):663-667.

[100]　邹银辉,董国伟,张庆华,等. 声发射系统中的一维粘弹性波导器理论模型[J]. 煤炭学报,2007,32(8):799-803.

[101]　邹银辉,董国伟,张庆华,等. 波导器中声发射信号传播规律研究[J]. 矿业安全与环保,2007,34(6):13-17.

[102]　邹银辉,董国伟,李建功,等. 波导器声发射信号传播衰减理论及规律[J]. 煤炭学报,2008,33(6):648-651.

[103]　文光才,李建功,邹银辉,等. 矿井煤岩动力灾害声发射监测适用条件初探[J]. 煤炭学报,2011,36(2):278-282.

[104]　董国伟. 一种复合型煤岩瓦斯动力灾害预警方法:201610853264.0[P]. 2016-09-27.

[105]　赵旭生. 煤与瓦斯突出综合预警方法研究[D]. 青岛:山东科技大学,2012.

[106]　阎毅. 信息科学技术概论[M]. 武汉:华中科技出版社,2008.

[107] 钟义信,周延泉.信息科学教程[M].北京:北京邮电大学出版社,2005.

[108] PETER CHECKLAND,SUE HOLWELL. Information,Systems and Information Systems-making sense of the field[M]. USA:Wiley,1998.

[109] LéON BRILLOUIN. Science and Information Theory[M]. USA:United States of America,2004.

[110] 魏宏森,曾国屏.系统论[M].北京:清华大学出版社,1995.

[111] 李喜先.科学系统论[M].北京:科学出版社,1995.

[112] PARKISON B M,SPLIKER J J,PENINA AXEIRAD,et al. Global Positioning System theory and practice[R]. USA:American Institute of Aeronautics and Astronautics,1996.

[113] TRUXAL J G. Automatic Feedback Control System Synthesis[M]. USA:MC GRAW-HILL BOOK COMPANY,1955.

[114] 万百五,韩崇昭.控制论:概念、方法与应用[M].北京:清华大学出版社,2010.

[115] 杜栋.管理控制论[M].徐州:中国矿业大学出版社,2000.

[116] KATSUHIKO OGATA. Modern Control Engineering[M]. USA:Pearson Education International,2002.

[117] BROGAN W L. Modern control theory[M]. USA:Prentice Hall,1990.

[118] LEE E B,MARKUS L. Foundmations of Optimal Control Theory[M]. USA:Minnesota University Minneapolis Center for Control Sciences,1967.

[119] 周世宁,林柏泉.安全科学与工程导论[M].徐州:中国矿业大学出版社,2005.

[120] 甘心孟,沈斐敏.安全科学技术导论[M].北京:气象出版社,2000.

[121] 张兴容,李世嘉.安全科学原理[M].北京:中国劳动社会保障出版社,2004.

[122] KUHLMANN A. Introduction to Safety Science[M]. USA:Springer-Verlag New York,1986.

[123] WILLIAM W. LOWRANCE. Of Acceptable Risk:Science and the Determination of Safety[M]. USA:Los Altos,California,1976.

[124] 杨玉中,吴立云,高永才,等.煤与瓦斯突出危险性评价的可拓方法[J].煤炭学报,2010,35(Z):100-104.

[125] 赵涛.基于多因素概率预测的瓦斯突出预警方法研究[D].成都:成都理工大学,2007.

[126] 杨禹华,钟震宇,蔡康旭.基于模糊模式识别的瓦斯含量指标异常预警技术[J].中国安全科学学报,2007,17(9):172-176.

[127] 刘祖德,赵云胜.煤矿瓦斯监控系统趋势预测技术[J].煤矿安全,2007(3):57-59.

[128] 何学秋,窦林名,牟宗龙,等.煤岩冲击动力灾害连续监测预警理论与技术[J].煤炭学报,2014,39(8):1485-1491.

[129] 詹晓燕.环境安全预警系统研究[D].杭州:浙江大学,2005.

[130] 单慧.企业可持续发展预警系统研究[D].长沙:湖南师范大学,2007.

[131] GROSSI,EMANUELE. Multi-frame sequential procedures in early warning surveil-lance radar systems[A]//2008 IEEE Radar Conference,2008.

[132] LIU Kainan. Research on the early warning technology of the mine safety based on wireless sensor networks[C] // International Conference on Advances in Energy Engineering,2010:138-141.

[133] BALSTAD, ERIC. Benefits of early warning[J]. Turbomachinery International,2006,47(1):34-35.

[134] 张宏伟,韩军,宋卫华. 地质动力区划[M]. 北京:煤炭工业出版社,1979.

[135] 文光才. 无线电波透视煤层突出危险性机理的研究[D]. 徐州:中国矿业大学,2003.

[136] 于不凡. 谈煤和瓦斯突出机理[J]. 煤炭科学技术,1979,(8):34-42.

[137] 胡千庭,赵旭生. 有效预防我国煤与瓦斯突出事故对策研究[R]. 重庆:中煤科工集团重庆研究院,2011.

[138] 于不凡. 煤矿瓦斯灾害防治及利用技术手册[M]. 北京:煤炭工业出版社,2005.

[139] 钱鸣高,石平五. 矿山压力与控制[M]. 徐州:中国矿业大学出版社,2003.